Qué y cómo enseñar Genética. Un caso de Ciencias Experimentales

María Dolores Ochando González

CULTIVA

Primera edición: julio 2013

Fotografía de cubierta
María Dolores Ochando González

Editado por:
CULTIVA LIBROS
Lantia Publishing S.L.
C/ Méndez Álvaro 18 2ª Pl.
Madrid 28045
España
912049636

www.cultivalibros.com
info@cultivalibros.com
Impreso en España

ISBN 13: 9781629341392

IMPRESO EN ESPAÑA • UNIÓN EUROPEA

Índice

PRESENTACIÓN

La Genética constituye, hoy, la piedra angular en las Ciencias Biológicas, en las Ciencias Experimentales en general, también en Ciencias de la Salud. Nuevas ramas de la Ciencia han nacido de su tronco: Farmacogenética, Bioinformática, Nutrigenómica, Neurogenética, etc. No podemos ignorar, tampoco, las implicaciones sociales de esta rama científica. La capacidad de manipulación de genomas de cualquier especie, incluida la nuestra, conlleva, por un lado, la necesidad de un marco legislativo adecuado a los nuevos descubrimientos, y por otro, de un enfoque ético capaz de guiarnos, a través de estas nuevas sendas inexploradas.

La formación de los futuros genéticos, de los futuros científicos, representa un reto en estos albores del siglo XXI. Las dos preguntas fundamentales que debe plantearse un docente, son siempre: ¿qué se enseña? y ¿cómo se enseña?. La primera alude a los contenidos. La segunda a las metodologías. Y, tanto en un caso como en el otro, todo depende de los objetivos que nos planteemos y de los sujetos a los que nos dirigimos. Pero estas preguntas válidas en cualquier área de la enseñanza, cobran especial relieve en el caso de la Genética actual. Por la rapidez del avance del conocimiento, por la diversidad de sus áreas, y por sus implicaciones sociales. En definitiva, porque su objeto es la propia **VIDA**.

Como afirma la "International Commission on Education for the Twenty-first Century" (Comisión Europea, UNESCO), la educación está basada en cuatro pilares: **aprender a conocer, aprender a hacer, aprender a vivir juntos** y **aprender a ser**. La enseñanza de la Genética resulta especialmente sensible a esas cuatro necesidades. La formación de los genéticos de este siglo XXI, plantea retos nada fáciles de alcanzar.

En el presente proyecto he reflexionado sobre el estatuto teórico de la disciplina, los debates que la han atravesado en su evolución histórica y reciente, los enfoques sobre su objeto, sus retos contemporáneos. Asimismo, he establecido unos criterios pedagógicos y una estrategia docente.

El objetivo último de esta publicación es facilitar a los docentes de la Genética un punto de consulta, una base reflexiva, para el desarrollo de su propio proyecto docente.

Como expongo al final de este libro, la Genética hoy, en este siglo XXI, avanza con rapidez y en muchos frentes. Que pueda estar al servicio de la humanidad, para mejorar su vida, mitigar el sufrimiento, respetar el medio ambiente y conseguir una sociedad más justa, solo depende de nosotros mismos, productos de una secuencia de unos 25.000 genes y de 3.500 millones de años de evolución de la vida.

Los docentes tenemos una enorme responsabilidad en ello.

Mª Dolores Ochando

PRIMERA PARTE

1 - PREÁMBULO: razones/justificación de esta publicación

La Ley Orgánica 4/2007, de 12 de abril, por la que se modificó la Ley Orgánica 6/2001, de 21 de diciembre, de Universidades, establece una nueva definición de los cuerpos de funcionarios docentes universitarios de Catedráticos de Universidad y Profesores Titulares de Universidad, así como un nuevo procedimiento de acceso a los citados cuerpos que requiere la previa obtención de una acreditación. Dicha acreditación ha sido regulada en el Real Decreto 1312/2007, de 5 de octubre, por el que se establece el sistema de acreditación nacional para el acceso a los cuerpos docentes universitarios. Asimismo, el marco regulador de los concursos de acceso ha quedado establecido en el Real Decreto 1313/2007, de 5 de octubre.

La mencionada Ley Orgánica 4/2007, en su disposición adicional octava, establece que las Universidades adaptarán sus Estatutos en un plazo máximo de tres años y que, hasta tanto se produzca dicha adaptación, los Consejos de Gobierno de las Universidades podrán aprobar la normativa de aplicación que sea necesaria para el cumplimiento de lo establecido en la citada Ley.

Con objeto de regular dicho procedimiento, las Universidades han aprobado las normativas correspondientes, que incluyen la elaboración y presentación de un proyecto Docente, y su inclusión como documentación en los correspondientes concursos.

También, en términos generales, se solicita el desarrollo del proyecto en base a objetivos, organización temporal, metodología docente, etc.

En el caso concreto de la Universidad Complutense de Madrid, la regulación de los concursos de acceso a los cuerpos docentes universitarios fué aprobada por Acuerdo del Consejo de Gobierno de 11 de febrero de 2009.

En base, pues, a dicha normativa, y pretendiendo facilitar a los docentes un punto de consulta, una base, para su específico proyecto docente, ya que dada mi experiencia personal he observado una escasez bibliográfica al respecto, es por lo que me he decidido a publicar el presente proyecto Docente. El primer borrador fue escrito hace algo más de tres años, aun cuando ha sido revisado y actualizado en el presente (diciembre de 2013), resultando vigente y válido a la situación actual de la Universidad. Así escribo este proyecto en su concreta aplicación a una asignatura troncal de Ciencias Biológicas, la Genética. Que puede servir de referencia para otras materias en la línea de las Ciencias Experimentales.

2 - PRÓLOGO: mi concepto de la Universidad

La debida inserción de esta materia troncal (Genética) en el proyecto formativo que contiene todo el Plan de Estudios está determinada por la concepción que se tenga de la Universidad, la identidad de su función, los objetivos que persigue, y los instrumentos, personales, metodológicos y didácticos de que dispone. Por ello, considero necesario explicitar mi concepción de la Universidad, así como mi interpretación de la institución en la que desempeñamos nuestra labor. Ello servirá para ordenar y dar sentido vocacional al proyecto que les presento.

- Acojámonos a un **símil** tan nuestro como el **evolutivo**. La Universidad es una de las instituciones con un pasado más consistente, pero está a la vez sometida a constante evolución. Desde que en el s. XII sirviera de fermento para la revitalización del saber, ha estado presente en todos los avances del conocimiento, en todas las transformaciones sociales. En su curso evolutivo ha estado expuesta a procesos selectivos y a mutaciones ocasionales, a bruscas aceleraciones del conocimiento y a largos periodos de estancamiento. También la deriva, el azar, ha jugado su papel. El resultado de todo ello, unido a las exigencias crecientes y diferenciadas del desarrollo social, ha conducido a la Universidad que hoy afronta el siglo XXI.

- Me parece que son **seis**, al menos, las **características** del escenario en el que se enmarca la universidad actual, 1) la generalización de la enseñanza, 2) la constante especialización y el avance tecnológico, 3) la dimensión globalizada de la investigación y de la difusión del conocimiento, 4) la implicación creciente entre el saber y el desarrollo económico y social, 5) las mayores exigencias organizativas de la propia Universidad, y 6) el reto de su convergencia en un espacio supranacional, en nuestro caso el de la Unión Europea.

De ellas, las relativas a la especialización, el avance tecnológico y el impacto de la globalización, podrían considerarse más directamente implicadas en el campo de la investigación, por lo que resultaría más oportuno referirnos a ellas en el desarrollo de un posible Proyecto Investigador y no en uno docente. Considerando, además, las peculiaridades que pueden suponer según la materia que desarrollemos.

- La creciente implicación entre el saber y las exigencias del **desarrollo de las sociedades**, plantea a la Universidad el cumplimiento de una función social inesquivable. La genética transformará profundamente las pautas sociales, económicas y culturales en las próximas décadas, afectará a la agricultura, a la lucha contra el hambre y la enfermedad, a la reproducción y a la prolongación de la vida, a la preservación y sostenibilidad de nuestros ecosistemas, a la organización del trabajo, a la asistencia y protección social en la vejez, y, quien sabe aún en qué sentido, podrá alterar la propia identidad biológica actual de los seres humanos. En ese contexto, nosotros, los genéticos, no podemos hacer lo que se afirma hicieron los matemáticos reunidos en un Congreso en Cambridge, cuyo brindis final fue "por las matemáticas puras y porque nunca sean útiles a nadie", porque es precisamente en nuestra utilidad donde reside la lógica de nuestro compromiso con las transformaciones que se avecinan.

- Los requerimientos **organizativos** de la Universidad varían según las tradiciones nacionales. Aquí somos nosotros mismos, docentes e investigadores, quienes, por un servicio colectivo, tenemos que asumir unas responsabilidades cuyo ejercicio es absolutamente imprescindible para el funcionamiento de la institución, pero que, a la contra, suelen resultar muy gravosas en términos de tiempo y esfuerzo.

- Impacto de la **generalización de la enseñanza**. Se dice que la Universidad investiga y, porque investiga enseña. Si eso es así, el destino final de nuestro trabajo es la transmisión a otros del saber, la formación y actualización de nuevas generaciones de profesionales. Cada vez son más frecuentes las reflexiones y llamadas de atención de científicos significados sobre la preocupante carencia de generalizadores, ensambladores, intérpretes, docentes en definitiva. Una tendencia que, afortunadamente, ha empezado a invertirse en las Universidades más prestigiosas, que vuelven hoy la mirada a una mayor consideración de la docencia, comparativamente maltratada en las últimas décadas. Es este un claro principio que guía el proceso de la **convergencia europea**, la Adaptación al Espacio Europeo de Educación Superior (EEES), que supone un reto en el que estamos actualmente inmersos, y que tiene por objeto facilitar a nuestros estudiantes su profesionalización, movilidad y desarrollo en un marco internacional. Como profesores universitarios estamos llamados a evolucionar para contribuir al éxito de este nuevo desafío.

Como espero poder mostrar a continuación, este Proyecto Docente está marcado por mi interpretación personal de todos esos factores a los que he aludido, a partir de un compromiso constante con la universidad pública.

3 - INTRODUCCIÓN: desarrollo del Proyecto Docente

Aunque la referida normativa que regula los concursos de acceso a los cuerpos docentes universitarios, autoriza un amplio margen de libertad a los concursantes, que suele conducir a ciertas diferencias de visión, estructura y contenido de los Proyectos Docentes, parece razonable sostener que dicho Proyecto Docente debe ser capaz de revelar no sólo la concepción de la disciplina, sino también el conocimiento de la materia objeto de la misma, su estructura conceptual, sus bases de sustentación científica, los distintos enfoques metodológicos desde los que viene operando, sus debates actuales más relevantes, y sus responsabilidades y proyectos de desarrollo futuros, a la luz de las propias exigencias disciplinarias, de sus obligaciones formativas e investigadoras en el ámbito universitario, así como de los requerimientos del entorno social, y en estos momentos, de nuestro reto de Adaptación al Espacio Europeo de Educación Superior.

El Proyecto Docente es un trabajo reflexivo en el cual el profesor, conociendo la asignatura y el contexto, debe encontrar las mejores estrategias para conseguir que los estudiantes accedan a esa rama de la ciencia en forma científica, pedagógica y atractiva.

En atención a ello, este Proyecto Docente, trata de reflexionar sobre el estatuto teórico de la disciplina, los debates que la han atravesado en su evolución histórica y reciente, los enfoques sobre su objeto, sus retos contemporáneos. Propone asimismo un Programa de enseñanza de la materia, tanto teórico, como práctico, así como de seminarios, cuestiones y problemas, acompañado todo ello de las reflexiones pertinentes sobre su contenido, y establece unos criterios pedagógicos y una estrategia docente.

Pero el Proyecto no solo se ciñe a las reflexiones relativas a la propia materia sino que, lejos de aislarla del conjunto docente e investigador del que forma parte, tiene en cuenta también las consideraciones que deben extraerse de su incardinación en un área de conocimiento determinada, de los compromisos curriculares a los que debe servir en función de las características de los alumnos a los que se dirige, así como de los rendimientos acumulados por la tradición de investigación y docencia de la disciplina.

El Proyecto Docente tiene en cuenta igualmente, que aquellos a los que va dirigida la materia son estudiantes de Grado, sometidos en estos momentos a un cambio importante en los Planes de Estudio, que están ahora en la frontera de abordar una nueva regulación de carácter general para adaptarse al espacio universitario europeo.

Los cambios en dichos Planes, que en una parte proceden de transformaciones en el entorno o de reclasificaciones o reubicaciones académicas, exógenas, por tanto, al estatuto teórico de las disciplinas, pero que, en otra, también reflejan los cambios producidos en las mismas y en sus adquisiciones científicas y metodológicas, aconsejan de los docentes una formación abierta, un interés despierto por la concepción más amplia de su disciplina, y una predisposición a readaptarse en función de las necesidades formativas a cubrir en el desarrollo del plan formativo de los grado y másteres correspondientes.

El Proyecto Docente asume, igualmente, que las decisiones relativas a la planificación de la actividad de la enseñanza y del aprendizaje deben adoptarse con sumo cuidado. Esta parte se refiere a los contenidos y a la forma de proveerlos, a partir del descriptor de la materia, de las competencias exigibles, tradición de su enseñanza en las distintas Facultades, y la propia visión personal de la misma.

La descripción genérica de la materia de Genética, en atención a la cual se ha estructurado el Programa, se refiere, en grandes rasgos, a los apartados siguientes: material hereditario, herencia y análisis, regulación y desarrollo, análisis y manipulación de genomas, y poblaciones y evolución. Y a todo ello añadido dos aspectos importantes en la actualidad: Genética Aplicada, en sanidad, medio ambiente, agroalimentación e industria, así como el impacto de la Genética en la Sociedad.

En cuanto a la forma de proporcionar la enseñanza, el Proyecto recoge, igualmente, una serie de consideraciones pedagógicas y de estrategia docente, que ponen el acento en la necesidad de enfocarla hacia el aprendizaje de los alumnos, hacia la provisión a los mismos de instrumentos y capacidades de análisis, tanto o más que conocimientos concretos. Dos son las preguntas fundamentales que debemos formularnos en relación con la elaboración del Proyecto Docente: ¿qué? y ¿cómo?. La primera implica los contenidos. La segunda las metodologías. Y tanto en un caso como en el otro, todo depende de los objetivos que nos planteemos y de los sujetos a los que se dirige.

Finalmente, el Proyecto Docente cuenta con referencias documentales y bibliografías: la que recoge los trabajos utilizados, en su práctica totalidad de forma directa, para la elaboración personal del propio Proyecto, y la bibliografía que acompaña al Programa, comentada, con una relación de textos básicos y generales para uso de los alumnos, y otra de textos de consulta. También se incluyen textos de interés en prácticas y problemas, así como páginas web y recursos en la red de utilidad para los estudiantes.

Así mismo, se incluyen en este proyecto, como Anexos, documentación y normativa, nacional, de la Unión Europea, y de la Universidad, que pueden resultar de extraordinaria utilidad a los lectores.

Pero, en definitiva, nuestra enseñanza de la genética, debe impregnarse de la afirmación de Voltaire **"la ignorancia afirma o niega rotundamente, la ciencia duda"**. Y así debemos hacérselo llegar a nuestros alumnos. Sabemos que lo que nosotros estudiamos como paradigmas, en parte, se han confirmado insuficientes, cuando no falsos. Debemos reflejar lo que la naturaleza es, versatilidad, diversidad y complejidad.

SEGUNDA PARTE

4 - CONCEPTO Y DESARROLLO DE LA GENÉTICA

4-A-CONCEPTO Y OBJETO DE LA GENÉTICA

El término "**genética**" fue propuesto por Bateson en la "Conference on Hybridization and Plant Breeding", que se celebró en Londres, en 1906, como término oficial para denominar a la nueva ciencia que explicaba "*la herencia y la variación en los seres vivos*". Como él mismo expresó, ese término se proponía para denominar la actividad que les había reunido y que "*había dejado de ser un misterio para convertirse en ciencia*". Y así, oficialmente, las actas de la reunión convocada con el nombre expresado, pasaron a denominarse "Report of the Third International Conference on Genetics". Hoy solemos definir a la genética, brevemente, como "la ciencia de la herencia".

Otras definiciones que se han popularizado han sido "la ciencia que estudia el material hereditario bajo cualquier nivel o dimensión", o la "ciencia que estudia los genes". La palabra genética viene de "genes", y los genes son el objeto de estudio de los genéticos. Se realice ese estudio a nivel molecular, celular, orgánico, familiar, poblacional o evolutivo, los genes son siempre el punto central de esos estudios.

Los hechos y problemas que interesan, y las teorías elaboradas para explicarlos y resolverlos, cambian con los tiempos, y también lo hacen el armazón intelectual -paradigma-, en el que esos hechos, problemas y teorías se estructuran. Las cuestiones que interesan, así como los instrumentos que se utilizan para afrontarlas, no son atemporales, no son absolutos, son productos de la época y del entorno, físico, intelectual, nivel de desarrollo, etc., en que se vive y se trabaja.

Por eso, si queremos comprender la genética de hoy, debemos, como parte del proceso de comprensión, retroceder en el tiempo. Estudiar la organización y los fundamentos de una disciplina como la genética es esencial si deseamos poder evaluar críticamente el contenido central de la genética actual. Como todo, la genética es hija de su tiempo, se enmarca en un contexto histórico y social al que no es ajena. La genética de hoy, es el fruto decantado de su pasado.

Toda ciencia depende en parte de factores "internos" a ella misma, y en parte, de factores "externos". Ambos tipos de factores interactúan en el avance, en el desarrollo, en el crecimiento de esa ciencia. En el caso de la genética se han considerado: 1-factores internos estrictamente de base científica: si no se hubiese desarrollado previamente la teoría celular, no se habría planteado la estructura de la doble hélice del ADN; 2-técnicas disponibles: hoy esto es más evidente que nunca, cuando el extraordinario avance molecular se ha magnificado por las técnicas disponibles; 3-influencias sociales: quizás es la parte más difícilmente explicable: el contexto y los intereses de la sociedad mediatizan los caminos a seguir en la ciencia; 4-consecuencias: las posibles aplicaciones sociales, en el caso de la genética son especialmente importantes y polémicas (Waddington *et al.*, 1976; Rose *et al.*, 1983; Sandel, 2009; Langlois, 2013; actualmente existen multitud de páginas web, muchas de ellas de organismos oficiales, universidades y sociedades científicas, con foros sobre genética y ética; ver: http://www.genome.gov/Issues/, "Policy, legal and ethical issues in genetic research"; http://www.geneticsethics.net/).

4-B- ¿POR QUÉ ESTUDIAR GENÉTICA?

Hay dos razones básicas:

En primer lugar, la genética ocupa una posición central en toda la biología. Para cualquier estudio biológico, a nivel animal, vegetal, orgánico, tisular, etc., el conocimiento genético resulta esencial y las metodologías o técnicas genéticas son herramientas de las que sacan provecho todas las disciplinas de las ciencias biológicas.

En segundo lugar, la genética, como ninguna otra disciplina se ha convertido en punto central de numerosos aspectos de la vida humana: nuestra agricultura, nuestra ganadería, nuestras mascotas, hasta nuestra ropa (por ejemplo, lana y algodón procedentes de cultivos, ovejas, alpacas y otras especies, seleccionados, obtenidos con cruzamientos dirigidos,....), son productos de la genética. Sin olvidar que las características genéticas de bacterias y hongos han sido utilizadas por el hombre para fermentar pan, vino, cerveza, producir antibióticos, etc. Pero es más, la llamada "ingeniería genética molecular" nos permite ahora utilizar cepas bacterianas como fábricas de productos de interés farmacéutico, médico, etc. Hoy podemos conseguir organismos transgénicos de especies tan distantes como bacterias y hombre. Hoy, podemos conseguir organismos clónicos. Hoy, poseemos diversas tecnologías genético- reproductivas. Hoy, podemos pensar en la terapia génica. Hoy, la genética puede ayudarnos a solucionar problemas medio ambientales, etc.

Y todo ello, tiene aplicaciones e implicaciones, no solo comerciales, en agricultura o ganadería, o sanitarias, sino y muy importantes, legales e incluso éticas. Por todo lo anterior, tanto en el ámbito científico como social, la genética, constituye hoy la piedra angular de las Ciencias Biológicas, y su conocimiento resulta imprescindible para cualquier estudioso, o interesado, en las ciencias de la vida, e incluso, en la filosofía, la sociología, o el derecho.

4-C- EL CONTEXTO DE LA BIOLOGÍA

Comencemos por abordar el desarrollo de la genética.

Como expresó el filósofo inglés, Alfred North Whitehead "*una ciencia que duda en olvidar a sus fundadores está perdida*". Hay que repensar continuamente los contenidos de las ciencias e independizarlos de las contingencias de su descubrimiento. La Historia de la Ciencia tiene otros atractivos, entre ellos el de determinar las circunstancias propicias a la innovación en el conocimiento. Así pues, para entender la genética de hoy, debemos conocer su historia y el desarrollo de sus conocimientos, en los contextos temporales en que se ha ido produciendo.

El mundo natural ha tratado de ser explicado, fundamentalmente, desde tres diferentes perspectivas: la sobrenatural, la filosófica, y la científica. La historia del pensamiento humano nos evidencia que estos tres modos tan diferentes de enfocar el problema del conocimiento, en ocasiones se han entrelazado e incluso se han apoyado mutuamente o se han convertido en antagónicas. La ciencia, se fue emancipando de las explicaciones sobrenaturales y de la filosofía. Desde la época de la revolución científica, y con partidarios del método deductivo, o del inductivo, la ciencia se ha convertido en algo diferente del resto del pensamiento. Algo contrastable, algo demostrable, incluso, para muchos, en la única verdad natural. Actualmente, parece existir consenso en clasificar a la ciencia como un proceso de tres etapas: primero, descubrimiento de nuevos hechos, segundo, elaboración de hipótesis para explicarlos, y tercero, puesta a prueba de la validación de esas hipótesis, que pueden convertirse en teorías. Y en este contexto de la ciencia, podemos repasar, aún brevemente, que es la biología, y dentro de ella qué significa la genética.

La Biología es, hoy, una ciencia extraordinariamente diversificada. Abarca el estudio de muchos niveles jerárquicos, desde moléculas orgánicas, genes, células, tejidos, órganos, organismos, interacciones y organización de grupos de estos organismos (poblaciones, especies, biotas). También esa diversidad se encuentra dentro de los distintos niveles jerárquicos, por ejemplo, organismos asombrosamente variados, virus, bacterias, plantas, animales. Cada uno de esos niveles constituye un campo de estudio individualizado: citología, anatomía, ecología, zoología, genética, ...

La biología, la comprensión de la vida, la explicación de sus mecanismos, siempre ha fascinado al hombre, pero el avance en esta área del conocimiento, quizás, nunca fue tan espectacular como en el siglo XX, y en buena medida ello se ha debido al nacimiento de la genética. Del naturalista del siglo XIX al biólogo de hoy en día parece existir una distancia sideral, y sin embargo, apenas los separan unas pocas generaciones y solo una centuria de conocimiento. El siglo XX ha sido bautizado por algunos como el siglo de la biología. Hemos pasado de la bota a la bata, del campo al laboratorio, del lápiz y el cuaderno a los más sofisticados utensilios, algunos, como las simulaciones, en la frontera de lo inmaterial. Hoy, la biología, sigue inmersa en el contacto directo con la naturaleza, pero aprovecha los avances tecnológicos que se le ofrecen. Hoy, los biólogos, somos híbridos entre aquellos naturalistas que nos fascinaron y las moléculas y los ingenieros que nos abren las ventanas a un mundo por conocer. Y ya sabemos del "vigor híbrido" en el valor adaptativo.

La biología ha avanzado por unos caminos insospechados en este último siglo y a unas velocidades de vértigo. Tanto es así que hoy, la biología, no es tal, son muchas las biologías. Hoy, el biólogo, no es tal, sino muchos biólogos en uno solo. Hoy estamos comenzando a tratar de recomponer a aquellos naturalistas enciclopédicos que fueron no nuestros padres, pero si nuestros abuelos. Y solo lo podemos conseguir con equipos multidisciplinares. Hoy, nos necesitamos unos biólogos a otros, e incluso a científicos de otras ramas. Hoy, el avance depende de los efectos sinérgicos que grupos de diferentes especialidades, unidos en un mismo objetivo, puedan lograr.

Iniciada como descripción y clasificación resultante de la observación del mundo viviente, en el curso de su reciente y rápido desarrollo, la Biología, además de intentar comprender las funciones y estructuras de los seres vivos, ha ido integrando de forma más particular temas trascendentales, como son el desarrollo y la evolución de los seres vivos. Así, la Biología ha ido diversificándose en numerosas disciplinas que han llegado a alcanzar personalidad propia a medida que se ampliaban sus campos de conocimiento y se configuraban técnicas específicas. Sin embargo, esas diversas especializaciones, provocadas por el descubrimiento de la progresiva trama estructural y funcional de los seres vivos, no son más que diferentes niveles de análisis de la complejidad dirigidos hacia un mismo objetivo de conjunto: el intento de comprender qué es la vida (Mayr, 1995).

Pero antes de llegar a ese punto tuvieron que pasar muchos siglos. Presentar con un cierto detalle el desarrollo de los conocimientos en las ciencias de la vida haría excesivamente largo este apartado. Sin embargo, es interesante destacar brevemente algunos esbozos de la Biología y de las ideas sobre la herencia, basándonos, entre otros, en Jacob (1970), Rose (*et al.*, 1983), Mayr (1998) y Bolaños (2009).

Es muy probable que el hombre fuera biólogo antes que otra cosa. Los fenómenos biológicos propios y de plantas y animales debieron ser objeto de sus consideraciones. Pero, al igual que sucede con otras ramas de la ciencia, probablemente la primera civilización que mostró cierto interés por la biología y de la que guardamos testimonios escritos sea la china, varios milenios antes de Cristo. Sabemos, por ejemplo que ya entre el quinto y cuarto milenio a. C., se cultivaba el gusano de la seda para la obtención de tejidos de dicha fibra (un muy interesante trabajo, de un equipo internacional, publicado en *Science* sobre la “domesticación” del gusano de seda, en el que se ha secuenciado su genoma, añade información precisa sobre el proceso). También sabemos de los tratados médicos chinos y de sus descripciones de animales y plantas con propiedades curativas. Las culturas mesopotámicas también se interesaron en diversos aspectos relacionados con la biología en general, y con la medicina, y la zootecnia, en particular. Sabemos que los sumerios criaban y cruzaban selectivamente caballos. Por su parte, los egipcios tenían importantes conocimientos biológicos, agrícolas, así como sobre anatomía animal y humana, como muestran las técnicas de embalsamamiento que realizaban. Los egipcios recogían muestras vivas de plantas y animales en sus expediciones y creaban jardines zoológicos y botánicos, lo que demuestra un gran interés por las ciencias de la naturaleza. Existen datos de que realizaban cruzamientos selectivos de palmeras.

Dentro de la biología, la capacidad de los organismos de transmitir sus propias características, figura, probablemente, como una de las primeras observaciones "científicas" del hombre. Esta idea fue la que llevó a nuestros antepasados a la mejora selectiva en cultivos y cría selectiva de animales. Así, en la Edad de Piedra, en el Oriente Próximo, sabemos de estos primeros criadores selectivos, de este, como alguno ha denominado, *"primer éxito biotecnológico"*.

Dentro de la cultura occidental, el origen de la Biología como pensamiento y conocimiento organizado, al igual que para otras ramas del saber debemos buscarlo en la antigua Grecia.

Ya en época histórica, los filósofos griegos se ocuparon del proceso hereditario, y así Hipócrates, en el siglo V antes de Cristo, enseñó la primera teoría conocida sobre la herencia. Esta teoría mantenía que un niño poseía las "cualidades" de sus progenitores porque el semen concentraba en su interior pequeños elementos representativos de todas las partes del cuerpo paterno. La propuesta de Aristóteles, del "plan" aportado por el semen del padre a la materia informe de la madre, supone un paso más. De alguna forma, la noción de "información" ya se encontraba en ella. Pero durante siglos se olvidaron estas ideas, se centraron los intereses en otros aspectos, y la creencia en la generación espontanea fue generalizada.

Hay que esperar al Renacimiento para encontrar una noción, incluso más simple que la propuesta por Hipócrates, sobre la herencia: la teoría de la preformación, que presuponía que el desarrollo de un individuo se producía como un despliegue de ese individuo a partir de una figura diminuta, homúnculo, presente en el semen masculino o en la sangre de la madre.

Es en el siglo XVII cuando se produce el despegue del desarrollo de la ciencia moderna. A lo largo del siglo XVII, se configuraron los dos modos de hacer ciencia que hoy reconocemos: el método cualitativo-inductivo, instaurado por Francis Bacon (1561-1626), en el cual el científico recoge datos empíricos y a partir de esos datos llega a una generalización; y el método matemático-deductivo (o hipotético-deductivo), desarrollado por Galileo (1564-1642) y sobre todo por Descartes (1596-1650) en su obra *"Discurso del Método"*, en el que el razonamiento va de lo general a lo específico, y de este modo se elaboran hipótesis que a su vez plantean una serie de predicciones que se pueden probar mediante experimentos con sus correspondientes controles.

En este contexto metodológico, sería el desarrollo de los primeros microscopios lo que amplió, en gran medida, el campo de la biología en el siglo XVII. Corresponde a Galileo el mérito, junto a otros muchos, de haberlo introducido en la investigación biológica. Entre los grandes impulsores de la microscopía hay que destacar al italiano Malpighi (1628-1694), y sobre todo al alemán Leeuwenhoek (1632-1703) que fue el primero que observó el contenido celular, los espermatozoides y los protozoos. Así podemos considerar que el XVII es el siglo del inicio de la Citología. Hooke (1635-1703) dio en 1665 el nombre de "célula" (del latín "*cella*", espacio vacío) a los compartimentos que observó al examinar un trozo de corcho y que le recordaban las celdas de un panal de abejas, aunque la Teoría Celular aún tardaría más de un siglo en formularse.

Es también en esta época cuando se rebate de forma contundente la idea de la generación espontánea. Se producen también grandes avances en embriología, y la idea de la preformación fue demostrada como falsa. Los estudios de Harvey (1578-1657) sobre el desarrollo del huevo de pollo y la formación del embrión en mamíferos le condujeron a formular la conocida sentencia "*ex ovo omnia*", es decir, todos los seres proceden de un huevo.

En el siglo XVIII las ciencias biológicas se desarrollan como ciencias experimentales. La Botánica y la Zoología habían estado sometidas hasta entonces a una sucesiva acumulación de observaciones y aunque en la nomenclatura ya había una tendencia a la sistematización, esta no se realiza plenamente hasta mediados de este siglo. La obra "*Systema Naturae*", del botánico sueco Carlos Linneo constituye un hito en la biología. Contemporáneo de Linneo, Georges-Louis Leclerc, conde de Buffon (1707-1788) se opuso a las ideas y métodos de éste por considerar su clasificación artificial. En su obra "*Histoire Naturelle*" realiza excelentes descripciones de animales e introduce novísimos puntos de vista en el estudio de éstos. Para cada animal que considera, Buffon reúne todos los datos de lo que hoy llamaríamos la "biología" de la especie: velocidad de desarrollo, edad adulta para la reproducción en el macho y en la hembra, duración de la gestación, número de crías por camada, etc. Por otra parte, se pregunta si la definición de especie es fija o variable; es uno de los primeros en hablar de "especies perdidas" (extinguidas) y considera que las especies más primitivas son formas degeneradas de un tipo original más perfecto, además llama la atención sobre la distribución geográfica de los seres. Dentro de la misma rama de la clasificación, se dio a conocer en este siglo el biólogo francés Georges Cuvier, que dedicó su vida a clasificar y comparar las estructuras de diferentes animales, y de fósiles, convirtiéndose así en el padre de la Anatomía Comparada y de la Paleontología.

En este marco de sistemática y clasificación, Wolff (1739-1794) demostró que diferentes estructuras adultas, en animales y plantas, se desarrollaban a partir de tejidos embrionarios. Se sustituyó el preformacionismo por la idea de la epigénesis. Esta idea exponía que los diferentes tejidos y órganos de los seres vivos, aparecían, debido a "fuerzas misteriosas", durante el desarrollo de los organismos.

Con todo, no tenemos ideas que se aproximaran a la verdad científica sobre la herencia y el material hereditario hasta el siglo XIX.

4-D- LA PRE-HISTORIA DE LA GENÉTICA

El siglo XIX fue un siglo fascinante para la ciencia de la Biología. No sólo se plantean las dos grandes teorías de la Biología actual: la Teoría Evolutiva de Darwin y la Teoría Celular, sino que, significó el comienzo de la Genética gracias a los trabajos pioneros de Mendel. Diversos biólogos prestaron especial atención a seres microscópicos, iniciándose la microbiología, nace la bioquímica, se define la ecología y se esbozan las primeras ideas sobre el origen de la vida. Es en este siglo cuando Lamarck (*Hydrogéologie*, 1802) y Treviranus (*Biologie oder Philosophie der lebenden Natur*, 1802) introducen, de manera general, el término "Biología" que reemplazará a la expresión "Historia Natural" (previamente Burdach, 1800, utilizó la expresión "biología", e incluso este término parece puede encontrarse en alguna publicación anterior).

Decidir cuando, donde o sobre que hecho o teoría, empieza una concreta historia, y en este caso, la genética, resulta arbitrario, aun cuando puede existir cierto consenso. A pesar de ese oficial nacimiento de la genética en 1900, los seres humanos han "conocido" y "aplicado" la genética desde siempre: han sabido que los hijos se parecen a sus padres, han sabido que de la unión de perros, nacen otros perros, han domesticado y seleccionado plantas y animales, incluso, ya en tiempos históricos nos hemos tropezado con anécdotas que ilustran esa creencia generalizada en la herencia hasta en características artísticas e intelectuales, como la que se refiere a Leonardo da Vinci y su hermanastro.

Pero como decíamos, es aceptado que el nacimiento "científico" de la Genética se produce en el comienzo del siglo XX con el redescubrimiento de las leyes mendelianas, por Hugo de Vries, Carl Correns y Erich von Tschermark. Pero es, probablemente el siglo XIX, donde podemos encontrar sus raíces, en tres diferentes líneas que acabarían convergiendo. Si adoptamos la clásica división de genética formal o mendeliana, genética molecular y genética de poblaciones, podemos, entonces considerar tres puntos de partida, en este siglo XIX, representados por: Mendel, Miescher y Darwin.

Es a mediados de 1800, cuando se producen tres importantes acontecimientos directamente relacionados con el posterior desarrollo de la genética:

1- en 1859, Charles Darwin publica *El origen de las especies*, una teoría evolutiva mediante un fundamental proceso: la selección natural. Teoría que requiere de la herencia, y de la herencia particulada, no mezclada como era la creencia general en esos momentos.
2- siete años después, en 1866, Gregor Mendel, publica sus *Experimentos de hibridación en plantas*, que establece las leyes básicas de la herencia, pero que permanece ignorado hasta comienzos del siglo XX.
3- en 1871, el químico Friedrich Miescher, de la Universidad de Tübingen, publica sus descubrimientos de dos años antes. Utilizando vendajes de un hospital en el que se trataban heridos de la Guerra de Crimea, aísla de células leucocitarias de pus una sustancia que llamó *nucleina*, y que poco después se llamaría "*ácido nucleico*". Así comenzó el viaje hacia el futuro de la genética molecular.

Probablemente los trabajos de estos tres investigadores constituyen las cimas más sobresalientes del momento en el área que nos ocupa, pero no son sino parte del medio social y científico de la época.

El impacto de la biología en el siglo XIX, aparte de sus aplicaciones prácticas en agricultura, medicina, etc, que solo ocuparon un lugar en la estructura del conocimiento científico mucho más tarde, se dio en primer lugar a nivel ideológico, en el campo de las ideas y teorías sociales. Principalmente se centró en las teorías de Darwin y Weissman (sobre las células), pero se ignoró a Mendel, que resultaba, quizás, mucho menos "interesante" o aplicable socialmente.

Es esta época de la "pre-historia" de la genética cuando, quizás, más se avanzó en el conocimiento, en la elaboración de teorías biológicas relacionadas con la misma, y posteriormente, ya en el siglo XX, y considerando a la genética como ciencia unitaria, gran parte de su espectacular desarrollo se produjo más como tecnología y aplicación que como cuerpo de doctrina con, lógicamente, importantes excepciones. Siguiendo, en parte, a Stutervant (1965), Stern y Sherwood (1973), Rose (1983), Dunn (1991), Mayr (1998), y Hewlett (1998), podemos establecer el siguiente desarrollo.

Rama del avance de la base celular de la herencia:

Es en ese contexto "pre-histórico", en el que se desarrollarán las experiencias de Mendel, pero también los conocimientos celulares y de sus divisiones y cromosomas, sobre los que debemos situar los factores mendelianos.

Desde los años 1840s, se sabía que la célula se reproducía asexualmente por fisión, dividiéndose el núcleo en primer lugar. A partir de la segunda mitad del siglo XIX se realizaron progresos técnicos en el microscopio (objetivos de inmersión, iluminación), y en el desarrollo de tinciones selectivas, que permitieron observar más minuciosamente las células y sus componentes, núcleo y cromosomas, y los procesos que tienen lugar en la reproducción asexual de las células, así como en la unión de las células sexuales.

En 1838 y 1839, sobre las bases de sus estudios respectivos en vegetales y animales, Schwann y el botánico Schleiden, enuncian la Teoría Celular, según la cual la célula es la unidad estructural básica de todos los organismos pluricelulares capaz de existir por sí misma. El enunciado de la Teoría Celular tuvo una gran influencia en la comunidad científica y su importancia en la dinámica de la vida fue establecida cuando, alrededor de 1860, el patólogo alemán Virchow establece que todas las células tienen su origen en células preexistentes, su famosa frase "*omnis cellula ex cellula*", y que las propiedades de los organismos son el resultado de las propiedades de sus células individuales.

Las nuevas técnicas mostraron que en el núcleo de la célula en reposo había una fina malla de material que Fleming denominó en 1879 "*cromatina*", dado que se teñía profundamente con los tintes de anilina básicos. Fleming estudió el mecanismo de la división celular, que denominó "*mitosis*" (del griego "Mitos", filamento).

A finales del siglo XIX las grandes líneas maestras de la teoría biológica habían quedado establecidas. Muchos fueron los biólogos que se ocuparon en esta época de la biología celular, pero nos centraremos solo en Weismann, seguidor del botánico Nageli, por su relación con la genética.

August Weismann (1834-1914), profesor de zoología de Friburgo, estableció una distinción entre lo que denominaba germoplasma, responsable de la transmisión de los caracteres hereditarios, y el soma o plasma corporal, publicando sus ideas en un "*Ensayo sobre la Herencia y Cuestiones biológicas emparentadas*". Señalaba que las criaturas unicelulares simples se propagaban asexualmente dividiéndose en dos, con lo que resultaban inmortales. En los animales superiores el cuerpo sería mortal, siendo sólo inmortal el germoplasma que pasa de una generación a otra. Weismann postuló en 1887 que, a fin de evitar la duplicidad de las unidades del germoplasma con cada generación sexual, antes de la unión sexual, el germoplasma tanto del macho como de la hembra se dividía en dos, de manera que el germoplasma de la descendencia se formaba mediante la unión de un medio de cada progenitor. Una vez dilucidada la conducta de los cromosomas durante la formación del óvulo y el espermatozoide Weismann procedió a identificar el germoplasma con los cromosomas, sugiriendo que estos últimos se dividían longitudinalmente para formar unidades. En definitiva, para Weismann resultó evidente que los cromosomas constituían la base de la herencia, y que se combinaban en las sucesivas generaciones.

Estos estudios constituyen los antecedentes que conducirían al redescubrimiento de las leyes mendelianas a principios del siglo XX.

Mendel:

En otro lugar de Europa, Mendel (1822-1884), un fraile de Brno (hoy República Checa), realizaba una serie de experimentos que llevarían a una nueva comprensión del mecanismo de la herencia. Los experimentos mendelianos constituyen el origen de lo que hemos denominado genética clásica o formal.

Mendel utilizó tres métodos originales en sus estudios: primero, se aseguró de que el material que utilizaba era adecuado, es decir, que las variedades paternas con las que realizaba los experimentos, eran puras, y que las unidades de análisis, los caracteres, eran adecuados; segundo, no solo observó sino que también experimentó, y tercero, cuantificó (Rose *et al.*, 1983).

Su gran contribución fue demostrar que las características hereditarias son portadas en unidades discretas que se reparten por separado (se redistribuyen) en cada generación y que su transmisión se atiene a unas reglas y proporciones determinadas. Esas unidades discretas que Mendel llamó "*elemente*", posteriormente fueron denominados "*factores mendelianos*", y finalmente fueron conocidas como "*genes*" (término acuñado por Johannsen en 1903).

Mendel escogió como material de experimentación el guisante, *Pisum sativum*, planta fácil de cultivar y de crecimiento rápido. Las distintas variedades de plantas tienen características cuyas variantes son claramente diferentes y constituyen líneas que pueden reproducirse como puras (homocigotas), reapareciendo sin cambios de una generación a la siguiente. Como dijo Mendel en su trabajo original, "*El valor y la utilidad de cualquier experimento dependen de la elección del material adecuado al propósito para el cual se lo usa*". De hecho, planeó sus experimentos con cuidado, eligiendo para su estudio solamente características hereditarias con variantes bien definidas y mensurables. No sólo estudió la descendencia de la primera generación, sino también de la segunda y de las subsiguientes. Contó los descendientes y luego analizó los resultados matemáticamente. Aunque su matemática era simple, la idea de que un problema biológico podía estudiarse cuantitativamente fue sorprendentemente nueva. Finalmente, organizó los datos de tal manera que sus resultados pudieran ser evaluados en forma simple y objetiva. Los experimentos mismos fueron descritos con tanta claridad que pudieron ser repetidos por otros científicos.

Mendel, considerado hoy el padre de la Genética, había expuesto sus trabajos en 1865 en dos conferencias dictadas en Brünn Natural History Society, el 8 de febrero y el 8 de marzo, y publicados un año después en 1866, en la revista *Proceedings of the Brünn Society for Natural History*, bajo el título "*Versuche über Pflanzen-Hybriden*" (*Experimentos de hibridación en plantas*). Pero Mendel no conectó con los intereses científicos de la época, y ello, unido a la publicación de sus resultados en una revista que hoy consideraríamos de "bajo impacto", explica que sus resultados fuesen ignorados durante décadas. Quizás no haya sido ajeno a ello el hecho de publicarlo en aleman. Fue en 1901 cuando William Bateson realiza la primera traducción al ingles de los trabajos mendelianos, bajo el título "*Experiments in Plant hybridization (1865)*" (http://www.mendelweb.org/).

Rama del avance de la biología molecular:

Se ha señalado con ironía, que los ácidos nucleicos, hoy tan famosos, tuvieron la cuna más humilde que podemos imaginar: células de pus. En 1869, Friedrich Miescher, en Tubinga (Alemania), buscaba descubrir la naturaleza química del núcleo celular y descubre la *"nucleína"*, una sustancia ácida del núcleo. Se acaba conociendo como *ácido nucleico* después de 1874, cuando Miescher separa la nucleína en dos componentes: proteicos y molécula ácida, y que terminó llamándose *cromatina.* En esos momentos se sospecha que ejerce alguna función en el proceso hereditario, aunque el significado del ADN (ácido desoxirribonucleico) no será apreciado por espacio de 70 años. El artículo inicial, propuesto para publicación en 1869, no salió hasta 1871.

El progreso en el conocimiento del material hereditario fue lento y difícil, porque la complejidad de la cromatina no estaba al alcance de las técnicas disponibles para fraccionar y purificar sus componentes hasta poder cristalizarlos y determinar su composición. Fue Richard Altmann (1889) quien distinguió el ácido nucleico como componente de la cromatina y le dio su nombre. Y el bioquímico Albrecht Kossel y sus colaboradores, identificaron sus componentes hacia finales del siglo XIX: bases nitrogenadas, una azúcar de cinco carbonos y ácido fosfórico.

Análisis posteriores, ya a comienzos del siglo XX, demuestran la existencia de dos tipos fundamentales de ácidos nucleicos (ADN, ácido desoxirribonucleico y ARN, ácido ribonucleico). Los conceptos de nucleósido, nucleótido y desoxirribosa, entre otros, se deben a Phoebus Levene. Pero, desafortunadamente, Levene, desde su puesto de director del Departamento de Bioquímica del Instituto Rockefeller de Nueva York, introdujo un tremendo error: que los ácidos nucleicos eran tetranucleótidos, y no podían contener información. Este error, aceptado, tuvo consecuencias muy negativas para el progreso en esta área.

La estructura primaria de una cadena de ácido nucleico, como ahora la conocemos, es el resultado de una larga serie de investigaciones que solo pueden darse por culminadas a mitad del siglo XX.

Rama del avance de la genética evolutiva:

La teoría de la evolución, el punto de partida de la genética de poblaciones, no apareció con Darwin y su codescubridor, Russell Wallace, aun cuando Darwin constituye un punto de inflexión histórico.

Cuando presentaron su artículo conjunto en Londres, en 1858 (el famoso libro de Darwin, *"El origen de las especies"*, aparece un año después), esa teoría, que las especies van modificándose gradualmente y acaban por transformarse en otras diferentes, ya había sido propuesta de una u otra forma por muchos en el medio siglo anterior. Lo que Darwin hizo fue proporcionar por primera vez, gran cantidad de datos empíricos y enunciar un mecanismo para tal evolución.

La idea linneana sobre la inmutabilidad de las especies fue perdiendo predicamento, muy lentamente, durante los siglos XVIII y XIX. A finales del XVIII, el optimismo antropológico de la Ilustración, cuyo producto más consolidado fue la Enciclopledia, y la incipiente revolución industrial, habían introducido la creencia de que el hombre y la sociedad iban progresando de forma constante hacia la "perfección". Por otro lado, las pruebas de los restos fósiles que antes no habían sido consideradas, ahora eran interpretadas como muestras de que durante largos períodos las especies se habían transformado gradualmente, pasando de formas primitivas a formas superiores, desde las más sencillas, a la más perfecta, el hombre.

Tales ideas alcanzaron su punto culminante con Lamarck. A pesar de sus detractores, la contribución de Lamarck al concepto de evolución fue fundamental para aclarar la naturaleza cambiante de las especies. E incluso desarrolló la idea de cómo podrían ocurrir tales cambios: como un proceso lineal, de lo más sencillo a lo más complejo. Los organismos cambiaban sus caracteres adaptándose al ambiente y los cambios adquiridos eran transmitidos a la descendencia.

Aunque el término evolucionismo se le atribuye al científico francés Pierre Louis Moreau de Maupertuis (1698-1759), quien llegó a la conclusión de que la capacidad de adaptación al medio de los organismos debía desempeñar un papel decisivo en el futuro de la especie (en su publicación *Vénus Physique*, de 1745, y otras posteriores, propone ciertas conjeturas que se consideran versiones tempranas sobre la evolución), el debate evolucionista no irrumpió con fuerza hasta finales del siglo XVIII, cuando aparecieron en Alemania, Inglaterra y Francia diversas versiones acerca de la evolución biológica.

En Alemania la escuela de los filósofos "naturalistas" que concebían las especies orgánicas como otras tantas realizaciones materiales, separadas y desconexas de los estadios por los que pasaba la materia en su auto-movimiento hacia el predestinado final humano.

Desde Francia, Buffon (1707-1788), propuso que las especies, solo las que no habían sido el producto de la creación divina, podían cambiar. Esto fue una gran contribución sobre el primitivo concepto de que todas las especies se originan en un creador perfecto y por lo tanto no pueden cambiar debido a su origen.

En Inglaterra, Erasmus Darwin (1731-1802), abuelo de Charles Darwin, médico y naturalista, propuso que la vida había cambiado, pero no presentó un mecanismo claro de como ocurrieron estos cambios, sus notas son interesantes por la posible influencia sobre su nieto, como la idea, que alguno ha clasificado como "curiosamente británica", de que los organismos progresan compitiendo entre sí por el sustento o por las hembras de su especie.

Precisamente, el economista y demógrafo Robert Malthus (que influenció claramente las ideas darwinianas de la selección natural) también recurrió a la idea de la competición entre individuos para mostrar que el progreso humano era imposible puesto que la población tiende a crecer en progresión geométrica, mientras que los alimentos sólo aumentan en progresión aritmética, por lo que llegaría un día en que la población sería mayor que los medios de subsistencia, de no emplear medios preventivos y represivos.

Las dos teorías que más éxito tuvieron en ese tiempo fueron la catastrofista y la teoría de transformación de unas especies en otras. George Cuvier, convencido fijista y adversario de peso de las teorías de la evolución propuso la teoría catastrofista para explicar la extinción de las especies. Cuvier propuso la existencia de varias creaciones que ocurrieron después de cada catástrofe. Esta visión era bastante confortable para la época (pensemos en el diluvio universal) y fue ampliamente aceptada.

Jean Baptiste de Monet, más conocido por Caballero de Lamarck (1744-1829) el científico que acuñó el término biología, el que separó invertebrados de vertebrados, concluyó audazmente, que los organismos más complejos evolucionaron de organismos más simples preexistentes. La teoría lamarckiana señalaba la existencia de cambios en las especies en el tiempo debido al uso o desuso de sus órganos y postuló un mecanismo para ese cambio: la herencia de los caracteres adquiridos. Pero la falta de pruebas de un transformismo según el cual el alargamiento del cuello de las jirafas, su clásico ejemplo, era un carácter adquirido que se explicaba por los persistentes esfuerzos adaptativos, facilitó que la teoría de su agresivo adversario Cuvier acabase imponiéndose en los primeros años del siglo XIX. Así, hacia mediados del siglo XIX, el debate sobre fijismo y evolucionismo estaba resuelto a favor del primero.

Darwin:

Trabajando independientemente, Charles Darwin (1809-82) y Alfred Russell Wallace (1823-1913), desarrollaron la misma teoría acerca de cómo se fue modificando la vida a lo largo de los tiempos.

Darwin, aún cuando ya había dado muestras de su interés por las ciencias naturales, comenzó su carrera como naturalista al embarcarse en el H.M.S. Beagle y recorrer las costas de Sudamérica y los archipiélagos del Pacífico durante una larga expedición de cinco años (1831-1836). Durante el viaje, Darwin observó como especies estrechamente relacionadas parecían haberse sucedido unas a otras, *"esta maravillosa relación entre lo muerto y lo vivo en un mismo continente arrojará en el futuro, no cabe duda, más luz sobre la aparición de los seres orgánicos en la Tierra y sobre su desaparición....*" Así como que las especies del archipiélago de las Galápagos se asemejaban a las de Sudamérica, si bien diferían ligeramente entre unas islas y otras. Su alusión a *"Aquí, tanto en el espacio como en el tiempo, tenemos la sensación de que estamos más cerca de ese gran acontecimiento –ese misterio de los misterios- que es la aparición de nuevos seres sobre la Tierra"*. Darwin llegó a la conclusión de que las especies habían evolucionado a lo largo del tiempo.

Por su parte, Wallace visitó el archipiélago malayo donde observó que las islas vecinas estaban habitadas por especies estrechamente relacionadas aunque diferentes, como había observado Darwin, antes que él, en las Galápagos.

Los trabajos de Malthus inspiraron en ambos la idea de la lucha por la vida y la supervivencia del más apto. Wallace redactó su artículo y se lo envió a Darwin. Ambos publicaron de modo conjunto en 1858 estas ideas, proponiendo que los organismos cambian, evolucionan, tienen capacidad para adaptarse al medio ambiente, los individuos presentan caracteres variables que se heredan. Asimismo, también proponen como mecanismo para ese cambio la selección natural: todos los organismos tienden a sobre-reproducirse mas allá de la capacidad de su medio ambiente para mantenerlos y, que como no todos los individuos están adaptados en el mismo grado a su medio ambiente, algunos sobrevivirán y se reproducirán mejor que otros: *"De aquí que, como se producen más individuos de los que pueden sobrevivir, tiene que haber en cada caso una lucha por la existencia, ya de un individuo con otro de la misma especie o con individuos de especies distintas, ya con las condiciones físicas de la vida...*" (para una breve introducción a las ideas de Darwin, Ochando, 1982)

En 1859 Darwin publicó su memorable libro "*On the origin of species by means of natural selection, or the preservation of favoured races in the struggle for life*" (*El Origen de las Especies mediante la Selección Natural o la Conservación de las Razas favorecidas en la lucha por la Vida)* que influyó profundamente no sólo en el desarrollo posterior de la Biología, sino también en la visión acerca de nosotros mismos e incluso cambió la forma de pensar del mundo occidental.

Herbert Spencer (1820-1903) extendió la teoría de la selección natural a la sociedad humana, viendo la supervivencia del más apto como el modo de progreso de la humanidad: el comercio libre y la competencia económica serían las formas sociales de la selección natural. Así nació el Darwinismo social, en el cual se excusaron muchos hechos inaceptables.

4-E- SIGLO XX: NACIMIENTO DE LA GENÉTICA

Es en este contexto donde la genética encaja. Y si la biología tiene una larga historia, la genética la tiene breve. Veamos como se interrelacionan y convergen esas tres líneas fundamentales del pensamiento biológico del siglo XIX, en lo que hoy llamamos **Genética**. Veamos, de forma breve, como se desarrolla la genética durante este siglo XX, en cinco etapas fundamentales: clásica, material genético, desarrollo, nueva genética y postgenómica.

Como hemos expuesto, se considera el nacimiento "formal" de la genética, con el redescubrimiento de las leyes de Mendel, en el inicio del siglo XX. A pesar de que Mendel publicó sus trabajos en 1866, no fue hasta el comienzo del siglo XX cuando realmente se conocieron.

A partir de 1885, de Vries empezó a buscar cambios por mutación en los organismos, hallándolos en una colonia de la onagra americana. Entrando en el siglo XX, Bateson (1861-1926) en Inglaterra y Johannsen (1857-1927) en Dinamarca buscaban también mutaciones. Johannsen, quien acuñó el nombre de "*genes*", obtuvo variedades puras de judias por autofecundación, que producían siempre semillas con el mismo peso medio, excepto en un caso en que el peso medio de las semillas variaba espontáneamente, conservándose este cambio en las generaciones sucesivas, encontró una mutación.

En esta época, Hugo de Vries, en Amsterdam, Carl Correns, en Tubinga, y Erich von Tschermak, en Viena, redescubren y examinaron los trabajos anteriores sobre el tema de la herencia y la mutación, encontrándolo en lo publicado por Gregor Mendel más de tres décadas antes, citandolo en sus publicaciones de 1900. Y así se considera 1900 como el año de nacimiento de la Genética.

El siglo XX, desde el punto de vista de la historia de la genética, podríamos considerarlo en dos grandes bloques: antes del ADN, aproximadamente primera mitad del siglo, y después del ADN, la segunda mitad. Pero es una visión muy reduccionista. En otros términos, algo más detallados, y quizás, excesivamente lineales, aunque generalmente aceptados, podríamos hablar de: Genética mendeliana o de la transmisión o clásica, Genética del material hereditario, Genética del desarrollo y Nueva genética (Lacadena, 1984).

La genética mendeliana o de la transmisión o clásica, domina las cuatro primeras décadas del siglo (1900-1940). Es la época de universalización de las leyes mendelianas, del dominio de la *Drosophila melanogaster* como material genético.

Las dos siguientes décadas (1940-1960) se consideran las del estudio de la naturaleza y modo de acción de los genes. Es la época de la identificación del ADN como material genético, del descubrimiento de la estructura de la doble hélice, del desciframiento del código genético.

La tercera fase (años 1960-1975), se identifica con los trabajos sobre los mecanismos de acción génica, la regulación, diferenciación.

Y la cuarta etapa incluiría desde 1975 hasta la publicación del genoma humano. Es la "*nueva genética*", en expresión de Nathans (1979), desde las endonucleasas de restricción, el ADN recombinante, pasando por la PCR. Es la época de las tecnologías moleculares.

Pero en mi opinión hay un olvido imperdonable en esta estructuración lineal de la historia de la genética: la teoría sintética de la evolución. Y no debemos olvidar que como dijera Theodosius Dobzhansky "*nada en biología tiene sentido si no es a la luz de la evolución*" (1973). No debemos olvidar que la evolución es la parte de la biología más integradora, incluso para la genética. Así pues, debemos considerar como una etapa fundamental, también para el desarrollo de la genética, la Genética de poblaciones, que culmina con la síntesis mendeliano-darwiniana, en la Teoría Sintética de la Evolución, con la publicación del libro de Dobzhansky (quien por cierto, nace el mismo año que la genética, en 1900) "*Genetics and the origin of species*", en 1937.

Y me atrevería a hablar de un último período abierto a partir del momento de la publicación de la secuencia del genoma humano. Sería el inicio de la genómica funcional, de la aplicación generalizada de la genética a los diversos problemas a que nos enfrentamos, de salud, de medio ambiente, etc., sería la era "post-genómica".

Debo, no obstante, advertir, que todo lo anterior, esa sucesión lineal y compartimentalizada, es una simplificación de la realidad, mucho más rica: la sucesión lineal se ve continuamente interrumpida por ramas colaterales que convergen o divergen, y la compartimentalización es una división de un continuum: no existe línea divisoria entre las diversas etapas, y se dan experimentos y descubrimientos que podrían ser considerados de una etapa, en otra diferente. Tengamos todo esto en cuenta.

4-F- GENÉTICA DE LA TRANSMISIÓN: primeras cuatro décadas del siglo XX.

Como hemos dicho, 1900 se considera el año de nacimiento de la genética, el del redescubrimiento de las leyes mendelianas. Pero en realidad, el problema inicial se centró entre la variabilidad continua y la discontinua. Darwin creía que la evolución tenía como base pequeños cambios, mientras que otros, opinaban que debía realizarse mediante grandes saltos. Así, tenemos a la escuela llamada biométrica, que tendía a apoyar a Darwin, mientras que los mendelianos tomaron partido por la idea de evolución discontinua.

William Bateson, autor de muchos de los términos genéticos hoy más básicos, constituye una de las figuras clave en el inicio de la Genética. Bateson desarrolló conceptos y términos como alelo, heterocigoto, homocigoto, y gracias a su escuela se descubrió el ligamiento y la epistasia. Bateson, incluso antes de leer los trabajos de Mendel, estaba convencido de los argumentos a favor de la variación discontinua, y a propósito de la misma, y a lo largo de la última década del siglo XIX, *Nature*, constituyó el escenario de la encarnizada polémica entre Pearson, Weldon y el propio Bateson. Cuando Bateson leyó los experimentos de Mendel con los guisantes creyó encontrar argumentos en apoyo de la variación discontinua. De esta forma avanzó la generalización de las leyes mendelianas, y el aparente conflicto de intereses entre mendelianos y darwinianos.

En los quince años que siguieron al redescubrimiento de las leyes de Mendel, se pusieron los fundamentos para el desarrollo de la genética.

A principios del siglo XX, el conocimiento básico de la estructura celular permitió establecer los soportes citológicos de los fenómenos hereditarios al comenzar a interpretarse los datos de la genética por medio del comportamiento de los cromosomas. Thomas Morgan, psicólogo y científico americano, y sus colaboradores dieron a conocer sus trabajos sobre la teoría cromosómica de la herencia, donde señalaron como se establece la localización de los factores hereditarios o genes en los cromosomas. Su famosa "habitación de las moscas", en el Columbia College, reunió a varios de los más destacados genéticos de los inicios. Morgan eligió a la mosca de la fruta, *Drosophila melanogaster*, como su organismo experimental, convirtiendose en una herramienta muy adecuada para los estudios de genética, que acabó por ser la "reina" de esta nueva ciencia. Inicialmente, Morgan estaba más interesado en la biología del desarrollo que en la propia genética, incluso, al principio, se opuso a la teoría cromosómica de la herencia, pero su trabajo, su material y su método, constituyeron una escuela fundamental para la construcción de los cimientos de la genética. Su primer trabajo sobre moscas se publicó en 1910, con el primer mutante, de ojos blancos de *Drosophila melanogaster*, ligado al sexo, y en menos de dos años, él y su grupo publicaron 13 trabajos sobre unos 20 mutantes ligados al sexo.

Pero Morgan no solo se convirtió en una figura fundamental de la genética, también creo escuela. Varios colaboradores de Morgan hicieron descubrimientos esenciales en la historia de la Genética. Bridges colaboró en el descubrimiento de la herencia ligada al sexo y descubrió el fenómeno de la disyunción de los cromosomas durante la meiosis. Sturtevant desarrolló la teoría del ligamiento genético y sus contribuciones sobre el intercruzamiento (sobrecruzamiento) cromosómico permitieron elaborar los primeros mapas cromosómicos. Müller, otro de los seguidores de la escuela morganiana, se distinguió por sus estudios sobre las mutaciones y los efectos mutagénicos de los rayos X. Tanto Morgan, en 1933, como Müller, en 1946, ganaron el premio Nobel.

El sobrecruzamiento y reordenación de los cromosomas contribuyó a explicar la mezcla de constituciones genéticas en una generación con respecto a las anteriores. Un conjunto de características asociadas a un único cromosoma en un progenitor podía distribuirse en dos en la generación inmediata, y continuar este proceso más aún en las generaciones sucesivas. Características nuevas podrían aparecer por el surgimiento de un nuevo gen por mutación o por una nueva combinación de genes existentes, así como por cambios cromosómicos, como la deleción, duplicación, inversión y translocación de segmentos cromosómicos o los cambios que entrañaban cromosomas enteros o incluso conjuntos completos de cromosomas.

4-G- LA UNIÓN DE MENDEL Y DARWIN: años treinta del siglo XX.

Inicialmente, la utilización de la genética para comprender la evolución, fracasó. Los comienzos del siglo XX parecen reforzar a los mendelianos, en contraposición al dominio darwinista de finales del siglo XIX.

La solución del conflicto entre mendelianos y darwinianos, dependía de la posibilidad de demostrar que la variación mendeliana podía ser fuente de pequeñas variaciones que posteriormente serían objeto de la selección. Los experimentos de Castle en animales y los de Nilsson-Ehle con cereales, constituyeron la base de la solución.

Probablemente una de las principales causas de la dificultad de la aceptación del darwinismo por los primeros mendelianos estribaba en que la idea de selección natural no la plantearon como un proceso poblacional sino tipológico. Para ellos las mutaciones que determinaban la variación discontinua eran una buena explicación para conducir de una especie a otra. A pesar de ello, algunos pasos se dieron en el avance de la genética de poblaciones: por ejemplo, en 1908, el desarrollo de la famosa Ley del equilibrio de Hardy-Weinberg, o el estudio matemático del efecto de la selección que dirigió Punnet, colaborador de Bateson.

Pero, desafortunadamente, pasaron varios decenios hasta que se produjo una integración entre mendelismo y darwinismo. Fisher, Wrigth y Haldane pusieron los fundamentos, especialmente a nivel matemático, de la unión de la selección y la genética. En 1930 Fisher publica *The genetical theory of natural selection*. En 1931, Wrigth publica *Evolution in Mendelian populations*. Y en 1932,

Haldane, publica *The causes of evolution*. En estas publicaciones se realiza la síntesis entre mendelismo y darwinismo, y se establece la genética de poblaciones como ciencia básica en el estudio de la evolución.

Pero no fue hasta que en 1937, cuando Theodosius Dobzahnsky publica su famoso libro *Genetics and the origin of species*, cuando realmente se aunaron, de forma completa, Darwin y Mendel. Los grandes avances culturales, con frecuencia, se han producido por la hibridación, la fusión de conocimientos e ideas inicialmente desarrolladas de forma independiente. Y uno de esos momentos, en el campo de la biología, se produce con la fusión de las ideas formuladas por Darwin sobre la evolución y el proceso de selección natural, y las leyes de Mendel sobre la herencia (una introducción a esta unión de herencia y evolución, puede encontrarse en Ochando, 1989).

Dobzahnsky incorporó a los trabajos de Wright, Fisher y Haldane, gran abundancia de pruebas experimentales en la demostración de que la selección natural constituía el agente más efectivo del cambio evolutivo y que los hallazgos de la genética, no solo eran compatibles con ello, sino que servían de base para el mismo. El paradigma darwiniano y las teorías mendelianas, se enriquecieron mutuamente, y acabaron constituyendo un cuerpo de doctrina de gran capacidad explicativa y fundamental en el mundo de las ciencias.

4-H- GENÉTICA DE IDENTIFICACIÓN DEL MATERIAL HEREDITARIO: años 40 y 50 del siglo XX.

A principios de los años cuarenta, si bien la genética mendeliana era ampliamente aceptada, su elemento fundamental, el gen, era todavía una entidad puramente funcional sin un sustrato material definido, aparte del hecho de formar parte de los cromosomas. A pesar de su esplendor conceptual y aplicado, la Genética en estos años ignoraba la naturaleza química de los genes, lo que impedía abordarlos directamente. A falta de pruebas se supuso que los genes estaban hechos de proteínas.

En este momento, el interés sobre los genes procedía de diversas direcciones. Por supuesto, los genéticos estaban interesados en determinar que eran los genes y como se comportaban. Pero también los químicos se encontraban interesados en conocer la sustancia de la que estaban hechos los genes. E incluso los físicos se preguntaban como habían llegado a existir los genes. Debemos añadir a los evolucionistas que consideraban a los genes aquello sobre lo que actuaba la selección natural.

El camino de la historia que venimos desarrollando hasta ahora, que podría considerarse hacia la doble hélice, no fue un camino directo, se desviaba en muchas direcciones y diversas disputas entre sus seguidores provocaron confusión. Pero había un aspecto fundamental en ese camino: se necesitaban técnicas nuevas y un material biológico experimental apropiado. Y en este punto, Luria y Delbrück, con su publicación de 1943, sobre mutaciones bacterianas, podríamos decir que pusieron los cimientos de la genética bacteriana, y por consiguiente de un nuevo tipo de material genético más fácilmente abordable en la nueva etapa.

Los experimentos de Griffith en 1928, y los posteriores de Avery, McLeod y McCarthy en 1944 con *Pneumococcus* , demostrando que el principio transformante de la característica hereditaria de patogeneidad en esas bacterias, era el ADN y, finalmente, los de Hershey y Chase en 1951 con bacteriófagos T2, demuestran, sin lugar a dudas, que el ácido desoxirribonucleico o ADN, es el material genético de las células, dando lugar al nacimiento de la Genética Molecular. Según algunos, el descubrimiento de Avery y sus colaboradores con la identificación del ADN como portador de la información genética, podría ser considerado uno de los más importantes del siglo XX, por encima de la famosa estructura de la doble hélice de ese ADN. El ADN dejó de ser una curiosidad bioquímica para convertirse en el sujeto más abordado de la Ciencia, indispensable para el conocimiento de los seres vivos, y fundamento de infinitas aplicaciones prácticas.

Estos hechos constituyeron un cambio brusco en la corriente de pensamiento de aquella época, en la que se asignaba al ácido desoxirribonucleico un papel meramente estructural. Añadido a lo anterior, las más avanzadas técnicas desarrolladas por Chargaff a finales de los años cuarenta, revelando que la composición del ADN era compleja y difería según el organismo del que procedía, aún cuando respetaba unas leyes generales de equimolaridad, contribuyeron al avance en el conocimiento, en este caso, de la estructura de la ya demostrada molécula de la herencia. Poco después, Watson y Crick (1953) desarrollan un modelo de estructura del ADN de doble hélice, basado en los análisis estequiométricos de las bases de Chargaff y en los diagramas de difracción de rayos X de Wilkins y Franklin. El modelo de doble hélice sugiere inmediatamente el mecanismo de duplicación, como esos mismos autores indican en su famosa publicación, requerido para la conservación del material genético. Este mecanismo semiconservativo es demostrado por Messelson y Stahl en 1958.

En 1953 se publicaron tres artículos muy breves agrupados bajo el título conjunto *"Molecular structure of nucleic acids"* (*Nature* 171:737-741). En el primero, Watson y Crick, proponían la famosa estructura bihelicoidal para el ADN. Esta estructura aparecía como un modelo, es decir, como una hipótesis que satisfacía algunos conocimientos previos y otros presentados en los dos artículos siguientes, cuyos primeros autores eran Maurice Wilkins y Rosalind Franklin, respectivamente. Se cerraba así una carrera, breve pero frenética, de varios grupos investigadores. Como se afirmó, agrandaba el éxito de Watson y Crick la talla de uno de los perdedores en esa carrera, Linus Pauling, que ya era muy conocido por sus aportaciones esenciales a la Química y a la Biología. (Ver historia de la propuesta del modelo de la doble hélice en Clayton and Dennis, 2003, y artículos de Cerdá y Baguñá, en la página web de la Sociedad Española de Genética, http://www.segenetica.es/).

Revelada en líneas generales la estructura del material genético, se dirigió el estudio al conocimiento de cómo se producía la acción del gen, es decir, la determinación del carácter fenotípico. Era imprescindible el uso de caracteres fenotípicos fácilmente analizables en términos de procesos metabólicos, y por consiguiente de reacciones químicas. Y resulta curioso, que el primer antecedente en este campo lo encontremos ya en 1909 y para un carácter humano. Garrod descubrió la relación entre un defecto genético y una anomalía bioquímica, al observar que la alcaptonuria venía provocada por una mutación recesiva que se heredaba de acuerdo con las leyes de la herencia mendeliana.

En 1940, como consecuencia de sus estudios con mutantes auxotróficos de *Neurospora crassa*, Beadle y Tatum postulan su hipótesis de "*un gen-una enzima*", (posteriormente matizada por Benzer como "*un cistrón-un polipéptido*"), estableciendo el concepto del gen como unidad de función. Así la evolución del concepto de gen ha pasado por diversas fases y aún hoy debemos retomarlo continuamente (Ver concepto de gen hasta los años 80, en Perez-Eslava y Revuelta, *Del concepto mendeliano de gen al modelo actual de gen eucariotico*, publicado en *En el centenario de Mendel: la genética ayer y hoy*, Alhambra, 1984).

Establecida esa relación, era necesario conocer los mecanismos a través de los cuales ADN y proteina (enzima) se comunicaban. ¿El ADN simplemente permitía o bloqueaba la acción de la enzima o existía una relación informacional entre ambas sustancias?. Los trabajos posteriores, especialmente sobre la hemoglobina normal y falciforme, fueron determinantes. Crick postula en 1958 la *hipótesis de la secuencia*, que poco después se convertía en el *Principio de Colinealidad*, gracias a los trabajos de los equipos de Yanofsky y Sarabhai, en 1964: el ADN especifica la secuencia de aminoácidos de una proteína.

También se conoce la existencia del ARN de transferencia que, con el descubrimiento en 1961 del ARN mensajero, constituyen las piezas clave de los mecanismos de expresión génica. Y así, se emprende una de las carreras más apasionantes de la historia de la Biología: el desciframiento del Código Genético, llevado a cabo por los grupos de Nirenberg, Ochoa y Khorana, en los años 60 del pasado siglo. Pasamos a conocer la correspondencia entre codones y aminoácidos, la universalidad del código genético (como siempre en Biología, hoy conocemos excepciones a esa universalidad) y las características generales de este código, de este diccionario (aunque es más que eso), que permite el paso de un lenguaje nucleotídico a un lenguaje proteico.

4-I- GENÉTICA DEL DESARROLLO: REGULACIÓN DE LA ACCIÓN GÉNICA: años 60 y 70 del siglo XX.

La idea de que los genes rigen los procesos de desarrollo de los organismos, unió a la genética y la embriología. La comprensión del desarrollo de los seres vivos pasa, necesariamente, por la comprensión de los fenómenos de diferenciación celular.

A principios de los años sesenta, se conocía el esquema básico de los mecanismos de almacenamiento, transmisión y expresión de la información genética. A partir de aquí, todo transcurre a una gran velocidad:

En 1961, como resultado del extenso trabajo realizado sobre la inducción enzimática en *Escherichia coli*, Jacob, Monod y Lwoff formulan un modelo de regulación de la transcripción génica: el modelo del operón, donde unos genes pueden regular la actividad de otros genes y da una explicación en términos moleculares de la adaptación del metabolismo bacteriano a los cambios ambientales. François Jacob y Jacques Monod, publican en 1961 su artículo "*Genetics regulatory mechanisms in the synthesis of proteins*", donde acuñan un nuevo término "*operón*" para definir un modelo de regulación donde los genes reguladores (también descubiertos por ellos) tenían como función, no la síntesis de enzimas, sino el control sobre otros genes que las producían. También entre sus logros se encuentra la propuesta del ARN mensajero como intermediario entre el ADN y las proteinas codificadas.

Una década después, a comienzos de los setenta empieza el auge del estudio de sistemas eucarióticos. Es en esta época cuando los genéticos comienzan a abordar, de forma generalizada, los fenómenos de citodiferenciación, cuyos cimientos se encontraban en los clásicos trabajos en anfibios de Briggs y King (1952) y de Gurdon (1960) o los de cultivos vegetales del grupo de Steward (1964). Se habla de totipotencia y de determinación (Hadorn, 1965), y se comienza a utilizar una técnica que dará grandes frutos: los discos imaginales de insectos (Hadorn, 1963, Ursprung y Nöthiger, 1972). También comienza en esta época la inmunogenética, un ejemplo extraordinario de diferenciación.

Hoy sabemos que el desarrollo de un zigoto para dar lugar a un animal o una planta multicelular, con variedad de tejidos y tipos celulares, comporta grandes cambios coordinados en la expresión del genoma de un organismo. Sabemos que durante el desarrollo temprano se expresan más genes que en cualquier otra fase del ciclo de la vida. Pero los albores de estos conocimientos debemos buscarlos en los años cuarenta. Lewis fue el pionero de esta disciplina al descubrir los genes *Hox* en *Drosophila melanogaster* (Lewis, 1978). Cada uno de los genes *Hox* especifica el desarrollo de una parte del cuerpo de atrás hacia delante. El orden de los genes en los cromosomas y el orden de las partes del cuerpo es el mismo. Las mutaciones en genes *Hox* transforman un segmento en otro, produciendo, organismos casi míticos, como por ejemplo, una mosca con cuatro alas en vez de dos.

Con el desarrollo de técnicas moleculares cada vez más precisas, se ha encontrado que los genes *Hox* iniciales y los descubiertos posteriormente estaban presentes en un número creciente de animales, incluido el hombre: las similitudes en la embriogénesis temprana en diferentes grupos de organismos, podrían indicar que el programa genético de desarrollo es ancestral. En este sentido se ha propuesto que la explosión del Cámbrico podría deberse a la aparición de los genes *Hox*. Estos genes *Hox* están demostrando, mucho más allá de sus atribuidas funciones iniciales en la regulación, su fundamental papel en la búsqueda de las huellas de la evolución de los organismos, y sus secuencias comunes básicas desde los organismos más simples hasta el ser humano. En 2007, Holland (*et al. BMC Biol.* 5, 1,47:1-28) clasificaba los 235 genes homeobox humanos, en 11 clases y 102 familias génicas, lo que nos da una idea de la complejidad genómica de estos genes. Hoy incluso disponemos de una página web dedicada a base de datos de los genes Hox (http://homeodb.cbi.pku.edu.cn/).

Tampoco podemos olvidar los imprescindibles trabajos en este campo debidos a McGinnis, en los años 80, con su descubrimiento de que los genes reguladores homeóticos son responsables del "plano" del cuerpo de la mayoría de los animales. Y cuyo equipo llegó a demostrar que una mutación sencilla en un gen *Hox* resulta suficiente para suprimir todo el desarrollo orgánico en la región torácica de la mosca de la fruta.

4-J- LA NUEVA GENÉTICA: desde los años 70 del siglo XX hasta la secuenciación del genoma humano.

La etapa del último cuarto del siglo XX se caracteriza fundamentalmente por el desarrollo y aplicación de nuevas técnicas que convertirán la genética en casi una "ingeniería" y permitirán cambios drásticos y acelerados en el análisis genético y en sus aplicaciones. Es lo que en expresión de Nathans (1979) se denomina **Nueva Genética**. Las endonucleasas de restricción, el ADN recombinante, la PCR y la secuenciación, constituyen, quizás, sus aspectos más relevantes.

Conviene subrayar, en todo caso, algunos descubrimientos de la época, no estrictamente desarrollados por estas nuevas tecnologías, entre ellos, el reconocimiento del descubrimiento de los genes transponibles realizado por Barbara McClinctock, ya en los años 40, en el maíz, pero no reconocidos hasta los años ochenta.

En los años sesenta, Werner Arber descubre las nucleasas de restricción, que protegen a las bacterias de ADNs invasores. Se consideraron en principio como una curiosidad científica, y hoy son una de las principales herramientas de manipulación del material genético. Enzimas capaces de cortar el ADN en determinadas secuencias "diana": palindrómicas. Este descubrimiento, junto con el desarrollo de las técnicas de secuenciación de ADN desarrolladas por Fred Sanger, Paul Berg y Walter Gilbert (que ya en 1967 inició esta línea aislando proteinas reguladoras), se puede considerar como el punto de partida de la llamada **"Ingeniería Genética"**. Fragmentos de restricción procedentes de distintos ADNs podían unirse covalentemente e insertarse en un vector que es introducido en el interior de bacterias, y de esta manera pueden ser expresados. En 1985 Mullis desarrolla la reacción en cadena de la polimerasa, conocida como PCR, que permite fabricar un número ilimitado de copias de un fragmento concreto de ADN, proporcionando ADN molde, cebadores, enzima polimerasa y nucleótidos.

En febrero de 1975, se celebró la famosa conferencia de Asilomar ("*International Conference on Recombinant DNA Molecules*"), organizada por el padre del ADN recombinante, Paul Berg para la discusión y elaboración de reglas éticas en la aplicación de esas nuevas tecnologías genéticas. Y en ese momento, ni los más atrevidos soñaban con un desarrollo tan vertiginoso de esa dirección de la genética. En el año en que escribía el primer esbozo de esta memoria, 2009, y también en Asilomar, convocada por la "Association for the Advancement of Artifial Intelligence", se celebraba una conferencia semejante, en este caso propiciada por la preocupación sobre la inteligencia artificial.

Ya en 1977, se crea la primera empresa de ingeniería genética, "Genentech". Cinco años más tarde, Krimsky decía: "*las ciencias biológicas pasan de la edad de la inocencia a la de la ansiedad*". Realmente se podría efectuar aquí una larga enumeración de la aplicación de esas tecnologías y del enorme impacto que han tenido, no ya a nivel científico, sino y también incluso a nivel social. Recordemos por ejemplo, los ratones gigantes conseguidos por la inclusión del gen humano de la hormona del crecimiento en el genoma del ratón, o recordemos a la famosa oveja Dolly, primer mamífero clonado a partir de células adultas. Todo ello abría un inmenso horizonte nunca hasta ese momento sospechado, no ya en ciencia básica, sino y también en el campo de la aplicación: agricultura, ganadería, ecología, farmacología, medicina, industria, incluso paleontología, en ciencias forenses, etc.

Podríamos considerar el fin de esta etapa con la publicación de la secuencia del genoma humano en febrero de 2001.

4-K- LA GENÉTICA DEL SIGLO XXI: EL FUTURO DE LA GENÉTICA

Si el siglo XX ha sido considerado por muchos como el siglo de la Biología (por otros, como el siglo de la Física), el siglo XXI, sin duda, lo será de la genética. Probablemente, haya mucho de verdad en la afirmación de que la genética dejará de existir porque toda la biología será genética (Brenner, 1993).

Una característica fundamental en la investigación genética en estos albores del siglo XXI, lo constituye el hecho, ya iniciado a finales del siglo XX, del desarrollo o puesta en marcha de múltiples proyectos de alcance internacional, ampliamente financiados, y cuyos efectos sinérgicos en sus resultados se evidencian día a día.

Aunque el primer genoma completo secuenciado lo fue en 1977, y correspondía al bacteriofago ΦX174, podríamos decir que la genética del siglo XXI nace el 15 de febrero de 2001 con la publicación de la secuencia completa del genoma humano. Por primera vez teníamos el borrador que contenía el juego de instrucciones necesarias para la formación de un ser humano. El *International Human Genome Sequencing Consortium*, un proyecto público, realizaba su publicación en *Nature*, mientras la empresa Celera Genomics, lo publicaba en *Science*. Constituyó uno de los puntos culminantes de la genética, y a mi entender, el inicio de una nueva era cuyos logros futuros, en este siglo XXI, resultan difícilmente imaginables en estos momentos.

Por tanto, en los comienzos del siglo XXI, la Biología, y muy especialmente la Genética, entra en una de sus épocas más emocionantes. En estos momentos se dispone de un gran bagaje de conocimientos y de unas sofisticadas metodologías, continuamente renovadas, y es estimulante saber que, por un lado nos encontramos ante un futuro lleno de incógnitas por resolver, y por otro, este ofrece unas perspectivas optimistas y llenas de esperanza.

Como ha expresado un ilustre genético "*la secuenciación del genoma humano está siendo, y va a seguir siéndolo, una caja de sorpresas*" (Cubero, 2001). Y la sorpresa es la espoleta del avance científico.

Varios frentes o líneas maestras de investigación, que pueden incluso cambiar nuestra visión actual sobre el mundo, están abiertas actualmente en diversos campos, tanto en la ciencia básica, como en la aplicada, en medicina y salud, en alimentación, agricultura y ganadería, en industria, en medio ambiente, en bioinformática, con profundas transformaciones en el campo social y amplios debates de contenido ético. Sin ánimo de resultar exhaustiva, y solo para evidenciar esta auténtica y vertiginosa revolución científica, enumeraré algunos casos.

A fecha de 11 de septiembre de 2009 –cuando elaboraba el primer esbozo de este escrito-, y solo como ejemplo, se habían publicado las secuencias genómicas completas de 1100 organismos, y se desarrollaban proyectos en la secuenciación de otros 5843 genomas (GOLD: http://www.genomesonline.org/gold.cgi). Hoy, en enero de 2013, poco más de tres años más tarde, se han completado las secuencias de 4122 genomas y hay 16255 en marcha, incompletos.

La secuenciación de genomas es una fuente inagotable de datos que junto con el desarrollo de herramientas bioinformáticas, de las micromatrices de

ADN y de la proteómica permiten abordar el estudio de los seres vivos en toda su complejidad escapando del enfoque reduccionista. Este enfoque reduccionista, a pesar de haber sido uno de los motores más potentes de la investigación en biología hasta el momento, siempre tiene la limitación de la falta de visión "global" del proceso, tan extraordinariamente complejo e interaccionante en el estudio de los seres vivos. El nuevo abordaje va a permitir comprender como las partes de las células y de los organismos están integradas funcionalmente.

Así, el conocimiento de las secuencias de los genomas no informa de sus funciones. Por lo tanto, se abre un nuevo campo de estudio, que podríamos denominar **era postgenómica**, en la que entender la función de los genes y su regulación va a ser fundamental para entender la complejidad de un organismo. El *Proyecto ENCODE, Encyclopedia of DNA Elements,* http://www.genome.gov/10005107, que puede considerarse la segunda fase del Proyecto Genoma Humano, puesto en marcha en 2003, trata de identificar todos los elementos funcionales en la secuencia del genoma humano. De hecho, ya en 2007 se han publicado las conclusiones de una fase piloto, *ENCODE Pilot Project*, en *Nature* y *Genome Research*. La genómica funcional y la proteómica están permitiendo estudiar patrones de expresión de familias completas de genes y permitirá estudiar, en un futuro próximo, dichos patrones incluso del genoma entero en distintas circunstancias, así como identificar y determinar la función de todas las proteínas en una célula.

En este sentido, la genómica funcional y la proteómica pueden ofrecer claves importantes en el estudio de los mecanismos de diferenciación de los distintos organismos. Muchos biólogos del desarrollo opinan que el desarrollo de un tipo de organismo u otro podría deberse a cambios sutiles en la expresión génica. Sorprendentemente, la secuenciación de genomas parece indicar que el número de genes, y por tanto la cantidad "bruta" de información potencial, no parece estar muy relacionado con los niveles de complejidad encontrados en los organismos, sobre todo si consideramos que en el genoma humano el 45% del ADN corresponde a secuencias repetidas y podría pensarse que quizá cambios de expresión génica podrían ser los responsables de los distintos patrones de desarrollo.

La combinación de los conocimientos que se vayan adquiriendo en genómica y proteómica y el desarrollo espectacular de otra área, la bioinformática, permitirá la elaboración de modelos de rutas metabólicas completas (metabolómica) e incluso modelos celulares. Estos modelos, además de la investigación básica que permitirá la integración de todo el metabolismo celular, presentan un enorme interés biomédico, especialmente para el desarrollo de nuevos fármacos.

Un ambicioso reto que tiene la genética del siglo XXI, en conjunto con otras ciencias, como la neurobiología, es tratar de comprender como funciona el cerebro humano, qué y como, en nuestro genoma, se implica en la manifestación de nuestras pautas de conducta. La neurogenética. Los avances en tecnología de observación del cerebro en actividad, unido al análisis molecular específico, abren todo un mundo, no solo en el tratamiento de enfermedades mentales, sino y también, en el conocimiento de nuestras actividades intelectuales y nuestros comportamientos. Tratar de comprender la dualidad herencia-ambiente que tanta polémica y tan encendidos debates ha protagonizado. El proyecto *IQ-QTL*, puesto en marcha con la finalidad de identificar genes y regiones cromosómicas relacionadas con la habilidad cognitiva general, podría ser un ejemplo.

En cuanto al tema evolutivo, los estudios genómicos aportarán valiosa información sobre filogenia de las especies. Así la secuenciación de genomas de procariotas, aparentemente poco relacionados, como pueden ser las bacterias y arqueobacterias, ha demostrado que en determinados ambientes ha habido episodios de transferencia horizontal entre ambos tipos de procariotas y pueden compartir porcentajes significativos de genes. También se han encontrado genes bacterianos, además de secuencias víricas y secuencias de inserción en el borrador publicado del genoma humano cuya función se desconoce. El papel de estas secuencias y otras, como las denominadas *Alu*, podrían ser una fuente esencial de variabilidad evolutiva y permitir dilucidar cómo se relacionan evolutivamente grupos específicos de organismos. Las secuencias *Alu* constituyen secuencias altamente repetitivas, retrotransposones, de unos 300 pares de nucleótidos-, solo presentes en los Primates –surgieron hace unos 65 millones de años- y están ayudando a esclarecer las relaciones filogenéticas en este grupo animal tan especialmente importante para nosotros. Las llamadas "firmas de ADN" pueden proporcionar claves fundamentales sobre el gran árbol de la vida.

Otro proyecto, dentro de la segunda fase del Proyecto Genoma Humano, el *Hap-Map* (mapa haploide, http://www.hapmap.org/), con un consorcio de investigadores de 6 países, se desarrolla con la finalidad de construir un mapa de patrones de SNPs (single nucleotide polymorphisms) en poblaciones de Africa, Asia y Estados Unidos, y la pretensión de ayudar a identificar regiones asociadas a enfermedades complejas frecuentes y a comprender como la variación genética contribuye en las respuestas a factores ambientales.

La denominada tercera fase del Proyecto Genoma Humano: "*1000 Genomes*", http://www.1000genomes.org/, un catálogo extenso sobre la variación genética humana. Es un proyecto internacional, propuesto en 2008, con la finalidad de conseguir información detallada y médicamente útil, sobre la variación genética humana. Hace unos meses, acaba de publicarse en *Nature* una primera fase, las secuencias genómicas de 1092 personas de diferentes lugares del planeta.

Y no podemos olvidar un área, que aún cuando, hoy, se puede considerar de ciencia básica, su aplicación temprana al mundo de la inteligencia artificial se evidencia: la bioinformática, los algoritmos genéticos. Recordemos, la celebrada Conferencia de Asilomar, de 2009, con la preocupación sobre la inteligencia artificial como punto de discusión. Como dijo Marvin Minsky, el creador del primer simulador de redes neuronales "*nuestros robots heredaran la tierra*".

En definitiva, en el campo de la investigación básica:

- Se está tratando de identificar las maquinarias proteicas que llevan a cabo las funciones de la vida.
- Se está tratando de caracterizar las redes reguladoras que controlan esas máquinas.
- Se está tratando de caracterizar el repertorio funcional de las comunidades microbianas en sus ambientes naturales.
- Se están desarrollando capacidades computacionales para integrar y comprender todos esos datos e iniciar un modelo de los sistemas biológicos complejos.

Pero además de la ciencia básica, las aplicaciones de la genética en este siglo XXI serán espectaculares y afectarán a todas las áreas de nuestras sociedades.

Un campo aplicado en el que el desarrollo avanzará de forma acelerada, es el que podríamos denominar como "medicina genética":

- se mejorará en el diagnóstico de enfermedades.
- se avanzará en el conocimiento de complejas enfermedades mentales. Se identificarán QTLs (Quantitative Trait Loci) asociados a estas enfermedades.
- se detectarán las predisposiciones genéticas a enfermedades.
- se crearan fármacos basados en la información molecular.
- las plantas también se utilizaran para la producción de vacunas comestibles que abaratarían en gran medida el coste de las mismas. Ya se han

desarrollado plantas transgénicas que producen proteínas con aplicación biomédica como globulinas humanas y anticuerpos.

- se usará la terapia génica: dentro de la medicina genómica, la terapia génica, que hasta el momento ha cosechado más fracasos que éxitos, también puede tomar un nuevo impulso y ser una opción terapéutica en un futuro próximo. En muchos casos, la terapia génica ha fallado porque los vectores génicos no eran los adecuados ya que los utilizados hasta ahora, generalmente basados en adenovirus, en ocasiones han resultado letales o no han cubierto su objetivo, por lo que en la actualidad se están intentando desarrollar nuevos vectores.
- se diseñarán fármacos basados en los perfiles genéticos individuales, farmacogenética, tratamientos personalizados de las enfermedades, con lo que significa de eficacia.
- se conseguirá una detección rápida y un más eficaz tratamiento de patógenos.
- se conseguirán órganos "donantes" obtenidos a partir de otras especies, e incluso a partir de cultivos in vitro de células de los propios receptores. El beneficio potencial en la regeneración y reparación de órganos y tejidos o la curación de enfermedades degenerativas y que podrían evitar el problema de rechazo que surge con las técnicas de transplante actuales, resulta evidente. Los muy recientes descubrimientos de posibles células totipotentes somáticas (nuevos diseños para obtención de células iPS, células madre de pluripotencia inducida), y a pesar de la actual polémica sobre células madre, este campo de la investigación genética, abre todo un mundo de esperanza en la medicina.
- se conseguirán cada día para mayor número de genes codificadores de proteinas de interés terapeutico, su expresión en organismos transgénicos, como bacterias, o incluso mamíferos.
- se avanzará en la utilización de animales transgénicos como modelos para el estudio de enfermedades complejas humanas.
- en lo que podríamos denominar genética forense, también los avances son ya espectaculares, y lo serán mayores.

Un ejemplo de esta nueva genética del siglo XXI, lo constituye el avance en los estudios de los mecanismos de control y regulación del crecimiento y división celular, las bases moleculares que determinan la invasión y metástasis por células transformadas o las implicaciones que pueda tener en estos procesos el sistema inmune. De hecho, ya están en marcha varios proyectos relacionados con la adquisición de una mejor comprensión del cancer. El *Cancer Genome*

Project, CGP, (http://www.sanger.ac.uk/genetics/CGP/), pretende identificar las variantes en las secuencias génicas/mutaciones, críticas en el desarrollo de los cánceres humanos. El CGP combina el conocimiento sobre el genoma humano con técnicas de alta resolución de detección de mutaciones. Pretende con ello, mejorar el diagnóstico, tratamiento y prevención, a través de una mayor comprensión de las bases moleculares de la enfermedad.

Pero otras muchas enfermedades graves y generalizadas pueden beneficiarse de estas nuevas tecnologías. Otro ejemplo importante puede ser el que se refiere al virus que causa el síndrome de inmunodeficiencia en humanos, descubierto hace ya más de 25 años y a partir de esa fecha, se ha avanzado espectacularmente en el conocimiento de la estructura del virus, pero no se ha encontrado una vacuna eficaz (probablemente debido a la alta tasa de mutación del retrovirus). La reciente secuenciación del genoma del virus puede significar un punto de inflexión en nuestra lucha contra esta enfermedad.

Hoy en día contamos con un número considerable de organismos, tanto procariotas como eucariotas, que se pueden manipular genéticamente y en los que se pueden expresar genes que codifican para proteínas de interés industrial, agrícola, medioambiental o terapéutico. Aunque los procariotas son en la actualidad probablemente los organismos más utilizados en biotecnología, otros organismos como plantas y animales representan una alternativa importante y ya se han obtenido numerosos organismos eucariotas transgénicos con aplicación biotecnológica directa. La utilización de plantas transgénicas resistentes a herbicidas, otros pesticidas y plagas o con propiedades que faciliten su crecimiento en suelos o medios ambientes poco adecuados o que aceleren su floración y producción de frutos podría dar lugar a una nueva revolución verde. Incluso comenzamos a utilizar especies vegetales en nuestra lucha contra la contaminación ambiental.

La cría de animales de granja más saludables, más productivos y más resistentes a la enfermedad, o incluso capaces de "fabricar" productos de interés humano, como el caso de la insulina en su leche, es otra de las áreas que logrará grandes éxitos.

La "cría" de nuevas especies con características especiales, como por ejemplo, de nuevas especies acuáticas, pueden ayudar en gran medida en nuestra lucha para evitar que sigan diezmandose nuestros mares y ríos.

Los ciudadanos, cada vez más informados, exigen mecanismos de autentificación, de trazado, de garantía de calidad de los productos. Y también en este campo se trabaja cada vez en mayor medida y con mayor fiabilidad debido a la información genética.

Pero posiblemente sea el área del medio ambiente una de las que mayor interés despiertan y más abanico de posibilidades abre:

- se desarrollaran nuevas fuentes de energía: biocombustibles.
- se detectaran y desarrollaran nuevas bacterias y otros organismos que pueden ayudar a eliminar sustancias contaminantes en nuestro medio ambiente, aire, agua, suelos y alimentos.
- en el campo de la conservación, se conseguirá la clonación reproductiva de especies en vías de extinción, o incluso extinguidas.
- también se están haciendo esfuerzos importantes para utilizar las plantas como fábricas celulares de biopolímeros (plásticos biodegradables) y de ácidos grasos de interés industrial.

Como ejemplo, las técnicas de fitorremediación en las que se utilizan plantas hiperacumuladoras de metales tanto transgénicas como no modificadas y dentro de las plantas transgénicas, aquellas que expresan la mercurio reductasa bacteriana capaces de volatilizar el mercurio son ya una alternativa clara a los tratamientos de descontaminación físico-químicos. En el caso de contaminación por compuestos orgánicos como bifenilos policlorados o compuestos aromáticos policíclicos, las técnicas de rizorremediación, en las que bacterias transgénicas capaces de degradar los xenobióticos colonizan la rizosfera de plantas adecuadas, también se configuran como una tecnología prometedora para el tratamiento de vertidos *in situ*.

El proyecto denominado *GTL (Genomes to Life,* http://www.genomes2life.org/*)*, trata de explorar genomas microbianos en la búsqueda de soluciones para fuentes energéticas y medio ambiente, que podrían tener aplicación en una mejora de la seguridad energética y del cambio climático.

Y no puedo dejar de hacer referencia a un proyecto nacional, el *Banco Nacional de ADN* creado en 2004, y con sede en la Universidad de Salamanca, que pone su granito de arena en este veloz campo del mundo de la investigación genética (http://www.bancoadn.org/).

Por último, no podemos olvidar el tema de las implicaciones sociales de la genética y de la "Gen-ética" (parodiando el título del libro que ya en 1991, publicaron Suzuki y Knudtson), que será un tema candente en el próximo futuro. Las siglas *ELSI (Ethical, Legal, and Social Issues)*, las veremos con frecuencia en los próximos años.

Como ya expresara Di Mauro en 1991 (edición en castellano de 1996), las consecuencias de un progreso demasiado rápido se encuentran en que *"hemos aprendido a manipular un patrimonio genético,..... pero no hemos desarrollado aún un sistema ético capaz de guiarnos a través de esos territorios inexplorados"*.

Algunos de los problemas que se plantean, y sobre los cuales habrá que meditar y buscar soluciones, serán:

- privacidad, confidencialidad, uso imparcial, de la información genética, por aseguradoras, empleadores, justicia, escuelas, agencias de adopción, ejército, etc.
- impacto de la información genética en las decisiones reproductivas.
- justicia en el acceso a las tecnologías genómicas avanzadas.
- implicaciones conceptuales y filosóficas relacionadas con la responsabilidad humana, libertad versus determinismo, y conceptos de enfermedad y salud.
- salud y aspectos ambientales vinculados con alimentos, bacterias, animales, modificados genéticamente.
- comercialización, derechos de propiedad (patentes, derechos de autor y secretos industriales) y acceso a datos y materiales, de organismos modificados genéticamente o secuencias obtenidas (identificadas).

En definitiva: Se está tratando de establecer las maquinarias proteicas que llevan a cabo las funciones de la vida, las redes reguladoras que controlan esa vida; se están desarrollando capacidades computacionales para integrar y comprender toda esa inmensa información; estamos pasando de la promesa de la medicina personalizada y la terapia génica, a las discusiones sobre el peligro de los alimentos modificados genéticamente, y la visión de la clonación humana; se está avanzando en soluciones genéticas para el medio ambiente, se están utilizando microorganismos como fábricas de productos farmacéuticos, etc. Incluso tenemos ya institutos de investigación, en prestigiosas universidades (como la Universidad de Harvard) que trabajan sobre "biología sintética" (http://wyss.harvard.edu/viewpage/106/synthetic-biology). No hay duda de que estamos en la **REVOLUCIÓN POSTGENÓMICA**.

En conclusión, la Genética hoy, y en este siglo XXI, avanza con rapidez y en muchos frentes, que pueda estar al servicio de la humanidad, para mejorar su vida, mitigar el sufrimiento, respetar el medio ambiente y conseguir una sociedad más justa, solo depende de nosotros mismos, productos de una secuencia de unos 25.000/30.000 genes y de 3.500 millones de años de evolución de la vida.

Podríamos acabar con las palabras de Winston Churchill en 1942, tres años después del fin de la Segunda Guerra Mundial: "*Now this is not the end. It is not even the beginning of the end. But it is, perhaps, the end of the beginning.*"

4-L- BIBLIOGRAFÍA Y PÁGINAS WEB CONSULTADAS EN ESTE APARTADO

- ASIMOV, I., 1981. *Momentos estelares de la ciencia.* Alianza. Versión original de 1959.
- AYALA, F.J., DOBZHANSKY, T. (eds.). 1983. *Estudios sobre filosofía de la biología.* Ariel. Versión original de 1974.
- BAGUÑÁ, J. *El modelo de la doble hélice del DNA: intuición genial, SÍ; juego de LEGO, NO. Una respuesta al Profesor Cerdá Olmedo.* Página web de la Sociedad española de Genética. Artículos de opinión. http://www.segenetica.es/varios2.php?request=12&option=7&sub=3.
- BONISSONE, I. *ET AL.* 1977. *Apuntes de didáctica de las Ciencias.* Cedos.
- BRENNER, S. 1993. *Trends in Genetics.*
- BRONOWSKI, J. 1978. *El sentido común de la ciencia.* Península. Edición original de 1970.
- BUNGE, M. 1979. *La investigación científica.* Ariel. Versión original de 1969.
- CAFAREL, C. (comp.). 1996. *El concepto de información en las Ciencias Naturales.* UCM.
- CANDELA, M. (ed.). 2003. *Los orígenes de la genética en España.* Soc. Estatal de Conmemoraciones Culturales.
- CERDÁ OLMEDO, E. *La historia del ADN: Watson y Crick, ¿juego de niños?.* Página web de la Sociedad española de Genética. Artículos de opinión. http://www.segenetica.es/varios2.php?request=11&option=7&sub=3.
- CLAYTON, J., DENNIS, C. (eds.). 2003. *50 years of DNA.* Nature, Palgrave McMillan.
- CORDON, F. 1962. *La actividad científica y su ambiente social.* Taurus.
- CUBERO, J.I. 2001. Toma la palabra ... José Ignacio Cubero Salmerón.

Hemeroteca. Revista Ciencia Digital.

- DARWIN, CH. 1859. First ed. *On the origin of species by means of natural selection, or the preservation of favoured races in the struggle for life.* John Murray. London. Existen diversas ediciones en castellano.
- DAVIES, K. 2001. *Cracking the Genome: Inside the Race to Unlock Human DNA.* Free Press.
- DENNIS, C. & GALLAGHER, R., edits. 2001. *The Human genome.* Nature Publ. DE SALLE, R., YUDELL, M., in association with AMERICAN MUSEUM OF NATURAL HISTORY. 2004. *Welcome to the Genome: A User's Guide to the Genetic Past, Present, and Future.* Wiley-Liss.
- Di MAURO, E. 1996. *El dios genético.* Edics. de la Torre. Versión original de 1991.
- DI SIENA, G. 1969. *Ideologías del biologismo.* Anagrama.
- DOBZHANSKY, TH. 1937. *Genetics and the origin of species.* Columbia Univ. Press. N.Y. USA. Edición en castellano por Revista de Occidente. Ibys. 1955. Madrid.
- DOBZHANSKY, TH. 1973. Nothing in Biology Makes Sense Except in the Light of Evolution. *The American Biology Teacher* vol. 35, March.
- DUNN, L.C. 1991. *A short history of genetics. The development of some of the main lines of thought: 1864-1939.* Iowa State Univ. Original 1965.
- FISHER, R.A. 1930. *The genetical theory of natural selection.* Oxford Univ. Press.
- FOX KELLER, E. 2002. *The Century of the Gene.* Harvard Univ. Press.
- GEE, H. 2006. *La escalera de Jacob.* Paidós. Versión original de 2004.
- GONZALEZ B., A., BARATAS D., A. 2007. *El papel de la ciencia.* UCM.
- HALDANE, J.B.S. 1932. *The causes of evolution.* Princeton Univ. Press.
- HERNÁNDEZ T., R., CORRAL M., L., INFANTE G-P., F. (eds.). 2002. *50 Años de Biología en España.* Publ. Obra Social y Cultural Cajasur. Córdoba.
- HEWLETT, M. 1998. *From Mendel to Biotechnology: A Critical Look at the Historical Development and Philosophical Foundations of Modern Biology.* En página web: http://www.mcb.arizona.edu/Hewlett/mjhpaper.html.
- HOLLAND, P.W.H., BOOTH, H.A.F., BRUFORD, E.A. 2007. Classification and nomenclature of all human homeobox genes. *BMC Biol.* 5, 1:47.
- JACOB, F. 1970. *La logique du vivant (Une histoire de l'héredité).* Eds. Gallimard. Versión en castellano por Edit. Laia, 1977.
- JACOB, F., MONOD, J. 1961. Genetic regulatory mechanisms in the syn-

thesis of proteins. *J. Mol. Biol.* **3**: 318–56.

- JUDSON, H.F. 1996. *The eight day of creation. Makers of the Revolution in Biology. 25th Anniversary edition.* Cold Spring Harbor Laboratory Press, Expanded edition.
- KIEFFER, G.H. 1983. *Bioética.* Alhambra. Versión original de 1979.
- LACADENA, J.R. (coord.). 1984. *Semana de Mendel.* Univ. Complutense, monografías.
- LACADENA, J.R. (coord.). 1984. *En el Centenario de Mendel: la Genética ayer y hoy.* Alhambra.
- LAFUENTE, A., SALDAÑA, J.J. (Coord.). 1987. *Historia de las Ciencias.* CSIC.
- LANGLOIS, A. 2013. *Negotiating Bioethics: The governance of UNESCO´s Bioethics Programme (Genetics and Society).* Routledge Publ.
- LANTING, F. 2006. *Vida, un viaje a través del tiempo.* Tanschen.
- LEVINS, R., LEWONTIN, R. 1985. *The dialectical Biologist.* Harvard Univ. Press.
- LEWIS, E.B. 1978. A gene complex controlling segmentation in *Drosophila. Nature,* 276 (5688): 565-570.
- LOSEE, J. 1981. *Introducción histórica a la filosofía de la ciencia.* Alianza. Versión original de 1972.
- MAYR, E. 1998. *Así es la biología.* Debate. Versión original de 1995.
- MENDEL, G. *Experiments in Plant hybridization (1865).* (http://www.mendelweb.org/).
- MONOD, J. 1977. *El azar y la necesidad.* Barral. Versión original de 1970.
- NATHANS, D. 1979. Restriction endonucleases, simian virus 40, and the new genetics. *Science,* 206: 903-909.
- *NATURE.* 1953. "Molecular structure of nucleic acids". *Nature* 171: 737-741.
- OCHANDO, M.D. 1982. Darwin y su pensamiento, cien años después. Publics. *Real Sociedad Económica de Amigos del País,* 15 pag.
- OCHANDO, M.D. 1989. Nacimiento de la Genética: herencia y evolución. *Anales Real Sociedad Económica de Amigos del País,* 95-109.
- PEREZ ESLAVA, A. y REVUELTA, J.L. 1984. "Del concepto mendeliano de gen al modelo actual de gen eucariótico", publicado en *En el centenario de Mendel: la genética ayer y hoy.* Edit. Alhambra.
- PIAGET, J. 1977. *Epistemología genética.* Solpin. Versión original de

1970.
- ROSE, S. ET AL. *The history and Social relations of Genetics.* The Open University. Versión en castellano por Edit. Fontalba, 1983.
- ROSTAND, J. 1979. *Introducción a la historia de la biología.* Península. Versión original de 1945.
- SALET, G. 1975. *Azar y certeza.* Alhambra. Versión original de 1972.
- SANDEL, M. 2009. *The case against perfection: Ethics in the age of genetic engineering.* Belknap Press.
- SHANNON, T.A. 1999. *Genetic Engineering: A Documentary History* (Primary Documents in American History and Contemporary Issues) (136 Documents). Greenwood.
- STENT, G.S. 1981. *Las paradojas del progreso.* Alhambra. Versión original de 1978.
- STERN, C., SHERWOOD, E.R. 1973. *El origen de la Genética.* Alhambra.
- STUBBE, H. 1972. *History of genetics, from prehistoric times to the rediscovery of Mendel's laws.* MIT press, Cambridge. Version original de 1965.
- STURTEVANT, A.H. 2001. *A history of genetics.* Cold Spring Harbor laboratory Press. Edición original 1965.
- SUZUKI, D., KNUDTSON, P. 1991. *GenÉtica.* Tecnos.
- TEMPLADO, J. 1974. *Historia de las teorías evolucionistas.* Alhambra.
- THE ANN ARBOR SCIENCE FOR THE PEOPLE. 1982. *La biología como arma social. Alhambra.* Versión original 1977.
- THE ENCODE PROJECT CONSORTIUM. 2007. Identification and analysis of functional elements in 1% of the human genome by the ENCODE pilot project. *Nature, 447.*
- THE 1000 GENOMES PROJECT CONSORTIUM. 2012. An integrated map of genetic variation from 1,092 human genomes. *Nature, 492.*
- WADDINGTON, C.H. ET AL. 1976. *Hacia una biología teórica.* Alianza. Version original 1968.
- WATSON, J. D. & CRICK, F.H.C. 1953. Molecular structure of nucleic acids. A structure for Deoxyribose Nucleic Acid. *Nature,* 4356, 737-738.
- WEINER, J. 2000. *Time, Love, Memory.* Vintage Books, Random House.
- WRIGTH, S. 1931. Evolution in Mendelian populations. *Genetics,* 16 (2): 97-159.
- ZIMMERMAN, B.K. 1984. *Biofuture.* Plenum Press.

ALGUNAS PÁGINAS WEB DE INTERÉS CONSULTADAS DOCUMENTALMENTE:

- Banco Nacional de ADN
  http://www.bancoadn.org/
- Bolaños, L., Universidad Autónoma de Madrid:
  http://www.uam.es/personal_pdi/ciencias/bolarios/BiologiaCCAA/resumenes/Historia.htm.
- Darwin On-Line:
  http://darwin-online.org.uk/.
- Drietrich, M., Darmouth College:
  http://www.dartmouth.edu/~bio70/.
- ENCODE Project:
  http://www.genome.gov/10005107.
- Genes Hox, base de datos:
  http://homeodb.cbi.pku.edu.cn/.
- Genomes to life, GTL
  http://www.genomes2life.org/
- GOLD, Genomes On line Database:
  http://www.genomesonline.org/gold.cgi.
- Hales, K., Davidson College:
  http://www.bio.davidson.edu/people/kahales/301Genetics/timeline.html.
- Hewlett, M., Arizona University:
  http://www.mcb.arizona.edu/Hewlett/mjhpaper.html.
- Human Genome Project Information:
  http://www.ornl.gov/sci/techresources/Human_Genome/project/about.shtml.
- International HapMap Project:
  http://www.hapmap.org/.
- MendelWeb:
  http://www.mendelweb.org/.
- National Center for Biotechnology Information:
  http://www.ncbi.nlm.nih.gov/.
- National Human Genome Research Institute:
  http://www.genome.gov/.
- Nobel Foundation:

http://nobelprize.org/nobelfoundation/publications/lesprix.html.

- Sociedad Española de Genética:
  http://www.segenetica.es.
- Steen, F.F., University of California, Los Angeles:
  http://cogweb.ucla.edu/ep/DNA_history.html.
- The Cancer Genome Project:
  http://www.sanger.ac.uk/genetics/CGP/.
- The Genographic Project, National Geographic:
  https://genographic.nationalgeographic.com/genographic/index.html.
- The Whole Brain Atlas, Harvard University:
  http://www.med.harvard.edu/AANLIB/home.html.
- University of California, Museum of Paleontology:
  http://evolution.berkeley.edu/evolibrary/article/0_0_0/history_18.
- U.S. Department of Energy Office of Science, Genomics: GTL:
  http://genomicsgtl.energy.gov/benefits/index.shtml.
- Wyss Institute, Harvard University
  http://wyss.harvard.edu/viewpage/106/synthetic-biology
- 1000 Genomes Project Data Release:
  http://www.1000genomes.org/

TERCERA PARTE

5- REFLEXIÓN

Para la elaboración de esta tercera parte del Proyecto Docente, he asumido, en sus líneas generales, los objetivos, las consideraciones y los contenidos del nuevo Plan de Estudios de mi Facultad (facultad de Ciencias Biológicas, Universidad Complutense de Madrid), que se puso en marcha en el curso académico 2009-2010, y a cuya elaboración he contribuido de forma significativa, formando parte de grupos de discusión, realizando propuestas y participando en Grupos Piloto. Dicho plan de estudios, adapta nuestro curriculum al Espacio Europeo de Educación Superior, y por consiguiente, a los objetivos de la Declaración de Bolonia. De igual modo, he asumido, también en sus líneas generales, aunque modificando, ampliando y adaptando a mi concepción particular, la correspondiente propuesta de mi Departamento para la asignatura de Genética.

Los estudios de Biología se imparten en todas las universidades europeas de excelencia y tradición académica consolidada. En todas ellas, la genética constituye un pilar fundamental en sus enseñanzas.

La nuestra es una disciplina en auge, un área científica, con un pasado breve, aunque muy fructífero, un presente en ebullición, y un futuro extraordinario. Una ciencia con enormes implicaciones sociales y éticas. Una ciencia de esperanza no exenta de temor.

A nuestros alumnos no podemos desarrollarles todos los contenidos que constituyen la Genética. Pretender exponer de forma exhaustiva en un solo curso todos los pormenores de la disciplina, no solo es antipedagógico, es también, inútil. Debemos ser capaces de hacerles llegar los fundamentos y procesos esenciales, y sobre todo, de despertar en ellos la curiosidad y la reflexión, de ayudarles a plantearse cuestiones y aprender a resolverlas. El programa que se plantea más adelante, así como la metodología propuesta, persigue ir en esa dirección.

Se ambiciona hacer llegar a los alumnos los conocimientos conceptuales de la genética, reflejados en el anterior apartado sobre el desarrollo de la misma, enmarcados dentro del Espacio Europeo de Educación Superior (EEES) y la normativa exigida, y tratar de conseguirlos con unas herramientas pedagógicas actuales y capaces de despertar en los estudiantes su interés por la materia y su adquisición de conocimientos y espíritu crítico.

Recordemos que *"enseñando aprendemos"*, como decía un gran maestro (Anaya Santos). Y recordemos con la International Commission on Education for the Twenty-first Century (Comisión Europea, UNESCO), que la educación está basada en cuatro pilares: **aprender a conocer, aprender a hacer, aprender a vivir juntos y aprender a ser**.

Creo deseable, dentro de la limitada parcela en el sistema educativo de cada uno de nosotros, que seamos capaces, enseñando genética (en este caso particular), de transmitir y apoyarnos en esos cuatro pilares.

6- EL CONTEXTO NORMATIVO DE LA ENSEÑANZA DE LA GENÉTICA

Los nuevos planes de estudio, basados en la declaración de Bolonia, tratando de nuestra adaptación al sistema europeo de educación superior, suponen nuevos retos en nuestra Universidad, en nuestros programas docentes, y en nuestros proyectos docentes.

La Declaración de la Sorbona de mayo de 1998, en la que se basa el proceso conocido como "Bolonia", subraya el papel fundamental de las universidades en el desarrollo de las dimensiones culturales europeas e insiste en la necesidad de crear un espacio europeo de la enseñanza superior como medio privilegiado para fomentar la movilidad de los ciudadanos y el desarrollo global de nuestro continente.

La construcción del Espacio Europeo de Educación Superior recibe un impulso decisivo con la ya famosa Declaración de Bolonia, firmada el 19 de junio de 1999 por Ministros con competencias en Educación Superior de 29 países europeos y que da su nombre al Proceso de Bolonia.

La declaración de Bolonia dice:

> "……*Pocos ponen hoy en duda que la Europa del conocimiento es un factor insustituible de cara al desarrollo social y humano y a la consolidación y el enriquecimiento de la ciudadanía europea, capaz de ofrecer a los ciudadanos las competencias necesarias para responder a los retos del nuevo milenio y reforzar la conciencia de los valores compartidos y de la pertenencia a un espacio social y cultural común.*
>
> *La importancia fundamental de la educación y la cooperación en este ámbito para el desarrollo y la consolidación de sociedades estables, pacíficas y democráticas es universalmente reconocida, …*".

El EEES no tiene como objetivo homogeneizar los sistemas de Educación Superior sino aumentar su compatibilidad y comparabilidad, respetando su diversidad. Es decir, busca la armonización en los estudios universitarios de los países de la Unión Europea y de su entorno. Se contempla como un espacio abierto en el que no existan obstáculos a la movilidad de estudiantes, titulados, profesores y personal de administración. Se articula en torno al reconocimiento de titulaciones y otras cualificaciones de educación superior y en la cooperación europea en la garantía de la calidad. Se pretende el establecimiento de un marco común en los estudios universitarios, de un sistema de créditos ECTS (European Credit Transfer System), de un llamado suplemento al Título, y, en forma importante, se pretenden unos criterios y directrices para la garantía de la calidad de los estudios universitarios, así como el establecimiento de un registro Europeo de Agencias de Calidad.

Los objetivos concretos planteados en la conocida declaración de Bolonia fueron (http://www.eees.es/es/eees):

- la adopción de un sistema fácilmente legible y comparable de titulaciones, mediante la implantación, entre otras cuestiones, de un suplemento al Título.
- la adopción de un sistema basado, fundamentalmente, en dos ciclos principales.
- el establecimiento de unidades académicas comunes y compatibles, un sistema de créditos, como los créditos ECTS (European Credit Transfer System).
- la promoción de la cooperación europea para asegurar el desarrollo de criterios y metodologías comparables, con especial protagonismo del estudiante en su proceso de aprendizaje.
- la promoción de una necesaria dimensión europea en la educación superior con particular énfasis en el desarrollo curricular.
- la cooperación y el establecimiento de criterios y controles de calidad.
- la promoción del aprendizaje permanente.
- la promoción de la movilidad y remoción de obstáculos para el ejercicio libre de la misma por los estudiantes, profesores y personal administrativo de las universidades y otras instituciones de enseñanza superior europea.

Pensamos que la implantación de los nuevos planes de estudio adaptados al EEES nos ofrecen una oportunidad única y resulta ser un momento idóneo para analizar cómo estamos desarrollando nuestra función, intentar corregir disfunciones y situaciones exageradas de fracaso de los alumnos y mejorar la calidad de las enseñanzas impartidas, con serenidad, sensatez, responsabilidad social y el respeto que debemos a nuestros estudiantes, más allá del proceso de Bolonia en sí mismo.

Desde la firma de la declaración de Bolonia, las autoridades educativas españolas han publicado diversos documentos en el proceso de nuestra adaptación a ese EEES, dentro del cual, y de la autonomía universitaria, se están enmarcando los nuevos planes de estudios elaborados o en fase de elaboración, por parte de las Universidades españolas.

Pero no debemos de olvidar, que la declaración de Bolonia no lo es todo. Esta declaración, y su continuación en Praga 2001, Berlín 2003 y Bergen 2005, han ensombrecido otros documentos, propuestas y proyectos, relacionados con la enseñanza universitaria europea, que no debemos, tampoco olvidar.

La *"Agenda para la modernización de las universidades: educación, investigación e innovación"* promovida por la Comisión Europea (COM, 2006) insta a los países miembros a:

> *"Establecer las condiciones necesarias para permitir a las universidades mejorar su actividad, modernizarse y hacerse más competitivas, para poder desarrollar su papel en la sociedad basado en el conocimiento previsto en la Estrategia de Lisboa".*

Y propone unas líneas de actuación concretas:

- Promover la especialización y diversificación de las universidades
- Reforzar el papel social de la universidad
- Impulsar la movilidad para estudiar, formarse como investigador y trabajar en otros países europeos
- Fomentar el acercamiento Universidad-Empresa, potenciando espacios comunes de investigación

Otro documento de referencia lo constituye el proyecto *Tunning (Educational Structures in Europe).* Comenzó en el año 2000 como un proyecto que uniese los objetivos políticos del proceso de Bolonia, y el estadio siguiente de la estrategia de Lisboa, al sector de la educación superior. Tunning se ha acabado convirtiendo en un "proceso", también, como una aproximación para rediseñar, desarrollar, implementar, evaluar y mejorar la calidad de los programas de primer, segundo y tercer ciclo universitarios. Tunning ha desarrollado una serie de herramientas y publicaciones de cara a instituciones de educación superior y académicos (http://tuning.unideusto.org/tuningeu/), que pueden resultar de gran utilidad en el planteamiento dc las nuevas enseñanzas.

La integración del sistema universitario español en el Espacio Europeo de Educación Superior ha requerido de propuestas concretas para el desarrollo de los distintos elementos conceptuales definidos en las declaraciones europeas y recogidas por la LOU. En especial, resultan decisivas las medidas que sobre el sistema europeo de créditos, la estructura de las titulaciones, el Suplemento Europeo al Título (DS) y la garantía de la calidad, se han venido desarrollando. Y así, disponemos de una serie de normativas y decretos, sobre los que deben apoyarse nuestras actuales enseñanzas universitarias, entre ellas, lógicamente, la de la biología.

- Real decreto 1044/2003, de 1 de agosto por el que se establece el procedimiento para la expedición por las universidades del Suplemento Europeo al Título.
- Real decreto 1125/2003, de 5 de agosto por el que se establece el sistema europeo de créditos y el sistema de calificaciones en las titulaciones de carácter oficial y validez en todo el territorio nacional.
- Real Decreto 55/2005, de 21 de enero, por el que se regulan los estudios universitarios oficiales de Grado.
- Expedición de títulos universitarios oficiales de Máster y Doctor, BOE de 21 de agosto de 2007, ORDEN ECI/2514/2007, de 13 de agosto, sobre expedición de títulos universitarios oficiales de Master y Doctor
- Real decreto 1393/2007, de 29 de octubre, por el que se establece la ordenación de las enseñanzas universitarias oficiales.

Según el BOE, de 25 enero 2005, en el que se publica el Real Decreto 55/2005, de 21 de enero, por el que se establece la estructura de las enseñanzas universitarias y se regulan los estudios universitarios oficiales de Grado:

"El proceso de construcción del Espacio Europeo de Educación Superior, iniciado con la Declaración de Bolonia de 1999, incluye entre sus objetivos la adopción de un sistema flexible de titulaciones, comprensible y comparable, que promueva oportunidades de trabajo para los estudiantes una mayor competitividad internacional del sistema de educación superior europeo.

....

Las enseñanzas oficiales del ciclo de Grado se regulan con un objetivo formativo claro, que no es otro que el de propiciar la consecución por los estudiantes de una formación universitaria que aúne conocimientos generales básicos y conocimientos transversales relacionados con su formación integral, junto con los conocimientos y capacidades específicos orientados a su incorporación al ámbito laboral. Asimismo, este real decreto contiene los requisitos necesarios para que el Gobierno, tras estudiar las propuestas elaboradas en el seno de la comunidad universitaria y contando con la participación de los sectores profesionales y colegios oficiales, así como la de los sindicatos y restantes agentes sociales implicados, pueda establecer títulos universitarios específicos de Grado con carácter oficial y validez en todo el territorio nacional, así como las condiciones a las que habrán de ajustarse las universidades para la elaboración de los respectivos planes de estudios. Ello permitirá que estas diversifiquen su oferta y establezcan itinerarios de libre configuración curricular."

......

Artículo 7. Enseñanzas de Grado.

El primer ciclo de los estudios universitarios comprenderá enseñanzas básicas y de formación general, junto a otras orientadas a la preparación para el ejercicio de actividades de carácter profesional. La superación del ciclo dará derecho a la obtención del correspondiente título, con la denominación que, en cada caso, acuerde el Gobierno".

Por otro lado, en el Documento-Marco sobre la Integración del Sistema Universitario Español en el Espacio Europeo de Enseñanza Superior (MECD, 2003) se expone que:

"los objetivos formativos de las enseñanzas oficiales de nivel de grado tendrán, con carácter general, una orientación profesional, es decir, deberán proporcionar una formación universitaria en la que se integren armónicamente las competencias genéricas básicas, las competencias transversales relacionadas con la formación integral de las personas y las competencias más específicas que posibiliten una orientación profesional que permita a los titulados una integración en el mercado de trabajo".

Así pues, un punto clave en la elaboración de los nuevos planes de estudios, se refiere, en primer lugar, a las competencias que deben adquirir nuestros estudiantes para su posterior ejercicio profesional. En el real decreto 639/1996, se enumeran las competencias profesionales del biólogo. Y se desarrollan más ampliamente en el Libro Blanco, en su referencia al Título de Grado de Biología, que cita el RD 693/1996 y el 1754/1998, describiendo, en forma más detallada, los principales ámbitos de ejercicio profesional del biólogo.

Tanto en los "libros blancos" de las nuevas titulaciones de grado llevados a cabo al amparo del programa de convergencia de la ANECA (Agencia Nacional de Evaluación de la Calidad y Acreditación), como los proyectos de la redes disciplinares europeas que han trabajado en el proyecto "Tuning", las "competencias" han sido el elemento básico sobre el que analizar el perfil profesional de cada titulación y proponer un posible proyecto formativo o plan de estudios que permita la armonización de dichos estudios. El uso de las competencias como base de los planes de estudio facilita generar un marco común de cualificaciones que permita el reconocimiento de títulos, dejando que cada país y/o universidad concrete su propio plan de estudio con "contenidos" disciplinares diferentes en respuesta a demandas diversas.

Según el proyecto Tuning, ya referido, las "competencias", como unidad fundamental en el perfil profesional de las titulaciones, se definen como una combinación dinámica de atributos (conocimientos y su aplicación, actitudes, destrezas y responsabilidades) que describen el nivel o grado de suficiencia con que una persona es capaz de desempeñarlos. Por tanto ayuda a definir los "resultados de aprendizaje" de un determinado programa de estudio; es decir, las capacidades que los alumnos deben adquirir como consecuencia del proceso de enseñanza/aprendizaje. Así, una competencia es la capacidad de un sujeto de aplicar en el momento más idóneo la estrategia o conocimiento más oportuno. No sólo implica el dominio del conocimiento o de estrategias o procedimientos, sino también la capacidad o habilidad de saber cómo utilizarlo (y por qué utilizarlo) en el momento más adecuado, esto es, en situaciones diferentes. Las competencias pueden tener un carácter social (habilidad social), académico-cultural y profesional.

En el proyecto Tuning las competencias se clasifican en dos modalidades:

- Competencias genéricas o transversales, que son comunes a casi todas las profesiones y titulaciones universitarias. Además, dentro de las genéricas se distinguen tres tipos: a) instrumentales, que permiten utilizar el conocimiento como un instrumento ya que sirven como herramienta para conseguir algo, b) sistémicas, requieren la capacidad de visión, integración y relación de las diversas partes de un sistema, y c) interpersonales, que favorecen la relación con los demás facilitando los procesos de interacción social y cooperación.

- Competencias específicas, las que son propias de cada titulación o profesión concreta: métodos, técnicas y aplicación de conocimientos relevantes de las distintas áreas disciplinares, por ejemplo análisis de antiguos manuscritos, análisis químicos, técnicas de muestreo, etc.

Y siguiendo el desarrollo de competencia, el mencionado proyecto propone el siguiente listado:

- Genéricas instrumentales:
    - Capacidad de análisis y síntesis
    - Capacidad de organización y planificación
    - Comunicación oral y escrita en la lengua nativa
    - Conocimiento de una lengua extranjera
    - Conocimientos de informática relativos al ámbito de estudio
    - Capacidad de gestión de la información
    - Resolución de problemas
    - Toma de decisiones
- Genéricas sistémicas:
    - Aprendizaje autónomo
    - Adaptación a nuevas situaciones
    - Creatividad
    - Liderazgo
    - Conocimiento de otras culturas y costumbres
    - Iniciativa y espíritu emprendedor
    - Motivación por la calidad
    - Sensibilidad hacia temas medioambientales
- Genéricas interpersonales:
    - Trabajo en equipo
    - Trabajo en un equipo de carácter interdisciplinar
    - Trabajo en un contexto internacional
    - Habilidades en las relaciones interpersonales
    - Reconocimiento a la diversidad y la multiculturalidad
    - Razonamiento crítico
    - Compromiso ético

Creemos que las competencias enumeradas reflejan bien los deseos y objetivos de nuestra enseñanza. Los contenidos de los programas deben estar orientados y garantizar el desarrollo de las competencias propias de un primer nivel de profesionalización, a nivel de grado. El postgrado permitirá un nivel mayor de profundización, especialización y dominio de las competencias profesionales exigidas por los perfiles académicos y profesionales de los egresados de las titulaciones.

Otro de los puntos clave en nuestro proceso de adaptación al EEES se refiere al cálculo del volumen de trabajo del estudiante y su posterior adaptación o traducción a créditos ECTS y tomando como referencia una asignatura, se deben considerar las horas de aprendizaje tanto presenciales como no presenciales. Concretamente el Artículo 4 del RD 1125/2003 establece en su punto tercero, sobre la "asignación de créditos":

> *"En la asignación de créditos a cada una de las materias que configuren el plan de estudios se computará el número de horas de trabajo requeridas para la adquisición por los estudiantes de los conocimientos, capacidades y destrezas correspondientes. En esta asignación deberán estar comprendidas las horas correspondientes a las clases lectivas, teóricas o prácticas, las horas de estudio, las dedicadas a la realización de seminarios, trabajos, prácticas o proyectos, y las exigidas para la preparación y realización de los exámenes y pruebas de evaluación."*

7- LA ENSEÑANZA DE LA GENÉTICA: DIDÁCTICA

La elaboración de un proyecto docente debe responder, básicamente a las cuestiones: qué se va a aprender y a enseñar, cómo se hará, bajo qué condiciones y cómo será evaluado el aprendizaje del alumno. Y todo ello, considerando el "telón de fondo" del plan de estudios en que se integra, y en estos momentos, nuestra adaptación al proyecto europeo de educación superior.

Mientras que tradicionalmente en la universidad el eje de las programaciones de las asignaturas se situaba sobre el contenido o conocimiento científico (selección de contenidos, su estructura y distribución en el programa, la bibliografía, etc.), ahora también es fundamental planificar y estimar el trabajo del/la estudiante alrededor de ese contenido, y la aplicación de nuevas metodologías docentes. Debemos considerar el salto, como se ha dicho, de la enseñanza al aprendizaje.

Debemos planificar nuestra docencia. Planificar, lo define la Real Academia como proceso de prever o proyectar lo que se quiere hacer y como. Esta idea, aplicada a la docencia universitaria supone elaborar un proyecto o guía que recoja las intenciones educativas y el plan de acción que delimita el proceso de enseñanza-aprendizaje teniendo en consideración las condiciones reales de trabajo.

Y aún cuando los profesionales de la didáctica han escrito mucho sobre el tema, no hay técnicas o recetas infalibles para establecer planificaciones "perfectas": se pueden hacer recomendaciones generales pero es cada profesor quien debe reflexionar sobre su propia docencia y tomar las decisiones oportunas.

Los teóricos hablan de distintos enfoques en la planificación de un Proyecto Docente: técnico, crítico, abierto, cerrado, deliberativo, práctico, etc. En nuestro caso, la docencia centrada en el alumno que propugna el EEES exige planificaciones de tipo abierto y/o flexible, para partiendo de los conocimientos previos del alumno, responder a su diversidad, así como a la del entorno social en el que se enmarca la universidad.

También es necesario considerar que la planificación no es un proceso totalmente lineal. Es necesario disponer de un esquema sencillo de trabajo, pero al planificar hay que ir en espiral o ciclos revisando los pasos anteriores o incluso desarrollar algunos pasos de modo simultáneo. Por ejemplo, los objetivos iniciales pueden verse modificados al proponer las actividades prácticas, los criterios de evaluación pueden cuestionar las actividades, metodologías e incluso los resultados de aprendizaje establecidos inicialmente, etc.

En resumen, de un modo esquemático la planificación seguiría las siguientes pautas:

- Contextualizar la asignatura (en la titulación, profesión, prerrequisitos).
- Determinar competencias y nivel de las mismas.
- Proponer contenidos o unidades temáticas.
- Definir objetivos de aprendizaje.
- Proponer metodologías acordes con los objetivos de aprendizaje.
- Establecer un plan de actividades.
- Calcular horas de trabajo y proponer un calendario semanal y cuatrimestral.
- Establecer el sistema de evaluación.
- Conocer los recursos didácticos necesarios.
- Encuestar a los alumnos durante la impartición de la docencia.

Así pues debemos enmarcar nuestro proyecto en un contexto, tanto de objeto (contenido) como de sujeto (alumnos a los que se dirige), y tanto en "tiempo" (créditos de que disponemos) como en "espacio" (situación en el contexto del plan de estudios):

¿en que lugar se enmarca nuestra asignatura? ¿qué conocimientos previos ha adquirido el egresado? ¿de cuantos créditos disponemos para el desarrollo de nuestra disciplina? ¿qué contenidos debe incluir nuestra asignatura? ¿qué competencias deberían adquirir los estudiantes al cursar nuestra asignatura? ¿cuáles son nuestros objetivos? ¿qué metodologías podemos utilizar para conseguirlos? ¿de qué recursos y herramientas disponemos? ¿cómo realizaremos la evaluación de los estudiantes?

7-A ¿EN QUE LUGAR SE ENMARCA NUESTRA ASIGNATURA?. CONTEXTUALIZACIÓN DE LA ASIGNATURA EN EL PLAN DE ESTUDIOS

En este apartado se debe ubicar la asignatura dentro del diseño curricular de la titulación. Es decir: con que asignaturas se vincula, ya sean previas o del mismo curso, en que otras asignaturas tiene su continuidad o profundización, con que asignaturas presenta incompatibilidades, con cuales podría solaparse, etc. Se trataría en resumen de indicar a que "bloque formativo" o "módulo" del plan de estudios pertenece y cual es su papel dentro de éste (por ejemplo, iniciación, profundización, complementarse con otras, etc.).

En nuestra Facultad el grado en Biología se ha organizado en cuatro cursos académicos, desglosados en ocho semestres de 30 ECTS cada uno. Estructurándose las enseñanzas en materias básicas y cuatro módulos más: Fundamental, Complementario, Profesional y Trabajo fin de grado.

Las materias básicas, que constan de 60 ECTS y que deberán cursarse durante los dos primeros semestres, son:

- Matemáticas aplicada a la Biología (6 ECTS)
- Física aplicada a la Biología (6 ECTS)
- Química aplicada a la Biología (6 ECTS)
- Geología aplicada a la Biología (6 ECTS)
- Métodos en Biología (6 ECTS)
- Bioquímica (12 ECTS)
- Biología celular (12 ECTS)
- Estadística aplicada a la Biología (6 ECTS)

El módulo Fundamental, en el que se inscribe nuestra asignatura de Genética, consta de 96 ECTS, distribuyéndose en dos cursos académicos (2º y 3º cursos), desglosados cada uno en dos semestres, con una carga lectiva de 24 ECTS por semestre, e incluyendo las materias, todas obligatorias, en tres grandes grupos:

- Biología Molecular y Celular (36 ECTS).
- Biología de Organismos (36 ECTS).
- Biología de Sistemas (24 ECTS).

Dentro de este módulo Fundamental, obligatorio, y en el contexto de "Biología Molecular y Celular", se inscriben 3 asignaturas: Fisiología Animal, Fisiología Vegetal y Genética. Cada una con 12 créditos. Siendo el momento de la

Genética, el semestre tercero. El mismo semestre en que se incluye la Microbiología, como parte del módulo Fundamental, de "Biología de Organismos".

Dentro del contexto de nuestra disciplina, no solo debemos considerar las materias previas o simultaneas, tampoco debemos olvidar, a la hora de elaborar nuestro programa, las opciones posteriores, las asignaturas posteriores. Y en nuestro Plan de Estudios tenemos:

- Fundamentos de Ingeniería Genética y Genómica
- Regulación del Metabolismo
- Biología del Desarrollo
- Cultivos celulares y Transgénesis
- Biotecnología Microbiana
- Bioquímica Clínica y Patología Molecular
- Genética Humana y Demografía

Así pues, ya tenemos "ubicada" en el contexto del Plan de Estudios de nuestra Facultad, nuestra asignatura, segundo curso, primer semestre, y sabemos qué materias han sido cursadas previamente por nuestros alumnos, y cuales pueden ser cursadas posteriormente. Y ello debe ser considerado en la elaboración de nuestro programa y en la planificación de nuestra estrategia docente.

7-B- ¿QUÉ CONOCIMIENTOS PREVIOS SE REQUIEREN?

Los conocimientos previos requeridos hacen referencia a prerrequisitos "obligatorios" o incompatibilidades, pero también a aquellos conocimientos y competencias que el docente considere que es recomendable o necesario que los alumnos posean al iniciar las clases (se trata de que el alumno conozca de antemano desde donde va a comenzar la asignatura, cual es el nivel, o que referentes son imprescindibles). Marcar los prerrequisitos resulta especialmente importante en el caso de asignaturas o módulos relacionados con contenidos de asignaturas cursadas anteriormente.

Antes de elaborar nuestros objetivos deberemos tener en cuenta cuáles son los conocimientos previos de los estudiantes. Su preparación o fundamentación de partida es un elemento básico a la hora de diseñar qué objetivos, qué contenidos, qué estrategia y qué evaluación queremos poner en marcha.

En nuestro caso, las materias básicas propuestas en el Plan de Estudios deberían proporcionar los conocimientos previos necesarios y suficientes.

7-C- ¿DE CUANTOS CRÉDITOS DISPONEMOS?

Como hemos dicho, dentro del módulo Fundamental de nuestro Plan de Estudios, se inscribe la Genética con un total de 12 créditos.

Nuestro nuevo Plan de Estudios especifica que las actividades formativas de cada materia deberán comprender clases teóricas, seminarios y/o clases de problemas, laboratorios y salidas de campo y tutorías dirigidas.

También establece ciertos intervalos de proporcionalidad entre las diversas actividades formativas para abordar de forma equilibrada la actividad docente, dentro de cierto grado de flexibilidad para que cada disciplina ajuste las dedicaciones a sus necesidades específicas. Y así propone: enseñanzas teóricas comprenderán un 35-45% de los ECTS asignados, los seminarios y clases de problemas un 15-20%, el trabajo en laboratorio y salidas de campo, entre 30-40 %, y las tutorías dirigidas y los procesos de evaluación significarán un 5-10%. Añadiendo que todas las actividades formativas deben ser obligatorias.

Así pues, hemos enmarcado el desarrollo de nuestro programa dentro de estas líneas, repartiendo los créditos entre las diferentes actividades de la siguiente forma: 5,4 ECTS para clases teóricas, magistrales, 3,6 ECTS para clases prácticas, 2,4 ECTS para seminarios, y finalmente, 0,6 ECTS para Tutorías. Creemos que esta distribución, además de encajar en la normativa, puede responder con eficacia a los objetivos que nos planteamos en cada uno de esos tipos de actividades docentes.

La distribución de actividades docentes en cuanto a tiempos la hemos calculado:

- Clases teóricas: 45 horas
- Clases prácticas: 30 horas
- Seminarios: 20 horas
- Tutorías: 5 horas
- Evaluación: 2 horas
- Trabajo autónomo de los estudiantes: 198 horas

7-D- ¿QUÉ COMPETENCIAS Y CONOCIMIENTOS DEBEN ADQUIRIR LOS ESTUDIANTES DE GENÉTICA?

Adecuación al perfil profesional y académico de la titulación: salidas profesionales, itinerarios o intensificaciones a las que contribuye la asignatura (por ejemplo, ser una asignatura instrumental al servicio del aprendizaje de otras, iniciar o formar en determinado ámbito general, especializar junto con otras, etc.).

Nuestra Facultad pretende que el módulo Fundamental, de 96 ECTS, ubicado en los cursos 2 y 3, y en los semestres 3, 4, 5, y 6, y definido como "*un conjunto de materias fundamentales para el correcto entendimiento de la Biología, lo que preparará al graduado para poder profundizar en el aspecto profesional que estime oportuno*", en el que se enmarca nuestra asignatura, Genética, que nuestros alumnos adquieran las siguientes competencias y resultados:

> *"Proporcionará al alumno un conocimiento de los principales niveles de organización en los que se estructuran los seres vivos, dotándole de los conocimientos y herramientas necesarios para entender la transmisión de la información hereditaria, la fisiología de los seres vivos y sus diferentes grados de complejidad. Permitirá reconocer a un organismo dentro de un sistema de clasificación y explicar las relaciones de parentesco con otros organismos, así como su historia evolutiva y sus relaciones con otros organismos de su entorno y con las características físico-químicas de éste. El conocimiento adquirido capacitará al estudiante para aplicar técnicas, instrumentales y conceptuales, al ejercicio profesional, docente e investigador".*

Esas competencias y sus esperables resultados, se han detallado en los siguientes apartados:

- Analizar, identificar y clasificar los organismos vivos, así como sus restos y señales de su actividad.
- Planificar, desarrollar y controlar procesos biológicos industriales.
- Producir, transformar, manipular, conservar, identificar y controlar la calidad de los materiales de origen biológico.
- Identificar, evaluar y controlar los agentes biológicos que afectan a la conservación de toda clase de materiales y productos.
- Desarrollar estudios biológicos y control de la acción de productos químicos y biológicos de utilización en la sanidad, agricultura, industria y servicios.

- Identificar y evaluar los agentes biológicos patógenos y sus productos tóxicos. Controlar infecciones y plagas.
- Producir, transformar, controlar y conservar alimentos.
- Desarrollar estudios y análisis clínicos, microbiológicos e inmunobiológicos de muestras biológicas, incluidas las de origen humano.
- Desarrollar estudios demográficos y epidemiológicos.
- Realizar consejo genético y planificación familiar.
- Explicar y desarrollar propuestas en educación sanitaria y medioambiental.
- Desarrollar estudios de planificación y explotación racional de los recursos naturales renovables, terrestres y marítimos.
- Realizar análisis biológicos, control y depuración de las aguas.
- Valorar, proponer y desarrollar aspectos ecológicos y conservación de la naturaleza. Aspectos ecológicos de la ordenación del territorio.
- Organizar y gestionar espacios naturales protegidos, parques zoológicos, jardines botánicos y museos de Ciencias Naturales. Biología recreativa.
- Desarrollar estudios, analizar y tratar la contaminación industrial, agrícola y urbana.
- Desarrollar estudios sobre Biología e impacto ambiental.

Y específicamente, los objetivos formativos y competencias que deberían conseguir los estudiantes al finalizar la materia "Biología Molecular y Celular", ser capaces de:

- Planificar, desarrollar y controlar procesos biológicos industriales.
- Producir, transformar, manipular, conservar, identificar y controlar la calidad de los materiales de origen biológico.
- Desarrollar estudios biológicos y control de la acción de productos químicos y biológicos de utilización en la sanidad, agricultura, industria y servicios.
- Identificar y evaluar los agentes biológicos patógenos y sus productos tóxicos.
- Producir, transformar, controlar y conservar alimentos.
- Desarrollar estudios y análisis clínicos, microbiológicos e inmunobiológicos de muestras biológicas, incluidas las de origen humano.
- Realizar consejo genético y planificación familiar.
- Explicar y desarrollar propuestas en educación sanitaria.
- Desarrollar estudios, analizar y tratar la contaminación industrial, agrícola y urbana.
- Desarrollar estudios sobre Biología.

Como se observa, tanto en el listado general como en el específico, podríamos afirmar, que en todas y cada una (o casi) de esas competencias, la formación genética, en mayor o menor medida, resulta necesaria.

Más concretamente, en nuestro departamento se han consensuado ciertos aspectos docentes en el marco del nuevo Plan de Estudios de la Facultad, y se han definido las competencias específicas siguientes:

- Adquisición de los conceptos básicos, el lenguaje específico y los procedimientos propios de la Genética.
- Adquisición de la capacidad de resolución de problemas genéticos.
- Realizar consejo genético y planificación familiar.
- Enseñar y difundir los aspectos genéticos de la Biología en todos los grados educativos y sectores de población.
- Desarrollar estudios genéticos de planificación y explotación racional de los recursos naturales renovables, terrestres y marítimos.
- Asesoramiento científico y técnico sobre aspectos genéticos de la Biología.

7-E- ¿QUÉ OBJETIVOS PERSEGUIMOS?

Es necesario detallar qué competencias van a trabajarse en la asignatura o módulo y en qué objetivos formativos o resultados de aprendizaje se concreta la enseñanza-aprendizaje de estos. Debemos definirlos de tal manera que cualquier lector pueda entender lo mismo, esto es, que quede absolutamente claro qué se espera de los estudiantes al finalizar la asignatura. En la definición correcta de objetivos ayuda el comenzar la frase o definición del mismo con "el estudiante será capaz de...".

Los resultados/objetivos deben relacionarse de forma coherente con la metodología, las actividades de enseñanza-aprendizaje y deben ser el foco de la evaluación de ese aprendizaje.

Los objetivos formativos son la definición de los aprendizajes básicos que se pretende que alcancen los estudiantes a través del desarrollo de su trabajo en la asignatura: conocimiento de hechos, principios, terminología, procedimientos, técnicas... Se trata de un conjunto de intenciones que orientan la enseñanza mediante los cuales se puede identificar aquello que es pertinente en el aprendizaje y, por tanto, aquello que va a orientar la propia evaluación del profesor y que, consecuentemente, orientará el aprendizaje del estudiante.

El papel de los resultados de aprendizaje es el de clarificar qué es lo que se pretende al trabajar y hacer trabajar al estudiante sobre un conjunto de contenidos. En síntesis, una correcta definición de los objetivos permite orientar al estudiante sobre lo que el docente considera fundamental, y al docente le permite reflexionar sobre lo que realmente vale la pena enseñar y evaluar.

Deben proporcionar una visión sintética y clara de la asignatura: no solo se debe pretender que los alumnos "sepan", también debemos pretender que "sepan hacer", e incluso otros aspectos menos formalmente "académicos", pero que claramente influenciaran el resultado, como aprender a trabajar en equipo, a respetar opiniones, etc.

Como muy bien expresó el informe Delors (2000), con las competencias se integran los tres pilares fundamentales que la educación superior debe desarrollar en los futuros titulados:

- 1.- **Conocer y comprender**: conocimientos teóricos de un campo académico.
- 2.- **Saber como actuar**: aplicación práctica y operativa del conocimiento.
- 3.- **Saber como ser**: valores marco de referencia al percibir a los otros y vivir en sociedad.

No podrían resumirse mejor los objetivos generales que debemos pretender en nuestra labor como profesores universitarios.

Y pasando al campo específico de la Genética, se pretende, mediante las clases teóricas, prácticas y seminarios, proporcionar a los alumnos una formación en Genética que sea la base para estudios posteriores en aspectos mas especializados y que resulte de utilidad en el desempeño de cualquier función profesional relacionada con la Biología. Pero también, además de conocimiento de hechos y principios, la adquisición de la terminología, los procedimientos y técnicas específicas de la Genética. Es decir, conocimientos, pero también aptitudes y destrezas propias de nuestra área de conocimiento.

Por supuesto, la introducción del alumno a los conceptos, conocimientos y técnicas del mundo de la genética. Es decir, la adquisición de conocimientos genéticos por parte de los estudiantes. Pero no basta con eso, resulta incluso más necesario conseguir, por un lado, despertar la curiosidad y el interés del alumnado, y por otro, su espíritu crítico y capacidad de raciocinio, así como introducirlo en el método científico en que se inscriben los descubrimientos genéticos.

Creemos, además, que dada la fundamental conexión, imbricación, de la Genética, con el contexto social en que se desarrolla, nuestros alumnos deberían conocer las aplicaciones e implicaciones de la genética en el mundo que nos rodea, e incluso ser capaces de opinar y de evaluar, desde un punto de vista científico, y al margen de creencias o ideologías, las repercusiones que muchos aspectos genéticos pueden tener en nuestras vidas, en las de nuestros semejantes y en el mundo vivo en general.

Objetivos concretos y destrezas que pretendemos conseguir que los alumnos alcancen en el caso de nuestra asignatura:

- Conocimiento de los conceptos fundamentales de la Genética molecular, mendeliana y de poblaciones.
- Comprensión de todos aquellos procesos que contribuyen a que la información genética se transmita y se exprese correctamente.
- Conocimiento de las técnicas de análisis genético, tanto moleculares como clásicas.
- Capacidad para saber analizar y valorar el diseño y los resultados de experimentos genéticos.
- Conocimiento del estado actual de la Genética y de las fuentes bibliográficas a las que se debe acudir para profundizar en cualquier aspecto concreto de la materia.
- Conocimiento de las posibles aplicaciones de la genética a diversos campos como la sanidad, el medio ambiente, la agroalimentación y la industria.

Los **objetivos de carácter metodológico** perseguidos pueden resumirse en:

- Familiarizar al alumno con el método científico y las diversas técnicas utilizadas en el mundo de la genética.
- Familiarizar al alumno con el equipamiento del laboratorio de prácticas y los procedimientos usuales para su utilización.
- Familiarizar al alumno con el material biológico más habitual en nuestros laboratorios.
- Que el alumno compruebe experimentalmente los conceptos principales que se estudian, desde los moleculares a los poblacionales. Buscando la diversidad en las prácticas de laboratorio.
- Introducción a la utilización de programas informáticos de análisis genético, y entre ellos de análisis de secuencias.
- Resolver problemas en los que el alumno deberá poner en uso los conocimientos adquiridos para conseguir su mejor comprensión y afianzarlos.

- Familiarizar al alumno con la búsqueda bibliográfica y las bases de datos genéticas.
- Familiarizar al estudiante en la elaboración de trabajos escritos y en su exposición pública.

7-F- ¿QUÉ CONTENIDOS DEBEN INCLUIRSE EN NUESTRA ASIGNATURA?

Para la consecución de los objetivos propuestos, el primer paso debe ser definir los contenidos de la asignatura. Y para establecer los contenidos debemos considerar: los descriptores oficiales, la profesionalización y las exigencias del contexto.

Pero también, debemos analizar su organización, el orden de los temas, la secuencia lógica y coherente, la adecuación a la madurez del alumno.

Y por supuesto, debemos planificar la temporalización, el tiempo dedicado a cada tema.

Por otra parte, los contenidos que se consideran en esta materia, de Biología Molecular y Celular, en el nuevo plan de estudios de nuestra Facultad, son, brevemente:

- Conceptos, métodos y técnicas fundamentales de genética. Técnicas de análisis y manipulación genético.
- Naturaleza, organización, función y mutación del material hereditario y su transmisión.
- Regulación de la expresión génica, diferenciación y desarrollo.
- Genética de poblaciones.
- Conceptos, métodos y técnicas fundamentales de fisiología vegetal
- Crecimiento y desarrollo vegetal
- Fotosíntesis
- Nutrición y transporte en vegetales
- Conceptos, métodos y técnicas fundamentales de fisiología animal
- Crecimiento y desarrollo animal
- Fisiología comparada de los diferentes órganos y sistemas animales.
- Aspectos aplicados de Genética y Fisiología vegetal y animal a la sanidad, medio ambiente, agroalimentación e industria.

Como se observa, los cuatro primeros apartados corresponden a la genética, y el último, en parte. Por tanto, en nuestro programa, y en nuestra enseñanza, deberemos incluir esos contenidos.

Así pues, en nuestra asignatura, en nuestro programa, **debemos incluir**, según viene definido por nuestro plan de estudios:

- Conceptos, métodos y técnicas fundamentales de genética. Técnicas de análisis y manipulación genético.
- Naturaleza, organización, función y mutación del material hereditario y su transmisión.
- Regulación de la expresión génica, diferenciación y desarrollo.
- Genética de poblaciones.
- Aspectos aplicados de Genética a la sanidad, medio ambiente, agroalimentación e industria.

El descriptor que se ha consensuado en nuestra facultad para nuestra asignatura de Genética, ha sido:

> *"En esta asignatura se estudiarán los conceptos básicos y los procedimientos propios de la Genética. En primer lugar se presentará al estudiante las bases de la herencia, los experimentos de Mendel, así como el análisis de genealogías humanas, se continuará con el análisis del ligamiento para la confección de mapas. Posteriormente se identificará el material hereditario y se estudiará su capacidad para replicarse, expresarse, y mutar tanto a nivel molecular como de cromosoma o de genoma. Se verá la regulación de la expresión de los genes y como se puede manipular el material hereditario. Por último se iniciará al alumno en el estudio de las poblaciones como base genética de la evolución."*.

Y **así queda reflejado en los programas**, tanto teórico como práctico y de seminarios, que se incluyen más adelante.

En nuestro programa teórico hemos establecido seis bloques temáticos, con 18 temas. En nuestro programa práctico, hemos incluido un total de 11 prácticas cubriendo los diferentes bloques temáticos. Todo ello se plasma en el apartado de **PROGRAMAS**.

7-G- ¿QUÉ METODOLOGÍAS PODEMOS UTILIZAR PARA LOGRAR NUESTROS OBJETIVOS?

Para conseguir los objetivos propuestos debemos diseñar una estrategia metodológica eficaz que pueda conducirnos al éxito. Pero debemos recordar que no existe un método óptimo e ideal de enseñanza, siempre depende, además de los objetivos perseguidos, del tipo de alumnos, del área de la ciencia en la que nos movemos, del contexto, etc.

Los expertos en pedagogía opinan que lo mejor es un sistema metodológico variado: desde "reproducción" a "potenciación de la indagación" y enseñanza "reflexiva", con una complementariedad e integración de diferentes estrategias y herramientas.

Para conseguir nuestros objetivos la asignatura se desarrollará en clases de teoría, clases prácticas, seminarios, y tutorías, encaminadas a transmitir por diferentes métodos los conocimientos básicos de la asignatura y sus aplicaciones, familiarizar al alumno con la metodología experimental y fomentar sus capacidades autoformativas.

En las clases de teoría la materia se impartirá de forma que se fomente la discusión en clase de conceptos y de casos prácticos para la mejor comprensión de los mismos. Se presentarán numerosas proyecciones de figuras, tablas, esquemas y fotografías que ayuden a la comprensión de la materia que serán facilitadas a los alumnos. El esquema básico para el desarrollo de las clases magistrales será el siguiente:

- Introducción de los contenidos por el profesor y su relación con los temas previos.
- Evidenciar desde el principio, donde se quiere llegar, cual es la finalidad del tema.
- Introducción de palabras clave.
- Breve cuadro sinóptico del tema.
- Exposición del profesor ampliando y profundizando conceptos, conocimientos y experiencias del tema.
- Polémicas e interrogantes sobre el tema.
- Alusión biográfica a algún científico singular en el área, o alguna investigación o equipo con contribuciones relevantes en el tema.
- Referencia de algún texto bibliográfico y página web de especial interés sobre el tema.

- Incentivar una recapitulación sobre el tema, efectuada por los propios alumnos.

<u>En los seminarios</u> se desarrollarán:

- Problemas y casos prácticos que el alumno habrá tenido que preparar previamente en las horas dedicadas al trabajo autónomo.
- Presentaciones que, bajo la tutela del profesor y con un material cuidadosamente elegido, el alumno expondrá para toda la clase y con ello se completaran los temas del programa. Se prestará especial atención a posibles artículos de revisión y temas que puedan resultar de interés representativo y/o de actualidad para los estudiantes.
- Se estimulará a los alumnos para que propongan temas de desarrollo y discusión.
- Se incentivará el trabajo en equipo.

<u>En las clases prácticas</u> desarrolladas en el laboratorio:

- El profesor planteará de forma inicial el contenido de la actividad, así como el material y el método a utilizar. También planteará el conocimiento que se pretende "visualizar" en forma práctica.
- Se desarrollará la práctica, cuando así lo requiera, tomándose los datos en común por parte de todos los alumnos del grupo.
- Se discutirán los resultados obtenidos y se hará una puesta en común para resolver las dudas de los alumnos.
- Se estimulará a los alumnos, a nivel de discusión, para que planteen posibles alternativas prácticas que pudieran llevar a los mismos conceptos y conclusiones que las desarrolladas.

<u>En las tutorías colectivas</u>:

- Se tratarán aspectos de los temas no comentados en las clases teóricas.
- Se orientará a los alumnos para la elaboración de las exposiciones.
- Se orientará a los alumnos en sus búsquedas bibliográficas.
- Se orientará a los alumnos para su asistencia a conferencias y seminarios de especialistas.

<u>En las tutorías personalizadas</u>:

- El profesor estará abierto a cualquier cuestión, duda o debate que le presente el alumno.
- El profesor se mostrará receptivo a las propuestas de los alumnos.
- El profesor estará abierto a críticas y evaluación de su trabajo.

7-H- ¿HERRAMIENTAS Y RECURSOS?

Cuatro serán los recursos fundamentales sobre los que pivotará nuestra docencia: guías docentes, recursos en la red, recursos adicionales y comunicación.

- Elaboración de guías docentes, donde se establezcan los aspectos tanto administrativos, informativos formales, como de enumeración de objetivos y metodologías, para que el alumno sepa, incluso antes de comenzar las clases, que se pretende de él, y de que forma se pretende conseguir.
- Recursos en la red. Se colgará en el Campus Virtual de la Universidad, toda la información relacionada con el curso, así como posibles avisos en relación con horarios, fechas, conferencias, etc. Se colgarán, previamente a su desarrollo en el aula, en el Campus Virtual de la Universidad, los problemas y casos prácticos que se pretende discutir o plantear en los seminarios. Se colgaran, igualmente, la información y material necesarios para el desarrollo de las prácticas de laboratorio. También, e igualmente de manera previa, se colgara el desarrollo de las clases, preferiblemente en software versátil, apropiado y usual – por ejemplo en power point- y con la bibliografía adecuada al tema o grupo de temas correspondientes.
- Se proporcionará siempre a los estudiantes recursos adicionales a los que acudir en la preparación y aprendizaje de los diversos temas y actividades.
- Se establecerá un canal fluido de comunicación con los estudiantes, mediante tutorías y correo electrónico, así como con la realización de encuestas.
- Se proporcionará a los alumnos cuestionarios para autoevaluación.

7-I- ¿EVALUACIÓN?

De modo general, la evaluación se realizará de manera continuada a lo largo de todo el semestre: se valorará, de forma proporcional, la asistencia, la actitud y la participación del alumno en todas las actividades formativas.

También se considerará para la evaluación final los resultados de las pruebas objetivas en las que puedan valorarse los conocimientos adquiridos por los alumnos en cada uno de los bloques temáticos que constituyen la materia y, de manera fundamental, su capacidad de comprensión y resolución de problemas genéticos. Como decía el profesor Gonzalo Anaya cuando ponemos un examen, los profesores somos examinados en función de ese examen. Solo un examen discriminante puede resultar útil en una evaluación.

También debe ofrecerse al estudiante la posibilidad de diversos modos de evaluación.

Los criterios aplicables para la evaluación serán:

- Pruebas escritas sobre los contenidos del programa teórico y práctico, destinadas a conocer el grado de madurez del alumno en la aplicación de los conceptos que se exponen en la asignatura. La calificación de estas pruebas representará el 50% de la nota final.
- Evaluación del trabajo no presencial realizado por el alumno y de las exposiciones realizadas en seminarios.
- Asistencia a las actividades presenciales y participación y actitud en ellas.
- Se evaluará con otro 50% de la nota la asistencia y participación en las actividades presenciales, las presentaciones realizadas por los alumnos y los trabajos encargados al alumno y realizados en periodo no presencial.
- La proporción en la evaluación de los diferentes aspectos podrá variarse en función de los resultados deseables.

7-J- DOCUMENTACIÓN Y BIBLIOGRAFÍA CONSULTADA PARA ESTE APARTADO

La normativa e información general, y la específica, sobre biología, genética, métodos docentes y manuales para la elaboración de proyectos docentes utilizada en el proceso de documentación para la elaboración de esta propuesta de memoria docente se ha obtenido en:

- La Propuesta de Grado en Biología, elaborada por la Facultad de Ciencias Biológicas de la UCM
  http://www.ucm.es/centros/webs/fbio.
- Sección dedicada al Espacio Europeo de Educación Superior en la página del Ministerio de Ciencia e Innovación
  http://www.micinn.es.
- Real decreto 1044/2003, de 1 de agosto por el que se establece el procedimiento para la expedición por las universidades del Suplemento Europeo al Título.
- Real decreto 1125/2003, de 5 de agosto por el que se establece el sistema europeo de créditos y el sistema de calificaciones en las titulaciones de carácter oficial y validez en todo el territorio nacional.

- Real Decreto 56/2005, de 21 de enero, por el que se regulan los estudios universitarios oficiales de Posgrado.
- Real decreto 1393/2007, de 29 de octubre, por el que se establece la ordenación de las enseñanzas universitarias oficiales.
- Libro Blanco, Título de grado en Biología, 2004, Agencia Nacional de Evaluación de la Calidad y Acreditación.
  http://www.aneca.es/media/150328/libroblanco_biologia_def.pdf.
- Conferencia Española de Decanos de Biología, recomendaciones, 2007
  http://www.ucm.es/centros/cont/descargas/documento5390.pdf.
- Ministerio de Ciencia e Innovación: Documento de Propuestas para la renovación de las Metodologías Educativas en la Universidad, 2006
  http://ciencia.micinn.fecyt.es/univ/ccuniv/html/metodologias/docu/PROPUESTA_RENOVACION.pdf
- Documento-Guía para la elaboración de guías didácticas/docentes ECTS, 2006. Coordinado por la Universitat Jaume I de Castelló. Conselleria d'Empresa, Universitat i Ciència de la Generalitat Valenciana,
  http://www.uji.es/.
- Portal Eurobio, que recopila la documentación sobre los congresos europeos de departamentos y facultades de Biología
  http://www.vub.ac.be/gst/eurobio.
- Documentos generados por la European Communities Biologist Associations (ECBA)
  http://www.europeanbiologists.com/.
- Documentos de la International Union of Biological Sciences (IUBS-UNESCO)
  http://www.iubs.org.
- International Workshop on Science Education, New Biology for new curricula, 2007
- http://education.inflpr.ro/.
- Quality Assurance Agency for Higher Education, Biosciences 2007, http://www.qaa.ac.uk.
- Comisión Europea, COM, 2006, 208 final.
  http://eur-lex.europa.eu/LexUriServ/LexUriServ.do?uri=COM:2006:0208:FIN:ES:PDF.
- European University Association (EUA)
  www.eua.be/.
- Tuning Educational Structures in Europe (TESE). Proyecto TUNING (Villa, 2002), Publicaciones de la Universidad de Deusto. 2008.
  http://unideusto.org/tuning/http://tuning.unideusto.org/tuningeu/ .

- European Association for Quality Assurance in Higher Education, ENQA, *Criterios y Directrices para la Garantía de Calidad en el Espacio Europeo de Educación Superior.* Bergen 2003 http://www.aneca.es/present/docs/enqa criteriosydirectrices 261005.pdf.
- European Higher Education Area http://www.ehea.info/

BIBLIOGRAFÍA:

- ANAYA SANTOS, G. 2001. Concepciones sobre la docencia universitaria. Reflexiones en voz alta sobre la Docencia universitaria. http://www.uv.es/arbelaez/v2n201concepciones.htm.
- DELORS 2000. *Learning: the Treasure Within,* http://www.unesco.org/delors.
- SALAS VELASCO, M. 2007. *La elaboración del proyecto docente. El método de la economía de la educación y programación de la asignatura.* Edit. UOC.
- SANCHEZ DELGADO, P., GAIRIN SALLAN, J. 2008. *Planificar la formación en el Espacio Europeo de Educación.* ICE de la UCM.
- TEJEDOR, F.J. 2003. Orientación del sistema educativo hacia los resultados: Intensificación de los procesos evaluativos de alumnos, profesores, centros y propio sistema. http://www.uv.es/soespe/LCE-tejedor.htm.
- TEJEDOR, F.J. (dir.). 1998. *Las estrategias utilizadas por los profesores universitarios para la evaluación del aprendizaje de los alumnos.* Madrid, CIDE.
- VALCÁRCEL, M. coordinador. 2007. *La evaluación de las competencias de los estudiantes de los futuros grados de la rama de conocimiento Ciencias.* Proyecto EA2007-0243.
- VILLAR, L.M. (dir). 2000. *La Universidad. Evaluación educativa e innovación curricular.* Sevilla: Kronos.
- ZABALZA, M.A., 1987. *Diseño y desarrollo curricular.* Madrid: Narcea.
- ZABALZA, M.A., 2001. *La enseñanza universitaria: el escenario y los protagonistas.* Madrid. Narcea.
- ZABALZA, M.A., 2002. *Enseñar en la universidad.* Madrid. Narcea.

CUARTA PARTE

8- PROGRAMAS

Desde que la genética devino un campo de la ciencia, y comenzó a ser enseñada en las universidades, el dilema entre los profesores sobre qué parte debe enseñarse en primer lugar, si la molecular o la clásica, se ha mantenido largo tiempo. Las dos escuelas poseen argumentos, ambos enfoques tienen sus pros y sus contras, y seguro que todavía la polémica se mantendrá. Pero, actualmente, parece que comenzar por la parte molecular está ganando la partida. Y así pretendemos estructurar nuestro programa. Es fundamental que el alumno tome interés desde el primer día en la materia, que se implique desde el primer tema en las cuestiones correspondientes. La experiencia nos ha demostrado que a los estudiantes de hoy en día, les resulta más fácil comprender y observar moléculas que, por ejemplo, entender las divisiones celulares, mitóticas o meióticas. Es más, las noticias, el interés social, los importantes nuevos descubrimientos, se mueven, actualmente, más (o al menos, aparentemente más) en el plano molecular, en el del laboratorio de micropipeta, que en otros aspectos.

Así pues, el programa que presentamos se ha desarrollado en seis bloques temáticos, comienza por la parte molecular, continua por la de herencia, sigue con el área de regulación y desarrollo, a continuación se introduce un bloque de dos temas sobre análisis y manipulación de genomas, y termina, por poblaciones y evolución. Hay que añadir que esta estructuración no significa que esos apartados sean "puros". Hablamos molecularmente también en otros momentos, o de herencia, en otros apartados, además del suyo,... Pero he considerado que tras esos temas de genética "formal", se debe introducir lo que podríamos llamar "genética social", las implicaciones sociales de la genética y sus aplicaciones, la actualidad más puntera, y las consecuencias en medicina, veterinaria, agricultura,.... e incluso en el derecho y la ética, y esto es lo que se incluye en el último bloque.

Otro aspecto que desearía remarcar en la elaboración del presente programa es el discernimiento, la síntesis. Recordemos que los créditos asignados a la asignatura son 12. Todos hemos vivido el desarrollo de asignaturas en nuestra etapa estudiantil donde el profesor era incapaz de tomar una decisión sobre lo fundamental del área, donde lo más fácil era "contarlo todo", así se tenia la seguridad de no haber olvidado o dejado en el tintero lo fundamental. Pero precisamente una de las labores más importantes del profesor es realizar esa tarea para los estudiantes. Estamos en su primera asignatura genética, ellos no pueden discriminar lo fundamental de lo prescindible inicialmente. Nosotros debemos realizar esa función, no se trata de detallar toda la genética posible, se trata de proporcionar a los alumnos los conocimientos más fundamentales, de proporcionar a los alumnos las herramientas más básicas, para que puedan avanzar en la genética por si mismos, para que puedan introducirse en la genética planteándose las cuestiones necesarias, para que aprendan a buscar las respuestas pertinentes, para que sepan donde dirigirse para obtenerlas, para que aprendan los caminos por los que discurrir para avanzar en un área científica.

No debemos olvidar en el planteamiento de la asignatura que resulta fundamental para la comprensión de las estructuras y los procesos genéticos, además de su explicación teórica, su planteamiento práctico y de supuestos problemas y cuestiones. Es decir, debemos plantear una asignatura con tres apoyos: teoría, prácticas y problemas y seminarios.

Así pues, en este Proyecto Docente, incluimos, además de la parte teórica de la asignatura, un programa práctico y otro de "seminarios", fundamentalmente dedicado a plantear problemas y cuestiones en relación con los temas pertinentes.

8-A- PROGRAMA TEÓRICO

Temario teórico:

I. El material hereditario: naturaleza, organización, función y mutación. (12 horas magistrales).

Tema 1. La base molecular de la herencia. El ADN como material hereditario: transformación bacteriana, fagos. El ARN como material hereditario: el virus del mosaico del tabaco.

Tema 2. Organización del material hereditario. Cromosomas de virus y bacterias. El cromosoma eucariótico.

Tema 3. Replicación del material hereditario. Características generales en procariotas y eucariotas.

Tema 4. Expresión de la información genética. La relación gen-enzima. Código genético. Transcripción. Procesamiento. Unidades transcripcionales. Traducción.

Tema 5. La mutación. Base molecular. Reparación. Mutagénesis. Transposición. Mutación y adaptación.

Tema 6. Mutaciones cromosómicas estructurales y numéricas. Tipos. Orígenes. Consecuencias genéticas.

II. Mendelismo, recombinación y análisis genético. (12 horas magistrales).

Tema 7. Mendelismo. Las experiencias de Mendel. Fenotipo y genotipo. Interacción génica. Mendelismo complejo. Herencia mendeliana en la especie humana. Caracteres cuantitativos y herencia poligénica.

Tema 8. La teoría cromosómica de la herencia. Significado genético de mitosis y meiosis. Ligamento y recombinación. Mapas genéticos. Herencia ligada al sexo.

Tema 9. Mapas genéticos en bacterias. Mapas genéticos en virus. Concepto de gen.

III. Regulación de la expresión génica, diferenciación y desarrollo. (6 horas magistrales).

Tema 10. Regulación de la actividad génica en procariotas. Modelo del operón. Regulación de la expresión génica en virus.

Tema 11. Regulación de la actividad génica en eucariotas. Regulación transcripcional y postranscripcional. Epigenética. Bases genéticas del desarrollo. Determinación de ejes y de patrones de desarrollo. Genes *Hox*.

IV. Análisis y manipulación de genomas. (5 horas magistrales).

Tema 12. Manipulación genética. Tecnología de ADN recombinante. Reacción en cadena de la polimerasa (PCR). Hibridación. Secuenciación. Transgénesis. Clonación.

Tema 13. Genómica estructural, comparada y funcional.

V. Introducción a la genética de poblaciones y evolución. (7 horas magistrales).

Tema 14. Teorías sobre la evolución. Variabilidad genética en las poblaciones. Estructura genética de las poblaciones. La Ley del equilibrio o de Hardy-Weinberg.

Tema 15. Cambios de las frecuencias génicas en poblaciones infinitas y finitas. Selección natural. Otros procesos evolutivos.

Tema 16. Concepto genético de especie. Modelos de especiación. Evolución molecular.

VI. Genética Aplicada. Aspectos sociales de la genética. (4 horas magistrales).

Tema 17. Sanidad. Medio Ambiente. Agroalimentación. Industria.

Tema 18. Aspectos legales y éticos.

8-B- PROGRAMA DE PRÁCTICAS

Debemos considerar, a la vez, en la planificación de las prácticas, lo **deseable**, y lo **posible**. Lo deseable: prácticas relacionadas con todos y cada uno de los grandes apartados de la genética, y del programa teórico; que impliquen diversos organismos experimentales y diversas técnicas y metodologías.

Lo posible: considerar las limitaciones, en tiempo, en personal, en fondos, y muy especialmente, recordar que van dedicadas a alumnos sin previa formación genética, y con poco recorrido universitario. No podemos planificar prácticas que necesiten de muchos meses en su desarrollo, no podemos planificar prácticas que necesiten de mucha y valiosa infraestructura, no podemos planificar prácticas de gran complejidad.

Así, la propuesta, un compromiso entre lo deseable y lo posible, creo resulta realista, factible, y con enorme carga de aprendizaje y comprensión de principios y conceptos fundamentales. Y debe mantener una temporalización acorde a la adquisición de los conocimientos teóricos.

PRACTICAS (30 horas)

Temario de prácticas:

PRÁCTICA 1. Diseño con materiales diversos, de modelos de la doble hélice del ADN y simulación de su replicación. Se puede plantear como un "concurso" entre los estudiantes.

PRÁCTICA 2. Secuenciación de DNA. Interpretación de un gel de secuenciación obtenido mediante el método didesoxi. Búsqueda de cuadros de lectura abiertos. Transcripción, traducción, código genético.

PRÁCTICA 3. Análisis genético de marcadores morfológicos en *Drosophila melanogaster*. Métodos de cultivo. Reconocimiento de sexos y mutantes.

Cruzamientos, obtención de F1 y F2, análisis de segregación. Caracteres autosómicos y ligados al sexo.

PRÁCTICA 4. Análisis de genealogías humanas. Tipos de herencia. Determinación de genotipos. Consejo genético. Se puede solicitar a los alumnos la realización de un árbol genealógico de su propia familia en aquellos casos en que se dé algún carácter analizable y de interés.

PRÁCTICA 5. Mitosis en meristemo radicular de ajo (*Allium sativum*). Realización de preparaciones. Reconocimiento de las fases. Cálculo de índices.

PRÁCTICA 6. Meiosis animal y vegetal. Presentación animada. Reconocimiento de las distintas fases sobre preparaciones. Simulación de meiosis con modelos cromosómicos tridimensionales.

PRÁCTICA 7. Análisis genético en hongos (*Sordaria fimicola*) Análisis de tétradas. Cálculo de la distancia de un locus al centrómero.

PRÁCTICA 8. Realización de un cariotipo humano normal y otro con anomalías cromosómicas a partir de fotografías de metafases teñidas con bandeo G.

PRÁCTICA 9. Extracción, digestión, electroforesis y PCR de ADN de un plásmido.

PRÁCTICA 10. Análisis de un carácter cuantitativo. Líneas puras, F1 y F2. Respuesta a la selección del carácter longitud de la semilla en *Vicia faba*.

PRÁCTICA 11. Demostración de la Ley del equilibrio o Ley de Hardy-Weinberg en una población, mediante simulación y, también, utilizando como modelos algún material de fácil uso, por ejemplo, bolas de diferentes colores.

8-C- PROGRAMA DE SEMINARIOS (20 horas)

En este apartado del proyecto docente resulta básico saber presentar las preguntas y las hipótesis para explicar los procesos y estructuras subyacentes. Y debemos realizar el esfuerzo de utilizar casos, o forma de presentarlos, que resulten de interés para el "público" al que van dirigidos: jóvenes de unos 19-20 años, sin formación genética previa, de generaciones digitales y uso generalizado de las tecnologías de comunicación informática, y muy habituados al uso del sentido de la vista, especialmente, de imagen.

Las horas de seminarios se dedicarán fundamentalmente a dos clases de actividades: **planteamiento y resolución de problemas**, y **presentaciones realizadas por los alumnos**. Estas actividades serán representativas de los seis bloques temáticos en que se ha dividido la asignatura.

Se formularán y resolverán cuestiones y problemas sobre la composición del material hereditario y la replicación, las rutas metabólicas y el código genético, la mutación y los cambios cromosómicos estructurales y numéricos. Se realizarán problemas de mendelismo y mendelismo complejo, problemas de ligamiento, revisando las diversas estrategias empleadas en la elaboración de mapas en función del organismo utilizado. Se tratará de forma especial la comprensión de las divisiones celulares, con diagramas, imágenes, etc. Se llevarán a cabo la resolución de problemas sobre regulación. Se plantearán problemas sobre genética cuantitativa, equilibrio en poblaciones y procesos evolutivos.

Además de plantear problemas y cuestiones sobre todos los bloques temáticos del programa, se establecerá una diferenciación con cuestiones conceptuales y cuestiones experimentales, a fin de atraer la atención de los estudiantes sobre estos dos enfoques.

Para las presentaciones de los alumnos se buscarán temas actuales, se incitará a los estudiantes a realizar sus propias propuestas, y se desarrollaran revisiones de aspectos importantes de la genética. Fundamentalmente se tratarán temas que abran discusiones y debates.

9- BIBLIOGRAFÍA DOCENTE: GENERAL Y DE CONSULTA

En la actualidad, conseguir una completa, exhaustiva, muy amplia bibliografía, resulta fácil. Disponemos de bases de datos diversas, de bibliotecas informatizadas, de librerías on-line con la información necesaria sobre los libros, etc. Construir una larga e inoperante, incluso inútil, lista bibliográfica, en definitiva, no reviste ninguna dificultad.

Un esfuerzo mucho mayor, visión de conjunto y conocimiento científico, requiere la selección de un limitado, apropiado, útil, número de volúmenes bibliográficos pensados para estudiantes de genética general, básica.

Y creo que esta es una de las labores fundamentales de un profesor: la guía, la síntesis, la presentación, de un asequible número de volúmenes pensados para el nivel en el que se estructura la asignatura, y el contexto y formación previa de aquellos a quienes va dirigida.

Por ello, la bibliografía adjunta, es limitada, se ajusta a las necesidades de los estudiantes, y considera su calidad didáctica, su claridad expositiva, su actualidad y su ajuste apropiado al área de la genética correspondiente. Muchos de estos textos ofrecen, además, una página web propia, con recursos didácticos añadidos, de gran utilidad para los estudiantes.

También se incluyen algunos textos que pudieran servir para aquellos estudiantes que deseen profundizar más en alguna de las áreas genéticas. Y no podemos dejar de incluir, igualmente, algunos textos divulgativos, fáciles de leer y que pueden servir para "enganchar" a los estudiantes al mundo de la genética.

Pero, en definitiva, como dijo nuestro premio Nobel, Santiago Ramón y Cajal, en su extraordinario libro *"Reglas y consejos sobre investigación científica (los tónicos de la voluntad)"*, ya en 1897, y absolutamente aplicable 115 años más tarde, ***"...mucho aprendemos en los libros, pero más aprendemos en la contemplación de la naturaleza, causa y ocasión de todos los libros".***

9-A- TEXTOS GENERALES

BROOKER, R.J. 4th ed. 2011.
Genetics: Analysis and Principles.
McGraw-Hill Higher Education.
http://mhhe.com/brookergenetics3e/
El autor, profesor de la Universidad de Minnesota, y formado en Yale, plantea un texto introductorio para estudiantes de genética. Utiliza una aproximación experimental a su comprensión: incluye el desarrollo de un par de experimentos en cada capítulo, de modo que los estudiantes, además de adquirir conocimientos sobre los principios genéticos, pueden acercarse al método científico aprendiendo de esos experimentos. Presenta al final de cada capítulo un resumen conceptual y otro experimental, así como problemas y cuestiones. Resulta un libro extraordinariamente didáctico, con soporte de página web (Online Learning Center), actividades interactivas, diferentes herramientas de ayuda y autoevaluación, así como de guía para estudiantes y manual de solución de problemas complementarios de este texto.

GRIFFITHS, A.J.F., GELBART, W.M., LEWONTIN, R.C., MILLER, J.H. 2nd ed. 2002.
Modern Genetic Analysis: Integrating Genes and Genomes.
W.H. Freeman.
Uno de los textos mejores en genética general. Con una aproximación didáctica muy innovativa, y un elenco de autores de prestigio reconocido y background multidisciplinar. Consigue una buena integración entre moléculas y transmisión, no siempre fácil de comprender para los estudiantes. Incluye aspectos mejorados, con respecto a ediciones anteriores, en la organización de los temas y aspectos pedagógicos, y muy buenas y didácticas imágenes y figuras, muchas de ellas coincidentes con las del texto posterior. Una fundamental diferencia entre este libro y el posterior, reside en la ordenación temática: en este se comienza por la parte molecular, y el siguiente está más actualizado (la última edición es de 2010). Incluye CD.

GRIFFITHS, A.J.F., WESSLER, S.R., CARROLL, S.B., DOEBLEY, J. 10th Edition. 2010.
Introduction to genetic analysis.
WH. Freeman Co. Traducción al castellano 9ª Edición. Mc Graw-Hill Interamericana.
http://bcs.whfreeman.com/iga9e/
Una nueva edición del ya "clásico" y ampliamente utilizado texto de introducción a la genética. Es un libro muy didáctico con profusión de figuras, imágenes, etc., que ayudan en gran medida a la comprensión de lo expuesto en el texto. Muy completo, cubre todas las áreas de la genética. Los autores, -algunos han ido cambiando en las sucesivas ediciones-, especialistas en diversos campos, se complementan sinérgicamente. Esta nueva edición, incluye un nuevo co-autor (Carroll), especialista en evolución y desarrollo. En esta edición se hace énfasis en el análisis genético como herramienta para dar respuesta a todo tipo de cuestiones biológicas.

KLUGG, W.S., CUMMINGS, M. R., SPENCER, C., PALLADINO, M.A. 10th ed. 2011.
Concepts of Genetics.
Benjamin Cummings. Traducción al castellano de la 8ª Edición. Prentice Hall, Inc. 2006.
http://www.pearsonhighered.com/educator/product/Concepts-of-Genetics/9780321524041.page
El hecho de que se encuentre en su décima edición da una idea de la utilidad de este texto, otro libro muy utilizado en la enseñanza de la genética. Escrito con estilo claro, se caracteriza por su énfasis en los conceptos y resolución de problemas. Cubre todas las áreas de la genética, y ofrece buenas imágenes y figuras. En esta edición, se incluye una buena puesta al día de la genómica, proteómica y bioinformática. También incluye herramientas de ayuda para los estudiantes: un CD-ROM, y conexión a página web.

PIERCE, B. A. 3rd ed. 2007.
Genetics: A Conceptual Approach.
W. H. Freeman. Traducción al castellano por Panamericana, 2009.
http://bcs.whfreeman.com/pierce3e
En esta edición se han reducido los detalles, centrándose en los conceptos esenciales. Un texto que hace énfasis en la resolución de problemas, en las aplicaciones más relevantes de la genética y en las relaciones de diferentes conceptos. Con página web para consulta de los estudiantes, con animaciones, sugerencias de lecturas, y otras páginas web relacionadas con los temas correspondientes.

PIERCE, B.A. 2011.
Transmission and population genetics.
W.H. Freeman.
Actualización dedicada a la parte de transmisión y poblaciones, con desarrollo de conceptos de manera accesible a estudiantes de grado. Establece las relaciones entre unos y otros aspectos de la genética. Resulta didáctico.

PIERCE, B. A. 2nd ed. 2012.
Genetics Essentials: Concepts and Connections.
W.H. Freeman
Una versión actualizada y bien desarrollada de su anterior texto, que fue traducido al castellano.

SNUSTAD, D.P., SIMMONS, M.J. 5th ed. 2009.
Principles of genetics.
Wiley & Sons.
http://he-cda.wiley.com/WileyCDA/HigherEdTitle/productCd-0470388250.html.
Como dicen los autores "educan a los estudiantes de hoy para la ciencia del mañana", haciendo énfasis en comprensión y aplicación. Es un texto de introducción a la genética destacando los aspectos humanos. Presenta una página web -student companion site-, con cuestionarios, problemas, la posibilidad de responder on-line a preguntas en forma de señalar posibles respuestas breves, con acceso a glosarios, autoevaluación, etc.

TAMARIN, R.H. 7th ed. 2002.
Principles of Genetics.
McGraw Hill.
http://www.mhhe.com/biosci/cellmicro/tamarin7/.
Tratamiento equilibrado de las principales áreas de la genética. Con estilo fácil y buenas ayudas en su página web, que incluye diversos recursos para los estudiantes, como palabras clave, tutorías, y actividades, artículos clásicos y recientes, revisiones, acceso a programas estadísticos, etc.

9-B- PROBLEMAS

BENITO, C. 1997.
360 Problemas de Genética resueltos paso a paso.
Edit. Síntesis. Madrid.
Es el texto más completo en castellano, de problemas de genética, cubre todos los tópicos, y presenta la resolución de los mismos de forma didáctica. Muy útil, incluso imprescindible, en un curso de genética general.

BROOKER, R. J. 2008.
Student Study Guide/Solutions Manual to accompany Genetics.
McGraw-Hill Science/Engineering/Math.
Texto complementario del libro Genetics, del mismo autor, donde se presentan las soluciones a problemas y cuestiones incluidos en cada capítulo del libro de texto. Resume los principales puntos del texto, e incluye ejercicios y prácticas de exámenes.

FIXSEN, W., LAVETT, D.K., YOUNG, P.G. 9th ed. 2007.
Solutions Megamanual for Introduction to Genetic Analysis.
W.H. Freeman.
Un texto útil para acompañar el libro de Griffiths *et al.*, con las resoluciones de los problemas y cuestiones planteados, junto con tutorías interactivas.

- La mayoría de los textos generales de genética, incluyen apartados de problemas y cuestiones en todos sus capítulos. Muchos, incluso en sus páginas web, y con resolución, además de otros recursos didácticos.

9-C- PRÁCTICAS

MERTENS, T.L., HAMMERSMITH, R.L. 13th ed. 2006.
Genetics Laboratory Investigations.
B. Cummings.
El hecho de encontrarse en su décimo tercera edición habla por si solo. Un manual muy completo con experimentos de laboratorio. Desde experiencias con *Drosophila* o *Sordaria*, a DNA fingerprinting.

MICHAEL, A., ASHBURN, M.D., GOLIC, K.G., HAWLEY, R.S. 2nd ed. 2004.
Drosophila: A laboratory handbook.
Cold Spring Harbor Laboratory Press.
Constituye una buena guía para todos los aspectos de la biología de *Drosophila*, enfatizando su uso práctico en genética.

SHORROCKS, B. 1980.
Drosophila.
Pergamon press.
Un clásico, con una parte sobre la biología de *Drosophila* y otra, sobre su utilización en laboratorio.

9-D- LIBROS DE CONSULTA Y LECTURA POR BLOQUES TEMÁTICOS:

EL MATERIAL HEREDITARIO

ALBERTS, B., JOHNSON, A., LEWIS, J., RAFF, M. 5th Edition. 2008.
Molecular biology of the cell.
Garland Science.
Uno de los libros de texto líder en el área. Cubre todos los campos de la biología molecular. Y en esta edición incluye la originalidad de presentar unos capítulos en papel y otros en forma de archivos pdf en un DVD-ROM. También, como novedad, incluye cuestiones al final de cada capítulo.

LEWIN, B. 2008. 9th ed.
Genes IX.
Jones and Bartlett Publishers, Sudbury, MA, USA.
http://biology.jbpub.com/book/genes/
Un clásico y completísimo texto de la genética molecular (892 páginas), con ya nueve ediciones, y completamente actualizado. Buenas figuras, "ventanas" con conceptos clave. Con página web desarrollada para esta novena edición.

RUSSELL, P.J. 3rd ed. 2009.
iGenetics: A Molecular Approach.
Benjamin Cummings Pub. Co.
http://wps.aw.com/wps/media/access/Pearson_Default/6889/7055011/login.html

Con una moderna organización del texto, y diversos recursos pedagógicos como "recuadros" pedagógicos ("cajas" o ventanas) y cuestiones clave. El hilo conductor es la genómica.
Incluye página web con diversas actividades interactivas.

TROP, B.E. 3rd ed. 2008.
Molecular Biology: Genes to Proteins.
Jones and Bartlett Publ.
Un texto de nivel apropiado para estudiantes de grado. Presenta una buena revisión molecular, tanto en procariontes como en eucariontes.

WATSON, J.D., BAKER, T.A., BELL, S.P., GANN, A., LEVINE, M., LOSICK, R. 6th ed. 2008.
Molecular biology of the gene.
Cold Spring Harbor Laboratory Press. Pearson/Benjamin Cummings, San Francisco, CA, USA. Existe versión en castellano de la quinta edición, por Panamericana.
http://www.aw-bc.com/watson/
Probablemente el más popular de los textos de biología molecular, a lo que, con seguridad, no es ajeno el hecho de que su primer autor sea Watson. De hecho las tres primeras ediciones de este libro están firmadas por él como único autor. Un texto muy completo que incorpora una última parte de "métodos", en la que además de las técnicas más generales en biología molecular, se incluyen organismos modelo. Los "recuadros" insertados en cada capítulo, en los que se suelen detallar experiencias clave en el tema, resulta especialmente instructivos. En esta última edición se incluyen los últimos avances en el área, y una útil página web.

MENDELISMO, RECOMBINACIÓN, ANÁLISIS GENÉTICO

FALCONER, D.S., MACKAY, T.F.C. 4th ed. 1996.
Introduction to Quantitative Genetics.
Benjamin Cummings. Traducción al castellano publicada por Ed. Acribia, 2001.
Probablemente el más clásico de los textos en genética cuantitativa, todavía necesario para la introducción en este campo.

RUSSELL, P.J. 3rd ed. 2009.
iGenetics: A Mendelian Approach.
Benjamin Cummings Pub. Co.
Enfatiza la aproximación experimental. Y a pesar de su título no se olvida del material hereditario a nivel molecular.

REGULACIÓN DE LA EXPRESIÓN GÉNICA, DIFERENCIACIÓN Y DESARROLLO

CAREY, M.F., PETERSON, C.L., T.S. STEPHEN. 2nd ed. 2008.
Transcriptional Regulation in Eukaryotes: Concepts, Strategies, and Techniques.
Cold Spring Harbor Laboratory press.
Quizás es un libro de nivel elevado para estudiantes de genética general, pero está escrito en forma clara y con muchas ilustraciones. Fundamentalmente enfocado a los aspectos técnicos, aunque bien contextualizados en la teoría.

COUREY, A. 2008.
Mechanisms in Transcriptional Regulation
Blackwell Publishing, Oxford.
http://www.biochemistry.ucla.edu/biochem/Faculty/Courey/.
Presenta los conceptos fundamentales de la transcripción y su regulación. Incluye problemas, figuras, y acceso on-line a algunos recursos.

LATCHMAN, D.S. 2nd ed. 2008.
Gene regulation: a eukariotic perspective.
Springer verlag.
Presenta una clara, concisa y completa visión general sobre la regulación génica en eucariotas, con buenos diagramas.

LEWIN, B. 9th ed. 2008.
Genes IX.
Jones and Bartlett Publishers, Sudbury, MA, USA.
http://biology.jbpub.com/book/genes/
Como expresaba en el bloque “material hereditario”, es un texto muy completo, con unos capítulos dedicados a regulación, actualizado y con buenas ilustraciones.

MARTINEZ A., STEWART, A. 2003.
Molecular Principles of Animal development.
Oxford University press.
Uno de los pocos textos basado en los aspectos moleculares del desarrollo. Incluye diversos capítulos, cada uno con mayor complejidad que el anterior. Quizás, de nivel elevado para estudiantes de grado.

WATSON, J.D., BAKER, T.A., BELL, S.P., GANN, A., LEVINE, M., LOSICK, R. 6th ed. 2008.
Molecular biology of the gene.
Cold Spring Harbor Laboratory Press. Pearson/Benjamin Cummings, San Francisco, CA, USA. Existe versión en castellano de la quinta edición, por Panamericana.
Además de constituir, como expresaba en el bloque "material hereditario", el más popular de los textos de biología molecular, sus capítulos dedicados a regulación son completos y útiles para este apartado, y gozan de las mismas positivas cualidades que el resto del texto.

ANÁLISIS Y MANIPULACIÓN DE GENOMAS

CUBERO SALMERON, J.I. 2003.
Introducción a la Mejora Genética Vegetal.
Mundiprensa.
Junto a la información sobre la mejora clásica o tradicional, se incluye la biotecnológica. Sin olvidar los problemas medio ambientales y legales implicados. De lectura fácil.

DALE, J.W., SCHANTZ, M. VON. 2nd ed. 2008.
From genes to genomes: concepts and applications of DNA technology.
J. Wiley & Sons. Hoboken, NJ, USA.
Un texto claro, directo y completo sobre técnicas y avances en análisis genómico. Presenta figuras sencillas y de fácil comprensión sobre las diferentes técnicas.

NICHOLL, D.S.T. 3rd ed. 2008.
An introduction to genetic Engineering.
Cambridge University Press.
Escrito en forma sencilla y asequible para aquellos que no son especialistas en la materia, y con claros diagramas que facilitan la comprensión.

PEVSNER, J. 2nd ed. 2009.
Bioinformatics and Functional Genomics. Wiley-Blackwell.
Un libro muy completo en un área que puede resultar árida para estudiantes jóvenes, pero que, también, puede resultarles de interés. Con página web de ayuda, con documentos, presentaciones power points, etc. http://www.bioinfbook.org/

PRIMROSE, S.B., TWYMAN, R.M. 8th ed. 2009.
Principles of Gene Manipulation and Genomics.
Blackwell Publ. Oxford, UK.
Integra los diversos niveles de manipulación genética, a nivel de gen, de genoma, de proteómica, incluso de metabolómica. Está muy bien ilustrado, y se nota que los autores son expertos en el tema.

WALKER, J.M., RAPLEY, R. (eds.). 5th ed. 2009.
Molecular biology and biotechnology.
Royal Society of Chemistry.
Completamente actualizado en esta edición con inclusión de los últimos avances y aplicaciones en el área, incluyendo diseño de fármacos, bioenergías, etc.

WATSON, J.D., CAUDY, A.A., MYERS, R.M., WITKOWSKI, J.A. 3rd ed. 2006.
Recombinant DNA: Genes and Genomes. A short course.
Cold Spring Harbor Laboratory Press, co-published with W.H. Freeman.
Un texto clave en el area, accessible, que dedica una parte a introducir en los conceptos fundamentales de la genómica, bioinformática, técnicas. Y otra parte en la que se desarrollan las aplicaciones prácticas.

WILLIAMS, S.A., SLATKO, B.E., McCARREY, J.R. 2007.
LABORATORY INVESTIGATIONS IN MOLECULAR BIOLOGY.
Jones & Bartlett Publ.
Planteado como "proyectos", incluye diversos y actuales experimentos, y detallados protocolos, así como útiles apéndices sobre equipamiento necesario en el laboratorio, cálculos, etc.

GENÉTICA DE POBLACIONES Y EVOLUCIÓN

AYALA, F.J. 1994.
La teoría de la evolución.
Edics. Temas de Hoy.
El autor, de indiscutible prestigio científico, escribe con un estilo preciso, claro, hace sencillo lo difícil, y en los últimos años ha editado diversos libros de divulgación de buen nivel, directamente en castellano, muy recomendables. El que citamos es solo uno de ellos.

DARWIN, CH.
El origen de las especies.
Edaf Edics. 1981.
Existen infinidad de ediciones y versiones del más famoso libro de Darwin. Imprescindible, no ya para los genéticos, para todo biólogo. Y la experiencia me ha demostrado que sólo un muy reducido número de estudiantes lo han leído.

FREEMAN, S., HERRON, J.C. 4th ed. 2007.
Evolutionary Analysis.
B. Cummings. Pearson Educ.Inc. Traducción al castellano, 2002, por Pearson Educación SA.
http://wps.prenhall.com/esm_freeman_evol_4/
Es un magnifico libro que pretende llevar al lector por caminos de método científico. Incluye aspectos clásicos juntos con descubrimientos e ideas muy actuales. Buenas fotografías, diagramas y gráficos.

FUTUYMA, D. J. 2nd ed. 2009.
Evolution.
Sinauer Assoc. Inc.
Un autentico y completo libro de texto, especialmente diseñado para estudiantes. Ameno, didáctico y que no olvida ningún aspecto sobre el tema. Es un actual tratado sobre la biología evolutiva.

HARTL, D.L., CLARK, A.G. 4th ed. 2006.
PRINCIPLES OF POPULATION GENETICS.
Sinauer Associates, Inc.
Su característica fundamental reside en el hecho de presentar una información equilibrada entre teoría e información empírica, entre la necesaria estadística para los análisis genético poblacionales y la variación genética.

MAYNARD SMITH, J. 1998. 2nd ed.
Evolutionary genetics.
Oxford Univ. Press. Oxford, UK.
Aunque es un clásico, sigue siendo imprescindible para los interesados en la genética evolutiva.

MAYR, E. 2001.
What evolution is.
Basic Books. Perseus Books. New York. USA.
Escrito de forma sencilla, amena y con los conocimientos enciclopédicos del autor. Un libro, que podríamos considerar divulgativo y muy recomendable para estudiantes de grado.

OCHANDO, M.D., 2012.
Biología Evolutiva: Introducción a la Genética de Poblaciones, problemas y cuestiones.
Editorial Universitas.
Un texto claro y didáctico, introductorio a la genética de poblaciones y cuantitativa, mediante el planteamiento y resolución de cuestiones conceptuales y problemas. Especialmente dirigido a estudiantes de Grado.

RIDLEY, M. 3rd ed. 2003.
Evolution.
Wiley-Blackwell Science. Cambridge. MA, USA.
Uno de los más completos y sólidos textos sobre evolución que incluye, desde la genética de poblaciones, la evolución molecular, y genómica, la especiación, etc., hasta la paleobiología y la macroevolución.

STONE, L., LURQUIN, P.F., CAVALLI-SFORZA, L.L. 2006.
Genes, Culture and Human Evolution: A synthesis.
Wiley- Blackwell.
Un buen texto sobre la genética evolutiva enmarcada en nuestra propia especie. Interesante enfoque de genes y cultura. El tercer autor, Cavalli-Sforza, ha escrito recientemente diversos textos divulgativos que pueden encontrarse en castellano y que resulta fáciles de leer y son de calidad. A los estudiantes siempre les motivan los temas en los que son protagonistas.

APLICACIÓN DE LA GENÉTICA

AVISE, J.C. 2004.
The hope, hype, and reality of Genetic Engineering: remarkable stories from Agriculture, Industry, Medicine, and the Environment.
Oxford University press.
El autor escribe en una forma clara y amena, fácil para los no expertos. Incluye, como define el título, aplicaciones en medio ambiente, en medicina, en agricultura, en industria.

FRANKHAM, R., BALLOU, J.D., BRISCOE, D.A. 4th ed. 2004.
Introduction to Conservaton Genetics.
Cambridge University press. Cambridege, UK.
Texto introductorio a la conservación desde un punto de vista genético poblacional. Buen desarrollo estadístico y exposición de ejemplos reales.

GLICK, B.R., PASTERNAK, J.J., PATTEN, C.L. 4th ed. 2009.
Molecular biotechnology. Principles and applications of recombinant DNA.
ASM Press.
Conociendo ediciones anteriores, esta cuarta solo puede mejorar ya que actualiza. Incluye, tanto la base científica, como las aplicaciones industriales del ADN recombinante. Muy completo y con inclusión de descubrimientos y artículos clave en el desarrollo de los diferentes aspectos.

GOODWIN, W., LINACRE, A., HADI, S. 2007.
An Introduction to Forensic Genetics.
Wiley.
Es un texto accesible con las últimas tecnologías aplicadas en esta área, que incluye casos reales y herramientas estadísticas.

MARSEN, E.L. 2008.
Environmental Microbiology: From Genomes to Biogeochemistry.
Wiley-Blackwell.
Una buena puesta al día de lo que podríamos denominar una nueva área: la microbiología ambiental. No todo es genética.

SCHERER, S. 2008.
A short guide to the Human genome.
Cold Spring Harbor Laboratory Press.
Un texto sencillo, breve, introductorio a diversos aspectos de los resultados obtenidos en la última década en genómica humana. Útil para alumnos que cursan genética por primera vez.

SLATER, A., SCOTT, N.W., FOWLER, M.R. 2008.
Plant Biotechnology- The Genetic manipulation of Plants.
Oxford University Press.
Presenta la manipulación genética, y su aplicación en agricultura, de forma objetiva y asequible.

TEMPLETON, N.S. (ed.). 3rd ed. 2008.
Gene and cell therapy. Therapeutic mechanisms and strategies.
CRC Press. Boca Raton, FL., USA.
Una puesta al día de las tecnologías y herramientas disponibles en el área. Cada autor es especialista en la materia correspondiente.

THIEMAN, W.J., PALLADINO, M.A. 2nd ed. 2009.
Introduction to Biotechnology.
Benjamin Cummings.
Un buen texto introductorio a los diversos campos de la biotecnología, tanto desde el punto de vista de las herramientas como de la aplicación.

TURNPENNY, P., ELLARD, S. 13th ed. 2007.
Emery´s Elements of medical genetics.
Elsevier.
Texto completo y de éxito, que cubre, desde las bases científicas a los aspectos clínicos más aplicados de la genética. Con una primera parte dedicada a una introducción de la genética humana. Incluye acceso on-line con recursos interactivos: http://www.studentconsult.com.

WATSON, J.D. 2000.
A passion for DNA: genes, genomes, and society.
Cold Spring Harbor Publ.
Un libro, en parte, autobiográfico, pero mucho más: reflexiones sobre el ADN recombinante, sobre la lucha contra el cáncer, sobre implicaciones

sociales del Proyecto Genoma Humano, y sobre, como dice el autor, el "etos" de la ciencia.
Existe versión en castellano por Edit. Crítica, 2001.

9-E- GLOSARIOS Y DICCIONARIOS GENÉTICOS

Cada disciplina de la ciencia tiene su propio lenguaje, no siempre de fácil comprensión para profanos. Los estudiantes que por primera vez se enfrentan a un curso de genética, pueden encontrar una buena ayuda introductoria en glosarios y diccionarios.

ATWOOD, T., CAMPBELL, P., PARISH, H., SMITH, T., STIRLING, J., VELLA, F., CAMMACK, R. 2nd ed. 2006.
Oxford dictionary of biochemistry and molecular biology.
Oxford University Press. Oxford, UK.

KING, R.C., STANSFIELD, W.D., MULLIGAN, P.K. 7th ed. 2006.
A dictionary of Genetics.
Oxford University Press. Oxford, UK.

PASSARGE, E. 3rd ed. 2007.
Color Atlas of Genetics.
Thieme Verlag. Ed. En castellano, de 2004, por Médica Panamericana.

SINGLETON, P. 2008.
Dictionary of DNA and Genome technology.
Blackwell Publ. Oxford, UK.

9-F- PÁGINAS WEB DE INTERÉS

Las siguientes páginas web pueden resultar útiles no solo por la información que directamente contienen sino, y también, porque la mayoría incluyen accesos a otras páginas de interés. En general las Universidades estadounidenses suelen tener buenas páginas web.

- Biblioteca virtual sobre genética, del Oak Ridge National Laboratory: http://www.ornl.gov/sci/techresources/Human_Genome/genetics.shtml

- Cold Spring Harbor Laboratory, Dolan DNA Learning Center: http://www.dnai.org/.
- Darwin On-Line: http://darwin-online.org.uk/Introduction.html
- Glosario de términos genéticos: http://www.weihenstephan.de/~schlind/genglos.html
- Human Genome Project Information: http://www.ornl.gov/sci/techresources/Human_Genome/home.shtml
- Mendel Web: http://www.mendelweb.org/
- National Science Foundation: http://www.visionlearning.com/
- Science NetLinks: http://www.sciencenetlinks.com/about.php
- Sociedad española de Genética: http://www.segenetica.es/
- Universidad de Berkeley: http://evolution.berkeley.edu/
- Universidad de Kansas: http://www.kumc.edu/gec/
- Universidad de Utah: http://learn.genetics.utah.edu/

QUINTA PARTE

ANEXOS: documentación:

- Real decreto 693/1996 (BOE de 23 de mayo de 1996) por el que se aprueban los estatutos del Colegio Oficial de Biólogos.
- Real decreto 1754/1998 (BOE de 7 de agosto de 1998) por el que se incorporan al derecho español las Directivas 95/43/CE y 97/38/CE y se modifican los anexos de los reales decretos 1665/1991, de 25 de octubre y 1396/1995, de 4 de agosto, relativos al sistema general de reconocimientos de títulos y formaciones profesionales de los estados miembros de la Unión Europea y demás Estados signatarios del Acuerdo sobre el espacio Económico Europea.
- El Espacio Europeo de Educación Superior. Declaración conjunta de los ministros europeos de educación. Bolonia, 19 de junio de 1999.
- Real Decreto 1125/2003 (BOE, de 18 de septiembre de 2003), por el que se establece el sistema europeo de créditos y el sistema de calificaciones en las titulaciones universitarias de carácter oficial y validez en todo el territorio nacional.
- Realising the European Higher Education Area, comunicado de la Conferencia de Ministros responsables de Educación Superior. Berlin, 19 de septiembre de 2003.
- Real decreto 55/2005 (BOE de 25 de enero de 2005) por el que se establece la estructura de las enseñanzas universitarias y se regulan los estudios universitarios oficiales de Grado.
- El Espacio Europeo de Educación Superior – Alcanzando las metas, comunicado de la Conferencia de Ministros Europeos responsables de Educación Superior. Bergen, 19-20 de mayo de 2005.
- Standards and Guidelines for Quality Assurance in the European Higher Education Area. European Commission. European Association for Quality Assurance in Higher Education. Helsinki, 2005.

- Directrices para la elaboración de títulos universitarios de Grado y Master. Ministerio de Educación y Ciencia. Secretaría de Estado de Universidades e Investigación. 21 de diciembre de 2006.
- Acuerdos adoptados por la Conferencia Española de Decanos de Biología sobre la estructura y contenidos del futuro título de Grado en Biología. 14-15 de junio de 2007.
- Real decreto 1393/2007 (BOE de 30 de octubre de 2007), por el que se establece la ordenación de las enseñanzas universitarias oficiales.
- Propuesta de directrices generales de la Universidad Complutense de Madrid para la aprobación de nuevas enseñanzas de grado, febrero de 2008.
- Propuesta de Plan de Estudios de la Facultad de CC. Biológicas de la Universidad Complutense de Madrid, Grado en Biología, septiembre 2008.
- ECTS users´ guide. EU, Education and Culture DG. Brussels, 2009
- Resolución 10374 de 7 de junio de 2010, de la Universidad Complutense de Madrid, BOE de 29 de junio de 2010, por la que se publica el Plan de Estudios de Graduado en Biología.
- Resolución 14645 de 12 de noviembre de 2012, de la Universidad Complutense de Madrid, BOE de 29 de noviembre de 2012, por la que se publican modificaciones de diversos planes de estudio de graduado.

I. Disposiciones generales

MINISTERIO DE EDUCACION Y CIENCIA

11543 *REAL DECRETO 693/1996, de 26 de abril, por el que se aprueban los Estatutos del Colegio Oficial de Biólogos.*

La Ley 75/1980, de 26 de diciembre, creó el Colegio Oficial de Biólogos, como Corporación de Derecho Público con personalidad jurídica y plena capacidad para el cumplimiento de sus fines. Por Orden de 10 de septiembre de 1981 se aprobaron los Estatutos provisionales de dicha Corporación, en uso de la habilitación especial contenida en la disposición transitoria primera de la referida Ley.

La Junta de Gobierno del Colegio Oficial de Biólogos ha tomado el acuerdo de remitir unos Estatutos al Ministerio de Educación y Ciencia, a efectos de su aprobación por el Gobierno, de conformidad con lo establecido en el artículo 6.2 de la Ley 2/1974, de 13 de febrero, de Colegios Profesionales, modificada por la Ley 74/1978, de 26 de diciembre.

En su virtud, a propuesta del Ministro de Educación y Ciencia y previa deliberación del Consejo de Ministros en su reunión del día 26 de abril de 1996,

DISPONGO:

Artículo 1.

Se aprueban los Estatutos del Colegio Oficial de Biólogos, que figuran como anexo al presente Real Decreto.

Artículo 2.

Podrán constituirse Colegios Oficiales territoriales por segregación del Colegio Oficial de Biólogos, que deberán establecer un Consejo General, en los términos establecidos por la Ley 75/1980, de 26 de diciembre, de conformidad con lo dispuesto en la legislación general sobre Colegios Profesionales y en las normas de las Comunidades Autónomas que sean de aplicación.

Disposición derogatoria única.

Queda derogada la Orden del Ministro de Universidades e Investigación de 10 de septiembre de 1981, por la que se aprueban los Estatutos provisionales del Colegio Oficial de Biólogos («Boletín Oficial del Estado» de 14 de octubre) y cuantas disposiciones de igual o inferior rango se opongan a lo prevenido en este Real Decreto.

Disposición final única.

El presente Real Decreto entrará en vigor el día siguiente al de su publicación en el «Boletín Oficial del Estado».

Dado en Madrid a 26 de abril de 1996.

JUAN CARLOS R.

El Ministro de Educación y Ciencia,
JERONIMO SAAVEDRA ACEVEDO

ANEXO

Estatutos del Colegio Oficial de Biólogos

CAPITULO I

De la naturaleza, fines y funciones del Colegio

Artículo 1. *Naturaleza jurídica.*

1. El Colegio Oficial de Biólogos es una corporación de derecho público que se constituye bajo el amparo del artículo 36 de la Constitución Española; de la Ley 2/1974, de 14 de febrero, de Colegios Profesionales; y de la Ley 75/1980, de 26 de diciembre, de creación del Colegio Oficial de Biólogos, con estructura interna democrática, independiente de la Administración, de la que no forma parte, sin perjuicio de las relaciones de derecho público que con ella legalmente le correspondan.
2. El Colegio Oficial de Biólogos tiene personalidad jurídica propia y plena capacidad para el cumplimiento de sus fines. En consecuencia, y de acuerdo con la legalidad vigente, el Colegio Oficial de Biólogos puede adquirir, vender, enajenar, poseer, reivindicar, permutar, gravar toda clase de bienes y derechos, celebrar contratos, obligarse y ejercitar acciones e interponer recursos en todas las vías y jurisdicciones para el cumplimiento de sus fines.
3. Sus competencias y actividades no limitarán la actividad sindical.

Artículo 2. *Relaciones con la Administración.*

El Colegio Oficial de Biólogos se relacionará con la Administración General del Estado a través del Ministerio de Educación y Ciencia o de aquel que por vía reglamentaria determine el Gobierno, sin perjuicio de que los Colegios oficiales territoriales que se constituyan por segregación del mismo lo hagan con el órgano competente de la Administración de la Comunidad Autónoma respectiva.

Artículo 3. *Ambito territorial.*

Su ámbito territorial es el del Estado español, teniendo como principio fundamental de su organización territorial la autonomía de los distintos Colegios oficiales territoriales de Biólogos que puedan crearse, así como la solidaridad entre ellos.

El Colegio Oficial de Biólogos y, en su caso, el Consejo General de Colegios oficiales territoriales de Biólogos, tendrá una sede central en Madrid. Dentro del ámbito territorial que tenga señalado cada Colegio oficial territorial de Biólogos, se establecerá una sede oficial del mismo.

Artículo 4. *Fines.*

Son fines esenciales y fundamentales del Colegio:

1. La ordenación, en el ámbito de su competencia, y de acuerdo con lo establecido por las leyes, del ejercicio de la profesión de Biólogo en todas sus formas y especialidades, la representación exclusiva de esta profesión y la defensa de los intereses profesionales de los colegiados, todo esto sin perjuicio de las competencias de las Administraciones públicas por razón de la relación funcionarial, ni de las organizaciones sindicales y patronales en el ámbito específico de sus funciones.
2. Promoción, salvaguarda y observancia de los principios deontológicos y éticos de la profesión de Biólogo y de su dignidad y prestigio.
3. La proporción y fomento del progreso de la Biología, del desarrollo científico y técnico de la profesión, así como de la solidaridad profesional y del servicio de la profesión a la sociedad.
4. La colaboración con los poderes públicos en la consecución de los derechos individuales y colectivos reconocidos por la Constitución.

El cumplimiento de dichos fines se desarrollará en el ámbito estrictamente profesional, quedando excluidas aquellas actividades que la Constitución atribuye específicamente a los partidos políticos, a los sindicatos y a otras asociaciones.

Artículo 5. *Funciones.*

Para el cumplimiento de sus fines, el Colegio Oficial de Biólogos ejercerá las siguientes funciones:

1. Facilitar a sus colegiados el ejercicio de la profesión.
2. Ostentar la representación y defensa de la profesión y de los colegios ante la Administración, instituciones, tribunales o entidades y particulares con la legitimación para ser parte en todos aquellos litigios que afecten a los intereses profesionales, en defensa de sus derechos y honorarios producidos por sus trabajos, así como ejercitar el derecho de petición conforme a la Ley.
3. Participar en los Consejos u Organismos consultivos de las distintas Administraciones públicas en materia de su competencia profesional, cuando sus normas reguladoras lo permitan, así como estar representado en los órganos de participación social existentes.
4. Participar, cuando sea requerido para ello por el órgano administrativo competente, en la elaboración de los planes de estudio, e informar las normas de organización de los centros docentes correspondientes a la profesión, manteniendo contacto con éstos, así como preparando la información necesaria para facilitar el acceso a la vida profesional de nuevos profesionales.
5. Estar representado en los Consejos Sociales de las Universidades, cuando sea designado para ello por el órgano competente.
6. Facilitar a los Tribunales de Justicia la relación de los colegiados que pudieran ser requeridos para intervenir como Peritos en asuntos judiciales.
7. Llevar a cabo cuantas funciones le sean encomendadas por la Administración, así como la colaboración con ésta mediante la realización de estudios, emisión de informes, elaboración de estadísticas y otras actividades relacionadas con sus fines que le sean solicitadas o acuerde formular por propia iniciativa.
8. Ordenar, en el ámbito de su competencia, y de acuerdo con lo previsto en las leyes, la actividad profesional de los colegiados, velando por la ética y dignidad profesional y por el debido respeto a los derechos de los particulares, ejerciendo, si cabe, la facultad disciplinaria en el orden profesional y colegial.
9. Regular los honorarios mínimos en el ejercicio libre de la profesión.
10. Realizar los reconocimientos de firma o el visado de proyectos, informes, dictámenes, valoraciones, peritajes y demás trabajos realizados por los Biólogos en el ejercicio de su profesión, así como editar y distribuir impresos de los certificados oficiales que para esta función aprueben los órganos de gobierno.
11. Intervenir, por la vía de la conciliación o arbitraje, en las cuestiones que, por motivos profesionales, se susciten entre los colegiados y, en general, procurar la armonía, colaboración y solidaridad entre ellos, impidiendo la competencia desleal en el ejercicio de la profesión.
12. Resolver, por laudo, a instancia de las partes interesadas, las discrepancias que puedan surgir sobre el cumplimiento de las obligaciones dimanantes de los trabajos realizados por los colegiados en el ejercicio de la profesión.
13. Impedir y, en su caso, denunciar ante la Administración, e incluso perseguir ante los Tribunales de Justicia, todos los casos de intrusismo profesional que afecten a los Biólogos y al ejercicio de la profesión.
14. Mantener un activo y eficaz servicio de información sobre los puestos de trabajo a desarrollar por Biólogos, a fin de conseguir una mayor eficacia en su ejercicio profesional.
15. Informar los proyectos de ley y disposiciones de otro rango que se refieran a las condiciones generales del ejercicio profesional, incluidos la titulación requerida, incompatibilidades y honorarios.
16. Informar en los procedimientos judiciales o administrativos en que se discutan honorarios profesionales.
17. Garantizar una organización colegial eficaz, promoviendo la descentralización territorial y el funcionamiento de secciones especializadas, fomentando las actividades y servicios comunes de interés colegial y profesional en los órdenes formativo, cultural, administrativo, asistencial y de previsión. A estos efectos, podrá establecerse la colaboración con otros colegios profesionales y entidades legalmente constituidas.
18. Administrar la economía colegial, repartiendo equitativamente las cargas mediante la fijación de las necesarias cuotas de aportación, recaudándolas, custodiándolas y distribuyéndolas según el presupuesto y necesidades y llevando una clara y rigurosa contabilidad.
19. Organizar cursos para la formación profesional de los Biólogos.
20. Promover las relaciones entre los Biólogos españoles y de otros Estados, así como ejercer la representación de la profesión tanto a nivel español como internacional.
21. Cumplir y hacer cumplir a los colegiados las leyes generales y especiales y los estatutos profesionales y reglamentos de régimen interior, así como las normas y acuerdos adoptados por los órganos de gobierno en materias de su competencia.

22. Todas las otras funciones que le sean atribuidas por las disposiciones vigentes y que beneficien los intereses profesionales de los colegiados o de la profesión.

CAPITULO II

De la adquisición, denegación y pérdida de la condición de colegiado

Artículo 6. *Miembros del Colegio.*

a) El Colegio Oficial de Biólogos agrupará a los ciudadanos españoles y extranjeros que acrediten, mediante las formas legalmente establecidas, estar en posesión del título oficial de Licenciado en Biología, o bien los títulos oficiales que se homologan a éste, de acuerdo con lo establecido por el Real Decreto 1954/1994, de 30 de septiembre, sobre homologación de títulos a los del Catálogo de Títulos Universitarios Oficiales, creado por el Real Decreto 1497/1987, de 27 de noviembre.

De igual modo, se prevé que podrán ser miembros del Colegio aquellos titulados que posean un título universitario superior que provenga del desglosamiento de los títulos mencionados anteriormente, en otros relativos a áreas concretas de la Biología.

Asimismo, se podrán integrar también en el Colegio Oficial de Biólogos aquellos Licenciados y Doctores en Ciencias Naturales que hayan sido miembros de las asociaciones de Licenciados en Ciencias Biológicas, o estén integrados en las secciones profesionales de Biólogos de los ilustres Colegios Oficiales de Doctores y Licenciados en Filosofía y Letras y en Ciencias, y los que no siendo miembros de estas entidades y cumpliendo los requisitos que reglamentariamente se establezca demuestren una dedicación continuada a la Biología.

b) Podrán ser miembros del Colegio todos los españoles y extranjeros que acrediten, igualmente de modo legal, estar en posesión de un título universitario superior, de carácter oficial, expedido por una Universidad extranjera, con la que las autoridades educativas españolas tengan establecido un Convenio de reciprocidad académica con los títulos mencionados en el párrafo a), o bien que le sea convalidado u homologado oficialmente por el título oficial de Licenciado en Biología.

Para obtener la colegiación, además de demostrar estar en posesión de las titulaciones antes referidas, se deberá solicitar a la Junta de Gobierno, ya sea directamente o a través de la Delegación, y abonar la cuota de inscripción y la parte proporcional de la cuota anual ordinaria.

Artículo 7. *Obligatoriedad de la colegiación.*

La incorporación al Colegio Oficial de Biólogos es obligatoria para el ejercicio de la profesión de Biólogo, sin perjuicio del derecho a la libre sindicación. Quedan exceptuados de dicha obligatoriedad los funcionarios públicos y demás personal que, en virtud de contrato laboral, presten sus servicios en las Administraciones públicas.

Artículo 8. *Colegiación.*

Las peticiones de colegiación se tramitarán de la forma siguiente:

1. Toda petición de incorporación al Colegio habrá de formalizarse en la secretaría del Colegio, mediante instancia dirigida al Decano. Esta petición será resuelta por la Junta de Gobierno en el plazo máximo de tres meses desde su formulación o, en su caso, desde que se aporten por el interesado los documentos necesarios o se corrijan los defectos de la petición. Acabado este plazo sin que se haya resuelto la solicitud de incorporación al Colegio, se podrá entender estimada la misma, en los términos establecidos en los artículos 43 y 44 de la Ley 30/1992, de 26 de noviembre, de Régimen Jurídico de las Administraciones Públicas y del Procedimiento Administrativo Común.

El Colegio está obligado a emitir certificación acreditativa del acto presunto de colegiación cuando sea requerido para ello.

2. Contra las resoluciones denegatorias de las peticiones de incorporación, que deberán comunicarse al solicitante de forma debidamente razonada, cabe recurso ordinario ante la Junta General, que deberá interponerse en el término de un mes desde la fecha de comunicación de la denegación de incorporación al Colegio.

3. Contra la resolución del recurso ordinario, que pone fin a la vía administrativa, podrá interponerse recurso contencioso-administrativo en la forma y plazos establecidos para esta jurisdicción.

Artículo 9. *Denegaciones.*

La colegiación podrá ser denegada:

1. Cuando los documentos presentados sean insuficientes u ofrezcan dudas respecto a su autenticidad.

2. Cuando el peticionario esté bajo condena impuesta por los Tribunales de Justicia que lleve aneja una pena accesoria de inhabilitación para el ejercicio de la profesión.

3. Cuando haya estado suspendido en el ejercicio de la profesión por otro Colegio de los creados, atendiendo a lo que indica el capítulo XI de estos Estatutos, y no haya obtenido la correspondiente rehabilitación.

Artículo 10. *Bajas.*

Se pierde la condición de colegiado en cualquiera de las siguientes circunstancias:

1. A petición propia, solicitada por correo certificado y dirigida al Decano del Colegio; esta petición no será eximente de las obligaciones que el interesado haya contraído con el Colegio con anterioridad a su solicitud.

2. Por pena de inhabilitación para el ejercicio profesional por sentencia judicial firme.

3. Por falta de pago de la cuota colegial durante un año o de otras aportaciones establecidas por los órganos de gobierno del Colegio, previo requerimiento del pago por correo certificado, en el que se establecerá una prórroga de dos meses.

En todo caso, la pérdida de la condición de colegiado por las causas expresadas en los apartados 2 y 3 de este artículo deberán ser comunicadas por correo certificado al interesado, momento en el que surtirá efecto. Las pérdidas de la condición de colegiado deberán ser informadas a los colegiados a través de la Junta General siguiente a la fecha en la que surtió efecto, explicando a qué circunstancia se debe tal hecho.

Artículo 11. *Reincorporación.*

El Biólogo que, habiendo causado baja en el Colegio Oficial de Biólogos, desee incorporarse a él de nuevo, deberá atenerse a lo que se dispone en el artículo 6 de estos Estatutos.

Cuando el motivo de la baja haya sido lo que dispone el artículo 10.3 de estos Estatutos, el solicitante deberá satisfacer la deuda pendiente más los intereses legales desde la fecha del libramiento de aquélla.

Cuando el motivo de la baja haya sido lo que dispone el artículo 10.2 de estos Estatutos, el solicitante deberá acreditar el cumplimiento de la pena o sanción que motivó su baja colegial.

Artículo 12. *Miembros de Honor.*

La Junta de Gobierno podrá otorgar el nombramiento de Miembros de Honor del Colegio Oficial de Biólogos a las personas que, por sus méritos científicos, técnicos o profesionales, cualquiera que sea su titulación académica, hayan contribuido notoriamente al desarrollo de la Biología o de la profesión de Biólogo.

El nombramiento tendrá un estricto carácter honorífico, sin perjuicio en la participación en la vida colegial y en los servicios del Colegio, de acuerdo con lo que establece el artículo 13 de los Estatutos, con excepción de lo que hace referencia a la participación en los órganos de gobierno colegiales.

Los miembros de la Junta de Gobierno, en tanto desempeñen el cargo para el que han sido elegidos, no pueden presentarse, ni ser propuestos, para Miembros de Honor.

CAPITULO III

De los derechos y deberes de los colegiados

Artículo 13. *Derechos.*

Son derechos de los colegiados:

1. Ejercer la profesión de Biólogo.
2. Ser asistido, asesorado y defendido por el Colegio, de acuerdo con los medios de que éste disponga y en las condiciones que reglamentariamente se fijen, en todas las cuestiones que se susciten con motivo del ejercicio profesional.
3. Presentar para registro y visado documentos relacionados con su trabajo profesional.
4. Ser representado por la Junta de Gobierno del Colegio, cuando así lo solicite, en las reclamaciones de cualquier tipo dimanantes del ejercicio profesional.
5. Utilizar los servicios y medios del Colegio en las condiciones que reglamentariamente se fijen.
6. Participar, como electores y como elegibles, en cuantas elecciones se convoquen en el ámbito colegial; intervenir de forma activa en la vida del Colegio; ser informado, informar y participar con voz y voto en las Juntas Generales del Colegio.
7. Formar parte de las comisiones o secciones que se establezcan.
8. Integrarse en las instituciones de previsión que se establezcan, en las condiciones que se fijen reglamentariamente.
9. Presentar a la Junta de Gobierno escritos con peticiones, quejas o sugerencias relativas al ejercicio profesional o a la buena marcha del Colegio.
10. Recibir, con regularidad, información sobre la actividad colegial y de interés profesional mediante un boletín informativo y de circulares internas del Colegio.
11. Obtener la convocatoria del referéndum sobre cualquier cuestión, y la convocatoria e inclusión de puntos en el orden del día de un órgano de gobierno colegiado, en la forma que reglamentariamente se establezca.
12. Examinar los archivos y registros que reflejen la actividad colegial de la forma que reglamentariamente se establezca.
13. Expresar libremente, sin censura previa y bajo su exclusiva responsabilidad, su opinión sobre cualquier aspecto profesional o de la actividad colegial en el «Boletín de Información del Colegio».
14. Guardar el secreto profesional respecto a los datos e información conocidos con ocasión del ejercicio profesional.

Artículo 14. *Deberes.*

Son deberes de los colegiados:

1. Ejercer la profesión éticamente y, en particular, ateniéndose a las normas deontológicas establecidas en los Estatutos y las que puedan acordarse por los órganos de gobierno colegiales.
2. Cumplir las normas que rigen la vida colegial, así como los acuerdos adoptados por los órganos de gobierno del Colegio, sin perjuicio de los recursos oportunos.
3. Presentar al Colegio declaraciones profesionales, contratos y demás documentos que le sean requeridos, conforme a las disposiciones estatutarias y reglamentarias.
4. Comunicar al Colegio, en un plazo de treinta días, los cambios de residencia o domicilio.
5. Abonar, cuando sean libradas, las cuotas y aportaciones establecidas por los órganos de gobierno del Colegio.
6. Participar activamente en la vida colegial, asistiendo a las Juntas Generales y a las comisiones o secciones a las que, por su especialidad, sea convocado.
7. Desarrollar con diligencia y eficacia los cargos para los que haya sido elegido, y cumplir los encargos que los órganos de gobierno puedan encomendarle.
8. Respetar los derechos profesionales o colegiales de otros colegiados.
9. Cooperar con la Junta General y con la Junta de Gobierno, prestando declaración y facilitando información en los asuntos de interés colegial en los que pueda ser requerido, sin perjuicio del secreto profesional.
10. Poner en conocimiento de los órganos de gobierno del Colegio todos los hechos que puedan aportar algún interés a la profesión, tanto particular como colectivamente considerados.
11. Estar en posesión del carné de identidad profesional.
12. Guardar escrupulosamente el secreto profesional.

CAPITULO IV

Los principios básicos reguladores del ejercicio profesional

Artículo 15. *Funciones de la profesión.*

1. Conforme a lo previsto en el artículo 36 de la Constitución, la ley regulará el ejercicio de la profesión titulada del Biólogo y las actividades para cuyo ejercicio es obligatoria la incorporación al Colegio Oficial de Biólogos.
2. Sin perjuicio de lo anterior, así como de las atribuciones profesionales y normas de colegiación que se contengan en las leyes reguladoras de otras profesiones, el Colegio Oficial de Biólogos considera funciones que puede desempeñar el Biólogo en su actividad profesional las que a título enunciativo se relacionan a continuación:

a) Estudio, identificación y clasificación de los organismos vivos, así como sus restos y señales de su actividad.

b) Investigación, desarrollo y control de procesos biológicos industriales (Biotecnología).

c) Producción, transformación, manipulación, conservación, identificación y control de calidad de materiales de origen biológico.

d) Identificación, estudio y control de los agentes biológicos que afectan a la conservación de toda clase de materiales y productos.

e) Estudios biológicos y control de la acción de productos químicos y biológicos de utilización en la sanidad, agricultura, industria y servicios.

f) Identificación y estudio de agentes biológicos patógenos y de sus productos tóxicos. Control de infecciones y plagas.

g) Producción, transformación, control y conservación de alimentos.

h) Estudios y análisis físicos, bioquímicos, citológicos, histológicos, microbiológicos, inmunobiológicos de muestras biológicas, incluidas las de origen humano.

i) Estudios demográficos y epidemiológicos.

j) Consejo genético y planificación familiar.

k) Educación sanitaria y medioambiental.

l) Planificación y explotación racional de los recursos naturales renovables, terrestres y marítimos.

m) Análisis biológicos, control y depuración de las aguas.

n) Aspectos ecológicos y conservación de la naturaleza. Aspectos ecológicos de la ordenación del territorio.

ñ) Organización y gerencia de espacios naturales protegidos, parques zoológicos, jardines botánicos y museos de Ciencias Naturales. Biología recreativa.

o) Estudios, análisis y tratamiento de la contaminación industrial, agrícola y urbana. Estudios sobre Biología e impacto ambiental.

p) Enseñanza de la Biología en los términos establecidos por la legislación educativa.

q) Asesoramiento científico y técnico sobre temas biológicos.

r) Todas aquellas actividades que guarden relación con la Biología.

Artículo 16. *Modos del ejercicio de la profesión.*

La profesión de Biólogo puede ejercitarse de forma liberal, ya sea individual o asociativamente, en relación laboral con cualquier empresa pública o privada o mediante relación funcionarial.

En cualquier caso, el ejercicio de la profesión se basa en el respeto a la independencia del criterio profesional, sin límites ilegítimos o arbitrarios en el desarrollo del trabajo y en el servicio de la comunidad.

Artículo 17. *Visado de trabajos profesionales.*

El Colegio establecerá normas y requisitos para la realización y visado de los trabajos profesionales. Estas normas serán aprobadas por la Junta General, a propuesta de la Junta de Gobierno, y previa información colegial.

En todo caso, en los trabajos profesionales se deberá distinguir con absoluta claridad las conclusiones que se presentan como hipótesis de las que se presenten como derivadas directamente de los resultados del trabajo.

Asimismo, los trabajos profesionales deberán estar firmados por sus autores, expresando su número de colegiado y responsabilizándose de su contenido y oportunidad.

Artículo 18. *Registro de trabajos profesionales.*

En los posibles trabajos que, por su carácter confidencial, no sea posible tramitar reglamentariamente su registro y visado, se procederá a ello cuando tal circunstancia haya desaparecido.

Los colegiados podrán requerir, por causas justificadas, que los documentos presentados a registro o visado queden custodiados bajo sello, que no podrá abrirse hasta que las referidas circunstancias hayan desaparecido.

Artículo 19. *Publicidad.*

El Biólogo evitará toda forma de competencia desleal, ateniéndose en su publicidad a las normas que establezcan los órganos de gobierno del Colegio.

CAPITULO V

De los órganos de gobierno, sus normas de constitución y funcionamiento y sus competencias

Artículo 20. *Organos de representación.*

Los órganos de representación, desarrollo normativo, control, gobierno y administración del Colegio Oficial de Biólogos son:

La Junta General.
La Junta de Gobierno.

Artículo 21. *Junta General.*

La Junta General es el órgano de desarrollo normativo y de control de la gestión de la Junta de Gobierno. La Junta General, como órgano supremo del Colegio, está constituida por todos los colegiados con igualdad de voto, y adoptará sus acuerdos por el principio mayoritario y en concordancia con los presentes Estatutos.

Las sesiones de la Junta General, que podrán ser de carácter ordinario y extraordinario, se convocarán siempre con una antelación mínima de veintiún días respecto a la fecha de su celebración, mediante comunicación escrita a todos los colegiados; la convocatoria incluirá la fecha y hora de la reunión, así como el orden del día y la información complementaria a la que se refiere el artículo 22 de estos Estatutos.

La Junta General, sea ordinaria o extraordinaria, quedará válidamente constituida en primera convocatoria cuando a la hora fijada al respecto estén presentes al menos el 25 por 100 de los colegiados.

En caso de no alcanzarse dicho límite, la segunda convocatoria quedará fijada media hora más tarde de la primera convocatoria, quedando válidamente constituida, cualquiera que sea el número de colegiados asistentes, y sus acuerdos son vinculantes para todos los colegiados.

La Junta de Gobierno, en el apartado «Ruegos y preguntas», recogerá todas las que se le formulen por los colegiados mediante petición escrita presentada, como mínimo, cinco días antes de la fecha de la reunión.

Cuando tenga lugar la discusión relativa a los apartados 1, 2 y 3 del artículo 22, será necesario el envío previo de información lo más detallada posible a los colegiados.

De acuerdo con lo dispuesto en el artículo 6.3.c) de la Ley 2/1974, de 13 de febrero, de Colegios Profesionales, queda expresamente prohibido adoptar acuerdos respecto a asuntos que no figuren en el orden del día.

Artículo 22. *Competencia de la Junta general.*

1. Aprobación de asuntos y adopción de acuerdos:

a) Aprobar la propuesta de Estatutos así como las propuestas de las modificaciones de los mismos para su elevación al Gobierno, a través del Ministerio competente. Asimismo, aprobar los Reglamentos de Régimen Interior, las modificaciones de los mismos y las bases de creación y proyectos de Estatutos de Instituciones promovidas por el Colegio Oficial de Biólogos.

b) Aprobar las normas generales que deben seguirse en las materias de competencia colegial, así como las normas de honorarios mínimos profesionales y el Estatuto Profesional del Biólogo.

c) Aprobar la cuenta general de ingresos y gastos del año anterior, previo informe de los censores, elegidos al efecto y según se desarrolla en los presentes Estatutos.

d) Aprobar los presupuestos ordinarios o extraordinarios, que habrán sido enviados a cada colegiado junto con la convocatoria o, en su defecto, expuestos públicamente al menos los quince días anteriores al día correspondiente a la Junta general.

e) Decidir sobre las propuestas de inversión de bienes colegiales.

f) Tomar acuerdo sobre la gestión de la Junta de Gobierno.

g) Tomar acuerdos sobre los asuntos que por iniciativa de la Junta de Gobierno aparezcan anunciados en el orden del día.

h) Conocer las reclamaciones y recursos formulados por el Colegio e igualmente los formulados contra el Colegio. Resolver los recursos ordinarios que se interpongan ante la Junta General.

i) Aprobar la constitución, fusión, funcionamiento y disolución de Delegados del Colegio.

j) Aprobar, modificar o revocar los acuerdos de la Junta de Gobierno en cuanto a la plantilla orgánica de personal.

k) Aprobar el acta de la Junta General anterior.

l) De no ser aprobada por la mayoría de los presentes la gestión de la Junta de Gobierno globalmente ésta deberá convocar Junta general extraordinaria en el plazo de treinta días hábiles para su ratificación o no.

2. Promover la disolución del Colegio, o el cambio de su denominación, de acuerdo con lo que se establezca en los presentes Estatutos.

3. Conocer, discutir y, en su caso, aprobar cuantas propuestas le sean sometidas y correspondan a la esfera de la acción y de los intereses del Colegio, por iniciativa de la Junta de Gobierno o de cualquier colegiado. En este último caso, las propuestas deberán ser presentadas con la suficiente antelación para ser incluidas en el orden del día, como puntos específicos del mismo; cuando estas propuestas sean presentadas, al menos por el 10 por 100 de los colegiados, será obligada su inclusión en el orden del día, a excepción del caso referente a las Delegaciones, que se regirán por lo que indica el capítulo VI de estos Estatutos.

4. Todas las demás atribuciones que no hayan estado expresamente conferidas a la Junta de Gobierno.

Artículo 23. *Participación y representación en la Junta General.*

Todos los colegiados tienen el derecho y el deber de asistir a la Junta General con voz y voto.

Una vez la Junta General haya quedado válidamente constituida, sus acuerdos serán vinculantes para todos los colegiados.

Los colegiados podrán participar en la Junta General mediante representación. La representación se deberá otorgar a otro colegiado de forma expresa, para una sesión determinada, por medio de un escrito dirigido al Decano, en el que se exprese claramente el nombre de quien ostente la representación. Sólo serán válidas las representaciones que hayan sido recibidas por la secretaría antes de iniciarse la sesión de la Junta General.

En ningún caso, un solo colegiado podrá ostentar la representación simultánea de más de 25 colegiados.

Artículo 24. *Funcionamiento de la Junta General.*

Las sesiones de la Junta General estarán presididas por el Decano, que estará acompañado por los miembros de la Junta de Gobierno.

El Decano será el moderador o coordinador de las reuniones, concediendo o retirando el uso de la palabra y ordenando los debates y votaciones.

Actuará como Secretario de la Junta el que lo sea de la Junta de Gobierno, quien levantará acta de la reunión, con el visto bueno del Decano y la aprobación posterior de la siguiente Junta General.

Los acuerdos se tomarán por mayoría simple entre los votos emitidos. Sin embargo, los acuerdos exigirán una mayoría de dos tercios de los votos emitidos cuando se trate de la aprobación de cambios en los actuales Estatutos, cuotas extraordinarias, moción de censura contra la Junta de Gobierno en pleno o contra alguno de los miembros y disolución o cambio de denominación del Colegio.

Artículo 25. *Régimen de las sesiones ordinarias.*

La Junta General se reunirá en sesión ordinaria antes del último día del mes de abril de cada año, para tratar como mínimo, los temas siguientes:

1. Acta de la sesión anterior.
2. Balance del ejercicio anterior y presupuesto del ejercicio del año en curso.
3. Memoria de la gestión de la Junta de Gobierno a lo largo del ejercicio anterior y líneas generales de la gestión del año en curso.
4. Ruegos y preguntas.

Artículo 26. *Régimen de sesiones extraordinarias.*

La Junta General se reunirá con carácter extraordinario:

1. Por iniciativa de la Junta de Gobierno.
2. A petición de un número de colegiados superior al 10 por 100, que deberá incluir las cuestiones a tratar.
3. Cuando se presente una moción de censura contra la Junta de Gobierno en pleno o contra alguno de sus miembros.

Artículo 27. *Composición de la Junta de Gobierno.*

La Junta de Gobierno, que es el órgano ejecutivo y representativo del Colegio, estará constituida por un Decano, un Vicedecano, un Secretario, un Tesorero y al menos un Vocal de cada Delegación. Los miembros de la Junta de Gobierno serán elegidos de acuerdo con el procedimiento establecido en el capítulo VII de estos Estatutos.

Artículo 28. *De la ejecución de los acuerdos y Libros de actas.*

1. Tanto los acuerdos de la Junta General como de la Junta de Gobierno serán inmediatamente ejecutivos, salvo acuerdo motivado en contrario de una u otra, según corresponda.

2. En el Colegio se llevarán, obligatoriamente, dos Libros de actas, donde se transcribirán separadamente las correspondientes a la Junta General y a la Junta de Gobierno.

Dichas actas deberán ser firmadas por el Decano o por quien, en sus funciones, hubiere presidido la Junta, y por el Secretario o quien hubiere desempeñado funciones de tal en ella.

Los miembros de la Junta de Gobierno serán responsables de los acuerdos adoptados aunque no estuvieran presentes en la reunión en la que se adopten, excepto cuando quede constancia expresa de su voto en contra.

Artículo 29. *Competencias.*

Son competencias de la Junta de Gobierno:

1. Ostentar la representación del Colegio.
2. Ejecutar los acuerdos de la Junta General.
3. Cumplir y hacer cumplir los Estatutos y Reglamentos del Colegio, así como sus propios acuerdos.
4. Dirigir la gestión y administración del Colegio para el cumplimiento de sus fines.
5. Manifestar, en forma oficial y pública, la opinión del Colegio en los asuntos de interés profesional.
6. Representar los intereses profesionales ante los poderes públicos, así como velar por el prestigio de la profesión y la defensa de sus derechos.
7. Presentar estudios, informes y dictámenes cuando le sean requeridos, asesorando de esta forma a los órganos del Estado y a cualesquiera entidades públicas o privadas. A estos efectos, la Junta de Gobierno podrá designar comisiones de trabajo, o designar a los colegiados que estime oportunos para preparar tales estudios o informes.
8. Designar, cuando proceda legal o reglamentariamente, los representantes del Colegio en los órganos consultivos de las distintas Administraciones públicas.
9. Acordar el ejercicio de acciones y la interposición de recursos administrativos y jurisdiccionales.
10. Someter cualquier asunto de interés general para el Colegio a la deliberación y acuerdo de la Junta General.
11. Regular los procedimientos de colegiación, baja, pago de cuotas y otras aportaciones, cobro de honorarios, todo ello de acuerdo con lo establecido en el capítulo II de estos Estatutos.
12. Regular y ejercer las facultades disciplinarias que le correspondan a la Junta de Gobierno, ateniéndose a lo establecido en estos Estatutos.
13. Organizar actividades y servicios de carácter cultural, profesional, asistencial y de previsión en beneficio de los colegiados.
14. Crear comisiones abiertas, por iniciativa propia o de los colegiados, de acuerdo con lo establecido en estos Estatutos.
15. Recaudar las cuotas y aportaciones establecidas, elaborar el presupuesto anual, el balance anual, ejecutar el presupuesto y organizar y dirigir el funcionamiento de los servicios generales del Colegio.
16. Informar a los colegiados de las actividades y acuerdos del Colegio y preparar la memoria anual de su gestión.
17. Nombrar y cesar el personal administrativo y de servicios del Colegio.
18. Confeccionar, periódicamente, un directorio de colegiados y difundirlo entre éstos y las demás personas jurídicas a las que pueda interesar.
19. Resolver, cuando así proceda, los recursos extraordinarios de revisión contra actos o acuerdos de la Junta de Gobierno del Colegio.
20. Dirimir los conflictos que puedan suscitarse entre las Delegaciones del Colegio, llevando el acuerdo tomado a la Junta General para su resolución definitiva.
21. Acordar la convocatoria de sesiones ordinarias y extraordinarias de la Junta General, de acuerdo con lo establecido en los artículos 24 y 25 de estos Estatutos.
22. Convocar la elección de cargos para la Junta de Gobierno cuando así proceda, según lo que se establece en el capítulo VII de estos Estatutos.
23. Aprobar el acta de la sesión anterior.
24. Adquirir o enajenar cualquier clase de bienes del Colegio, según el presupuesto vigente y aprobado por la Junta General.
25. Delegar en cada Delegado las competencias que considere oportunas en el marco de lo establecido en los apartados 10, 13, 15, 16 y 17 del artículo 29 de estos Estatutos.
26. Acordar el nombramiento de un Delegado provincial para una Delegación, de acuerdo con lo establecido en el capítulo VI de los presentes Estatutos.

Artículo 30. *Sesiones.*

La Junta de Gobierno se reunirá cuantas veces sea convocada por el Decano, a iniciativa propia o a petición de un tercio, al menos, de sus componentes. En todo caso, se reunirá, como mínimo, cuatro veces al año.

Las convocatorias se comunicarán con una antelación no inferior a quince días, expresando el orden del día, y no podrán tomarse acuerdos sobre materias no incluidas en éste.

En primera convocatoria, la Junta de Gobierno quedará válidamente constituida cuando se encuentren presentes dos tercios de sus miembros; en segunda convocatoria, cualquiera que sea el número de asistentes. Entre ambas convocatorias deberán transcurrir al menos treinta minutos.

El Secretario deberá levantar acta de las sesiones, las cuales deberán ser aprobadas por la Junta de Gobierno.

Los acuerdos se tomarán por mayoría simple. En caso de empate, el voto del Decano decidirá el acuerdo a tomar.

Las faltas de asistencia a las sesiones de Junta de Gobierno se sancionarán de acuerdo con lo dispuesto en el artículo 31 de estos Estatutos.

Potestativamente, la Junta de Gobierno podrá invitar a sus sesiones, en calidad de asesores sin voto, a las personas cuya asistencia se considere conveniente.

Artículo 31. *Bajas.*

Se causa baja en la Junta de Gobierno por:

1. Fallecimiento.
2. Expiración del término o plazo para el que fuera elegido.
3. Enfermedad que incapacite para el ejercicio del cargo.
4. Renuncia por fuerza mayor.
5. Traslado de residencia fuera del ámbito territorial del Colegio.
6. Aprobación por la Junta General de una moción de censura.
7. Resolución firme en expediente disciplinario.
8. Baja como colegiado.
9. Tres faltas de asistencia consecutivas no justificadas o seis discontinuas, igualmente sin justificar, a las reuniones de la Junta de Gobierno.

Cuando se produzcan las vacantes de más de la mitad de los cargos de la Junta, se actuará según lo dispuesto en la Ley 2/1974, de 14 de febrero, de Colegios Profesionales.

Artículo 32. *Atribuciones del Decano.*

Son atribuciones del Decano las siguientes:

1. Convocar, abrir y levantar las sesiones ordinarias y extraordinarias de la Junta General y de la Junta de Gobierno, así como presidirlas y dirigir las deliberaciones que en ellas haya lugar.
2. Convocar y presidir las elecciones de miembros de la Junta de Gobierno.
3. Decidir, con su voto de calidad, los empates en las votaciones.
4. Ejecutar los acuerdos que los órganos colegiales adopten en sus respectivas esferas de atribuciones.
5. Adoptar, en caso de extrema urgencia, las resoluciones necesarias, dando cuenta inmediata al órgano correspondiente para su acuerdo, modificación o revocación en la primera sesión que se celebre.
6. Ostentar la representación del Colegio y de sus órganos deliberantes y gestionar los asuntos del mismo ante autoridades y entidades públicas o privadas, sin perjuicio de que, en casos concretos, pueda también la Junta de Gobierno, en nombre del Colegio, encomendar dichas funciones a determinados colegiados o comisiones constituidas al efecto.
7. Coordinar las actuaciones de los miembros de la Junta de Gobierno, sin perjuicio de la competencia y responsabilidad directa de éstos en su gestión.
8. Visar todas las certificaciones que expida el Secretario.
9. Autorizar los libramientos u órdenes de pago.
10. Legitimar con su firma los libros de contabilidad y cualquier otro de naturaleza oficial, sin perjuicio de las legalizaciones establecidas por la Ley.
11. Visar los informes y comunicaciones que oficialmente se dirijan por el Colegio a las autoridades y entidades públicas o privadas.
12. Autorizar el ingreso o retirada de fondos de las cuentas corrientes o de ahorro del Colegio, uniendo su firma a la del Tesorero.
13. Por acuerdo expreso de la Junta de Gobierno, podrá otorgar poder a favor de Procuradores en los Tribunales y de Letrados en nombre del Colegio para la representación preceptiva o potestativa del mismo ante cualquier Tribunal de Justicia, de cualquier grado o jurisdicción, en cuantas acciones, excepciones, recursos, incluido el de casación, y demás actuaciones que se tengan que llevar a cabo ante éstos, en defensa tanto del Colegio como de la profesión.

Artículo 33. *Atribuciones del Vicedecano.*

El Vicedecano sustituirá al Decano en los casos de ausencia, vacante o enfermedad y desempeñará todas aquellas funciones que le encomiende la Junta de Gobierno o delegue en él el Decano, previo conocimiento por la Junta de Gobierno de la referida delegación.

Vacantes los puestos de Decano y Vicedecano, ejercerá las funciones de aquél el miembro de la Junta de Gobierno que sea elegido por los demás componentes de la misma, quien deberá dar cuenta de la nueva situación a la Junta General extraordinaria convocada a tal efecto y convocar inmediatamente elecciones para cubrir los cargos vacantes.

Artículo 34. *Atribuciones del Secretario.*

Corresponden al Secretario las atribuciones siguientes:

1. Redactar y dar fe de las actas de las elecciones de miembros de la Junta de Gobierno.
2. Redactar y dar fe de las actas de las sesiones ordinarias y extraordinarias de la Junta General y de la Junta de Gobierno.
3. Custodiar la documentación del Colegio y los expedientes de los colegiados.
4. Expedir las certificaciones de oficio o a instancia de parte interesada, con el visto bueno del Decano.
5. Expedir y tramitar comunicaciones y documentos, dando cuenta de los mismos a la Junta de Gobierno y al órgano competente a quien corresponda.
6. Ejercer la jefatura del personal administrativo y de servicios necesario para la realización de las funciones colegiales, así como organizar materialmente los servicios administrativos, la disposición de locales y material necesarios para su funcionamiento.
7. Llevar el libro-registro de los visados de trabajos profesionales, denegando el requisito cuando encuentre en éstos defectos formales contrarios a la dignidad profesional o a las disposiciones vigentes en materia de atribuciones y competencia profesionales.
8. Redactar la memoria de gestión anual para su aprobación en la Junta General.
9. Un miembro de la Junta de Gobierno elegido por ella sustituirá al Secretario en los casos de ausencia, vacante o enfermedad y desempeñará todas aquellas funciones que le encomiende la Junta de Gobierno, debiendo esta última dar cuenta de la nueva situación a la Junta General extraordinaria convocada a tal efecto y convocar inmediatamente elecciones para cubrir el puesto vacante.

Artículo 35. *Atribuciones del Tesorero.*

Al Tesorero le son asignadas las atribuciones siguientes:

1. Recaudar y custodiar los fondos pertenecientes al Colegio, siendo responsable de ellos.
2. Firmar recibos, recibir cobros y realizar pagos ordenados por el Decano.
3. Dar cuenta a la Junta de Gobierno de los colegiados que no están al corriente de pago, para que se les reclame las cantidades adeudadas o se apruebe la tramitación de su baja, de acuerdo con lo que establece el artículo 10 de estos Estatutos.
4. Redactar el anteproyecto de presupuesto del Colegio a presentar por la Junta de Gobierno a la aprobación de la Junta General.
5. Hacer el balance del presupuesto del ejercicio anterior a presentar por la Junta de Gobierno a la aprobación de la Junta General.
6. Proponer a la Junta de Gobierno los proyectos de habilitación de créditos y suplementos, incrementos o decrementos de ingresos cuando sea necesario.
7. Llevar los libros de contabilidad correspondientes.
8. Verificar los arqueos que la Junta de Gobierno estime necesarios.
9. Por expreso acuerdo de la Junta de Gobierno, abrir cuentas corrientes o de ahorro, conjuntamente con el Decano y otro miembro de la Junta de Gobierno, designado al efecto, a nombre del Colegio, y retirar fondos de ellas mediante la firma de dos de las tres personas autorizadas.
10. Llevar inventario minucioso de los bienes del Colegio, de los que será su administrador.
11. Vacante el puesto de Tesorero, ejercerá las funciones de éste el miembro de la Junta de Gobierno elegido al efecto, debiendo esta última dar cuenta de la nueva situación a la Junta General extraordinaria con-

vocada a tal efecto y convocar inmediatamente elecciones para cubrir el puesto vacante.

Artículo 36. *Atribuciones de los Vocales.*

Serán atribuciones de los Vocales las siguientes:

1. Desempeñar cuantos cometidos les sean confiados por la Junta General, la Junta de Gobierno o por el Decano, previo conocimiento de la Junta de Gobierno, así como desarrollar y presidir las comisiones creadas con la autorización de la Junta de Gobierno del Colegio, y de acuerdo con lo establecido en los artículos 29 y 32 de los presentes Estatutos.

2. Colaborar con los titulares de los restantes cargos de la Junta de Gobierno y sustituirlos en sus ausencias, vacantes o enfermedad, de acuerdo con lo establecido en los artículos 33, 34 y 35 de los presentes Estatutos.

CAPITULO VI

De la organización territorial del Colegio

Artículo 37. *Delegaciones.*

El Colegio Oficial de Biólogos podrá tener Delegaciones. El ámbito geográfico mínimo de cada Delegación será el de la correspondiente Comunidad Autónoma.

Cuando en una Comunidad Autónoma el número de colegiados supere la cifra de 500, éstos podrán constituirse en Delegación, previa petición a la Junta de Gobierno del inicio del trámite que seguidamente se especifica por, al menos, el 20 por 100 de los colegiados al corriente de pago de dicha Comunidad Autónoma.

Una vez la petición haya sido cursada por correo certificado, la Junta de Gobierno dispondrá de un plazo de hasta sesenta días para convocar a los colegiados de la Comunidad Autónoma de la que surgió la petición. La convocatoria se cursará con una antelación mínima de quince días respecto a la fecha de su celebración, mediante comunicación escrita, en la que conste la fecha y hora de la reunión, así como el orden del día de la misma y la información complementaria que se precise. Dicha reunión se deberá celebrar en una capital de circunscripción de la Comunidad Autónoma de referencia, y deberá asistir a ella el Decano y el Secretario de la Junta de Gobierno.

En el orden del día deberá figurar la elección del Delegado.

Los colegiados residentes en las Comunidades Autónomas, en las que no se dé el supuesto anterior, se relacionarán directamente con el Colegio a través de la Junta de Gobierno.

Artículo 38. *Régimen interno de la Delegación*

Cada Delegación establecerá su sede por acuerdo mayoritario de los colegiados que la formen, y dispondrá, dentro de las posibilidades presupuestarias, del local y personal necesarios para el ejercicio de sus competencias.

No obstante, se requerirá la aprobación de la Junta de Gobierno del Colegio para la contratación de personal y para todos los actos que excedan de la administración ordinaria de los recursos atribuidos en presupuesto a la Delegación.

Cada Delegación se regirá por su propio reglamento, que requerirá, para su entrada en vigor, la aprobación de la Junta General.

Artículo 39. *Delegado.*

El Delegado será elegido cada dos años por la Junta de Colegiados de la Delegación. La elección será por mayoría simple. El proceso electoral será el dispuesto en el capítulo VII de estos Estatutos.

Son atribuciones del Delegado las siguientes:

1. Redactar y dar fe de las actas de las sesiones de la Junta de la Delegación.

2. Custodiar la documentación del Colegio que está depositada en la Delegación.

3. Organizar actividades y servicios formativos, culturales, asistenciales y, en general, cuantos puedan interesar a la formación permanente de los colegiados.

4. Colaborar con otras entidades públicas y privadas que mantengan actividades o servicios de interés para la actividad profesional del Biólogo.

5. Cuidar, en su ámbito territorial, de las condiciones del ejercicio profesional y, en particular, evitar el intrusismo, proponiendo en su caso a la Junta de Gobierno del Colegio las medidas a adoptar.

6. Cuidar, en el mismo ámbito, de la proyección pública de la profesión, procurando la armonía y colaboración entre los colegiados adscritos a la Delegación y evitando su competencia desleal.

7. Las que la Junta de Gobierno considere oportuno delegarle, de acuerdo con lo que dispone el artículo 29 de estos Estatutos.

8. Informar y dar cuenta a la Junta de Gobierno de su gestión.

Artículo 40. *Delegado provisional.*

Cuando el Delegado dimita o cese por enfermedad, incapacidad o fallecimiento o, según lo dispuesto en el artículo 41 de los presentes Estatutos, la Junta de Gobierno nombrará un Delegado provisional, atribuyéndole las facultades económicas y administrativas que procedan, según lo dispuesto en el artículo 39 de estos Estatutos, lo que deberá ser comunicado por escrito a todos los colegiados del Colegio Oficial de Biólogos. El Delegado provisional se hará cargo de la gestión de la Delegación hasta que la Junta de Gobierno convoque nuevas elecciones en el plazo máximo de dos meses.

Artículo 41. *Cese del Delegado por la Junta de Gobierno.*

Cuando el Delegado de una Delegación no ejerza las competencias que tenga conferidas o realice actos contrarios a estos Estatutos y demás normas colegiales, la Junta de Gobierno podrá cesarle.

Dicho cese deberá ser comunicado a todos los colegiados del Colegio Oficial de Biólogos, y deberá ser incluido en el orden del día de la siguiente Junta General, según lo dispuesto en el artículo 22 de estos Estatutos.

Artículo 42. *Traslados.*

Cuando un colegiado traslade su residencia causará baja en la Delegación a la que pertenezca y alta en la que le corresponda por el traslado.

El cambio de Delegación no exigirá el pago de ninguna cuota especial. Si el traslado se produce en el primer semestre del año, la Delegación de origen entregará a la Delegación hacia la que se produzca el traslado la mitad de la cuota anual del colegiado. Si el traslado se produce en el segundo semestre del año, la Delegación de origen retendrá el total de la cuota, disfrutando el colegiado de todos sus derechos en su nueva Delegación.

CAPITULO VII

De la participación de los colegiados en la Junta de Gobierno y del Régimen Electoral

Artículo 43. *Periodicidad de las elecciones de Junta de Gobierno.*

Cada cuatro años la Junta de Gobierno celebrará elecciones ordinarias, en las que se cubrirán todos los cargos de ésta. La convocatoria de elecciones ordinarias o extraordinarias se hará con dos meses, al menos, de antelación a la fecha de las mismas, preverá la fórmula de desempate, especificará la duración de los mandatos y contendrá un detallado calendario de todo el proceso electoral.

Artículo 44. *Miembros electores, elegibles y tipo de elección.*

Todos los colegiados que, en el día de la convocatoria electoral, no se hallen sancionados con suspensión de sus derechos colegiales, tienen derecho a actuar como electores y como elegibles en la elección democrática de miembros de la Junta de Gobierno y de Delegado.

Los miembros de la Junta de Gobierno serán elegidos por todos los colegiados a través de sufragio universal libre, directo y secreto, atribuyendo un voto igual a cada colegiado y sin que se admita el voto delegado.

Artículo 45. *Proclamación de candidaturas.*

La Junta de Gobierno proclamará las candidaturas presentadas hasta treinta días antes de la celebración de las elecciones. Estas candidaturas serán comunicadas por escrito a todos los colegiados con una antelación mínima de quince días a la fecha de la votación.

Artículo 46. *Listado de electores.*

Con una antelación de al menos treinta días, y durante quince días respecto a la fecha de celebración de las elecciones, la Junta de Gobierno expondrá el listado de electores en la Secretaría del Colegio Oficial de Biólogos, así como en las Delegaciones del mismo.

Los colegiados que deseen reclamar sobre el citado listado dispondrán de setenta y dos horas después de haber transcurrido el plazo de exposición. Las reclamaciones se formularán por escrito dirigido al Decano de la Junta de Gobierno; ésta resolverá en un plazo no superior a setenta y dos horas. Contra la resolución denegatoria podrá interponerse recurso ordinario ante la Junta General, previo al recurso contencioso-administrativo en la forma y plazos establecidos por esta jurisdicción.

Artículo 47. *Mesas electorales.*

Cinco días antes de la votación se constituirán las mesas electorales en las Delegaciones, y la mesa electoral central en la sede de la Junta de Gobierno. Dichas mesas estarán formadas por un Presidente, dos Vocales y un Secretario, todos ellos nombrados por la Junta de Gobierno, y que no se presenten como candidatos.

Las mesas electorales se constituirán en los locales y horas que al efecto se anuncien, y dispondrán de unas urnas precintadas y de listas de votantes.

Artículo 48. *Interventores.*

Con cuarenta y ocho horas de antelación a la votación, los candidatos a Decano de las candidaturas completas y los candidatos individuales, ya sea para cargo de la Junta de Gobierno o Delegado, podrán comunicar a la Junta de Gobierno la designación de Interventores para las mesas electorales, dos por candidatura completa y uno por candidatura individual.

Estos Interventores podrán asistir a todo el proceso de votación y escrutinio, formulando las reclamaciones que estimen convenientes, que serán resueltas por el Presidente de la mesa y recogidas en el acta de escrutinio.

Artículo 49. *Votación.*

Los colegiados deberán votar en la mesa electoral correspondiente al órgano territorial del Colegio en el que se encuentren dados de alta y utilizando, en todo caso, exclusivamente una papeleta, figurando en la misma el cargo y la persona elegida para el mismo, y podrá hacerlo en cualesquiera de las siguientes formas:

1. Entregando la papeleta al Presidente de la mesa, previa identificación del colegiado, para que aquél, en su presencia, la deposita en la urna. En este caso, el Secretario de la mesa indicará en la lista de colegiados aquellos que vayan depositando su voto.

Será responsabilidad del Secretario el envío por correo urgente de las listas de votantes y el acta de la votación de la mesa electoral correspondiente al Secretario de la mesa electoral central, dentro del plazo de veinticuatro horas al término de la votación.

2. Por correo certificado, enviado al Presidente de la mesa electoral correspondiente la papeleta, en sobre cerrado, incluido dentro de otro, en el cual figure fotocopia del documento nacional de identidad, también cerrado, en el que conste claramente el remitente. Ambos sobres llevarán la firma del colegiado cruzando la solapa. Los votos por correo se enviarán al Presidente de la mesa electoral correspondiente, y deberán ser recogidos por la mesa electoral con anterioridad a la hora fijada para el cierre de la votación.

Artículo 50. *Escrutinio.*

Terminada la votación se realizará el escrutinio provisional de los votos emitidos según el procedimiento expresado en el apartado 1 del artículo 49 de estos Estatutos. Este escrutinio será público, levantándose acta por el Secretario de la mesa electoral, en el que consten los votos obtenidos por cada uno de los candidatos, así como los votos nulos y los emitidos en blanco.

Las mesas de las diversas Delegaciones remitirán las actas del escrutinio provisional, lista de votantes, así como los votos por correo en sobre cerrado, a la mesa electoral central, la cual procederá a celebrar la sesión de escrutinio definitivo en un plazo no superior a las cuarenta y ocho horas, a contar desde la hora de finalizada la votación. Durante esta sesión de escrutinio se procederá a comprobar que los votos enviados por correo certificado corresponden a los colegiados con derecho a voto y que no lo han ejercido personalmente. En este caso, una vez que el Secretario de la mesa haya marcado en la lista de colegiados aquellos que votan por correo, el Presidente procederá a abrir los sobres, introduciendo las papeletas en una urna precintada y preparada exclusivamente a tal efecto.

Cuando un sobre incluya más de una papeleta no se introducirá ninguna en la urna, computándose el voto como nulo.

A continuación se procederá a realizar el escrutinio definitivo, que será público, levántandose acta por el Secretario de la mesa, en la que consten los votos totales emitidos, los votos obtenidos por cada uno de los candidatos, los votos nulos y los votos en blanco.

El sistema de escrutinio será el siguiente:

a) Se contabilizarán los votos obtenidos por las candidaturas completas, asignándose un voto a cada uno de los que figuren en la misma.

b) Los votos de las candidaturas no completas o modificadas se sumarán a los anteriores.

c) El candidato elegido será aquel que obtenga más votos dentro del cargo a que se presente. En caso de empate entre dos candidatos, será proclamado aquel que resulte ser colegiado de mayor antigüedad. Se considerará nula la papeleta que asigne un cargo determinado a un candidato que no se presente al mismo.

Artículo 51. *Proclamación de resultados.*

Recibidas por la Junta de Gobierno las actas de la votación y las listas de votantes de todas las mesas electorales, aquélla resolverá, con carácter definitivo, sobre las reclamaciones de los Interventores, si las hubiere, y si no aprecia ningún defecto de fondo o forma que pueda invalidar la votación, proclamará el resultado de la elección, comunicándolo en el plazo de cuarenta y ocho horas a los colegiados mediante su exposición al público en la Secretaría del Colegio y en cada una de las Delegaciones.

Artículo 52. *Reclamaciones.*

Una vez publicados los resultados de la votación, se abrirá un plazo de cinco días para posibles reclamaciones. Terminado este plazo, la Junta de Gobierno analizará las reclamaciones, si las hubiera, resolviendo sobre las mismas, y si considera que no hay lugar a anular las elecciones, proclamará definitivamente elegida como Junta de Gobierno del Colegio Oficial de Biólogos, o como Delegado de una Delegación, a la que resulte, o al que resulte de acuerdo con el sistema de escrutinio empleado.

En caso de que la Junta de Gobierno, a la vista de las impugnaciones presentadas, decida anular la elección, lo comunicará al Ministerio de Educación y Ciencia y establecerá un nuevo plazo para, por el mismo procedimiento señalado, convocar nuevas elecciones antes de los dos meses posteriores a la fecha de anulación de la elección.

Artículo 53. *Toma de posesión.*

En el plazo máximo de diez días de la proclamación, se constituirá la Junta elegida, tomando posesión de sus cargos los miembros electos o, en su caso, el Delegado de la Delegación, dirigiéndose comunicación en tal sentido al Ministerio de Educación y Ciencia y a todos los colegiados.

Artículo 54. *Recursos.*

Contra las resoluciones definitivas de la Junta de Gobierno sobre todo el proceso electoral, cabrán para cualquier colegiado los recursos previstos en las leyes, el ordinario ante la Junta General y posteriormente el contencioso-administrativo, con excepción de lo dispuesto en el artículo 46 de los presentes Estatutos.

CAPITULO VIII

Del régimen económico y administrativo

Artículo 55. *Capacidad jurídica en el ámbito económico y patrimonial.*

El Colegio Oficial de Biólogos tiene plena capacidad jurídica en el ámbito económico y patrimonial.

El Colegio Oficial de Biólogos deberá contar con los recursos necesarios para atender debidamente los fines y funciones encomendados y las solicitudes de servicio de sus miembros, quedando éstos obligados a contribuir al sostenimiento de los gastos correspondientes en la forma reglamentaria.

El patrimonio del Colegio es único, aunque el uso de sus bienes pueda estar adscrito a las Delegaciones.

Artículo 56. *Recursos económicos del Colegio.*

El Colegio Oficial de Biólogos obtendrá sus recursos económicos a través de:

1. Contribuciones obligatorias de los colegiados con arreglo a principios de generalidad y uso de servicios colegiales.

Estas son:

a) Las cuotas de incorporación y reincorporación.

b) La cuota anual ordinaria, igual para todos los colegiados.

c) Las cuotas extraordinarias aprobadas por la Junta General.

d) Las derivadas de los honorarios producidos por el trabajo profesional, de acuerdo con lo que se establezca reglamentariamente.

e) Los recargos por emisión de visado y por mora en el pago de cualquier concepto de acuerdo con lo que se establezca reglamentariamente.

2. Otras fuentes de ingreso son:

a) Las procedentes de los bienes y derechos del patrimonio colegial y de sus publicaciones.

b) Las subvenciones, donaciones, etc., que se concedan al Colegio, por las Administraciones públicas, entidades públicas o privadas, colegiados u otras personas jurídicas o físicas.

c) Los derechos por estudios, informes y dictámenes que emita la Junta de Gobierno o las comisiones en las que aquélla haya delegado su realización.

d) Los derechos por utilización de los servicios que la Junta de Gobierno haya establecido.

Las recaudaciones de los recursos económicos son competencia de la Junta de Gobierno, sin perjuicio de las facultades que por expreso acuerdo pueda delegar.

Artículo 57. *Cuotas.*

Todo cambio de cuotas será reflejado claramente en el presupuesto del año y requerirá la aprobación de la Junta General.

Artículo 58. *Presupuesto general.*

El presupuesto general del Colegio Oficial de Biólogos será elaborado por la Junta de Gobierno, con arreglo a los principios de eficacia, equidad y economía, e incluirá la totalidad de ingresos y de gastos, coincidiendo con el año natural. Deberá incluir detalladamente los presupuestos de ingresos y gastos de cada Delegación. Previo informe anticipado a los colegiados, será sometido a la aprobación por la Junta general, de acuerdo con lo expuesto en el artículo 22 de los presentes Estatutos.

En tanto no se apruebe el presupuesto, quedará prorrogado el aprobado para el año anterior, a razón de 1/12 por mes.

Artículo 59. *Gastos.*

Los gastos del Colegio son solamente los presupuestados, sin que pueda efectuarse pago alguno no previsto en el presupuesto aprobado, salvo en casos justificados, que deberán ser aprobados por la Junta de Gobierno y posteriormente por la Junta General.

Artículo 60. *Censores.*

En cada Colegio habrá anualmente dos Censores, que tendrán a su disposición, desde quince días antes de que tenga lugar la Junta General y para la comprobación de cuentas, las del ejercicio liquidado, los justificantes de ingresos y gastos, órdenes de pago correspondientes y, en su caso, los acuerdos determinantes de los mismos. Ante ellos se presentarán por los colegiados, hasta siete días anteriores a la fecha de la Junta General, las reclamaciones por presuntas irregularidades en las citadas cuentas. Los Censores informarán por escrito a la Junta General sobre la estimación o desestimación de estas reclamaciones. Los Censores se designarán de modo automático, tomando el conjunto de los colegiados. Esta lista, hecha pública previamente por el Colegio respectivo, se dividirá en dos mitades, y de cada una de ellas el primer colegiado será Censor titular, y el segundo, suplente. El haber actuado como Censor hace correr turno en las listas.

El cargo de Censor es incompatible con el de miembro de la Junta de Gobierno.

Artículo 61. *Liquidación de bienes.*

La disolución del Colegio Oficial de Biólogos no podrá efectuarse más que por cesación de sus fines, previo acuerdo de la Junta General y según el procedimiento reglamentario que se establece en estos Estatutos.

En caso de disolución del Colegio Oficial de Biólogos, la Junta de Gobierno actuará como comisión liquidadora, sometiendo a la Junta General propuestas de destino de los bienes sobrantes, una vez liquidadas las obligaciones pendientes, adjudicando dichos bienes a cualquier entidad no lucrativa que cumpla funciones relacionadas con la Biología y de interés social.

Artículo 62. *Dotación económica inicial.*

Una vez efectuada la valoración actualizada del activo, del pasivo, así como del patrimonio del Colegio Oficial de Biólogos, se dividirá esta valoración por el número total de colegiados al corriente de pagos, y este cociente se multiplicará por el número de colegiados de la Delegación que vaya a convertirse en futuro colegio territorial.

A esta actividad se descontará el valor actualizado del activo, del pasivo y del patrimonio de la Delegación anteriormente mencionada.

La cantidad resultante de esta última operación será la dotación económica inicial del Colegio oficial territorial.

En caso de que la referida cantidad sea negativa, se establecerá un plan de pagos de la referida deuda, que debe ser aprobado por la Junta General del Colegio Oficial de Biólogos.

Artículo 63. *Personal administrativo y subalterno.*

El Colegio contará con el personal de oficina y subalterno necesarios, cuyas remuneraciones figurarán en el capítulo de gastos de los correspondientes presupuestos.

CAPITULO IX

El régimen disciplinario

Artículo 64. *Régimen disciplinario.*

De acuerdo con lo dispuesto en los artículos 26 y 117 de la Constitución Española, la Junta de Gobierno del Colegio Oficial de Biólogos no podrá dar de baja a sus colegiados bajo ningún supuesto, ni inhabilitar profesionalmente por un período superior a los seis meses por el mismo hecho, a excepción de lo previsto en el artículo 10, apartados 2 y 3, de los presentes Estatutos. El Colegio establecerá una normativa referente a su capacidad disciplinaria respecto a cuestiones profesionales y de régimen interior colegial. Estas normas serán aprobadas por la Junta General, a propuesta de la Junta de Gobierno y previa información colegial.

CAPITULO X

Del régimen jurídico de los actos colegiales

Artículo 65. *Régimen jurídico de los actos colegiales.*

Los acuerdos y normas colegiales deberán ser publicados, bien mediante su inserción en el «Boletín Oficial» del Colegio o, en su caso, del Consejo General, bien mediante circular, de forma que puedan ser conocidos por todos los colegiados.

Asimismo, la Junta de Gobierno deberá notificar aquellos actos que afecten a derechos e intereses de los destinatarios de dichos acuerdos.

Los actos emanados de los órganos del Colegio y del Consejo General, en cuanto estén sujetos al Derecho Administrativo, una vez agotados los recursos corporativos, serán directamente recurribles ante la Jurisdicción Contencioso-Administrativa, de acuerdo con lo que disponga la legislación estatal que regule las bases del Régimen Jurídico de las Administraciones Públicas y del Procedimiento Administrativo Común.

La legitimación activa de los recursos corporativos y contencioso-administrativos se regulará por lo dispuesto en la Ley de esta jurisdicción, y en todo caso estará también legitimada la Administración General del Estado.

Artículo 66. *Tipos de recursos.*

El recurso corporativo contra los actos de la Junta de Gobierno a que se refiere el artículo anterior es el ordinario.

Contra los actos de la Junta General y del Consejo General, que agotan la vía administrativa, cabe recurso contencioso-administrativo, conforme a las disposiciones legales vigentes.

Con carácter extraordinario cabe el recurso de revisión, que se tramitará de acuerdo con las disposiciones de la Ley 30/1992, de 26 de noviembre, de Régimen Jurídico de las Administraciones Públicas y del Procedimiento Administrativo Común.

Artículo 67. *Nulidad de los actos de los órganos colegiales.*

Son nulos de pleno derecho los actos de los órganos colegiales en que se den alguno de los siguientes supuestos:

1. Los que lesionen el contenido esencial de los derechos y libertades susceptibles de amparo constitucional.

2. Los dictados por órgano manifiestamente incompetente por razón de la materia o del territorio.

3. Los que tengan un contenido imposible.

4. Los que sean constitutivos de infracción penal o se dicten como consecuencia de ésta.

5. Los dictados prescindiendo total o absolutamente del procedimiento legal establecido o de las normas que contienen las reglas esenciales para la formación de la voluntad de los órganos colegiados.

6. Los actos expresos o presuntos contrarios al ordenamiento jurídico, por los que se adquieren facultades o derechos cuando se carezca de los requisitos esenciales para su adquisición.

7. Cualquier otro que se establezca expresamente en una disposición de rango legal.

También serán nulas de pleno derecho las disposiciones colegiales que vulneren la Constitución, las leyes u otras disposiciones administrativas de rango superior, las que regulen materias reservadas a la ley y las que establezcan la retroactividad de disposiciones sancionadoras no favorables o restrictivas de derechos individuales.

Son anulables los actos que incurran en cualquier infracción del ordenamiento jurídico, incluso la desviación del poder.

Artículo 68. *Suspensión de los actos de los órganos colegiales.*

Sin perjuicio de las atribuciones que la legislación otorga a los órganos judiciales en materia de suspensión de actos de las Corporaciones Profesionales, sea o no a petición de cualquier colegiado, están obligados a suspender los actos propios o de órgano inferior, que consideren nulos de pleno derecho:

1. La Junta General.
2. La Junta de Gobierno.
3. El Decano.

Los acuerdos de suspensión deberán adoptarse por la Junta General, la Junta de Gobierno y el Decano en el plazo de cinco días a contar desde la fecha en que se tuviese conocimiento de los actos considerados nulos, siempre que previamente se haya iniciado un procedimiento de revisión de oficio o se haya interpuesto un recurso y concurran las circunstancias previstas por la legislación de Régimen Jurídico de las Administraciones Públicas y del Procedimiento Administrativo Común para la nulidad de dichos actos.

Lo dispuesto en este artículo se entiende sin perjuicio de las acciones de impugnación de los colegiados y ciudadanos en general contra los actos nulos o anulables.

CAPITULO XI

De la constitución por segregación de los Colegios oficiales territoriales

Artículo 69. *Segregación de Colegios oficiales territoriales.*

Podrán constituirse, por segregación del Colegio Oficial de Biólogos existente, Colegios oficiales territoriales de ámbito igual o inferior al de una Comunidad Autónoma, de conformidad con lo previsto en la legislación autonómica correspondiente.

CAPITULO XII

De la constitución y órganos de gobierno del Consejo General de Colegios Oficiales de Biólogos

Artículo 70. *Constitución.*

Una vez constituido el primer Colegio oficial territorial de Biólogos por los procedimientos descritos en el capítulo XI de los Estatutos del Colegio Oficial de Biólogos, se constituirá un Consejo General de Colegios oficiales de Biólogos, como órgano representativo y coordinador de los mismos.

El Consejo General de Colegios oficiales de Biólogos se constituirá bajo el amparo del artículo 36 de la Constitución Española; de la Ley 2/1974, de 14 de febrero, de Colegios Profesionales, y la Ley 75/1980, de 26 de diciembre, de creación del Colegio Oficial de Biólogos, con estructura democráticamente constituida, independiente de la Administración, de la que no forma parte, sin perjuicio de las relaciones de derecho público que con ella legalmente le correspondan.

El Consejo General de Colegios Oficiales de Biólogos tendrá personalidad jurídica propia y plena capacidad para el cumplimiento de sus fines. En consecuencia, y de acuerdo con la legalidad vigente, el Consejo General de Colegios Oficiales de Biólogos puede adquirir, vender, enajenar, poseer, reivindicar, permutar, gravar toda clase de bienes y derechos, celebrar contratos, obligar y ejercitar acciones e interponer recursos en todas las vías y jurisdicciones para el cumplimiento de sus fines. Sus competencias y actividades no limitarán la actividad sindical.

Artículo 71. *Composición.*

El Consejo General de Colegios oficiales de Biólogos estará integrado por todos los Colegios oficiales territoriales de Biólogos.

Disposición transitoria primera. *Consideración de delegaciones.*

A los efectos establecidos en los presentes Estatutos, se considerarán Delegaciones reglamentariamente constituidas a aquellas que venían funcionando de forma estable y reconocida por la Junta de Gobierno del Colegio Oficial de Biólogos, a la fecha de aprobación de los presentes Estatutos.

Disposición transitoria segunda. *Creación de los Colegios territoriales y constitución del Consejo General.*

Una vez creado el primer Colegio oficial territorial de Biólogos, conforme a lo dispuesto en estos Estatutos, el Colegio Oficial de Biólogos abarcará el ámbito territorial correspondiente a los Colegios oficiales territoriales aún no creados, y procediéndose a la constitución, en el plazo no superior a dos meses, del Consejo General de Colegios Oficiales de Biólogos.

Constituido por primera vez el Consejo General de Colegios oficiales territoriales, al mismo se incorporarán los miembros natos de los Colegios oficiales territoriales que se creen con posterioridad a su constitución, que no alterará su régimen de funcionamiento, ni los representantes elegidos para los órganos de gobierno del mismo.

Disposición transitoria tercera. *Dimisión de la Junta de Gobierno y convocatoria de elecciones.*

La Junta de Gobierno del Colegio Oficial de Biólogos existente deberá dimitir en el plazo de un año a partir de la publicación de estos Estatutos o de sus posteriores textos reformados en el «Boletín Oficial del Estado», convocando elecciones a la Junta de Gobierno, según lo dispuesto en el capítulo séptimo de estos Estatutos.

Disposición final única. *Reforma de los Estatutos.*

La Junta General del Colegio Oficial de Biólogos podrá acordar la elevación al Gobierno, a través del Ministerio competente, de la propuesta de reforma de estos Estatutos, a iniciativa de su Junta de Gobierno, o de más de dos Delegaciones, o de un número de colegiados superior al 10 por 100. El acuerdo exigirá, para su validez, el voto favorable de dos tercios, al menos, de los votos emitidos, conforme a lo previsto en el último párrafo del artículo 24.

11544 *REAL DECRETO 694/1996, de 26 de abril, por el que se establece el currículo y se determina la prueba de acceso a los ciclos formativos de grado medio de Artes Plásticas y Diseño de la familia profesional de las Artes Aplicadas de la Escultura.*

El Real Decreto 1385/1995, de 4 de agosto, ha establecido los títulos de Técnico de Artes Plásticas y Diseño de la familia profesional de las Artes Aplicadas de la Escultura y sus correspondientes enseñanzas mínimas.

De conformidad con el apartado 3 del artículo 4 de la Ley Orgánica de Ordenación General del Sistema Educativo, corresponde a las Administraciones educativas establecer el currículo del correspondiente ciclo formativo en sus respectivos ámbitos de competencia. Asimismo, dichas Administraciones deberán determinar las pruebas de acceso a dichos ciclos.

En su virtud, a propuesta del Ministro de Educación y Ciencia, previo informe del Consejo Escolar del Estado y previa deliberación del Consejo de Ministros en su reunión del día 26 de abril de 1996,

DISPONGO:

TITULO I

Disposiciones de carácter general

Artículo 1.

1. El presente Real Decreto establece el currículo y determina las pruebas de acceso de las enseñanzas de ciclos formativos de Artes Plásticas y Diseño de grado medio pertenecientes a la familia de las Artes Aplicadas de la Escultura, correspondientes a los siguientes títulos:

1.º Técnico de Artes Plásticas y Diseño en Vaciado y Moldeado Artísticos.
2.º Técnico de Artes Plásticas y Diseño en Ebanistería Artística.
3.º Técnico de Artes Plásticas y Diseño en Dorado y Policromía Artísticos.
4.º Técnico de Artes Plásticas y Diseño en Artesanía en Cuero.
5.º Técnico de Artes Plásticas y Diseño en Talla Artística en Madera.
6.º Técnico de Artes Plásticas y Diseño en Talla Artística en Piedra.
7.º Técnico de Artes Plásticas y Diseño en Forja Artística.
8.º Técnico de Artes Plásticas y Diseño en Fundición Artística y Galvanoplastia.
9.º Técnico de Artes Plásticas y Diseño en Ornamentación Islámica.

2. En el currículo se integran las enseñanzas mínimas reguladas para cada título en el Real Decreto 1385/1995, de 4 de agosto.

3. A efectos de lo dispuesto en este Real Decreto, se entiende por currículo el conjunto de objetivos, contenidos y criterios de evaluación que han de regular la enseñanza impartida en el centro educativo, las fases de formación práctica en empresas, estudios o talleres, así como la obra final.

Artículo 2.

El presente Real Decreto será de aplicación en el ámbito territorial de gestión del Ministerio de Educación y Ciencia.

Artículo 3.

Las enseñanzas conducentes a la obtención de los títulos oficiales a que se refiere el artículo 1 tienen como objetivo común, en cuanto enseñanzas de Artes Plásticas y Diseño:

a) Proporcionar a los alumnos una formación artística de calidad, que les permita apreciar la importancia de las artes plásticas como lenguaje artístico y medio de expresión cultural, y desarrollar su capacidad creativa, tomando conciencia de las posibilidades de realización profesional que todo ello implica.

b) Garantizar su cualificación profesional, de acuerdo con los títulos de Artes Plásticas y Diseño de esta familia profesional, permitiéndoles adquirir la capacidad y conocimientos necesarios para resolver cuantos problemas se presenten en el desarrollo de su actividad profesional, y adaptarse a la evolución de los procesos técnicos y de las concepciones artísticas.

Artículo 4.

Asimismo, estas enseñanzas tienen como objetivo específico propio, en cuanto ciclos formativos de Artes Plásticas y Diseño de grado medio, proporcionar a los alumnos la formación necesaria para:

a) Realizar obras que posean rigor técnico y sensibilidad expresiva, a través del desarrollo de su personalidad artística, sus facultades y cultura plástica.

b) Interpretar y realizar proyectos de profesionales de niveles superiores.

c) Coordinar los aspectos técnicos y artísticos a lo largo del proceso de realización.

d) Conocer, comprender y dominar el comportamiento y las características físicas y tecnológicas más relevantes de los materiales que se utilicen, así como los procesos tecnológicos inherentes a su actividad artístico-profesional.

e) Desarrollar la capacidad de investigación de formas con un enfoque pluridisciplinar.

f) Conocer los aspectos organizativos, económicos y jurídicos que inciden en las relaciones laborales y en el ámbito empresarial orientados a su incorporación al sector profesional, ya sea como profesional autónomo o asalariado.

Dirección: carretera de La Coruña, km. 10,700. 28043 Madrid.

Para los grupos de sustancias o residuos de los grupos A-6 y B-3f, serán asignados los laboratorios anteriormente mencionados según su acción farmacológica.

CAPÍTULO II

Las competencias y funciones de los Laboratorios Nacionales de Referencia serán las siguientes:

a) Coordinar las actividades de los laboratorios de rutina autorizados, encargados de los análisis de residuos y, en particular, de coordinar la elaboración de las normas y métodos de análisis de cada residuo o grupo de residuos de que se trate.

b) Colaborar con las autoridades competentes a organizar el plan de vigilancia de residuos.

c) Organizar periódicamente pruebas comparativas para cada residuo o grupo de residuos para los que hayan sido designados.

d) Promover y garantizar que los laboratorios autorizados respeten los límites de detección establecidos.

e) Asegurar la difusión de la información suministrada por los Laboratorios Comunitarios de Referencia.

f) Garantizar a su personal la posibilidad de participar en las reuniones de perfeccionamiento organizadas por la Comisión o los Laboratorios Comunitarios de Referencia.

g) Proporcionar apoyo técnico y formación al personal de los laboratorios autorizados.

19113 *REAL DECRETO 1754/1998, de 31 de julio, por el que se incorporan al derecho español las Directivas 95/43/CE y 97/38/CE y se modifican los anexos de los Reales Decretos 1665/1991, de 25 de octubre y 1396/1995, de 4 de agosto, relativos al sistema general de reconocimientos de títulos y formaciones profesionales de los estados miembros de la Unión Europea y demás Estados signatarios del Acuerdo sobre el Espacio Económico Europeo.*

La Directiva 92/51/CEE, del Consejo, de 18 de junio, relativa a un segundo sistema general de reconocimiento de formaciones profesionales que completa la Directiva 89/48/CEE, incorporada al ordenamiento español mediante el Real Decreto 1396/1995, de 4 de agosto, prevé en su artículo 15 el procedimiento de modificación de los anexos C y D, a petición de cualquier Estado miembro.

De acuerdo con dicho procedimiento y con posterioridad a la tramitación del citado Real Decreto, la Comisión Europea ha promulgado las Directivas 95/43/CE de 20 de julio y 97/38/CE de 20 de junio. En consecuencia, es preciso actualizar los anexos del mencionado Real Decreto, de forma que se reflejen en los mismos las modificaciones introducidas por dichas Directivas.

Por otra parte, la Directiva 89/48/CEE del Consejo, de 21 de diciembre de 1988, relativa a un sistema general de reconocimiento de los títulos de enseñanza superior que sancionan formaciones profesionales de una duración mínima de tres años, se incorporó mediante el Real Decreto 1665/1991, de 25 de octubre. Resulta ahora necesario actualizar los anexos del mismo al tiempo que se incorporan las modificaciones introducidas por los Reales Decretos 767/1992, de 25 de junio y 2073/1995, de 22 de diciembre, recogiendo en único texto el contenido de los citados anexos, al objeto de facilitar su consulta, tanto por parte de los interesados como por las Administraciones Públicas competentes para su aplicación.

Asimismo es conveniente que el contenido de los nuevos anexos se adecue a la reestructuración de Departamentos Ministeriales llevada a cabo por el Real Decreto 758/1996, de 5 de mayo, al mismo tiempo que se corrigen errores materiales padecidos en las sucesivas publicaciones.

En la elaboración de este Real Decreto se ha cumplido el trámite de consulta a las corporaciones interesadas y se ha oído al Consejo General de Formación Profesional.

En su virtud, a propuesta de los Ministros de Asuntos Exteriores; de Justicia; de Defensa; de Economía y Hacienda; del Interior; de Fomento; de Educación y Cultura; de Trabajo y Asuntos Sociales; de Industria y Energía; de Agricultura, Pesca y Alimentación; de Administraciones Públicas; de Sanidad y Consumo, y de Medio Ambiente, de acuerdo con el Consejo de Estado y previa deliberación del Consejo de Ministros en su reunión de 31 de julio de 1998,

D I S P O N G O :

Artículo 1.

Los anexos del Real Decreto 1665/1991, de 25 de octubre, por el que se regula el sistema general de reconocimiento de los títulos de Enseñanza Superior de los Estados miembros de la Comunidad Económica Europea que exigen una formación mínima de tres años de duración, modificados en virtud de las incorporaciones operadas por los Reales Decretos 767/1992, de 26 de junio y 2073/1995, de 22 de diciembre, se sustituyen por los que figuran en el anexo A de la presente norma.

Artículo 2.

Los anexos del Real Decreto 1396/1995, de 4 de agosto, por el que se regula un segundo sistema general de reconocimiento de formaciones profesionales de los Estados miembros de la Unión Europea y de los demás Estados signatarios del Acuerdo sobre el Espacio Económico Europeo y se complementa lo establecido en el Real Decreto 1665/1991, de 25 de octubre, se sustituyen por los que figuran en el anexo B de la presente norma, incorporándose las modificaciones derivadas de las Directivas 95/43/CE y 97/38/CE.

Disposición final única.

El presente Real Decreto entrará en vigor el día siguiente al de su publicación en el «Boletín Oficial del Estado».

Dado en Palma de Mallorca a 31 de julio de 1998.

JUAN CARLOS R.

El Vicepresidente Primero del Gobierno
y Ministro de la Presidencia,

FRANCISCO ÁLVAREZ-CASCOS FERNÁNDEZ

ANEXO A

NUEVA REDACCIÓN DE LOS ANEXOS DEL REAL DECRETO 1665/1991, DE 25 DE OCTUBRE

Anexo I del Real Decreto 1665/1991, de 25 de octubre

RELACIÓN DE PROFESIONES REGULADAS EN ESPAÑA

Sector jurídico, contable y económico

Abogado.
Actuario de Seguros.
Agente de la Propiedad Industrial.
Agente de la Propiedad Inmobiliaria.
Auditor de Cuentas.
Diplomado en Ciencias Empresariales y Profesor Mercantil.
Economista.
Gestor Administrativo.
Graduado Social.
Habilitado de Clases Pasivas.
Intérprete Jurado.
Procurador.
Técnico de Empresas y Actividades Turísticas.

Sector sanitario

Enfermero generalista con especialidad, excepto en la especialidad obstétrico-ginecológica.
Fisioterapeuta.
Logopeda.
Óptico.
Podólogo.
Psicólogo.
Terapeuta Ocupacional.

Sector técnico y de ciencias experimentales

Arquitecto técnico.
Biólogo.
Físico.
Geólogo.
Ingeniero Aeronáutico.
Ingeniero Agrónomo.
Ingeniero de Armamento y Material.
Ingeniero de Armas Navales.
Ingeniero de Caminos, Canales y Puertos.
Ingeniero de Construcción y Electricidad.
Ingeniero Industrial.
Ingeniero de Minas.
Ingeniero de Montes.
Ingeniero Naval.
Ingeniero de Telecomunicación.
Ingeniero técnico Aeronáutico.
Ingeniero técnico Agrícola.
Ingeniero técnico Forestal.
Ingeniero técnico Industrial.
Ingeniero técnico de Minas.
Ingeniero técnico Naval.
Ingeniero técnico de Obras Públicas.
Ingeniero técnico de Telecomunicación.
Ingeniero técnico en Topografía.
Jefe de máquinas de la Marina Mercante.
Oficial de máquinas de primera clase de la Marina Mercante.
Oficial de máquinas de segunda clase de la Marina Mercante.
Oficial radioelectrónico de primera clase de la Marina Mercante.
Oficial radioelectrónico de segunda clase de la Marina Mercante.
Químico.

Sector cultural

Maestro.
Profesor de Educación Secundaria.
Profesor de Enseñanzas de Arte Dramático conducentes a la obtención de Título oficial.
Profesor de Enseñanzas de Artes Plásticas y Diseño conducentes a la obtención de Título oficial.
Profesor de Enseñanzas de Danza conducentes a la obtención de Título oficial.
Profesor de Enseñanzas de Música conducentes a la obtención de Título oficial.
Profesor de Universidad.

Sector varios

Diplomado en Trabajo Social.

Anexo II del Real Decreto 1665/1991, de 25 de octubre

RELACIÓN DE PROFESIONES PARA CUYO EJERCICIO SE EXIGE UN CONOCIMIENTO PRECISO DEL DERECHO NACIONAL Y QUE REQUIEREN PRUEBA DE APTITUD

Abogado.
Agente de la Propiedad Industrial.
Auditor de Cuentas.
Graduado Social.
Procurador.

Anexo III del Real Decreto 1665/1991, de 25 de octubre

MINISTERIOS CON LOS QUE SE RELACIONAN LOS TÍTULOS QUE DAN ACCESO A LAS PROFESIONES REGULADAS QUE SE ENUMERAN

Ministerio de Asuntos Exteriores

Intérprete Jurado.

Ministerio de Defensa

Ingeniero de Armamento y Material.
Ingeniero de Armas Navales.
Ingeniero de Construcción y Electricidad.

Ministerio de Economía y Hacienda

Auditor de Cuentas.
Habilitado de Clases Pasivas.
Técnico de Empresas y Actividades Turísticas.

Ministerio de Fomento

Agente de la Propiedad Inmobiliaria.
Jefe de máquinas de la Marina Mercante.
Oficial de máquinas de primera clase de la Marina Mercante.
Oficial de máquinas de segunda clase de la Marina Mercante.
Oficial radioelectrónico de primera clase de la Marina Mercante.
Oficial radioelectrónico de segunda clase de la Marina Mercante.

Ministerio de Educación y Cultura

a) Cuando se trata de títulos universitarios o de nivel equivalente que permiten el acceso a las siguientes profesiones:

Abogado.
Actuario de Seguros.
Arquitecto técnico.
Biólogo.
Diplomado en Ciencias Empresariales y Profesor Mercantil.
Diplomado en Trabajo Social.
Economista.
Físico.
Fisioterapeuta.
Geólogo.
Graduado Social.
Ingeniero (de cada una de las ramas).
Ingeniero técnico (de cada una de las ramas).
Logopeda.
Maestro.
Óptico.
Podólogo.
Procurador.
Profesor de Educación Secundaria.
Profesor de Enseñanzas de Arte Dramático conducentes a la obtención de Título oficial.
Profesor de Enseñanzas de Artes Plásticas y Diseño conducentes a la obtención de Título oficial.
Profesor de Enseñanzas de Danza conducentes a la obtención de Título oficial.
Profesor de Enseñanzas de Música conducentes a la obtención de Título oficial.
Profesor de Universidad.
Psicólogo.
Químico.
Terapeuta Ocupacional.

b) Cuando el propio Ministerio expida el título que permita el acceso a la profesión:

Enfermero generalista con especialidad.

Ministerio de Industria y Energía

Agente de la Propiedad Industrial.

Ministerio de Administraciones Públicas

Gestor Administrativo.

Anexo IV del Real Decreto 1665/1991, de 25 de octubre

MINISTERIOS A LOS QUE CORRESPONDE LA RELACIÓN CON LAS DISTINTAS PROFESIONES

Ministerio de Asuntos Exteriores

Intérprete jurado.

Ministerio de Justicia

Abogado.
Procurador.

Ministerio de Defensa

Ingeniero de Armamento y Material.
Ingeniero de Armas Navales.
Ingeniero de Construcción y Electricidad.

Ministerio de Economía y Hacienda

Actuario de Seguros.
Auditor de Cuentas.
Diplomado en Ciencias Empresariales y Profesor Mercantil.
Economista.
Habilitado de Clases Pasivas.
Técnico de Empresas y Actividades Turísticas.

Ministerio de Fomento

Agente de la Propiedad Inmobiliaria.
Arquitecto técnico.
Ingeniero Aeronáutico.
Ingeniero de Caminos, Canales y Puertos.
Ingeniero de Telecomunicación.
Ingeniero técnico Aeronáutico.
Ingeniero técnico de Obras Públicas.
Ingeniero técnico de Telecomunicación.
Ingeniero técnico en Topografía.
Jefe de máquinas de la Marina Mercante.
Oficial de máquinas de primera clase de la Marina Mercante.
Oficial de máquinas de segunda clase de la Marina Mercante.
Oficial radioelectrónico de primera clase de la Marina Mercante.
Oficial radioelectrónico de segunda clase de la Marina Mercante.

Ministerio de Educación y Cultura

Biólogo.
Maestro.
Profesor de Educación Secundaria.
Profesor de Enseñanzas de Arte Dramático conducentes a la obtención de Título oficial.
Profesor de Enseñanzas de Artes Plásticas y Diseño conducentes a la obtención de Título oficial.
Profesor de Enseñanzas de Danza conducentes a la obtención de Título oficial.
Profesor de Enseñanzas de Música conducentes a la obtención de Título oficial.
Profesor de Universidad.
Psicólogo.

Ministerio de Trabajo y Asuntos Sociales

Diplomado en Trabajo Social.
Graduado Social.

Ministerio de Industria y Energía

Agente de la Propiedad Industrial.
Físico.
Geólogo.
Ingeniero Industrial.
Ingeniero de Minas.
Ingeniero Naval.
Ingeniero técnico Industrial.
Ingeniero técnico de Minas.
Ingeniero técnico Naval.
Químico.

Ministerio de Agricultura, Pesca y Alimentación

Ingeniero Agrónomo.
Ingeniero técnico Agrícola.

Ministerio de Administraciones Públicas

Gestor Administrativo.

Ministerio de Sanidad y Consumo

Enfermero generalista con especialidad.
Fisioterapeuta.
Logopeda.
Óptico.
Podólogo.
Terapeuta Ocupacional.

Ministerio de Medio Ambiente

Ingeniero de Montes.
Ingeniero técnico forestal.

ANEXO B

NUEVA REDACCIÓN DE LOS ANEXOS I, II, III, IV, V Y VI DEL REAL DECRETO 1396/1995, DE 4 DE AGOSTO

Anexo I del Real Decreto 1396/1995, de 4 de agosto (1)

Lista de las Directivas a que hace referencia el artículo 2

1.

64/429/CEE.

Directiva del Consejo de 7 de julio de 1964, relativa a la realización de la libertad de establecimiento y de la libre prestación de servicios de las actividades por cuenta propia de transformación correspondientes a las clases 23 a 40 de la CITI (Industria y Artesanía) («Diario Oficial» número 117, de 23 de julio de 1964, página 1880/64).

64/427/CEE.

Directiva del Consejo de 7 de julio de 1964, relativa a las modalidades de medidas transitorias en el ámbito de las actividades por cuenta propia de transformación correspondiente a las clases 23 a 40 de la CITI (Industria y Artesanía) («Diario Oficial» número L59, de 10 de marzo de 1969, página 8).

2.

68/365/CEE.

Directiva del Consejo de 15 de octubre de 1968, relativa a la realización de la libertad de establecimiento y de la libre prestación de servicios en las actividades por cuenta propia referentes a las industrias alimentarias y de fabricación de bebidas (clases 20 y 21 de la CITI) («Diario Oficial» número L260, de 22 de octubre de 1968, página 9).

68/366/CEE.

Directiva del Consejo de 15 de octubre de 1968, relativa a las modalidades de medidas transitorias en el ámbito de las actividades por cuenta propia referentes a las industrias alimentarias y de fabricación de bebidas (clases 20 y 21 de la CITI) («Diario Oficial» número L260, de 22 de octubre de 1968, página 12).

(1) Este anexo I es reproducción del recogido en el Real Decreto 1396/1995, de 4 de agosto, y no ha experimentado variación.

3.

64/223/CEE.

Directiva del Consejo de 25 de febrero de 1964, relativa a la realización de la libertad de establecimiento de servicios para las actividades de comercio mayorista («Diario Oficial» número 56, de 4 de abril de 1964, página 863/64).

64/224/CEE.

Directiva del Consejo de 25 de febrero de 1964, relativa a la realización de la libertad de establecimiento y de la libre prestación de servicios para las actividades de intermediarios del comercio, de la industria y de la artesanía («Diario Oficial» número 56, de 4 de abril de 1964, página 869/64).

64/222/CEE.

Directiva del Consejo de 25 de febrero de 1964, relativa a las modalidades de las medidas transitorias en el ámbito de las actividades del comercio mayorista y de las actividades de intermediarios del comercio, de la industria y de la artesanía («Diario Oficial» número 56, de 4 de abril de 1964, página 857/64).

4.

68/363/CEE.

Directiva del Consejo de 15 de octubre de 1968, relativa a la realización de la libertad de establecimiento y de la libre prestación de servicios para las actividades no asalariadas del comercio minorista (exgrupo 612 CITI) («Diario Oficial» número L260, de 22 de octubre de 1968, página 1).

68/364/CEE.

Directiva del Consejo de 15 de octubre de 1968, relativa a las modalidades de medidas transitorias en el ámbito de las actividades no asalariadas del comercio minorista (exgrupo 612 CITI) («Diario Oficial» número L260, de 22 de octubre de 1968, página 6).

5.

70/522/CEE.

Directiva del Consejo de 30 de noviembre de 1970, relativa a la realización de la libertad de establecimiento y de la libre prestación de servicios para las actividades no asalariadas del comercio mayorista de carbón y para las actividades de intermediarios en el sector del carbón (exgrupo 6112 CITI) («Diario Oficial» número L267, de 10 de diciembre de 1970, página 14).

70/523/CEE.

Directiva del Consejo de 30 de noviembre de 1970, relativa a las modalidades de las medidas transitorias que han de adoptarse en el ámbito de las actividades no asalariadas del comercio mayorista de carbón y de las actividades de intermediarios en el sector del carbón (exgrupo 6112 CITI) («Diario Oficial» número L267, de 10 de diciembre de 1970, página 18).

6.

74/557/CEE.

Directiva del Consejo de 4 de junio de 1974, relativa a la realización de la libertad de establecimiento y de la libre prestación de servicios para las actividades no asalariadas y de intermediarios en el sector del comercio y la distribución de productos tóxicos («Diario Oficial» número L307, de 18 de noviembre de 1974, página 5).

74/556/CEE.

Directiva del Consejo de 4 de junio de 1974, relativa a las modalidades de las medidas transitorias que han de adoptarse en el ámbito de las actividades de comercio y distribución de productos tóxicos o que impliquen la utilización profesional de dichos productos, incluidas las actividades de intermediarios («Diario Oficial» número L307, de 18 de noviembre de 1974, página 1).

7.

68/367/CEE.

Directiva del Consejo de 15 de octubre de 1968, relativa a la realización de la libertad de establecimiento y de la libre prestación de servicios para las actividades no asalariadas de servicios personales (exclase 85 CITI) («Diario Oficial» número L260, de 22 de octubre de 1968, página 16):

1. Restaurantes y establecimientos de bebidas (grupo 852 CITI).
2. Hoteles y establecimientos análogos, terrenos de camping (grupo 853 CITI).

68/368/CEE.

Directiva del Consejo de 15 de octubre de 1968, relativa a las modalidades de las medidas transitorias que han de adoptarse en el ámbito de las actividades no asalariadas y de servicios personales (exclase 85 CITI) («Diario Oficial» número L260, de 22 de octubre de 1968, página 19):

1. Restaurantes y establecimientos de bebidas (grupo 852 CITI).
2. Hoteles y establecimientos análogos, terrenos de camping (grupo 853 CITI).

8.

77/92/CEE.

Directiva del Consejo de 13 de diciembre de 1976, relativa a las medidas destinadas a facilitar el ejercicio efectivo de la libertad de establecimiento y de la libre prestación de servicios para las actividades de agente y de corredor de seguros (exgrupo 630 CITI) y por la que se establecen, en particular, medidas transitorias para estas actividades («Diario Oficial» número L26, de 31 de enero de 1977, página 14).

9.

82/470/CEE.

Directiva del Consejo de 29 de junio de 1982, relativa a las medidas destinadas a favorecer el ejercicio efectivo de la libertad de establecimiento y de la libre prestación de servicios para las actividades por cuenta propia de determinados auxiliares de transporte y de los agentes de viaje (grupo 718 CITI) así como de los almacenistas (grupo 720 CITI) («Diario Oficial» número L213, de 21 de julio de 1982, página 1).

10.

82/489/CEE.

Directiva del Consejo de 19 de julio de 1982, por la que se adoptan medidas destinadas a facilitar el ejercicio efectivo del derecho de establecimiento y de libre prestación de servicios de los peluqueros («Diario Oficial» número L218, de 27 de julio de 1982, página 24).

11.

75/368/CEE.

Directiva del Consejo de 16 de junio de 1975, relativa a las medidas destinadas a favorecer el ejercicio efectivo de la libertad de establecimiento y de la libre prestación de servicios para diversas actividades (exclase 01 a clase 85 CITI) y por la que se adoptan, en particular, medidas transitorias para dichas actividades («Diario Oficial» número L167, de 30 de junio de 1975, página 22).

12.

75/369/CEE.

Directiva del Consejo de 16 de junio de 1975, relativa a las medidas destinadas a favorecer el ejercicio efectivo de la libertad de establecimiento y de la libre prestación de servicios para las actividades ejercidas de forma ambulante y por las que se adoptan, en particular, medidas transitorias para dichas actividades («Diario Oficial» número L167, de 30 de junio de 1975, página 29).

Observación:

Conviene señalar que algunas Directivas mencionadas anteriormente han sido completadas por las Actas de adhesión de Dinamarca, de Irlanda y del Reino Unido («Diario Oficial» L73, de 27 de marzo de 1972), de Grecia ((«Diario Oficial» L291, de 19 de noviembre de 1979) y de España y de Portugal («Diario Oficial» L302, de 15 de noviembre de 1985).

Anexo II del Real Decreto 1396/1995, de 4 de agosto

LISTA DE LAS FORMACIONES DE ESTRUCTURA ESPECÍFICA A LAS QUE SE REFIERE EL PÁRRAFO SEGUNDO DEL ARTÍCULO 3.3 (2)

1. *Ámbito paramédico y de pedagogía social*

a) En Alemania las formaciones de: Enfermero/a Puericultor/a («Kinderkrankenschwester/Kinderkrankenpfleger»); Fisioterapeuta [«Krankengymnast(in)/Physiotherapeut(in)»]; Terapeuta Ocupacional [«Beschäftigungs-und Arbeitstherapeut(in)»]; Logopeda («Logopäde/Logopädin»); Ortoptista [«Orthopitst(in)»]; Educador reconocido por el Estado [«Staatlich anerkannte(r) Erzieher(in)»]; Educador terapeuta reconocido por el Estado [«Staatlich anerkannte(r) Heilpädagoge(-in)»]; Asistente técnico medio de laboratorio [«medizinisch-technischer(r) Laboratoriums-Assistent(in)»]; Asistente técnico medio en radiología [«Medizinisch-technische(r) Radiologie-Assistent(in)»]; Asistente técnico medio en diagnósticos funcionales [«Medizinisch-technische(r) Assistent(in) für Funktionsdisgnostik»]; Asistente técnico en medicina veterinaria [«veterinärmedizinisch-technische(r) Assistent(in)»]; Dietista [«Diätassistent(in)»]; Técnico farmacéutico («Pharmazieingenieur») expedido antes del 31 de marzo de 1994 en el territorio de la antigua República Democrática Alemana o en el territorio de los nuevos estados federados; Enfermero/a psiquiátrico [«Psychiatrische(r) Krankenschwester-Krankenpfleger»]; Logoterapeuta [«Sprachtherapeut(in)»].

(2) Confeccionada de conformidad con las modificaciones adoptadas en la Directiva 94/38/CE, en la Directiva 95/43/CE y en la Directiva 97/38/CE.

b) En Italia, las formaciones de: Protésico dental («odontotecnico»); óptico («ottico»); Podólogo («Podologo»).

c) En Luxemburgo, las formaciones de Asistente técnico medio en radiología [«assistant(e) technique médical(e) en radiologie»]; Asistente técnico médico en laboratorio [«assistant(e) technique médical(e) de laboratoire»]; Enfermero psiquiátrico [«infirmier(ière) psychiatrique»]; Asistente técnico médico en cirugía [«assistant(e) technique médical(e) en chirurgie»]; Enfermero puericultor [«Infirmier(ière) puériculteur(trice)»]; Enfermero anestesista [«infirmier(ière) anesthésiste»]; Masajista diplomado [«masseur(euse) diplomé(e)»]; Educador [«éducateur(trice)»].

d) En los Países Bajos, las formaciones de Asistente en medicina veterinaria («dierenartassistent»).

Las formaciones indicadas en los párrafos precedentes a), b), c) y d) representan las formaciones de una duración de trece años como mínimo, de los cuales:

1.º Tres años como mínimo de formación profesional cursados en una escuela especializada sancionada por un examen, completados, en su caso, por un ciclo de especialización de uno o dos años sancionado por un examen, o bien

2.º Dos años y medio como mínimo cursados en una escuela especializada sancionada por un examen y completada con un período de ejercicio profesional de un mínimo de seis meses de duración o un período de prácticas de un mínimo de seis meses de duración en un centro autorizado, o bien

3.º Dos años como mínimo cursados en una escuela especializada sancionada por un examen y completada con un período de ejercicio profesional de un mínimo de un año de duración o un período de prácticas de un mínimo de un año de duración en un centro autorizado.

4.º En el caso de asistente en medicina veterinaria («dierenartassistent») en los Países Bajos, tres años de formación profesional en una escuela especializada («MBO») o bien tres años de formación profesional en el sistema de aprendizaje dual («LLW»), ambas sancionadas por un examen.

e) En Austria, las formaciones de:

1.º Óptico de lentes de contacto («Kontaktlinsenoptiker»); Podólogo («Fußpfleger»); Audioprotesista («Hörgeräteakustiker»); Auxiliar de farmacia («Drogist»); que representan las formaciones de una duración total de catorce años como mínimo, de los cuales cinco años como mínimo de formación realizada siguiendo un programa estructurado, dividida en un aprendizaje de al menos tres años de duración, que incluya una formación adquirida en parte en la empresa y en parte en un centro de enseñanza profesional, y un período de práctica y formación profesionales, sancionada por un examen profesional que da derecho a ejercer la profesión y a formar aprendices;

2.º Masajista («Masseur»), que representa las formaciones de una duración total de catorce años, de los cuales cinco años de formación realizada siguiendo un programa estructurado, que comprenda un aprendizaje de dos años de duración, un período de práctica y formación profesionales de dos años de duración y una formación de un año sancionada por un examen profesional que da derecho a ejercer la profesión y a formar aprendices;

3.º Educador de jardín de infancia («Kindergärtner/in»); Educador («Erzieher»), que representan las formaciones de una duración total de trece años, de los cuales cinco años de formación profesional en una escuela especializada, sancionada por un examen.

2. *Sector de los maestros-artesanos («Mester»/«Meister»/«Maître») que se refieren a formaciones relativas a actividades artesanales no cubiertas por las directivas que figuran en el anexo I*

a) En Dinamarca, las formaciones de:

1.º Óptico («optometriste»), cuyo ciclo de formación tendrá una duración total de catorce años de los cuales cinco años deberán corresponder a una formación profesional, repartida entre una formación teórica adquirida en un centro de enseñanza profesional de dos años y medio, y entre una formación práctica adquirida en una empresa durante dos años y medio, sancionada por un examen reconocido sobre la actividad artesanal y que da derecho a usar el título de «Mester»;

2.º Ortoptista, protesista («Ortopædimekaniker»), cuyo ciclo de formación tendrá una duración total de doce años y medio, de los cuales tres años y medio corresponderán a una formación profesional, repartida entre una formación teórica realizada en un centro de enseñanza profesional de un semestre, y entre una formación práctica adquirida en una empresa de tres años, sancionada por un examen reconocido relativo a la actividad artesanal y que da derecho a utilizar el título de «Mester»;

3.º Técnico en botas ortopédicas, técnico en calzado ortopédico («Ortopædiskomager»), cuyo ciclo de formación tendrá una duración total de trece años y medio, de los cuales cuatro años y medio corresponderán a una formación profesional, repartida entre una formación teórica realizada en un centro de enseñanza profesional de dos años, y una formación práctica adquirida en una empresa de dos años y medio, sancionada por un examen reconocido que da derecho a utilizar el título de «Mester»;

b) En Alemania, las formaciones de: Óptico («Augenoptiker»); Protésico dental («Zahntechniker»); Técnico en confección de vendajes («Bandagist»); Audioprotesista («Hörgeräte-Akustiker»); Protesista («Orthopädiemechaniker»); Técnico en calzado ortopédico («Orthopädieschuhmacher»);

c) En Luxemburgo, las formaciones de: Óptico («Opticien»); Protésico dental («mécanicien dentaire»); Audioprotesista («audioprothésiste»); Protesista-técnico en confección de vendajes («mécanicien orthopédiste-bandagiste»); Técnico en calzado ortopédico («orthopédiste-cordonnier»).

Las formaciones citadas en los apartados precedentes a), b) y c), representan las formaciones cuyos ciclos tendrán una duración total de catorce años de los cuales al menos cinco deberán corresponder a una formación realizada en un marco estructurado, adquirida parcialmente en la empresa y parcialmente en el centro de enseñanza profesional y sancionada por un examen que habrá de superarse para poder ejercer, de manera autónoma o como trabajador por cuenta ajena con un nivel comparable de responsabilidad, una actividad considerada artesanal.

d) En Austria, las formaciones de:

1.º Técnico en confección de vendajes («Bandagist»); Técnico en corsés («Miederwarenerzeuger»); Óptico («Optiker»); Técnico en calzado ortopédico («Orthopädieschuhmacher»); Protesista («Orthopädietechniker»); Protésico dental («Zahntechniker»); Jardinero («Gärtner»); que representan las formaciones de una duración total de catorce años como mínimo, de los cuales cinco años como mínimo de formación realizada siguiendo un programa estructurado, y dividida en un aprendizaje de al menos tres años de duración, que incluya formación adquirida en parte en la empresa y en parte en un centro de enseñanza profesional, y un período de práctica y formación profesionales de dos años de duración como mínimo sancionada por un examen de maestría que da derecho a ejercer la profesión, a formar aprendices y a utilizar el título de «Meister».

2.° Las formaciones para maestros-artesanos en el ámbito de la producción agraria y de la silvicultura, especialmente: Maestro en producción agraria («Meister in der Landwirtschaft»); Maestro en economía doméstica agraria («Meister in der ländlichen Hauswirtschaft»); Maestro en horticultura («Meister im Gartenbau»); Maestro en jardinería de mercado («Meister im Feldgemüsebau»); Maestro en pomología y transformación de frutas («Meister im Obstbau und in der Obstverwertung»); Maestro en vinicultura y producción de vinos («Meister im Weinbau und in der Kellerwirtschaft»); Maestro en productos lácteos («Meister in der Molkerei und Käsereiwirtschaft»); Maestro en cría de caballos («Meister in der Pferdewirtschaft»); Maestro en pesca («Meister in der Fischereiwirtschaft»); Maestro en cría de aves de corral («Meister in der Geflügelwirtschaft»): Maestro en apicultura («Meister in der Bienenwirtschaft»); Maestro en silvicultura («Meister in der Forstwirtschaft»); Maestro en plantación de bosques y en gestión de bosques («Meister in Forstgarten und Fortspflegewirtschaft»); Maestro en almacenaje agrícola («Meister in der landwirtschaftliche Lagerhalatung»); que representan formaciones de una duración total de quince años como mínimo, de los cuales seis años como mínimo de formación realizada siguiendo un programa estructurado, y dividida en un aprendizaje de al menos tres años de duración, que incluya formación adquirida en parte en la empresa y en parte en un centro de enseñanza profesional, y un período de tres años de práctica profesional sancionada por un examen de maestría relativo a la profesión que da derecho a formar aprendices y a utilizar el título de «Meister».

3. *Sector marítimo*

3.1 Navegación marítima:

a) En Dinamarca, las formaciones de: Capitán de la marina mercante («skibsfører»); Segundo («overstyrmand»); Timonel, patrón de cabotaje («enestyrmand, vagthavende styrmand»); Patrón de cabotaje («cagthvende styrmand»); Mecánico naval («maskinchef»); Mecánico naval mayor («maskinmester»); Mecánico naval mayor/mecánico naval de segunda clase («l. maskinmester/vagthvende maskinmester»).

b) En Alemania, las formaciones de: Patrón mayor de cabotaje («Kapitän AM»); Patrón de cabotaje («Kapitän AK»); Patrón de cabotaje («Nautischer Schiffsoffizier AMW»); Patrón subalterno («Nautischer Schiffsoffizier AKW»); Mecánico naval mayor-jefe de máquinas («Schiffsbetriebstechniker CT-Leiter von Maschinenanlagen»); Jefe mecánico naval de primera clase-jefe de máquinas («Schiffsmaschinist CMa-Leiter von Maschinenanlagen»); Mecánico naval de segunda clase («Schiffbetriebstechniker CTW»); Jefe motorista naval-mecánico naval único («Schiffsmaschinist CMaW-Technischer Alleinoffizier»).

c) En Italia, las formaciones de: Oficial de puente («ufficiale di coperta»); Oficial mecánico («ufficiale di macchina»).

d) En los Países Bajos, las formaciones de: Jefe de cabotaje (con complemento) [«stuurman kleine handelsvaart» (met aanvulling)]; Motorista naval diplomado («diploma motordrijver»); Oficial VTS («VTS-functionaris»).

Las formaciones indicadas en los apartados a), b), c) y d) precedentes, que son reconocidas en el marco del Convenio internacional STCW (Convenio internacional de 1978 sobre normas de formación, titulación y guardia para la gente de mar), representan formaciones de:

1.° En Dinamarca, nueve años de escolaridad primaria, seguidos de un curso básico de formación básica y/o de servicio marítimo de una duración que podrá variar entre diecisiete y treinta y seis meses y completadas: para el patrón subalterno, con un año de formación profesional especializada, para los demás, con tres años de formación profesional especializada.

2.° En Alemania, una duración total que podrá variar entre catorce y dieciocho años, entre los que deberá constar un ciclo de formación profesional básica de tres años y una práctica de servicio marítimo de un año, seguido de una formación profesional especializada de uno a dos años completada, llegado el caso, con una práctica profesional de navegación de dos años.

3.° En Italia, una duración total de trece años, de los que al menos cinco de formación profesional sancionada por un examen, y completados, en su caso, por un período de prácticas.

4.° En los Países Bajos:

Para jefe de cabotaje («coastal vessel») (con complemento) [«stuurman kleine handelsvaart») (met aanvulling)], y para motorista naval diplomado («diploma motordrijver»), un ciclo de estudios de catorce años, de los que al menos dos hayan sido impartidos por una escuela profesional especializada, y completados con un período de prácticas profesionales de doce meses.

Para oficial VTS («VTS-funcionaris»), una duración total de quince años, de los cuales al menos tres de formación profesional superior («HBO») o de formación profesional intermedia ("MBO»), seguidos de una especialización nacional o regional, que incluyan cada una al menos doce semanas de formación teórica y estén sancionadas por un examen.

3.2 Pesca marítima:

a) En Alemania, las formaciones de: Capitán de pesca («Kapitän BG/Fischerei»); Patrón de pesca («Kapitän BK/Fischerei»; Patrón subalterno en buque armado para la pesca mayor («Nautischer Schiffsoffizier BGW/Fischerei»); Patrón subalterno en buque armado para la pesca («Nautischer Schiffsoffizier BKW/Fischerei»).

b) En los Países Bajos, las formaciones de: Capitán de pesca/mecánico naval mayor («stuurman werktuigkundige V»); Mecánico naval («werktuigkundige IV visvaart»); Patrón de pesca («stuurman IV visvaart»); Patrón de pesca/mecánico naval («stuurman werktuigkundige VI»).

Las formaciones indicadas en los apartados a) y b) precedentes, que están reconocidas por el Convenio de Torremolinos (Convenio Internacional de 1977 sobre la seguridad de los buques de pesca), representan las formaciones de:

1.° En Alemania, de una duración total que puede variar entre catorce y dieciocho años, entre los que deberán constar un ciclo de formación profesional básica de tres años y un período de prácticas marítimas de un año, seguido de una formación profesional especializada de uno a dos años completada, llegado el caso, con un período de prácticas de navegación de dos años.

2.° En los Países Bajos, de un ciclo de estudios que puede variar entre trece y quince años, de los que al menos dos estarán impartidos por una escuela profesional especializada, completado con un período de prácticas profesionales de doce meses.

4. *Sector técnico*

a) En Italia las formaciones de: Geómetra («geómetra»); Técnico agrícola («perito agrario»), que representan los ciclos de estudios secundarios técnicos de una duración total de al menos trece años, de los cuales ocho de escolaridad obligatoria seguidos de cinco años de estudios secundarios, de los cuales tres de estudios centrados en la profesión, sancionados por el examen del Bachillerato técnico y completados;

En el caso de Geómetra con: Bien un período de prácticas de al menos dos años en un despacho profesional, bien una experiencia profesional de cinco años.

En el caso de los Técnicos agrícolas, mediante el cumplimiento de un período de prácticas de al menos dos años.

Las formaciones indicadas en los dos guiones precedentes, seguidas de un examen de Estado.

b) En los Países Bajos las formaciones de: Agente judicial («gerechtsdeurwaarder»); Protésico dental («tandprotheticus»), que representan un ciclo de estudios de formación profesional:

1.° En el caso de Agente judicial («gerechtsdeurwaarder»), de una duración total de diecinueve años, de los cuales ocho de escolaridad obligatoria, seguido de ocho años de estudios secundarios, de los cuales cuatro de enseñanza técnica sancionada por un examen de Estado, y completada con tres años de formación teórica y práctica centrada en el ejercicio de la profesión.

2.° En el caso de Protésico dental («tandprotheticus»), de una duración total de quince años de formación a tiempo completo y tres años de formación a tiempo parcial, de los cuales ocho años de enseñanza primaria, cuatro años de estudios generales secundarios, seguidos de tres años de formación profesional, que incluya una formación teórica y práctica de Protésico dental, completada con tres años de formación a tiempo parcial de Protésico dental, sancionada por un examen.

c) En Austria, las formaciones de:

1.° Guardas forestales («Forster»); Consultor técnico («Technisches Büro»); Agencia de alquiler de trabajo («Uberlassung von Arbeitskräften-Arbeitsleihe»); Agente de colocación («Arbeitsvermittlung»); Asesor de inversiones («Vermögensberater»); Investigador privado («Berufsdetektiv»); Guardia de seguridad («Bewachungsgewerbe»); Agente inmobiliario («Inmobilienmakler»); Director inmobiliario («Inmobilienverwalter»); Agente de publicidad y promoción («Werbeagentur»); Organizador de proyectos de construcciones [(«Baufräger) (Bauorganisator, Baubetreuer»)]; Agente de oficina de cobros («Inkassoinstitut»); que representan las formaciones de una duración total de quince años como mínimo, de los cuales ocho años son de escolaridad obligatoria seguida de cinco años, como mínimo, de estudios secundarios técnicos o comerciales, sancionada por un examen de madurez técnico o comercial, completada con una formación en la empresa de al menos dos años sancionada con un examen profesional.

2.° Asesor de seguros («Berater in Versicherungsangelegenheiten»); que representa la formación de una duración total de quince años, de los cuales seis años de formación realizada siguiendo un programa estructurado, dividida en un aprendizaje de una duración de tres años y de un período de tres años de práctica y formación profesionales, sancionada por un examen.

3.° Maestro constructor/proyecto y cálculo técnico («Planender Baumeister»); Maestro carpintero/proyecto y cálculo técnico («Planender Zimmermeister»); que representan las formaciones de una duración total de estudios técnicos secundarios y cinco años de práctica y formación profesionales, sancionada por un examen profesional que da derecho a ejercer la profesión y a formar aprendices, en la medida en que esta formación se refiere al derecho de proyectar construcciones, realizar cálculos técnicos y supervisar obras de construcción («el privilegio Maria Theresia»).

5. *Formaciones en el Reino Unido reconocidas como «National Vocational Qualifications» o como «Scottish Vocational Qualifications»*

Las formaciones de: Ingeniero eléctrico de minas («Mine electrical engineer»); Ingeniero mecánico de minas («Mine mechanical engineer»); Trabajador social autorizado («Approved social worker-Mental Health»); Práctico facultativo de tratamientos dentales («Dental therapist»); Asistente dental («Dental hygienist»); Óptico («Dispensing optician»); Subdirector de mina («Mine deputy»); Administrador judicial («Insolvency practitioner»); «Convenyancer» («Licensed convenyancer»); Segundo patrón —buques mercantes y de pasajeros— sin restricciones («First mate —Freight/Passenger ships— unrestricted»); Teniente —buques mercantes y de pasajeros— sin restricciones («Second mate —Freight/Passenger ships— unrestricted»); Segundo teniente —buques mercantes y de pasajeros— sin restricciones («Third mate —Freight/Passenger ships— unrestricted»); Jefe de puente —buques mercantes y de pasajeros— sin restricciones («Deck officer —Freight/Passenger ships— unrestricted»); Oficial mecánico de segunda clase —buques mercantes y de pasajeros zona de explotación limitada («Engineer officer —Freight/passenger ships— unlimited trading area»); Agente de marcas («Trade mark agent»); sancionadas con las cualificaciones reconocidas como «National Vocational Qualifications» (NVQ), o aprobadas o reconocidas como equivalentes por el «National Council for Vocational Qualifications», o reconocidas en Escocia como «Scottish Vocational Qualifications», de niveles 3 y 4 del «National Framework of Vocational Qualifications» del Reino Unido.

Estos niveles se definen de la siguiente forma:

1.° Nivel 3: Aptitud para ejecutar una amplia gama de tareas variadas en situaciones muy diversas, la mayor parte de las cuales son tareas complejas y no rutinarias. La responsabilidad y autonomía son considerables y las funciones desempeñadas en este nivel incluyen a menudo el control o la dirección de otras personas.

2.° Nivel 4: Aptitud para ejecutar una amplia gama de tareas complejas, técnicas o especializadas, en situaciones muy diversas y con una parte importante de responsabilidad personal y de autonomía. Las funciones desempeñadas en este nivel incluyen a menudo la responsabilidad de los trabajos efectuados por otras personas y el reparto de los recursos.

Anexo III del Real Decreto 1396/1995, de 4 de agosto

Lista de las formaciones de estructura específica mencionadas en el apartado tercero del artículo 3.3 (3)

1. En el Reino Unido

Las formaciones reguladas sancionadas con cualificaciones reconocidas como «National Vocational Qualifications» (NVQ), por el «National Council for Vocational Qualifications», o reconocidas en Escocia como «Scottish Vocational Qualifications», de niveles 3 y 4 del «National Framework of Vocational Qualifications» del Reino Unido.

---

(3) Confeccionada de acuerdo con las modificaciones adoptadas en la Directiva 94/38/CE y en la Directiva 95/43/CE.

Estos niveles se definen de la siguiente forma:

1.º Nivel 3: Aptitud para ejecutar una amplia gama de tareas variadas en situaciones muy diversas, la mayor parte de las cuales son tareas complejas y no rutinarias. La responsabilidad y autonomía son considerables y las funciones desempeñadas en este nivel incluyen a menudo el control o la dirección de otras personas.

2.º Nivel 4: Aptitud para ejecutar una amplia gama de tareas complejas, técnicas o especializadas, en situaciones muy diversas y con una parte importante de responsabilidad personal y de autonomía. Las funciones desempeñadas en este nivel incluyen a menudo la responsabilidad de los trabajos efectuados por otras personas y el reparto de los recursos.

2. En Alemania

Las siguietnes formaciones reguladas:

1.º Las formaciones reguladas que preparan para el ejercicio de la profesión de Asistente técnico [«technische(r) Assistent(in)»] y de asistente comercial [«Kaufmännische(r) Assistent(in)»], las profesiones sociales («Soziale Berufe») y la profesión de Profesor de la respiración, la palabra y la voz («staatlich geprüfter Atem-, Sprech-, und Stimmlehrer») con titulación del Estado, de una duración total mínima de trece años, que presupongan haber cursado el primer ciclo de enseñanza secundaria («mittlerer Bildungsabs-shluβ») y que comprendan:

a) Tres años como mínimo (4) de formación profesional cursados en una escuela especializada («Fachschule»), sancionada por un examen y completada, en su caso, con un ciclo de especialización de uno o dos años, sancionado por un examen, o bien

b) Dos años y medio como mínimo cursados en una escuela especializada («Fachschule») sancionada por un examen y completada con un período de ejercicio profesional de un mínimo de seis meses de duración o un período de prácticas de un mínimo de seis meses de duración en un centro autorizado, o bien

c) Dos años como mínimo cursados en una Escuela especializada («Fachschule») sancionada por un examen y completada por un período de ejercicio profesional de al menos un año de duración o un período de prácticas de un mínimo de un año de duración en un centro autorizado.

2.º Las formaciones reguladas de técnicos [«Techniker(in)»], economistas de empresa [«Betreibswirt(in)»], diseñadores [«Gestalter(in)»] y asistentes de familia [«Familienpfleger(in)»] con titulación del Estado («staatllich geprüft»), de una duración total de dieciséis años, lo que supone superar la escolaridad obligatoria o una formación equivalente (de una duración mínima de nueve años) y la formación de una Escuela profesional («Berufsschule») de un mínimo de tres años, que comprenda, tras una práctica profesional de al menos dos años, una formación de plena dedicación de un mínimo de dos años o una formación a tiempo parcial de duración equivalente.

3.º Las formaciones reguladas y las formaciones continuas reguladas, de una duración total mínima de quince años, que supone, por regla general, haber superado la escolaridad obligatoria (de una duración mínima de nueve años) y una formación profesional (en general, tres), y un examen encuadrado en la formación continua, para cuya preparación se adoptan medidas de formación complementarias, bien paralelamente a la práctica profesional (un mínimo de mil horas), bien en dedicación plena (mínimo de un año).

Las autoridades alemanas comunicarán a la Comisión y a los demás Estados miembros la lista de los ciclos de formación afectados por el presente anexo.

(4) La duración mínima de tres años puede reducirse a dos si el interesado posee la cualificación necesaria para acceder a la Universidad «La Abitur» esto es, trece años de formación previa o la cualificación necesaria para acceder a las [«Fachhochschulen» (la «Fachhochschulreife»)], esto es, doce años de formación previa.

3. En los Países Bajos.

Las siguientes profesiones reguladas:

1.º Las formaciones reguladas de una duración total mínima de quince años, que presupongan haber superado ocho años de estudios primarios y cuatro de estudios generales secundarios de nivel Intermedio («MAVO»), o de formación profesional preparatoria («VBO»), o bien de estudios generales secundarios de nivel superior, y que requieran haber superado un ciclo de tres o cuatro años en una Escuela de formación profesional intermedia («MBO»), sancionado con un examen.

2.º Las formaciones reguladas de una duración total mínima de dieciséis años que presupongan haber superado ocho años de estudios primarios y cuatro años de formación profesional preparatoria («VBO») como mínimo, o de estudios generales secundarios de nivel superior, así como al menos cuatro años de formación profesional en el sistema de aprendizaje, que incluya como mínimo un día a la semana de formación teórica en una Escuela y el resto de formación práctica profesional en un centro de formación práctica o en una empresa, sancionado por un examen de nivel secundario o terciario.

Las autoridades neerlandesas comunicarán a la Comisión y a los demás Estados miembros la lista de los ciclos de formación afectados por el presente anexo.

4. En Austria.

1.º Las formaciones en Escuelas superiores de formación profesional («Berufsbildende Höhere Schulen») y centros de enseñanza superior en agricultura y silvicultura (« Höhere Land und Forstwirtschaftliche Lehranstalten»), incluyendo tipos especiales («einschließlich der Sonderformen»), cuya estructura y nivel se establecen mediante disposiciones legales, reglamentarias y administrativas.

Su duración total mínima es de trece años, de los cuales cinco de formación profesional, sancionados por un examen final, cuya superación constituye una prueba de competencia profesional.

2.º Las formaciones en Escuelas de maestría («Meisterschulen»), clases de maestría («Meisterklassen»), Escuelas de maestría industrial («Werkmeisterschulen») o Escuelas de maestría de la construcción («Bauhandwerkerschulen»), cuya estructura y nivel se establecen mediante disposiciones legales, reglamentarias y administrativas.

Su duración total mínima es de trece años, de las cuales nueve de educación obligatoria, seguidos por un mínimo de tres años de formación profesional impartida en una Escuela especializada o tres años de formación en una empresa y paralelamente en una Escuela de formación profesional («Berufsschule»), ambas formaciones sancionadas por un examen y completadas con la superación de al menos un año de formación profesional en una Escuela de maestría («Meisterschule»), en clases de maestría («Meisterklassen»), en Escuelas de maestría industrial («Werkmeisterschule»), o Escuela de maestría de construcción («Bauhandwerkerschule»). En la mayoría de los casos la duración total mínima es de quince años, incluyendo períodos de experiencia laboral, que pueden preceder a la formación de estos centros, o ser paralelos a cursos en tiempo parcial (como mínimo novecientas sesenta horas).

Las autoridades austriacas comunicarán a la Comisión y a los demás Estados miembros la lista de los ciclos de formación afectados por el presente anexo.

Anexo IV del Real Decreto 1396/1995, de 4 de agosto

RELACIÓN DE PROFESIONES REGULADAS EN ESPAÑA, A LOS EFECTOS DE APLICACIÓN DEL PRESENTE REAL DECRETO

Sector de actividades subacuáticas

Buceador instructor.
Buceador de primera clase.
Buceador de segunda clase.
Buceador de segunda clase restringido.
Monitor de iniciación al buceo.

Sector de aviación civil

Técnico de mantenimiento de aeronaves.
Tripulante de cabina de pasajeros.

Sector de la construcción

Decorador.
Delineante.

Sector económico-administrativo

Agente y Comisionista de Aduanas.
Agente comercial.
Perito mercantil.

Sector educativo

Educador infantil.

Sector industrial

Artillero-barrenista.
Instalador de aparatos a presión.
Instalador de calefacción y climatización.
Instalador-montador electricista.
Instalador de fontanería.
Instalador frigorífico.
Instalador de gas.
Instalador nuclear y radiactivo.

Sector inmobiliario

Administrador de fincas.

Sector de la Marina Mercante

Contramaestre electricista.
Electricista naval mayor.
Electricista naval de primera clase.
Electricista naval de segunda clase.
Marinero.
Marinero cocinero.
Marinero electricista.
Marinero mecánico.
Mecánico mayor naval del sector de la Marina Mercante.
Mecánico naval del sector de la Marina Mercante.
Mecánico naval mayor del sector de la Marina Mercante.
Mecánico naval de primera clase del sector de la Marina Mercante.
Mecánico naval de segunda clase del sector de la Marina Mercante.
Motorista naval.
Operador de muelles o terminales de mercancías peligrosas.
Patrón de altura del sector de la Marina Mercante.
Patrón de cabotaje del sector de la Marina Mercante.
Patrón mayor de cabotaje del sector de la Marina Mercante.
Patrón de litoral del sector de la Marina Mercante.
Patrón de tráfico interior.
Radiotelefonista naval.
Radiotelefonista naval restringido.

Sector de la Pesca Marítima

Marinero de pesca.
Mecánico de litoral.
Mecánico mayor naval del sector de la Pesca Marítima.
Mecánico naval del sector de la Pesca Marítima.
Mecánico naval mayor del sector de la Pesca Marítima.
Mecánico naval de primera clase del sector de la Pesca Marítima.
Mecánico naval de segunda clase del sector de la Pesca Marítima.
Patrón costero polivalente.
Patrón de litoral del sector de la Pesca Marítima.
Patrón local de pesca.
Patrón de pesca local.
Patrón de segunda clase de pesca de litoral.

Sector sanitario

Auxiliar de enfermería.
Higienista dental.
Protésico dental.
Técnico especialista en anatomía patológica-citología.
Técnico especialista en dietética y nutrición.
Técnico especialista de laboratorio.
Técnico especialista de medicina nuclear.
Técnico especialista de radiodiagnóstico.
Técnico especialista en radioterapia.
Técnico especialista en salud ambiental.

Sector de seguridad vial

Director de Escuela de conductores.
Profesor de formación vial.

Sector turístico

Guía de turismo-Guía intérprete de turismo.

Anexo V del Real Decreto 1396/1995, de 4 de agosto

AUTORIDAD COMPETENTE PARA EL RECONOCIMIENTO DE LA FORMACIÓN OBTENIDA EN OTROS ESTADOS MIEMBROS DE LA UNIÓN EUROPEA O ASOCIADOS AL ACUERDO SOBRE EL ESPACIO ECONÓMICO EUROPEO, ASÍ COMO PARA LA ACREDITACIÓN DE LA FORMACIÓN OBTENIDA EN ESPAÑA

I. *Departamento ministerial de la Administración General del Estado*

Ministerio del Interior

Director de Escuela de conductores.
Profesor de formación vial.

Ministerio de Economía y Hacienda

Agente y Comisionista de Aduanas.
Agente comercial.
Perito mercantil.

Ministerio de Fomento

Administrador de fincas.
Contramaestre electricista.
Electricista naval mayor.
Electricista naval de primera clase.
Electricista naval de segunda clase.
Marinero.
Marinero cocinero.
Marinero electricista.
Marinero mecánico.
Mecánico mayor naval del sector de la Marina Mercante.
Mecánico naval del sector de la Marina Mercante.
Mecánico naval mayor del sector de la Marina Mercante.
Mecánico naval de primera clase del sector de la Marina Mercante.
Mecánico naval de segunda clase del sector de la Marina Mercante.
Motorista naval.
Operador de muelles o terminales de mercancías peligrosas.
Patrón de altura del sector de la Marina Mercante.
Patrón de cabotaje del sector de la Marina Mercante.
Patrón mayor de cabotaje del sector de la Marina Mercante.
Patrón de litoral del sector de la Marina Mercante.
Patrón de tráfico interior.
Radiotelefonista naval.
Radiotelefonista naval restringido.
Técnico de mantenimiento de aeronaves.
Tripulante de cabina de pasajeros.

Ministerio de Industria y Energía

Artillero-barrenista.
Instalador nuclear y radiactivo.

II. *Órgano competente de las Comunidades Autónomas*

Auxiliar de enfermería.
Buceador instructor.
Buceador de primera clase.
Buceador de segunda clase.
Buceador de segunda clase restringido.
Decorador.
Delineante.
Educador infantil.
Guía de turismo-Guía intérprete de turismo.
Higienista dental.
Instalador de aparatos a presión.
Instalador de calefacción y climatización.
Instalador-montador electricista.
Instalador de fontanería.
Instalador frigorífico.
Instalador de gas.
Marinero de pesca.
Mecánico de litoral.
Mecánico mayor naval del sector de la Pesca Marítima.
Mecánico naval del sector de la Pesca Marítima.
Mecánico naval mayor del sector de la Pesca Marítima.
Mecánico naval de primera clase del sector de la Pesca Marítima.
Mecánico naval de segunda clase del sector de la Pesca Marítima.
Monitor de iniciación al buceo.
Patrón costero polivalente.
Patrón de litoral del sector de la Pesca Marítima.
Patrón local de pesca.
Patrón de pesca local.
Patrón de segunda clase de pesca de litoral.
Protésico dental.
Técnico especialista en anatomía patológica-citología.
Técnico especialista en dietética y nutrición.
Técnico especialista de laboratorio.
Técnico especialista de medicina nuclear.
Técnico especialista en radiodiagnóstico.
Técnico especialista de radioterapia.
Técnico especialista en salud ambiental.

Anexo VI del Real Decreto 1396/1995, de 4 de agosto

AUTORIDAD COMPETENTE PARA REGULAR EL PERÍODO DE PRÁCTICAS DE ADAPTACIÓN Y LA PRUEBA DE APTITUD, ASÍ COMO PARA DEFINIR LA OPCIÓN A QUE SE REFIEREN LOS ARTÍCULOS 12.1, B), 12.2 Y 15

I. *Administración General del Estado*

Ministerio del Interior

Director de Escuela de conductores.
Profesor de formación vial.

Ministerio de Economía y Hacienda

Agente y Comisionista de Aduanas.
Agente comercial.
Perito mercantil.

Ministerio de Fomento

Administrador de fincas.
Contramaestre electricista.
Decorador.
Delineante.
Electricista naval mayor.
Electricista naval de primera clase.
Electricista naval de segunda clase.
Marinero.
Marinero cocinero.
Marinero electricista.
Marinero mecánico.
Mecánico mayor naval del sector de la Marina Mercante.
Mecánico naval del sector de la Marina Mercante.
Mecánico naval mayor del sector de la Marina Mercante.
Mecánico naval de primera clase del sector de la Marina Mercante.
Mecánico naval de segunda clase del sector de la Marina Mercante.
Motorista naval.
Operador de muelles o terminales de mercancías peligrosas.

Patrón de altura del sector de la Marina Mercante.
Patrón de cabotaje del sector de la Marina Mercante.
Patrón mayor de cabotaje del sector de la Marina Mercante.
Patrón de litoral del sector de la Marina Mercante.
Patrón de tráfico interior.
Radiotelefonista naval.
Radiotelefonista naval restringido.
Técnico de mantenimiento de aeronaves.
Tripulante de cabina de pasajeros.

Ministerio de Educación y Cultura

Educador infantil.

Ministerio de Industria y Energía

Artillero-barrenista.
Instalador de aparatos a presión.
Instalador de calefacción y climatización.
Instalador-montador electricista.
Instalador de fontanería.
Instalador frigorífico.
Instalador de gas.
Instalador nuclear y radiactivo.

Ministerio de Agricultura, Pesca y Alimentación

Marinero de pesca.
Mecánico mayor naval del sector de la Pesca Marítima.
Mecánico naval del sector de la Pesca Marítima.
Mecánico naval mayor del sector de la Pesca Marítima.
Mecánico naval de primera clase del sector de la Pesca Marítima.
Mecánico naval de segunda clase del sector de la Pesca Marítima.
Mecánico de litoral.
Patrón costero polivalente.
Patrón de litoral del sector de la Pesca Marítima.
Patrón local de pesca.
Patrón de pesca local.
Patrón de segunda clase de pesca de litoral.

Ministerio de Sanidad y Consumo

Auxiliar de enfermería.
Higienista dental.
Protésico dental.
Técnico especialista en anatomía patológica-citología.
Técnico especialista en dietética y nutrición.
Técnico especialista de laboratorio.
Técnico especialista de medicina nuclear.
Técnico especialista en radiodiagnóstico.
Técnico especialista de radioterapia.
Técnico especialista en salud ambiental.

II. *Órgano competente de las Comunidades Autónomas*

Buceador instructor.
Buceador de primera clase.
Buceador de segunda clase.
Buceador de segunda clase restringido.
Guía de turismo-Guía intérprete de turismo.
Monitor de iniciación al buceo.

MINISTERIO DE ADMINISTRACIONES PÚBLICAS

19114 *RESOLUCIÓN de 27 de julio de 1998, de la Secretaría de Estado para la Administración Pública, por la que se dispone la publicación del Acuerdo del Consejo de Ministros, de 17 de julio de 1998, por el que se promueve la implantación de sistemas de evaluación del rendimiento de unidades administrativas en la Administración General del Estado.*

El Consejo de Ministros, en su sesión del día 17 de julio de 1998, adoptó un Acuerdo dirigido a promover la implantación de sistemas de evaluación del rendimiento de unidades administrativas en la Administración General del Estado.

La decisión adoptada por el Consejo de Ministros es de evidente interés para el conjunto de la Administración General del Estado, lo que aconseja su publicación en el «Boletín Oficial del Estado».

Por todo ello, esta Secretaría de Estado para la Administración Pública resuelve:

Disponer la publicación en el «Boletín Oficial del Estado», como anexo a la presente Resolución del Acuerdo del Consejo de Ministros, de 17 de julio de 1998, para promover la implantación de sistemas de evaluación del rendimiento de unidades administrativas en la Administración General del Estado.

Madrid, 27 de julio de 1998.—El Secretario de Estado, Francisco Villar García-Moreno.

ANEXO

Acuerdo del Consejo de Ministros, de 17 de julio de 1998, por el que se promueve la implantación de sistemas de evaluación del rendimiento de unidades administrativas en la Administración General del Estado

Teniendo en cuenta el desarrollo de las prácticas directivas y el ritmo de los cambios de nuestro entorno, se hace necesario promover y mantener en el tiempo procesos que fomenten y faciliten las prácticas gestoras orientadas al resultado en el seno de los centros directivos de la Administración General del Estado (AGE), con las que mejorar los procesos de asignación de recursos y la consecución de la eficacia y la eficiencia de las organizaciones públicas.

La Ley 6/1997, de 14 de abril, de Organización y Funcionamiento de la Administración General del Estado (LOFAGE), ha supuesto una reafirmación notable respecto del funcionamiento de las organizaciones administrativas estatales hacia determinados principios, entre los que se señala singularmente el de «programación y desarrollo de objetivos y control de la gestión y de los resultados».

Este enfoque de la organización y la gestión pública, basado también en la eficiencia, la calidad y la responsabilidad, debe ser la forma ordinaria de prestación de los servicios públicos, convirtiéndose ya esas prácticas directivas, de acuerdo con la LOFAGE, en un auténtico mandato legal de forma general para la Administración estatal.

EL ESPACIO EUROPEO DE LA ENSEÑANZA SUPERIOR

Declaración conjunta de los ministros europeos de educación reunidos en Bolonia el 19 de junio de 1999

Gracias a los extraordinarios avances registrados en los últimos años, el proceso de construcción europea es hoy una realidad tangible y significativa para la Unión y para sus ciudadanos. La perspectiva de la ampliación y el estrechamiento de las relaciones con otros países europeos enriquecen esta realidad dotándola de nuevas dimensiones. Al mismo tiempo, asistimos a una creciente sensibilización en amplios sectores del mundo político y académico, así como en la opinión pública, acerca de la necesidad de construir una Europa más completa e influyente, especialmente a través del refuerzo de sus dimensiones intelectuales, culturales, sociales, científicas y tecnológicas.

Pocos ponen hoy en duda que la Europa del conocimiento es un factor insustituible de cara al desarrollo social y humano y a la consolidación y el enriquecimiento de la ciudadanía europea, capaz de ofrecer a los ciudadanos las competencias necesarias para responder a los retos del nuevo milenio y reforzar la conciencia de los valores compartidos y de la pertenencia a un espacio social y cultural común.

La importancia fundamental de la educación y de la cooperación en este ámbito para el desarrollo y la consolidación de sociedades estables, pacíficas y democráticas es universalmente reconocida, especialmente a la vista de la situación en el sudeste de Europa.

La Declaración de la Sorbona de 25 de mayo de 1998, inspirada en estas mismas consideraciones, subrayaba el papel fundamental de las universidades en el desarrollo de las dimensiones culturales europeas e insistía en la necesidad de crear un espacio europeo de la enseñanza superior como medio privilegiado para fomentar la movilidad y la empleabilidad de los ciudadanos y el desarrollo global de nuestro continente.

Varios países europeos han firmado esta Declaración o han expresando su acuerdo de principio con los objetivos en ella marcados. El rumbo tomado por varias reformas de la enseñanza superior adoptadas entretanto en Europa dan testimonio de la voluntad de actuar de muchos gobiernos.

Por su parte, las instituciones de enseñanza superior europeas han aceptado el reto asumiendo un papel protagonista en la construcción del espacio europeo de la enseñanza superior, siguiendo así los principios fundamentales expuestos en la *Magna Charta Universitatum*, adoptada en Bolonia en 1988. Este aspecto reviste especial importancia, ya que la independencia y la autonomía de las universidades garantizan que los sistemas de enseñanza superior y de investigación puedan adaptarse en todo momento a las nuevas necesidades, a las expectativas de la sociedad y a la evolución de los conocimientos científicos.

El rumbo emprendido y los objetivos marcados apuntan en la buena dirección, pero si queremos conseguir una mayor compatibilidad y comparabilidad entre los diferentes sistemas de enseñanza superior se requiere un impulso constante. Hemos de apoyar esta dinámica promoviendo medidas concretas que permitan alcanzar progresos tangibles. La reunión del 18 de junio contó con la participación de expertos y académicos de todos los países europeos y aportó ideas de gran utilidad acerca de iniciativas que podrían adoptarse de cara al futuro.

Merece especial atención el objetivo de mejorar la competitividad del sistema de enseñanza superior europeo. La vitalidad y la eficacia de una civilización se miden por el influjo que su cultura ejerce sobre otros países. Debemos garantizar que la capacidad de atracción del sistema europeo de enseñanza superior en el mundo entero esté a la altura de su extraordinaria tradición cultural y científica.

Al tiempo que reafirmamos nuestra adhesión a los principios generales de la Declaración de la Sorbona, debemos dejar bien claro nuestro compromiso en favor de la coordinación de nuestras políticas a fin de poder alcanzar a corto plazo, y en cualquier caso antes de que finalice la primera década del nuevo milenio, los objetivos que se presentan a continuación, de especial interés de cara a la creación del espacio europeo de la enseñanza superior y a la promoción de este sistema europeo en todo el mundo:

- Adopción de un sistema de títulos fácilmente comprensibles y comparables, por medio, entre otras medidas, del suplemento europeo al título [1]a fin de promover la empleabilidad de los ciudadanos europeos y la competitividad del sistema de enseñanza superior europeo a escala internacional.

- Adopción de un sistema basado esencialmente en dos ciclos principales,[2]. Para acceder al segundo ciclo será preciso haber completado el primer ciclo de estudios, con una duración mínima de tres años. El título concedido al término del primer ciclo corresponderá a un nivel de cualificación apropiado para acceder al mercado de trabajo europeo. El segundo ciclo debería culminar con la obtención de un título[3] final o doctorado, como sucede en numerosos países europeos.

- Puesta a punto de un sistema de créditos como puede ser el sistema ECTS como medio apropiado para promover una mayor movilidad entre los estudiantes. Estos créditos también podrían obtenerse fuera del sistema de enseñanza superior, por ejemplo en el marco del aprendizaje permanente, siempre que cuenten con el reconocimiento de las universidades de que se trate.

- Promoción de la movilidad mediante la eliminación de los obstáculos al ejercicio efectivo del derecho a la libre circulación, haciendo especial hincapié en los siguientes aspectos:

  - para los estudiantes, en el acceso a las oportunidades de enseñanza y formación, así como a los servicios relacionados;
  - para los profesores, los investigadores y el personal administrativo, en el reconocimiento y la valorización de los periodos de investigación, enseñanza y

[1] Es la acepción recogida por la nueva Ley Orgánica 6/2001, de 21 de diciembre, de Universidades. No obstante, también se habla en ocasiones del "suplemento al diploma".
[2] La traducción literal de la versión inglesa que proponía la Comisión Europea era *"dos ciclos principales, universitario y postuniversitario"*. Sin embargo, hemos propuesto suprimir esa referencia en la traducción española, al entender que la mención a los dos términos que se proponen podría causar bastante confusión, ya que parece que el ciclo "postuniversitario" no forma parte de la enseñanza universitaria
[3] La traducción propuesta por la Comisión Europea era *"un título de maestría"*. Hemos propuesto suprimir esa referencia, ya que en España, los títulos "master·" no tienen carácter oficial, sino que son títulos propios expedidos bien por universidades o por otras instituciones como Escuelas de Negocios; además, en nuestro país "maestría" no es la traducción de "Master" (aunque sí se traduce así en algunos países de Iberoamérica)

formación en un contexto europeo, sin perjuicio de sus derechos estatutarios.

- Promoción de la cooperación europea en materia de aseguramiento de la calidad con miras al desarrollo de criterios y metodologías comparables.

- Promoción de la necesaria dimensión europea en la enseñanza superior, especialmente por lo que respecta a la elaboración de programas de estudios, la cooperación interinstitucional, los programas de movilidad y los programas integrados de estudios, formación e investigación.

Por la presente Declaración, hacemos público nuestro compromiso en favor de estos objetivos - en el marco de nuestras competencias institucionales y en el pleno respeto de la diversidad de las culturas, las lenguas, los sistemas nacionales de enseñanza y la autonomía universitaria -, con el fin de consolidar el espacio europeo de la enseñanza superior. A tal fin, seguiremos en la vía de la cooperación intergubernamental, así como de la colaboración con las organizaciones no gubernamentales europeas que tienen competencias en el ámbito de la enseñanza superior. Esperamos una vez más la respuesta pronta y positiva de las universidades y su contribución activa a nuestros esfuerzos.

Desde la convicción de que la creación de un espacio europeo de la enseñanza superior requiere esfuerzos permanentes de apoyo, seguimiento y adaptación para responder a necesidades en evolución constante, decidimos reunirnos de nuevo dentro de dos años a fin de evaluar los progresos realizados y decidir las nuevas medidas que deban adoptarse.

Caspar EINEM
Ministro de Ciencia y Transporte
(Austria)

Gerard SCHMIT
Director General del Ministerio de la Comunidad Francesa de Enseñanza Superior e Investigación
(Bélgica)

Jan ADE
Director General del
Ministerio de la Comunidad Flamenca
Departamento de Educación
(Bélgica)

Anna Mmia TOTOMANOVA
Viceministro de Educación y Ciencia
(Bulgaria)

Eduard ZEMAN
Ministro de Educación, Juventud y Deporte
(República Checa)

Margrethe VESTAGER
Ministro de Educación
(Dinamarca)

Tonis LUKAS
Ministro de Educación
(Estonia)

Maija RASK
Ministro de Educación y Ciencia
(Finlandia)

Claude ALLEGRE
Ministro de Educación Nacional,
Investigación y Tecnología
(Francia)

Wolf-Michael CATENHUSEN
Secretario de Estado Parlamentario
Ministro Federal de Educación e Investigación
(Alemania)

Ute ERDSIEK-RAVE
Ministro de Educación, Ciencia, Investigación
y Cultura

Gherassimos ARSENIS
Ministro de Educación Pública y Asuntos
Religiosos

del Estado federado de Schleswig-Holstein (Conferencia Permanente de los Ministros de Cultura de los Estados federados alemanes)

(Grecia)

Adam KISS
Vicesecretario de Estado de Enseñanza Superior y Ciencia
(Hungría)

Gudridur SIGURDARDOTTIR
Secretario General
Ministerio de Educación, Ciencia y Cultura
(Islandia)

Pat DOWLING
Responsable principal
Ministerio de Educación y Ciencia
(Irlanda)

Ortensio ZECCHINO
Ministro de Universidades y Desarrollo Científico y Tecnológico
(Italia)

Tatiana KOKEK
Ministro de Estado de Enseñanza Superior y Ciencia
(Letonia)

Kornelijus PLATELIS
Ministro de Educación y Ciencia
(Lituania)

Erna HENNICOT-SCHOEPGES
Ministro de Educación Nacional y Formación Profesional
(Luxemburgo)

Louis GALEA
Ministro de Educación
(Malta)

Loek HERMANS
Ministro de Educación, Cultura y Ciencia
(Países Bajos)

Jon LILLETUN
Ministro de Educación, Investigación y Asuntos Religiosos
(Noruega)

Wilibald WINKLER
Subsecretario de Estado de Educación Nacional
(Polonia)

Eduardo Marçal GRILO
Ministro de Educación
(Portugal)

Andrei MARGA
Ministro de Educación Nacional
(Rumania)

Milan FTACNIK
Ministro de Educación
(República Eslovaca)

Pavel ZGAGA
Secretario de Estado de Enseñanza Superior
(Eslovenia)

Jorge FERNÁNDEZ DÍAZ
Secretario de Estado de Educación, Universidades, Investigación y Desarrollo
(España)

Agneta BLADH
Secretario de Estado de Educación y Ciencia
(Suecia)

Charles KLEIBER
Secretario de Estado de Ciencia e Investigación
(Confederación Helvética)

Baronesa Tessa BLACKSTONE of Stoke Newington
Ministro de Estado de Empleo y Educación
(Reino Unido)

MINISTERIO DE EDUCACIÓN, CULTURA Y DEPORTE

17643 *REAL DECRETO 1125/2003, de 5 de septiembre, por el que se establece el sistema europeo de créditos y el sistema de calificaciones en las titulaciones universitarias de carácter oficial y validez en todo el territorio nacional.*

Entre las medidas encaminadas a la construcción del Espacio Europeo de Educación Superior se encuentra el establecimiento del Sistema Europeo de Transferencia de Créditos (ECTS) en las titulaciones oficiales de grado y de posgrado. Este sistema se ha generalizado a partir de los programas de movilidad de estudiantes Sócrates-Erasmus, facilitando las equivalencias y el reconocimiento de estudios realizados en otros países. Asimismo, su implantación ha sido recomendada en las sucesivas declaraciones de Bolonia (1999) y Praga (2001).

El sistema europeo de créditos está ya implantado en una gran mayoría de los Estados miembros y asociados a la Unión Europea y constituye un punto de referencia básico para lograr la transparencia y armonización de sus enseñanzas. La adopción de este sistema constituye una reformulación conceptual de la organización del currículo de la educación superior mediante su adaptación a los nuevos modelos de formación centrados en el trabajo del estudiante. Esta medida del haber académico comporta un nuevo modelo educativo que ha de orientar las programaciones y las metodologías docentes centrándolas en el aprendizaje de los estudiantes, no exclusivamente en las horas lectivas.

El sistema europeo de transferencia y acumulación de créditos ofrece, asimismo, los instrumentos necesarios para comprender y comparar fácilmente los distintos sistemas educativos, facilitar el reconocimiento de las cualificaciones profesionales y la movilidad nacional e internacional, con reconocimiento completo de los estudios cursados, incrementar la colaboración entre universidades y la convergencia de las estructuras educativas y, en fin, fomentar el aprendizaje en cualquier momento de la vida y en cualquier país de la Unión Europea.

La Ley Orgánica 6/2001, de 21 de diciembre, de Universidades, en sus artículos 87 y 88, encomienda al Gobierno, en el ámbito de sus competencias, la adopción de las medidas necesarias para la plena integración del sistema español en el espacio europeo de educación superior. Entre esas medidas se encuentra, en primer lugar, determinar las normas necesarias para que sea el crédito europeo la unidad de medida del haber académico correspondiente a la superación de cada una de las materias que integran los planes de estudio de las diversas enseñanzas conducentes a la obtención de títulos de carácter oficial y validez en todo el territorio nacional. La aplicación del sistema de créditos europeos supone, por lo demás, una condición previa y necesaria para establecer las nuevas titulaciones que deberán ir configurándose como consecuencia de las previsiones contenidas en el apartado 2 del artículo 88 de la mencionada ley orgánica.

Este objetivo de favorecer la transparencia entre los sistemas educativos de los distintos Estados miembros no sólo puede ser adecuadamente alcanzado con la implantación del Suplemento Europeo al Título, sino también con el establecimiento de sistemas de calificaciones a los alumnos que sean fácilmente comparables y permitan el cálculo de los porcentajes de éxito de los estudiantes en cada asignatura.

El sistema de calificación vigente en las universidades españolas difiere notablemente de los propugnados para la construcción del Espacio Europeo de Educación Superior, por lo que resulta pertinente su modificación. El sistema de calificación debe ser cuantitativamente formulado para facilitar su comparación con el sistema de grados de calificaciones del sistema de créditos europeos y el establecimiento de una distribución interna de las calificaciones otorgadas.

Este real decreto ha sido informado por el Consejo de Coordinación Universitaria.

En su virtud, a propuesta de la Ministra de Educación, Cultura y Deporte, de acuerdo con el Consejo de Estado y previa deliberación del Consejo de Ministros en su reunión del día 5 de septiembre de 2003,

D I S P O N G O :

Artículo 1. *Objeto.*

Este real decreto tiene por objeto establecer el crédito europeo como la unidad de medida del haber académico en las enseñanzas universitarias de carácter oficial, así como el sistema de calificación de los resultados académicos obtenidos por los estudiantes en estas enseñanzas.

Artículo 2. *Ámbito de aplicación.*

El concepto de crédito y el modo de su asignación establecidos en esta norma se aplicarán a las directrices generales propias correspondientes a títulos universitarios de carácter oficial que apruebe el Gobierno a partir de la entrada en vigor de este real decreto, así como a los planes de estudios que deban cursarse para la obtención y homologación de dichos títulos.

Artículo 3. *Concepto de crédito.*

El crédito europeo es la unidad de medida del haber académico que representa la cantidad de trabajo del estudiante para cumplir los objetivos del programa de estudios y que se obtiene por la superación de cada una de las materias que integran los planes de estudios de las diversas enseñanzas conducentes a la obtención de títulos universitarios de carácter oficial y validez en todo el territorio nacional. En esta unidad de medida se integran las enseñanzas teóricas y prácticas, así como otras actividades académicas dirigidas, con inclusión de las horas de estudio y de trabajo que el estudiante debe realizar para alcanzar los objetivos formativos propios de cada una de las materias del correspondiente plan de estudios.

Artículo 4. *Asignación de créditos.*

1. El número total de créditos establecido en los planes de estudios para cada curso académico será de 60.

2. El número de créditos de cada titulación será distribuido entre la totalidad de las materias integradas en el plan de estudios que deba cursar el alumno, en función del número total de horas que comporte para el alumno la superación o realización de cada una de ellas.

3. En la asignación de créditos a cada una de las materias que configuren el plan de estudios se computará el número de horas de trabajo requeridas para la adquisición por los estudiantes de los conocimientos, capacidades y destrezas correspondientes. En esta asignación deberán estar comprendidas las horas correspondientes a las clases lectivas, teóricas o prácticas, las horas de estudio, las dedicadas a la realización de seminarios, trabajos, prácticas o proyectos, y las exigidas para la preparación y realización de los exámenes y pruebas de evaluación.

4. Esta asignación de créditos, y la estimación de su correspondiente número de horas, se entenderá referida a un estudiante dedicado a cursar a tiempo completo estudios universitarios durante un mínimo de 36 y un máximo de 40 semanas por curso académico.

5. El número mínimo de horas, por crédito, será de 25, y el número máximo, de 30.

6. El Gobierno, previo informe del Consejo de Coordinación Universitaria, fijará el número mínimo de créditos que deban ser asignados a una determinada materia en planes de estudio de enseñanzas conducentes a la obtención de títulos universitarios oficiales con validez en todo el territorio nacional.

Artículo 5. *Sistema de calificaciones.*

1. La obtención de los créditos correspondientes a una materia comportará haber superado los exámenes o pruebas de evaluación correspondientes.

2. El nivel de aprendizaje conseguido por los estudiantes se expresará con calificaciones numéricas que se reflejarán en su expediente académico junto con el porcentaje de distribución de estas calificaciones sobre el total de alumnos que hayan cursado los estudios de la titulación en cada curso académico.

3. La media del expediente académico de cada alumno será el resultado de la aplicación de la siguiente fórmula: suma de los créditos obtenidos por el alumno multiplicados cada uno de ellos por el valor de las calificaciones que correspondan, y dividida por el número de créditos totales obtenidos por el alumno.

4. Los resultados obtenidos por el alumno en cada una de las materias del plan de estudios se calificarán en función de la siguiente escala numérica de 0 a 10, con expresión de un decimal, a la que podrá añadirse su correspondiente calificación cualitativa:

0-4,9: Suspenso (SS).
5,0-6,9: Aprobado (AP).
7,0-8,9: Notable (NT).
9,0-10: Sobresaliente (SB).

5. Los créditos obtenidos por reconocimiento de créditos correspondientes a actividades formativas no integradas en el plan de estudios no serán calificados numéricamente ni computarán a efectos de cómputo de la media del expediente académico.

6. La mención de «Matrícula de Honor» podrá ser otorgada a alumnos que hayan obtenido una calificación igual o superior a 9.0. Su número no podrá exceder del cinco por ciento de los alumnos matriculados en una materia en el correspondiente curso académico, salvo que el número de alumnos matriculados sea inferior a 20, en cuyo caso se podrá conceder una sola «Matrícula de Honor».

Disposición transitoria única. *Adaptación al sistema.*

Las enseñanzas universitarias actuales conducentes a la obtención de un título universitario oficial que estén implantadas en la actualidad deberán, en todo caso, adaptarse al sistema de créditos establecido en este real decreto con anterioridad al 1 de octubre de 2010.

Disposición derogatoria única. *Derogación normativa.*

A los efectos de lo dispuesto en el artículo 2 de este real decreto, quedan derogados el apartado 7 del artículo 2 y los apartados uno.4 y uno.5, primer párrafo, del anexo I del Real Decreto 1497/1987, de 27 de noviembre, por el que se establecen las directrices generales comunes de los planes de estudios de los títulos universitarios de carácter oficial y validez en todo el territorio nacional, en la redacción que, respectivamente, han dado a dichos apartados el Real Decreto 779/1998, de 30 de abril, y el Real Decreto 1267/1994, de 10 de junio, así como cuantas disposiciones de igual o inferior rango se opongan a lo dispuesto en esta norma.

Disposición final primera. *Título competencial.*

Este real decreto se dicta al amparo de lo dispuesto en el artículo 149.1.30.ª de la Constitución española y de acuerdo con lo establecido en el artículo 87, en el artículo 88.1 y 3 y en la disposición final tercera de la Ley Orgánica 6/2001, de 21 de diciembre.

Disposición final segunda. *Habilitación para el desarrollo reglamentario.*

Corresponde al Ministro de Educación, Cultura y Deporte dictar, en el ámbito de sus atribuciones, las disposiciones que sean necesarias para la aplicación de lo dispuesto en este real decreto.

Disposición final tercera. *Entrada en vigor.*

El presente real decreto entrará en vigor el día siguiente al de su publicación en el «Boletín Oficial del Estado».

Dado en Madrid, a 5 de septiembre de 2003.

JUAN CARLOS R.

La Ministra de Educación, Cultura y Deporte,
PILAR DEL CASTILLO VERA

17644 *CORRECCIÓN de erratas del Real Decreto 901/2003, de 11 de julio, por el que se aprueba la segregación de las Delegaciones de Castilla-La Mancha del Colegio Oficial Central de Licenciados en Educación Física y en Ciencias de la Actividad Física y del Deporte.*

Advertida errata en el Real Decreto 901/2003, de 11 de julio, por el que se aprueba la segregación de las Delegaciones de Castilla-La Mancha del Colegio Oficial Central de Licenciados en Educación Física y en Ciencias de la Actividad Física y del Deporte, publicado en el «Boletín Oficial del Estado» número 177, de 11 de julio de 2003, se procede a efectuar la oportuna rectificación:

En la página 28898, segunda columna, en la disposición transitoria única, donde dice: «...Colegio Oficial de Licenciados en Educación Física y en Ciencias de la Actividad dos en Educación Física y en Ciencias de la Actividad Física y del Deporte...», debe decir: «...Colegio Oficial de Licenciados en Educación Física y en Ciencias de la Actividad Física y del Deporte...».

bologna process

berlin 2003

"Realising the European Higher Education Area"

Communiqué of the Conference of Ministers responsible for Higher Education in Berlin on 19 September 2003

Preamble

On 19 June 1999, one year after the Sorbonne Declaration, Ministers responsible for higher education from 29 European countries signed the Bologna Declaration. They agreed on important joint objectives for the development of a coherent and cohesive European Higher Education Area by 2010. In the first follow-up conference held in Prague on 19 May 2001, they increased the number of the objectives and reaffirmed their commitment to establish the European Higher Education Area by 2010. On 19 September 2003, Ministers responsible for higher education from 33 European countries met in Berlin in order to review the progress achieved and to set priorities and new objectives for the coming years, with a view to speeding up the realisation of the European Higher Education Area. They agreed on the following considerations, principles and priorities:

Ministers reaffirm the importance of the social dimension of the Bologna Process. The need to increase competitiveness must be balanced with the objective of improving the social characteristics of the European Higher Education Area, aiming at strengthening social cohesion and reducing social and gender inequalities both at national and at European level. In that context, Ministers reaffirm their position that higher education is a public good and a public responsibility. They emphasise that in international academic cooperation and exchanges, academic values should prevail.

Ministers take into due consideration the conclusions of the European Councils in Lisbon (2000) and Barcelona (2002) aimed at making Europe "the most competitive and dynamic knowledge-based economy in the world, capable of sustainable economic growth with more and better jobs and greater social cohesion" and calling for further action and closer co-operation in the context of the Bologna Process.

Ministers take note of the Progress Report commissioned by the Follow-up Group on the development of the Bologna Process between Prague and Berlin. They also take note of the Trends-III Report prepared by the European University Association (EUA), as well as of the results of the seminars, which were organised as part of the work programme between Prague and Berlin by several member States and Higher Education Institutions, organisations and students. Ministers further note the National Reports, which are evidence of the considerable progress being made in the application of the principles of the Bologna Process. Finally, they take note of the messages from the European Commission and the Council of Europe and acknowledge their support for the implementation of the Process.

Ministers agree that efforts shall be undertaken in order to secure closer links overall between the higher education and research systems in their respective countries. The emerging European Higher Education Area will benefit from synergies with the European Research Area, thus strengthening the basis of the Europe of Knowledge. The aim is to preserve Europe's cultural richness and linguistic diversity, based on its heritage of diversified traditions, and to foster its potential of innovation and social and economic development through enhanced co-operation among European Higher Education Institutions.

Ministers recognise the fundamental role in the development of the European Higher Education Area played by Higher Education Institutions and student organisations. They take note of the message from the European University Association (EUA) arising from the Graz Convention of Higher Education Institutions, the contributions from the European Association of Institutions in Higher Education (EURASHE) and the communications from ESIB – The National Unions of Students in Europe.

Ministers welcome the interest shown by other regions of the world in the development of the European Higher Education Area, and welcome in particular the presence of representatives from European countries not yet party to the Bologna Process as well as from the Follow-up Committee of the European Union, Latin America and Caribbean (EULAC) Common Space for Higher Education as guests at this conference.

Progress

Ministers welcome the various initiatives undertaken since the Prague Higher Education Summit to move towards more comparability and compatibility, to make higher education systems more transparent and to enhance the quality of European higher education at institutional and national levels. They appreciate the co-operation and commitment of all partners - Higher Education Institutions, students and other stakeholders - to this effect.

Ministers emphasise the importance of all elements of the Bologna Process for establishing the European Higher Education Area and stress the need to intensify the efforts at institutional, national and European level. However, to give the Process further momentum, they commit themselves to intermediate priorities for the next two years. They will strengthen their efforts to promote effective quality assurance systems, to step up effective use of the system based on two cycles and to improve the recognition system of degrees and periods of studies.

Quality Assurance

The quality of higher education has proven to be at the heart of the setting up of a European Higher Education Area. Ministers commit themselves to supporting further development of quality assurance at institutional, national and European level. They stress the need to develop mutually shared criteria and methodologies on quality assurance.

They also stress that consistent with the principle of institutional autonomy, the primary responsibility for quality assurance in higher education lies with each institution itself and this provides the basis for real accountability of the academic system within the national quality framework.

Therefore, they agree that by 2005 national quality assurance systems should include:

- A definition of the responsibilities of the bodies and institutions involved.
- Evaluation of programmes or institutions, including internal assessment, external review, participation of students and the publication of results.
- A system of accreditation, certification or comparable procedures.
- International participation, co-operation and networking.

At the European level, Ministers call upon ENQA through its members, in co-operation with the EUA, EURASHE and ESIB, to develop an agreed set of standards, procedures and guidelines on quality assurance, to explore ways of ensuring an adequate peer review system for quality assurance and/or accreditation agencies or bodies, and to report back through the Follow-up Group to Ministers in 2005. Due account will be taken of the expertise of other quality assurance associations and networks.

Degree structure: Adoption of a system essentially based on two main cycles

Ministers are pleased to note that, following their commitment in the Bologna Declaration to the two-cycle system, a comprehensive restructuring of the European landscape of higher education is now under way. All Ministers commit themselves to having started the implementation of the two cycle system by 2005.

Ministers underline the importance of consolidating the progress made, and of improving understanding and acceptance of the new qualifications through reinforcing dialogue within institutions and between institutions and employers.

Ministers encourage the member States to elaborate a framework of comparable and compatible qualifications for their higher education systems, which should seek to describe qualifications in terms of workload, level, learning outcomes, competences and profile. They also undertake to elaborate an overarching framework of qualifications for the European Higher Education Area.

Within such frameworks, degrees should have different defined outcomes. First and second cycle degrees should have different orientations and various profiles in order to accommodate a diversity of individual, academic and labour market needs. First cycle degrees should give access, in the sense of the Lisbon Recognition Convention, to second cycle programmes. Second cycle degrees should give access to doctoral studies.

Ministers invite the Follow-up Group to explore whether and how shorter higher education may be linked to the first cycle of a qualifications framework for the European Higher Education Area.

Ministers stress their commitment to making higher education equally accessible to all, on the basis of capacity, by every appropriate means.

Promotion of mobility

Mobility of students and academic and administrative staff is the basis for establishing a European Higher Education Area. Ministers emphasise its importance for academic and cultural as well as political, social and economic spheres. They note with satisfaction that since their last meeting, mobility figures have increased, thanks also to the substantial support of the European Union programmes, and agree to undertake the necessary steps to improve the quality and coverage of statistical data on student mobility.

They reaffirm their intention to make every effort to remove all obstacles to mobility within the European Higher Education Area. With a view to promoting student mobility, Ministers will take the necessary steps to enable the portability of national loans and grants.

Establishment of a system of credits

Ministers stress the important role played by the European Credit Transfer System (ECTS) in facilitating student mobility and international curriculum development. They note that ECTS is increasingly becoming a generalised basis for the national credit systems. They encourage further progress with the goal that the ECTS becomes not only a transfer but also an accumulation system, to be applied consistently as it develops within the emerging European Higher Education Area.

Recognition of degrees: Adoption of a system of easily readable and comparable degrees

Ministers underline the importance of the Lisbon Recognition Convention, which should be ratified by all countries participating in the Bologna Process, and call on the ENIC and NARIC networks along with the competent National Authorities to further the implementation of the Convention.

They set the objective that every student graduating as from 2005 should receive the Diploma Supplement automatically and free of charge. It should be issued in a widely spoken European language.

They appeal to institutions and employers to make full use of the Diploma Supplement, so as to take advantage of the improved transparency and flexibility of the higher education degree systems, for fostering employability and facilitating academic recognition for further studies.

Higher education institutions and students

Ministers welcome the commitment of Higher Education Institutions and students to the Bologna Process and recognise that it is ultimately the active participation of all partners in the Process that will ensure its long-term success.

Aware of the contribution strong institutions can make to economic and societal development, Ministers accept that institutions need to be empowered to take decisions on their internal organisation and administration. Ministers further call upon institutions to ensure that the reforms become fully integrated into core institutional functions and processes.

Ministers note the constructive participation of student organisations in the Bologna Process and underline the necessity to include the students continuously and at an early stage in further activities.

Students are full partners in higher education governance. Ministers note that national legal measures for ensuring student participation are largely in place throughout the European Higher Education Area. They also call on institutions and student organisations to identify ways of increasing actual student involvement in higher education governance.

Ministers stress the need for appropriate studying and living conditions for the students, so that they can successfully complete their studies within an appropriate period of time without obstacles related to their social and economic background. They also stress the need for more comparable data on the social and economic situation of students.

Promotion of the European dimension in higher education

Ministers note that, following their call in Prague, additional modules, courses and curricula with European content, orientation or organisation are being developed.

They note that initiatives have been taken by Higher Education Institutions in various European countries to pool their academic resources and cultural traditions in order to promote the development of integrated study programmes and joint degrees at first, second and third level.

Moreover, they stress the necessity of ensuring a substantial period of study abroad in joint degree programmes as well as proper provision for linguistic diversity and language learning, so that students may achieve their full potential for European identity, citizenship and employability.

Ministers agree to engage at the national level to remove legal obstacles to the establishment and recognition of such degrees and to actively support the development and adequate quality assurance of integrated curricula leading to joint degrees.

Promoting the attractiveness of the European Higher Education Area

Ministers agree that the attractiveness and openness of the European higher education should be reinforced. They confirm their readiness to further develop scholarship programmes for students from third countries.

Ministers declare that transnational exchanges in higher education should be governed on the basis of academic quality and academic values, and agree to work in all appropriate fora to that end. In all appropriate circumstances such fora should include the social and economic partners.

They encourage the co-operation with regions in other parts of the world by opening Bologna seminars and conferences to representatives of these regions.

Lifelong learning

Ministers underline the important contribution of higher education in making lifelong learning a reality. They are taking steps to align their national policies to realise this goal and urge Higher Education Institutions and all concerned to enhance the possibilities for lifelong learning at higher education level including the recognition of prior learning. They emphasise that such action must be an integral part of higher education activity.

Ministers furthermore call those working on qualifications frameworks for the European Higher Education Area to encompass the wide range of flexible learning paths, opportunities and techniques and to make appropriate use of the ECTS credits.

They stress the need to improve opportunities for all citizens, in accordance with their aspirations and abilities, to follow the lifelong learning paths into and within higher education.

Additional Actions

European Higher Education Area and European Research Area – two pillars of the knowledge based society

Conscious of the need to promote closer links between the EHEA and the ERA in a Europe of Knowledge, and of the importance of research as an integral part of higher education across Europe, Ministers consider it necessary to go beyond the present focus on two main cycles of higher education to include the doctoral level as the third cycle in the Bologna Process. They emphasise the importance of research and research training and the promotion of interdisciplinarity in maintaining and improving the quality of higher education and in enhancing the competitiveness of European higher education more generally. Ministers call for increased mobility at the doctoral and postdoctoral levels and encourage the institutions concerned to increase their co-operation in doctoral studies and the training of young researchers.

Ministers will make the necessary effort to make European Higher Education Institutions an even more attractive and efficient partner. Therefore Ministers ask Higher Education Institutions to increase the role and relevance of research to technological, social and cultural evolution and to the needs of society.

Ministers understand that there are obstacles inhibiting the achievement of these goals and these cannot be resolved by Higher Education Institutions alone. It requires strong support, including financial, and appropriate decisions from national Governments and European Bodies.

Finally, Ministers state that networks at doctoral level should be given support to stimulate the development of excellence and to become one of the hallmarks of the European Higher Education Area.

Stocktaking

With a view to the goals set for 2010, it is expected that measures will be introduced to take stock of progress achieved in the Bologna Process. A mid-term stocktaking exercise would provide reliable information on how the Process is actually advancing and would offer the possibility to take corrective measures, if appropriate.

Ministers charge the Follow-up Group with organising a stocktaking process in time for their summit in 2005 and undertaking to prepare detailed reports on the progress and implementation of the intermediate priorities set for the next two years:

- quality assurance
- two-cycle system
- recognition of degrees and periods of studies

Participating countries will, furthermore, be prepared to allow access to the necessary information for research on higher education relating to the objectives of the Bologna Process. Access to data banks on ongoing research and research results shall be facilitated.

Further Follow-up

New members

Ministers consider it necessary to adapt the clause in the Prague Communiqué on applications for membership as follows:

Countries party to the European Cultural Convention shall be eligible for membership of the European Higher Education Area provided that they at the same time declare their willingness to pursue and implement the objectives of the Bologna Process in their own systems of higher education. Their applications should contain information on how they will implement the principles and objectives of the declaration.

Ministers decide to accept the requests for membership of Albania, Andorra, Bosnia and Herzegovina, Holy See, Russia, Serbia and Montenegro, "the Former Yugoslav Republic of Macedonia" and to welcome these states as new members thus expanding the process to 40 European Countries.

Ministers recognise that membership of the Bologna Process implies substantial change and reform for all signatory countries. They agree to support the new signatory countries in those changes and reforms, incorporating them within the mutual discussions and assistance, which the Bologna Process involves.

Follow-up structure

Ministers entrust the implementation of all the issues covered in the Communiqué, the overall steering of the Bologna Process and the preparation of the next ministerial meeting to a Follow-up Group, which shall be composed of the representatives of all members of the Bologna Process and the European Commission, with the Council of Europe, the EUA, EURASHE, ESIB and UNESCO/CEPES as consultative members. This group, which should be convened at least twice a year, shall be chaired by the EU Presidency, with the host country of the next Ministerial Conference as vice-chair.

A Board also chaired by the EU Presidency shall oversee the work between the meetings of the Follow-up Group. The Board will be composed of the chair, the next host country as vice-chair, the preceding and the following EU Presidencies, three participating countries elected by the Follow-up Group for one year, the European Commission and, as consultative members, the Council of Europe, the EUA, EURASHE and ESIB. The Follow-up Group as well as the Board may convene ad hoc working groups as they deem necessary.

The overall follow-up work will be supported by a Secretariat which the country hosting the next Ministerial Conference will provide.

In its first meeting after the Berlin Conference, the Follow-up Group is asked to further define the responsibilities of the Board and the tasks of the Secretariat.

Work programme 2003-2005

Ministers ask the Follow-up Group to co-ordinate activities for progress of the Bologna Process as indicated in the themes and actions covered by this Communiqué and report on them in time for the next ministerial meeting in 2005.

Next Conference

Ministers decide to hold the next conference in the city of Bergen (Norway) in May 2005.

MINISTERIO DE EDUCACIÓN Y CIENCIA

1255 *REAL DECRETO 55/2005, de 21 de enero, por el que se establece la estructura de las enseñanzas universitarias y se regulan los estudios universitarios oficiales de Grado.*

El proceso de construcción del Espacio Europeo de Educación Superior, iniciado con la Declaración de Bolonia de 1999, incluye entre sus objetivos la adopción de un sistema flexible de titulaciones, comprensible y comparable, que promueva oportunidades de trabajo para los estudiantes una mayor competitividad internacional del sistema de educación superior europeo.

La citada declaración establece un horizonte temporal para la plena consecución de este espacio hasta el año 2010, y se prevén fases bienales de realización, cada una de las cuales finaliza con una conferencia de ministros responsables de la educación superior, en la que se revisa lo conseguido y se establecen nuevas directrices para el futuro. Hasta la fecha se han llevado a cabo la Conferencia de Praga en el año 2001 y la de Berlín en 2003, y está prevista la celebración de la próxima reunión ministerial en Bergen, Noruega, en el mes de mayo de 2005.

Este nuevo sistema de titulaciones, tal y como se ha reafirmado en la comunicación de la Conferencia de Berlín, ha de basarse en dos niveles nítidamente diferenciados, denominados, respectivamente, Grado y Posgrado, que, en su conjunto se estructuran a su vez en tres ciclos.

El primer nivel, o de Grado, comprende las enseñanzas universitarias de primer ciclo y tiene como objetivo lograr la capacitación de los estudiantes para integrarse directamente en el ámbito laboral europeo con una cualificación profesional apropiada. El segundo nivel, comprensivo de las enseñanzas de Posgrado, integra el segundo ciclo de estudios, dedicado a la formación avanzada y conducente a la obtención del título de Máster, y el tercer ciclo, conducente a la obtención del título de Doctor, que representa el nivel más elevado en la educación superior.

Por otra parte, y en virtud de la competencia atribuida al Estado por el artículo 149.1.30.ª de la Constitución Española, sobre regulación de las condiciones para la obtención de títulos académicos y profesionales, y de acuerdo con lo establecido en la disposición final tercera de la Ley Orgánica 6/2001, de 21 de diciembre, de Universidades, corresponde al Gobierno el establecimiento de los títulos universitarios de carácter oficial y validez en todo el territorio nacional. Para el ejercicio de dicha competencia, la citada ley orgánica, tras haber previsto en su artículo 37 la estructuración en ciclos de las enseñanzas universitarias, ha venido a promover la integración del sistema universitario español según las líneas emanadas para la construcción del Espacio Europeo de Educación Superior, al que dedica su título XIII, y autoriza al Gobierno, en su artículo 88.2, a proceder al establecimiento, reforma o adaptación de las modalidades cíclicas de cada enseñanza y los títulos de carácter oficial y validez en todo el territorio nacional correspondientes.

Este real decreto pretende ser una de las piezas normativas clave en el desarrollo de los objetivos de la ley mencionada, ya que, por un lado, aborda la nueva estructuración de las enseñanzas universitarias y, por otro, establece la regulación del primer ciclo de aquellas, el Grado; el segundo nivel de Posgrado, comprensivo del segundo y tercer ciclos, se remite a su desarrollo reglamentario específico.

Con esta regulación se inicia la transformación de las enseñanzas universitarias oficiales, en un proceso que se desarrollará de modo progresivo hasta el año 2010, con el espacio temporal de reflexión necesario en función de los estudios que se pretendan abordar y con la participación de todos los agentes académicos y sociales implicados. Este nuevo marco normativo permitirá diseñar los nuevos títulos con la adecuada flexibilidad, en función de las singularidades científicas y profesionales de cada uno de ellos y en armonía con las tendencias existentes en Europa.

El establecimiento de los nuevos títulos no habrá de suponer merma alguna en la consideración de aquellos a los que sustituyan y su implantación será, en todo caso, plenamente respetuosa con la totalidad de los derechos académicos y profesionales de que vengan disfrutando los titulados conforme a la anterior ordenación. Así, el Gobierno, a lo largo del proceso de creación de cada uno de los nuevos títulos, concretará en la correspondiente norma, las equivalencias que en cada caso pudieran corresponder respecto de los anteriores.

Las enseñanzas oficiales del ciclo de Grado se regulan con un objetivo formativo claro, que no es otro que el de propiciar la consecución por los estudiantes de una formación universitaria que aúne conocimientos generales básicos y conocimientos transversales relacionados con su formación integral, junto con los conocimientos y capacidades específicos orientados a su incorporación al ámbito laboral. Asimismo, este real decreto contiene los requisitos necesarios para que el Gobierno, tras estudiar las propuestas elaboradas en el seno de la comunidad universitaria y contando con la participación de los sectores profesionales y colegios oficiales, así como la de los sindicatos y restantes agentes sociales implicados, pueda establecer títulos universitarios específicos de Grado con carácter oficial y validez en todo el territorio nacional, así como las condiciones a las que habrán de ajustarse las universidades para la elaboración de los respectivos planes de estudios. Ello permitirá que estas diversifiquen su oferta y establezcan itinerarios de libre configuración curricular.

Esta norma de carácter general responde a la reserva competencia) a favor del Estado contenida en el artículo 149.1.30.ª de la Constitución Española, y se dicta en uso de la autorización otorgada al Gobierno por el artículo 88.2 de la Ley Orgánica 6/2001, de 21 de diciembre, de Universidades, y para su elaboración ha emitido informe el Consejo de Coordinación Universitaria.

En su virtud, a propuesta de la Ministra de Educación y Ciencia, con la aprobación previa del Ministro de Administraciones Públicas, de acuerdo con el Consejo de Estado y previa deliberación del Consejo de Ministros en su reunión del día 21 de enero de 2005,

D I S P O N G O :

CAPÍTULO I

Disposiciones generales

Artículo 1. *Objeto.*

1. Este real decreto tiene por objeto establecer la estructura de las enseñanzas universitarias oficiales españolas, de acuerdo con las líneas generales emanadas del Espacio Europeo de Educación Superior y de conformidad con lo previsto en el artículo 88.2 de la Ley Orgánica 6/2001 de 21 de diciembre, de Universidades.

2. Asimismo, este real decreto regula los aspectos básicos de la ordenación de los estudios universitarios de primer ciclo conducentes a la obtención del correspondiente título oficial.

Artículo 2. *Definiciones.*

A los efectos de este real decreto, se entiende por:

a) Título oficial: el expedido por las universidades, acreditativo de la completa superación de un plan de estudios de carácter oficial, con validez académica y profesional en todo el territorio nacional.

b) Título propio: el expedido por las universidades, acreditativo de la superación de otras enseñanzas impartidas en uso de su autonomía, carente de los efectos que las disposiciones legales otorguen a los títulos oficiales.

c) Directrices generales comunes: las establecidas por el Gobierno y que son aplicables a todos los planes de estudios conducentes a la obtención de títulos de carácter oficial, con validez académica y profesional en todo el territorio nacional.

d) Directrices generales propias: las establecidas por el Gobierno para cada título universitario oficial a las cuales deben ajustarse las universidades en la elaboración de los respectivos planes de estudios, para que estos puedan ser homologados.

e) Plan de estudios: el diseño curricular concreto respecto de unas determinadas enseñanzas realizado por una universidad, sujeto a las directrices generales comunes y a las correspondientes directrices generales propias, cuya superación da derecho a la obtención de un título universitario de Grado de carácter oficial y validez en todo el territorio nacional.

f) Contenidos formativos comunes: conjunto de conocimientos, aptitudes y destrezas necesarios para alcanzar los objetivos formativos del título. Serán establecidos en las directrices generales propias y de obligada inclusión en todos los planes de estudios que conducen a la obtención de un mismo título universitario oficial.

g) Crédito: la unidad de medida del haber académico regulada en el Real Decreto 1125/2003, de 5 de septiembre, que comprende las enseñanzas teóricas y prácticas, con inclusión de otras actividades académicas dirigidas, así como las horas de estudio y de trabajo que el estudiante deba dedicar para alcanzar los objetivos formativos propios de cada una de las materias del correspondiente plan de estudios, que representa la cantidad de trabajo del estudiante para cumplir los objetivos del programa de estudios y que se obtiene por la superación de cada una de las materias que integran los planes de estudios de las diversas enseñanzas conducentes a la obtención de títulos universitarios de carácter oficial y validez en todo el territorio nacional.

Artículo 3. *Expedición de los títulos universitarios.*

1. Los títulos universitarios oficiales serán expedidos en nombre del Rey por el rector de la universidad en que se hubieran concluido los estudios que den derecho a su obtención, de acuerdo con los requisitos que respecto a su formato, texto y procedimiento de expedición se establezcan mediante orden por el Ministerio de Educación y Ciencia, previo informe del Consejo de Coordinación Universitaria.

En tanto no se produzca la expedición material del título oficial, el interesado podrá solicitar, desde el momento en que abone los correspondientes derechos, la expedición de una certificación supletoria provisional que sustituirá a aquel y gozará de idéntico valor a efectos del ejercicio de los derechos a él inherentes.

2. Los diplomas y títulos propios serán expedidos por el rector en nombre de la universidad y tanto su denominación como el texto y formato en que se confeccionen no deberán inducir a confusión con los oficiales. En dichos títulos deberá hacerse mención expresa de que carecen de carácter oficial.

Artículo 4. *Precios públicos de las enseñanzas universitarias.*

Los estudios conducentes a la obtención de títulos de carácter oficial y validez en todo el territorio nacional e impartidos en universidades públicas estarán sometidos al régimen de precios públicos que, en el ámbito de sus competencias, establezcan las comunidades autónomas de acuerdo con lo establecido en el artículo 81 de la Ley Orgánica 6/2001, de 21 de diciembre, de Universidades.

Artículo 5. *Seguro escolar.*

A los estudiantes matriculados en enseñanzas conducentes a la obtención de títulos oficiales universitarios les serán de aplicación las normas sobre régimen del seguro escolar contenidas en la Ley de 17 de julio de 1953 y en la normativa dictada en su desarrollo, en particular, el Real Decreto 270/1990, de 16 de febrero, por el que se incluyen en el régimen del seguro escolar los alumnos que cursen el tercer ciclo de estudios universitarios conducentes al título de Doctor, sin perjuicio de las previsiones contenidas en el Real Decreto 1326/2003, de 24 de octubre, por el que se aprueba el Estatuto del becario de investigación, sobre la la Seguridad Social de los becarios.

CAPÍTULO II

Estructura de las enseñanzas universitarias

Artículo 6. *Estructura general.*

Las enseñanzas universitarias conducentes a la obtención de títulos de carácter oficial y validez en todo el territorio nacional comprenderán estudios de Grado y de Posgrado y se estructurarán en ciclos, de acuerdo con lo establecido en el artículo 37 de la Ley Orgánica 6/2001, de 21 de diciembre, de Universidades, y en este real decreto.

Artículo 7. *Enseñanzas de Grado.*

El primer ciclo de los estudios universitarios comprenderá enseñanzas básicas y de formación general, junto a otras orientadas a la preparación para el ejercicio de actividades de carácter profesional. La superación del ciclo dará derecho a la obtención del correspondiente título, con la denominación que, en cada caso, acuerde el Gobierno.

Artículo 8. *Enseñanzas de Posgrado.*

1. El segundo ciclo de los estudios universitarios estará dedicado a la formación avanzada, de carácter especializada o multidisciplinar, dirigida a una especialización académica o profesional o bien a promover la iniciación en tareas investigadoras. La superación del ciclo dará derecho a la obtención del título de Máster.

2. El tercer ciclo de los estudios universitarios tendrá como finalidad la formación avanzada del estudiante en las técnicas de investigación, podrá incluir cursos, seminarios u otras actividades dirigidas a la formación investigadora e incluirá la elaboración y presentación de la correspondiente tesis doctoral, consistente en un trabajo original de investigación. La superación del ciclo dará derecho a la obtención del título de Doctor, que representa el nivel más elevado en la educación superior, acredita el más alto rango académico y faculta para la docencia y la investigación, de acuerdo con la legislación vigente.

3. La regulación de los estudios universitarios oficiales de Posgrado será objeto de desarrollo reglamentario específico.

CAPÍTULO III

Regulación de los estudios universitarios oficiales de Grado

Artículo 9. *Establecimiento de los títulos universitarios oficiales de Grado.*

1. Los títulos universitarios de Grado que tengan carácter oficial y validez en todo el territorio nacional, así como las directrices generales propias de los planes de estudios que deban cursarse para su obtención, serán establecidos por real decreto del Consejo de Ministros, bien por propia iniciativa, previo informe del Consejo de Coordinación Universitaria, bien a propuesta de este Consejo, según lo dispuesto en el artículo 34 de la Ley Orgánica 6/2001, de 21 de diciembre, de Universidades.

2. Los títulos universitarios de Grado surtirán efectos académicos plenos y habilitarán, en su caso, para actividades de carácter profesional, de acuerdo con la normativa vigente.

3. Para el establecimiento de un título oficial de Grado, el informe del Consejo de Coordinación Universitaria deberá contener referencia expresa, al menos, a los siguientes aspectos:

a) Denominación específica del título, número total de créditos, contenidos formativos comunes y número mínimo de créditos asignados a cada uno de ellos.

b) Especificación de los objetivos del título, así como de los conocimientos, aptitudes y destrezas que deban adquirirse para su obtención con referencia a la concreción de estos en los contenidos formativos comunes.

c) El perfil profesional asociado al título.

d) Relevancia del título para el desarrollo del conocimiento y para el mercado laboral español y europeo.

e) Justificación de su incorporación al Catálogo de títulos universitarios oficiales en la que se habrá de considerar particularmente su adecuación con las líneas generales emanadas del Espacio Europeo de Educación Superior.

4. No procederá establecer un título universitario oficial de Grado cuyos contenidos formativos coincidan sustancialmente con los de otro título oficial. En los casos en que el establecimiento de un título implique la extinción de títulos universitarios ya existentes, deberá hacerse constar expresamente.

5. El real decreto por el que se establece un título universitario oficial de Grado se adoptará de conformidad con las directrices generales comunes previstas en este real decreto e incluirá las correspondientes directrices generales propias.

6. El establecimiento de un título universitario oficial de Grado comportará su inclusión en el Catálogo de títulos universitarios oficiales y, en su caso, la supresión de la inscripción en el mencionado catálogo del título o títulos anteriores cuando proceda. A estos efectos, el Gobierno determinará, en las normas de establecimiento de títulos, las condiciones para la homologación de los títulos anteriores a los nuevos, así como para la adaptación de las enseñanzas que aquellos determinen.

Artículo 10. *Directrices generales comunes.*

1. El número total de créditos de las enseñanzas y actividades académicas conducentes a la obtención de los títulos oficiales de Grado estará comprendido entre 180 y 240.

2. Podrán excluirse de este cómputo los créditos correspondientes a la realización del proyecto de fin de carrera y las prácticas tuteladas cuando estos deriven de normas, decisiones o prácticas comunes establecidas en la Unión Europea o, en su caso, de acuerdo con la normativa vigente, constituyan un requisito para el ejercicio de actividades profesionales reguladas, así como los correspondientes al conocimiento de idiomas extranjeros. Las directrices generales propias de cada título establecerán las condiciones para la realización de estos trabajos.

3. En los supuestos en que ello venga exigido por el cumplimiento de normas de derecho comunitario, el Gobierno, previo informe del Consejo de Coordinación Universitaria, podrá asignar un número distinto de créditos a determinadas enseñanzas.

4. Todos los planes de estudios conducentes a la obtención de una misma titulación oficial habrán de contar con el mismo número de créditos.

5. Las directrices generales propias de estos títulos no podrán incorporar el reconocimiento oficial de especialidades y se orientarán a la adquisición de una cualificación profesional con significación en el ámbito laboral, que, en su caso, y de acuerdo con la normativa vigente, posibilite el acceso al ejercicio de actividades profesionales dentro de un determinado ámbito, sin perjuicio de otros posibles requisitos exigidos por la normativa vigente respecto de las profesiones reguladas.

Artículo 11. *Directrices generales propias.*

1. Las directrices generales propias correspondientes a cada título específico de Grado determinarán el número de créditos de los planes de estudios que deberán ser superados para la obtención del correspondiente título oficial.

2. Las directrices generales propias de cada título de Grado especificarán los contenidos formativos comunes, una breve descripción de sus materias y el número de créditos que se les deberá asignar en sus respectivos planes de estudios.

3. El número de créditos fijado por las directrices generales propias para el conjunto de los contenidos formativos comunes de los planes de estudios conducentes a la obtención de un título de Grado será de un mínimo del 50 por ciento y un máximo del 75 por ciento del número total de créditos correspondientes a esa titulación.

4. Las directrices generales propias especificarán los efectos académicos y, en su caso, y de acuerdo con la normativa vigente, las competencias profesionales inherentes a la obtención del título, sin perjuicio de lo que, en su caso, establezca la normativa específica para el acceso al ejercicio de profesiones reguladas.

Artículo 12. *Elaboración y aprobación de los planes de estudios.*

1. Los planes de estudios conducentes a la obtención de los títulos universitarios oficiales de Grado serán elaborados y aprobados por las universidades, en la forma que determinen sus estatutos o normas de organización y funcionamiento, previa autorización de su implantación por el órgano competente de la respectiva comunidad autónoma. Deberán ajustarse a las directrices generales comunes previstas en este real decreto y a las directrices generales propias que el Gobierno establezca para cada título, y deberán ser sometidos al proceso de homologación, de acuerdo con la normativa vigente al respecto.

2. Los referidos planes de estudios tendrán una vigencia temporal mínima equivalente al número de años académicos en que se organicen dichas enseñanzas y su extinción se regirá por lo dispuesto en el artículo 14.3 y 4.

Artículo 13. *Contenido de los planes de estudios conducentes a la obtención de títulos universitarios oficiales de Grado.*

1. Los contenidos de los planes de estudios conducentes a la obtención de títulos universitarios oficiales de Grado se ordenarán distinguiendo entre:

a) Contenidos formativos comunes establecidos en las directrices generales propias de cada título.

b) Contenidos formativos específicos determinados discrecionalmente por la universidad.

2. Respecto de cada una de las materias que componen los planes de estudios, las universidades deberán concretar los objetivos, conocimientos, aptitudes y destrezas que se deben adquirir, la descripción de contenidos y el número de créditos asignados a cada una de ellas.

3. Las universidades podrán valorar en créditos la realización de prácticas en empresas o instituciones, de trabajos profesionales académicamente dirigidos e integrados en el plan de estudios, así como el reconocimiento de los estudios o actividades formativas realizados en el marco de programas universitarios o interuniversitarios, nacionales o internacionales.

4. Los planes de estudios especificarán, asimismo, la estructura académica de sus enseñanzas y su ordenación temporal, con especial atención al objetivo de facilitar la movilidad de los estudiantes.

Artículo 14. *Modificación y extinción de los planes de estudios.*

1. Las modificaciones de un plan de estudios serán aprobadas por las universidades, en la forma en que determinen sus estatutos o normas de organización y funcionamiento y sometidas al procedimiento previsto en la normativa vigente.

2. Las modificaciones de un plan de estudios, ya sean de carácter total o parcial, se ajustarán a lo dispuesto en el artículo 6 del Real Decreto 49/2004, de 19 de enero, sobre homologación de planes de estudios y títulos de carácter oficial y validez en todo el territorio nacional.

3. La extinción de un plan de estudios conducente a la obtención de un título oficial de Grado podrá producirse por los siguientes motivos:

a) Implantación de un nuevo plan de estudios correspondiente al mismo título oficial en la misma universidad.

b) Cese de la impartición de las enseñanzas acordado por la comunidad autónoma, que deberá ser comunicado, al menos, con tres meses de antelación al comienzo del curso académico al Consejo de Coordinación Universitaria.

4. Los planes de estudios se extinguirán curso por curso. Una vez extinguido cada curso y sin perjuicio de las normas de permanencia que sean de aplicación, las universidades deberán garantizar procedimientos que posibiliten la superación de dicho curso por los estudiantes en los dos cursos académicos siguientes.

Artículo 15. *Planes de estudios conjuntos.*

1. Las universidades españolas podrán, mediante convenio, organizar planes de estudios conjuntos conducentes a la obtención de un único título oficial de Grado y cuyas enseñanzas sean impartidas en dos o más universidades. A tal fin, se presentará ante el Consejo de Coordinación Universitaria una solicitud conjunta de homologación del plan de estudios, acompañada del correspondiente convenio en el que se especificará qué universidad será responsable de la tramitación de los expedientes de los estudiantes, así como las particularidades referidas a la expedición y registro del título.

2. Las universidades podrán celebrar convenios con universidades extranjeras para la impartición de planes de estudios conjuntos conducentes a una única o a una doble titulación. El Ministerio de Educación y Ciencia regulará las particularidades que resulten de aplicación a la homologación de dichos planes y títulos.

3. En los supuestos de modificación y extinción de planes de estudios conjuntos regirá, además de lo dispuesto en este real decreto y en la normativa específica de homologación de planes de estudios, lo que se establezca en el convenio celebrado entre las universidades, siempre y cuando no contravenga lo dispuesto en las citadas normas.

Disposición adicional primera. *Inscripción de nuevos títulos en el Catálogo de títulos universitarios oficiales.*

1. El Catálogo de títulos universitarios oficiales subsiste y se rige por los criterios establecidos en el Real Decreto 1954/1994, de 30 de septiembre, sobre homologación de títulos a los del Catálogo de títulos universitarios oficiales, creado por el Real Decreto 1497/1987, de 27 de noviembre.

2. Los nuevos títulos oficiales de Grado establecidos con arreglo a lo dispuesto en este real decreto deberán ser inscritos en el Catálogo de títulos universitarios oficiales.

3. Los actuales títulos del catálogo serán sustituidos paulatinamente por los nuevos títulos oficiales que se establezcan en aplicación de este real decreto. El proceso de renovación del Catálogo de títulos universitarios oficiales deberá completarse antes del 1 de octubre de 2007.

Disposición adicional segunda. *Desarrollo temporal de la implantación.*

El desarrollo temporal de la implantación de los nuevos planes de estudios se hará en función de las disponibilidades económicas de las instituciones responsables de la enseñanza universitaria.

Disposición transitoria primera. *Elaboración y homologación de los nuevos planes de estudios.*

1. En el plazo máximo de tres años a partir de la aprobación del real decreto de establecimiento de un título de Grado, las universidades que vengan impartiendo enseñanzas conducentes a los títulos oficiales suprimidos del catálogo en aplicación del artículo 9.6 de este real decreto remitirán para su homologación al Consejo de Coordinación Universitaria el plan de estudios asociado al nuevo título oficial.

2. En caso de incumplimiento de lo establecido en el apartado anterior, el Consejo de Coordinación Universitaria elevará un informe al Ministerio de Educación y Ciencia para la revocación de la homologación del título o títulos suprimidos o del acuerdo de homologación del plan de estudios conducente a la obtención de alguno de estos.

3. A partir del 1 de marzo de 2005, el Consejo de Coordinación Universitaria, sin perjuicio de continuar la tramitación de los expedientes que con anterioridad hayan tenido entrada en él, no homologará planes de estudios conducentes a la obtención de nuevas titulaciones, ni el Gobierno homologará los títulos oficiales universitarios correspondientes, que no se ajusten a lo dispuesto en este real decreto.

Disposición transitoria segunda. *Criterios generales de convalidación y adaptación de estudios.*

Hasta tanto el Consejo de Coordinación Universitaria no regule, en función de lo previsto en el artículo 36 de la Ley Orgánica 6/2001, de 21 de diciembre, de Universidades, los criterios generales a que habrán de ajustarse las universidades en materia de convalidación y adaptación de estudios cursados en centros académicos españoles y extranjeros, seguirán siendo de aplicación los reseñados en el apartado uno del anexo 1 del Real Decreto 1497/1987, de 27 de noviembre, por el que se establecen directrices generales comunes de los planes de estudios de los títulos universitarios de carácter oficial y validez en todo el territorio nacional.

Disposición transitoria tercera. *Títulos universitarios oficiales en vigor.*

Este real decreto y los reales decretos por los que se establecen nuevos títulos universitarios de Grado que apruebe el Gobierno no afectarán a los efectos académicos o profesionales de los títulos actualmente vigentes.

Disposición derogatoria única. *Derogación normativa.*

1. Queda derogado el Real Decreto 1496/1987, de 6 de noviembre, sobre obtención, expedición y homologación de títulos universitarios, sin perjuicio de su aplicación a las enseñanzas anteriores, hasta su definitiva extinción de acuerdo con lo previsto en este real decreto.

2. Queda derogado el Real Decreto 1497/1987, de 27 de noviembre, por el que se establecen directrices generales comunes de los planes de estudios de los títulos universitarios de carácter oficial y validez en todo el territorio nacional.

Disposición final primera. *Modificación del Real Decreto 49/2004, de 19 de enero, sobre homologación de planes de estudios y títulos de carácter oficial y validez en todo el territorio nacional.*

El artículo 6 del Real Decreto 49/2004, de 19 de enero, sobre homologación de planes de estudios y títulos de carácter oficial y validez en todo el territorio nacional, queda redactado como sigue:

«Artículo 6. *Homologación en el supuesto de modificación del plan de estudios.*

1. La modificación de un plan de estudios que afecte a un número superior al 10 por ciento de los créditos relativos a los contenidos formativos comunes, o de las materias troncales de los actuales planes, incluidos en las directrices generales propias, implicará la extinción del plan de estudios en vigor y, en consecuencia, se considerará como nuevo plan de estudios que deberá ser sometido al procedimiento de homologación previsto en los artículos 4 y 5.

2. Si la modificación afecta a un número igual o inferior al 10 por ciento de los créditos a que se refiere el apartado anterior, o sólo afecta a contenidos establecidos discrecional mente por la universidad, deberá ser comunicada al Consejo de Coordinación Universitaria, con carácter previo a su publicación en el «Boletín Oficial del Estado», a los efectos de que por la Secretaría General del citado Consejo se proceda a la comprobación de su correspondencia con las directrices generales comunes y propias del correspondiente título. La Secretaría General del Consejo comunicará dichas modificaciones a la respectiva comunidad autónoma, así como al órgano competente del Ministerio de Educación y Ciencia.

3. Las modificaciones de los planes de estudios deberán incluir las necesarias previsiones sobre los mecanismos de reconocimiento de créditos para los estudiantes que vinieran cursando el plan anterior.»

Disposición final segunda. *Título competencial.*

Este real decreto se dicta al amparo de lo dispuesto en el artículo 149.1.30.ª de la Constitución Española y en uso de la autorización otorgada al Gobierno por el artículo 88.2 y la disposición final tercera de la Ley Orgánica 6/2001, de 21 de diciembre, de Universidades, y es de aplicación en todo el territorio nacional.

Disposición final tercera. *Desarrollo reglamentario.*

Corresponde al Ministro de Educación y Ciencia y a las universidades dictar, en el ámbito de sus respectivas competencias, las disposiciones necesarias para la aplicación de este real decreto.

Disposición final cuarta. *Entrada en vigor.*

El presente real decreto entrará en vigor el día siguiente al de su publicación en el «Boletín Oficial del Estado».

Dado en Madrid, el 21 de enero de 2005.

JUAN CARLOS R.

La Ministra de Educación y Ciencia,
MARÍA JESÚS SAN SEGUNDO GÓMEZ DE CADIÑANOS

1256 *REAL DECRETO 56/2005, de 21 de enero, por el que se regulan los estudios universitarios oficiales de Posgrado.*

La contribución del sistema universitario español a la conformación de los Espacios Europeos de Educación Superior y de Investigación y su plena integración en ellos constituye uno de los principales elementos, en la sociedad del conocimiento, para la consecución del objetivo trazado en las Cumbres de Lisboa y Barcelona para lograr que los sistemas educativos europeos se conviertan en una referencia de calidad mundial para el año 2010.

Tal integración comporta una profunda transformación de todos los aspectos tocantes a la estructura universitaria española, a la vez que supone un hito de histórica importancia tanto en su propia génesis como en su concepción metodológica y en sus objetivos, que trasciende los propósitos inspiradores en cada momento de las sucesivas reformas operadas en el sistema universitario español a lo largo del tiempo y ofrece una oportunidad de renovación.

Iniciada ya tan esencial reforma mediante la promulgación del Real Decreto 55/2005, de 21 de enero, por el que se establece la estructura de las enseñanzas universitarias y se regulan los estudios universitarios de Grado, debe también acometerse la regulación de los estudios de Posgrado, comprensivos de las enseñanzas de segundo y tercer ciclos, conducentes a la obtención de los correspondientes títulos oficiales de Máster y Doctor.

La comunicación de la Conferencia de Berlín, celebrada por los ministros europeos responsables de la educación superior el día 19 de septiembre de 2003, ha venido a reafirmar la importancia de todo este proceso convergente. En él destaca la importancia de los estudios europeos de Posgrado como uno de los principales elementos para reforzar el atractivo de la educación superior europea en el contexto internacional.

Este real decreto tiene como objeto ofrecer el marco jurídico que haga posible a las universidades españolas estructurar, con flexibilidad y autonomía, sus enseñanzas de Posgrado de carácter oficial, para lograr armonizarlas con las que se establezcan en el ámbito no sólo europeo, sino mundial. Se introduce, en consecuencia, en el sistema universitario español, junto al título de Doctor, de larga tradición en nuestra estructura educativa, el título oficial de Máster y se regulan los estudios conducentes a la obtención de ambos.

La diversidad de las universidades españolas y, dentro de ellas, de los distintos ámbitos de conocimiento aconsejan dotar a los estudios de Posgrado de

The European Higher Education Area - Achieving the Goals

Communiqué of the Conference of
European Ministers Responsible for Higher Education,
Bergen, 19-20 May 2005

We, Ministers responsible for higher education in the participating countries of the Bologna Process, have met for a mid-term review and for setting goals and priorities towards 2010. At this conference, we have welcomed Armenia, Azerbaijan, Georgia, Moldova and Ukraine as new participating countries in the Bologna Process. We all share the common understanding of the principles, objectives and commitments of the Process as expressed in the Bologna Declaration and in the subsequent communiqués from the Ministerial Conferences in Prague and Berlin. We confirm our commitment to coordinating our policies through the Bologna Process to establish the European Higher Education Area (EHEA) by 2010, and we commit ourselves to assisting the new participating countries to implement the goals of the Process.

I. Partnership

We underline the central role of higher education institutions, their staff and students as partners in the Bologna Process. Their role in the implementation of the Process becomes all the more important now that the necessary legislative reforms are largely in place, and we encourage them to continue and intensify their efforts to establish the EHEA. We welcome the clear commitment of higher education institutions across Europe to the Process, and we recognise that time is needed to optimise the impact of structural change on curricula and thus to ensure the introduction of the innovative teaching and learning processes that Europe needs.

We welcome the support of organisations representing business and the social partners and look forward to intensified cooperation in reaching the goals of the Bologna Process. We further welcome the contributions of the international institutions and organisations that are partners to the Process.

II. Taking stock

We take note of the significant progress made towards our goals, as set out in the General Report 2003-2005 from the Follow-up Group, in EUA's *Trends IV* report, and in ESIB's report *Bologna with Student Eyes.*

At our meeting in Berlin, we asked the Follow-up Group for a mid-term stocktaking, focusing on three priorities – the degree system, quality assurance and the recognition of degrees and periods of study. From the stocktaking report we note that substantial progress has been made in these three priority areas. It will be important to ensure that progress is consistent across all participating countries. We therefore see a need for greater sharing of expertise to build capacity at both institutional and governmental level.

The degree system

We note with satisfaction that the two-cycle degree system is being implemented on a large scale, with more than half of the students being enrolled in it in most countries. However, there are still some obstacles to access between cycles. Furthermore, there is a need for greater dialogue, involving Governments, institutions and social partners, to increase the employability of graduates with bachelor qualifications, including in appropriate posts within the public service.

We adopt the overarching framework for qualifications in the EHEA, comprising three cycles (including, within national contexts, the possibility of intermediate qualifications), generic descriptors for each cycle based on learning outcomes and competences, and credit ranges in the first and second cycles. We commit ourselves to elaborating national frameworks for qualifications compatible with the overarching framework for qualifications in the EHEA by 2010, and to having started work on this by 2007. We ask the Follow-up Group to report on the implementation and further development of the overarching framework.

We underline the importance of ensuring complementarity between the overarching framework for the EHEA and the proposed broader framework for qualifications for lifelong learning encompassing general education as well as vocational education and training as now being developed within the European Union as well as among participating countries. We ask the European Commission fully to consult all parties to the Bologna Process as work progresses.

Quality assurance

Almost all countries have made provision for a quality assurance system based on the criteria set out in the Berlin Communiqué and with a high degree of cooperation and networking. However, there is still progress to be made, in particular as regards student involvement and international cooperation. Furthermore, we urge higher education institutions to continue their efforts to enhance the quality of their activities through the systematic introduction of internal mechanisms and their direct correlation to external quality assurance.

We adopt the standards and guidelines for quality assurance in the European Higher Education Area as proposed by ENQA. We commit ourselves to introducing the proposed model for peer review of quality assurance agencies on a national basis, while respecting the commonly accepted guidelines and criteria. We welcome the principle of a European register of quality assurance agencies based on national review. We ask that the practicalities of implementation be further developed by ENQA in cooperation with EUA, EURASHE and ESIB with a report back to us through the Follow-up Group. We underline the importance of cooperation between nationally recognised agencies with a view to enhancing the mutual recognition of accreditation or quality assurance decisions.

Recognition of degrees and study periods

We note that 36 of the 45 participating countries have now ratified the Lisbon Recognition Convention. We urge those that have not already done so to ratify the Convention without delay. We commit ourselves to ensuring the full implementation of its principles, and to incorporating them in national legislation as appropriate. We call on all participating countries to address recognition problems identified by the ENIC/NARIC networks. We will draw up national action plans to improve the quality of the process associated with the recognition of foreign qualifications. These plans will form part of each country's national report for the next Ministerial Conference. We express support for the subsidiary texts to the Lisbon Recognition Convention and call upon all national authorities and other stakeholders to recognise joint degrees awarded in two or more countries in the EHEA.

We see the development of national and European frameworks for qualifications as an opportunity to further embed lifelong learning in higher education. We will work with higher education institutions and others to improve recognition of prior learning including, where possible, non-formal and informal learning for access to, and as elements in, higher education programmes.

III. Further challenges and priorities

Higher education and research

We underline the importance of higher education in further enhancing research and the importance of research in underpinning higher education for the economic and cultural development of our societies and for social cohesion. We note that the efforts to introduce structural change and improve the quality of teaching should not detract from the effort to strengthen research and innovation. We therefore emphasise the importance of research and research training in maintaining and improving the quality of and enhancing the competitiveness and attractiveness of the EHEA. With a view to achieving better results we recognise the need to improve the synergy between the higher education sector and other research sectors throughout our respective countries and between the EHEA and the European Research Area.

To achieve these objectives, doctoral level qualifications need to be fully aligned with the EHEA overarching framework for qualifications using the outcomes-based approach. The core component of doctoral training is the advancement of knowledge through original research. Considering the need for structured doctoral programmes and the need for transparent supervision and assessment, we note that the normal workload of the third cycle in most countries would correspond to 3-4 years full time. We urge universities to ensure that their doctoral programmes promote interdisciplinary training and the development of transferable skills, thus meeting the needs of the wider employment market. We need to achieve an overall increase in the numbers of doctoral candidates taking up research careers within the EHEA. We consider participants in third cycle programmes both as students and as early stage researchers. We charge the Bologna Follow-up Group with inviting the European University Association, together with other interested partners, to prepare a report under the responsibility of the Follow-up Group on the further development of the basic principles for doctoral programmes, to be presented to Ministers in 2007. Overregulation of doctoral programmes must be avoided.

The social dimension

The social dimension of the Bologna Process is a constituent part of the EHEA and a necessary condition for the attractiveness and competitiveness of the EHEA. We therefore renew our commitment to making quality higher education equally accessible to all, and stress the need for appropriate conditions for students so that they can complete their studies without obstacles related to their social and economic background. The social dimension includes measures taken by governments to help students, especially from socially disadvantaged groups, in financial and economic aspects and to provide them with guidance and counselling services with a view to widening access.

Mobility

We recognise that mobility of students and staff among all participating countries remains one of the key objectives of the Bologna Process. Aware of the many remaining challenges to be overcome, we reconfirm our commitment to facilitate the portability of grants and loans where appropriate through joint action, with a view to making mobility within the EHEA a reality. We shall intensify our efforts to lift obstacles to mobility by facilitating the delivery of visa and work permits and by encouraging participation in mobility programmes. We urge institutions and students to make full use of mobility programmes, advocating full recognition of study periods abroad within such programmes.

The attractiveness of the EHEA and cooperation with other parts of the world

The European Higher Education Area must be open and should be attractive to other parts of the world. Our contribution to achieving education for all should be based on the principle of sustainable development and be in accordance with the ongoing international work on developing guidelines for quality provision of cross-border higher education. We reiterate that in international academic cooperation, academic values should prevail.

We see the European Higher Education Area as a partner of higher education systems in other regions of the world, stimulating balanced student and staff exchange and cooperation between higher education institutions. We underline the importance of intercultural understanding and respect. We look forward to enhancing the understanding of the Bologna Process in other continents by sharing our experiences of reform processes with neighbouring regions. We stress the need for dialogue on issues of mutual interest. We see the need to identify partner regions and intensify the exchange of ideas and experiences with those regions. We ask the Follow-up Group to elaborate and agree on a strategy for the external dimension.

IV. Taking stock on progress for 2007

We charge the Follow-up Group with continuing and widening the stocktaking process and reporting in time for the next Ministerial Conference. We expect stocktaking to be based on the appropriate methodology and to continue in the fields of the degree system, quality assurance and recognition of degrees and study periods, and by 2007 we will have largely completed the implementation of these three intermediate priorities.

In particular, we shall look for progress in:

- implementation of the standards and guidelines for quality assurance as proposed in the ENQA report;
- implementation of the national frameworks for qualifications;
- the awarding and recognition of joint degrees, including at the doctorate level;
- creating opportunities for flexible learning paths in higher education, including procedures for the recognition of prior learning.

We also charge the Follow-up Group with presenting comparable data on the mobility of staff and students as well as on the social and economic situation of students in participating countries as a basis for future stocktaking and reporting in time for the next Ministerial Conference. The future stocktaking will have to take into account the social dimension as defined above.

V. Preparing for 2010

Building on the achievements so far in the Bologna Process, we wish to establish a European Higher Education Area based on the principles of quality and transparency. We must cherish our rich heritage and cultural diversity in contributing to a knowledge-based society. We commit ourselves to upholding the principle of public responsibility for higher education in the context of complex modern societies. As higher education is situated at the crossroads of research, education and innovation, it is also the key to Europe's competitiveness. As we move closer to 2010, we undertake to ensure that higher education institutions enjoy the necessary autonomy to implement the agreed reforms, and we recognise the need for sustainable funding of institutions.

The European Higher Education Area is structured around three cycles, where each level has the function of preparing the student for the labour market, for further competence building and for active citizenship. The overarching framework for qualifications, the agreed set of European standards and guidelines for quality assurance and the recognition of degrees and periods of study are also key characteristics of the structure of the EHEA.

We endorse the follow-up structure set up in Berlin, with the inclusion of the Education International (EI) Pan-European Structure, the European Association for Quality Assurance in Higher Education (ENQA), and the Union of Industrial and Employers' Confederations of Europe (UNICE) as new consultative members of the Follow-up Group.

As the Bologna Process leads to the establishment of the EHEA, we have to consider the appropriate arrangements needed to support the continuing development beyond 2010, and we ask the Follow-up Group to explore these issues.

We will hold the next Ministerial Conference in London in 2007.

---

45 countries participate in the Bologna Process and are members of the Follow-up Group: Albania, Andorra, Armenia, Austria, Azerbaijan, Belgium (Flemish Community and French Community), Bosnia and Herzegovina, Bulgaria, Croatia, Cyprus, the Czech Republic, Denmark, Estonia, Finland, France, Georgia, Germany, Greece, the Holy See, Hungary, Iceland, Ireland, Italy, Latvia, Liechtenstein, Lithuania, Luxembourg, Malta, Moldova, the Netherlands, Norway, Poland, Portugal, Romania, the Russian Federation, Serbia and Montenegro, the Slovak Republic, Slovenia, Spain, Sweden, Switzerland, "the former Yugoslav Republic of Macedonia", Turkey, Ukraine and the United Kingdom. In addition, the European Commission is a voting member of the Follow-up Group.

The Council of Europe, the National Unions of Students in Europe (ESIB), the Education International (EI) Pan-European Structure, the European Association for Quality Assurance in Higher Education (ENQA), the European University Association (EUA), the European Association of Institutions in Higher Education (EURASHE), the European Centre for Higher Education (UNESCO-CEPES) and the Union of Industrial and Employers' Confederations of Europe (UNICE) are consultative members of the Follow-up Group.

Standards and Guidelines for Quality Assurance in the European Higher Education Area

European Association for Quality Assurance in Higher Education

Education and Culture

DG Education and Culture

This project has been funded with support from the European Commission in the framework of the Socrates programme. This publication reflects the views only of the author, and the Commission cannot be held responsible for any use which may be made of the information contained therein.

Layout: Pikseri Julkaisupalvelut

Helsinki, Finland 2005

Foreword

In the Berlin communiqué of 19 September 2003 the Ministers of the Bologna Process signatory states invited the European Network for Quality Assurance in Higher Education (ENQA) 'through its members, in cooperation with the EUA, EURASHE, and ESIB', to develop 'an agreed set of standards, procedures and guidelines on quality assurance' and to 'explore ways of ensuring an adequate peer review system for quality assurance and/or accreditation agencies or bodies, and to report back through the Bologna Follow-Up Group to Ministers in 2005'. The Ministers also asked ENQA to take due account 'of the expertise of other quality assurance associations and networks'.

This report forms the response to this mandate and comes with the endorsement of all the organisations named in that section of the communiqué. The achievement of such a joint understanding is a tribute to the spirit of co-operation and mutual respect that has characterised the discussions between all the players involved. I would therefore like to extend my thanks to the EUA, EURASHE and ESIB together with the ENQA member agencies for their constructive and most valuable input to the process.

This report is directed at the European Ministers of Education. However, we expect the report to achieve a wider circulation among those with an interest in quality assurance in higher education. These readers will hopefully find the report useful and inspirational.

It must be emphasised that the report is no more than a first step in what is likely to be a long and possibly arduous route to the establishment of a widely shared set of underpinning values, expectations and good practice in relation to quality and its assurance, by institutions and agencies across the European Higher Education Area (EHEA). What has been set in motion by the Berlin mandate will need to be developed further if it is to provide the fully functioning European dimension of quality assurance for the EHEA. If this can be accomplished, then many of the ambitions of the Bologna Process will also be achieved. All the participants in the work to date look forward to contributing to the success of that endeavour.

Christian Thune
President of ENQA
February 2005

Contents

Executive Summary

This report has been drafted by the European Association for Quality Assurance in Higher Education (ENQA)[1], through its members, in consultation and co-operation with the EUA, ESIB and EURASHE and in discussion with various relevant networks. It forms the response to the twin mandates given to ENQA in the Berlin Communiqué of September 2003 to develop 'an agreed set of standards, procedures and guidelines on quality assurance' and 'to explore ways of ensuring an adequate peer review system for quality assurance and/or accreditation agencies or bodies'.

The report consists of four chapters. After the introductory chapter on context, aims and principles, there follow chapters on standards and guidelines for quality assurance[2]; a peer review system for quality assurance agencies; and future perspectives and challenges.

The main results and recommendations of the report are:

- There will be European standards for internal and external quality assurance, and for external quality assurance agencies.
- European quality assurance agencies will be expected to submit themselves to a cyclical review within five years.
- There will be an emphasis on subsidiarity, with reviews being undertaken nationally where possible.
- A European register of quality assurance agencies will be produced.
- A European Register Committee will act as a gatekeeper for the inclusion of agencies in the register.
- A European Consultative Forum for Quality Assurance in Higher Education will be established.

When the recommendations are implemented:

- The consistency of quality assurance across the European Higher Education Area (EHEA) will be improved by the use of agreed standards and guidelines.
- Higher education institutions and quality assurance agencies across the EHEA will be able to use common reference points for quality assurance.
- The register will make it easier to identify professional and credible agencies.
- Procedures for the recognition of qualifications will be strengthened.
- The credibility of the work of quality assurance agencies will be enhanced.
- The exchange of viewpoints and experiences amongst agencies and other key stakeholders (including higher education institutions, students and labour market representatives) will be enhanced through the work of the European Consultative Forum for Quality Assurance in Higher Education.

---

[1] ENQA's General Assembly confirmed on 4 November 2004 the change of the former European Network into the European Association.

[2] The term "quality assurance" in this report includes processes such as evaluation, accreditation and audit.

- The mutual trust among institutions and agencies will grow.
- The move toward mutual recognition will be assisted.

Summary list of European standards for quality assurance

This summary list of European standards for quality assurance in higher education is drawn from Chapter 2 of the report and is placed here for ease of reference. It omits the accompanying guidelines. The standards are in three parts covering internal quality assurance of higher education institutions, external quality assurance of higher education, and quality assurance of external quality assurance agencies.

Part 1: European standards and guidelines for internal quality assurance within higher education institutions

1.1 **Policy and procedures for quality assurance:** Institutions should have a policy and associated procedures for the assurance of the quality and standards of their programmes and awards. They should also commit themselves explicitly to the development of a culture which recognises the importance of quality, and quality assurance, in their work. To achieve this, institutions should develop and implement a strategy for the continuous enhancement of quality. The strategy, policy and procedures should have a formal status and be publicly available. They should also include a role for students and other stakeholders.

1.2 **Approval, monitoring and periodic review of programmes and awards:** Institutions should have formal mechanisms for the approval, periodic review and monitoring of their programmes and awards.

1.3 **Assessment of students:** Students should be assessed using published criteria, regulations and procedures which are applied consistently.

1.4 **Quality assurance of teaching staff:** Institutions should have ways of satisfying themselves that staff involved with the teaching of students are qualified and competent to do so. They should be available to those undertaking external reviews, and commented upon in reports.

1.5 **Learning resources and student support:** Institutions should ensure that the resources available for the support of student learning are adequate and appropriate for each programme offered.

1.6 **Information systems:** Institutions should ensure that they collect, analyse and use relevant information for the effective management of their programmes of study and other activities.

1.7 **Public information:** Institutions should regularly publish up to date, impartial and objective information, both quantitative and qualitative, about the programmes and awards they are offering.

Part 2: European standards for the external quality assurance of higher education

2.1 **Use of internal quality assurance procedures:** External quality assurance procedures should take into account the effectiveness of the internal quality assurance processes described in Part 1 of the European Standards and Guidelines.

2.2 **Development of external quality assurance processes:** The aims and objectives of quality assurance processes should be determined before the processes themselves are developed, by all those responsible (including higher education institutions) and should be published with a description of the procedures to be used.

2.3 **Criteria for decisions:** Any formal decisions made as a result of an external quality assurance activity should be based on explicit published criteria that are applied consistently.

2.4 **Processes fit for purpose:** All external quality assurance processes should be designed specifically to ensure their fitness to achieve the aims and objectives set for them.

2.5 **Reporting:** Reports should be published and should be written in a style, which is clear and readily accessible to its intended readership. Any decisions, commendations or recommendations contained in reports should be easy for a reader to find.

2.6 **Follow-up procedures:** Quality assurance processes which contain recommendations for action or which require a subsequent action plan, should have a predetermined follow-up procedure which is implemented consistently.

2.7 **Periodic reviews:** External quality assurance of institutions and/or programmes should be undertaken on a cyclical basis. The length of the cycle and the review procedures to be used should be clearly defined and published in advance.

2.8 **System-wide analyses:** Quality assurance agencies should produce from time to time summary reports describing and analysing the general findings of their reviews, evaluations, assessments etc.

Part 3: European standards for external quality assurance agencies

3.1 **Use of external quality assurance procedures for higher education:** The external quality assurance of agencies should take into account the presence and effectiveness of the external quality assurance processes described in Part 2 of the European Standards and Guidelines.

3.2 **Official status:** Agencies should be formally recognised by competent public authorities in the European Higher Education Area as agencies with responsibilities for external quality assurance and should have an established legal basis. They should comply with any requirements of the legislative jurisdictions within which they operate.

3.3 **Activities:** Agencies should undertake external quality assurance activities (at institutional or programme level) on a regular basis.

3.4 Resources: Agencies should have adequate and proportional resources, both human and financial, to enable them to organise and run their external quality assurance process(es) in an effective and efficient manner, with appropriate provision for the development of their processes and procedures.

3.5 Mission statement: Agencies should have clear and explicit goals and objectives for their work, contained in a publicly available statement.

3.6 Independence: Agencies should be independent to the extent both that they have autonomous responsibility for their operations and that the conclusions and recommendations made in their reports cannot be influenced by third parties such as higher education institutions, ministries or other stakeholders.

3.7 External quality assurance criteria and processes used by the agencies: The processes, criteria and procedures used by agencies should be pre-defined and publicly available. These processes will normally be expected to include:

- a self-assessment or equivalent procedure by the subject of the quality assurance process;
- an external assessment by a group of experts, including, as appropriate, (a) student member(s), and site visits as decided by the agency;
- publication of a report, including any decisions, recommendations or other formal outcomes;
- a follow-up procedure to review actions taken by the subject of the quality assurance process in the light of any recommendations contained in the report.

3.8 Accountability procedures: Agencies should have in place procedures for their own accountability.

1 Context, Aims and Principles

In the Berlin communiqué of 19 September 2003 the Ministers of the Bologna Process signatory states invited ENQA 'through its members, in cooperation with the EUA, EURASHE, and ESIB', to develop 'an agreed set of standards, procedures and guidelines on quality assurance' and to 'explore ways of ensuring an adequate peer review system for quality assurance and/or accreditation agencies or bodies, and to report back through the Bologna Follow-Up Group to Ministers in 2005'. The Ministers also asked ENQA to take due account 'of the expertise of other quality assurance associations and networks'.

ENQA welcomed this opportunity to make a major contribution to the development of the European dimension in quality assurance and, thereby, to further the aims of the Bologna Process.

The work has involved many different organisations and interest groups. First, ENQA members have been extensively involved in the process. Members have participated in working groups, and draft reports have been important elements in the agenda of the ENQA General Assemblies in June and November 2004. Secondly, the European University Association (EUA), the European Association of Institutions in Higher Education (EURASHE), the National Unions of Students in Europe (ESIB) and the European Commission have participated through regular meetings in the 'E4 Group'. Thirdly, the contacts with and contributions from other networks, such as the European Consortium for Accreditation (ECA) and the Central and Eastern European Network of Quality Assurance Agencies (CEE Network), have been particularly valuable in the drafting process. Finally, ENQA and its partners have made good use of their individual international contacts and experiences and in this way ensured that relevant international perspectives were brought into the process.

Quality assurance in higher education is by no means only a European concern. All over the world there is an increasing interest in quality and standards, reflecting both the rapid growth of higher education and its cost to the public and the private purse. Accordingly, if Europe is to achieve its aspiration to be the most dynamic and knowledge-based economy in the world (Lisbon Strategy), then European higher education will need to demonstrate that it takes the quality of its programmes and awards seriously and is willing to put into place the means of assuring and demonstrating that quality. The initiatives and demands, which are springing up both inside and outside Europe in the face of this internationalisation of higher education, demand a response. The commitment of all those involved in the production of these proposals augurs well for the fulfilment of a truly European dimension to quality assurance with which to reinforce the attractiveness of the EHEA's higher education offering.

The proposals contained in this report are underpinned by a number of principles which are described in more detail in the two chapters which cover the two parts of the Berlin mandate. However, some fundamental principles should permeate the whole work:

- the interests of students as well as employers and the society more generally in good quality higher education;
- the central importance of institutional autonomy, tempered by a recognition that this brings with it heavy responsibilities;
- the need for external quality assurance to be fit for its purpose and to place only an appropriate and necessary burden on institutions for the achievement of its objectives.

The EHEA with its 40 states is characterised by its diversity of political systems, higher education systems, socio-cultural and educational traditions, languages, aspirations and expectations. This makes a single monolithic approach to quality, standards and quality assurance in higher education inappropriate. In the light of this diversity and variety, generally acknowledged as being one of the glories of Europe, the report sets its face against a narrow, prescriptive and highly formulated approach to standards. In both the standards and the guidelines, the report prefers the generic principle to the specific requirement. It does this because it believes that this approach is more likely to lead to broad acceptance in the first instance and because it will provide a more robust basis for the coming together of the different higher education communities across the EHEA. The generic standards ought to find a general resonance at the national[3] level of most signatory states. However, one consequence of the generic principle is that the standards and guidelines focus more on what should be done than how they should be achieved. Thus, the report does include procedural matters, but it has given a priority to standards and guidelines, especially in Chapter 2.

Finally, it must be emphasised that reaching agreement for this report is not the same thing as fulfilling the Bologna goal of a quality assurance dimension for the EHEA. Ahead lies more work to implement the recommendations of the report and secure the implied quality culture among both the higher education institutions and the external quality assurance agencies.

---

[3] Throughout the report, the term "national" also includes the regional context with regard to quality assurance agencies, national contexts and authorities etc.

2 European Standards and Guidelines

The Ministers' mandate to develop 'an agreed set of standards, procedures and guidelines on quality assurance' raised a number of important questions. 'Quality assurance' is a generic term in higher education which lends itself to many interpretations: It is not possible to use one definition to cover all circumstances. Similarly, the word 'standards' is employed in a variety of ways across Europe, ranging from statements of narrowly defined regulatory requirements to more generalised descriptions of good practice. The words also have very different meanings in the local contexts of national higher education systems.

Moreover, the drafting process itself has made evident that, within the quality assurance community itself, there are some quite fundamental differences of view of the appropriate relationship that should be established between higher education institutions and their external evaluators. Some, mainly from agencies which accredit programmes or institutions, take the view that external quality assurance is essentially a matter of 'consumer protection', requiring a clear distance to be established between the quality assurance agency and the higher education institutions whose work they assess, while other agencies see the principal purpose of external quality assurance to be the provision of advice and guidance in pursuit of improvements in the standards and quality of programmes of study and associated qualifications. In the latter case a close relationship between the evaluators and the evaluated is a requirement. Yet others wish to adopt a position somewhere between the two, seeking to balance accountability and improvement.

Nor is it just the quality assurance agencies that have different views on these matters. The interests of the higher education institutions and student representative bodies are not always the same, the former seeking a high level of autonomy with a minimum of external regulation or evaluation (and that at the level of the whole institution), the latter wanting institutions to be publicly accountable through frequent inspection at the level of the programme or qualification.

Finally, the standards and guidelines relate only to the three cycles of higher education described in the Bologna Declaration and are not intended to cover the area of research or general institutional management.

Background of the standards and guidelines

This section of the report contains a set of proposed standards and guidelines for quality assurance in the EHEA. The standards and guidelines are designed to be applicable to all higher education institutions and quality assurance agencies in Europe, irrespective of their structure, function and size, and the national system in which they are located. As mentioned earlier, it has not been considered appropriate to include detailed 'procedures' in the recommendations of this chapter of the report, since institutional and agency procedures are an important part of their autonomy. It will be for the institutions and agencies themselves, co-operating within their individual contexts, to decide the procedural consequences of adopting the standards contained in this report.

As their starting point, the standards and guidelines endorse the spirit of the 'July 2003 Graz Declaration' of the European University Association (EUA) which states that 'the purpose of a European dimension to quality assurance is to promote mutual trust and improve transparency while respecting the diversity of national contexts and subject areas'. Consonant with the Graz declaration, the standards and guidelines contained in this report recognise the primacy of national systems of higher education, the importance of institutional and agency autonomy within those national systems, and the particular requirements of different academic subjects. In addition, the standards and guidelines owe much to the experience gained during the ENQA-coordinated pilot project 'Transnational European Evaluation Project' (TEEP), which investigated, in three disciplines, the operational implications of a European transnational quality evaluation process.

The standards and guidelines also take into account the quality convergence study published by ENQA in March 2005, which examined the reasons for differences between different national approaches to external quality assurance and constraints on their convergence. Further, they reflect the statement of Ministers in the Berlin communiqué that 'consistent with the principle of institutional autonomy, the primary responsibility for quality assurance in higher education lies with each institution itself and this provides the basis for real accountability of the academic system within the national quality framework'. In these standards and guidelines, therefore, an appropriate balance has been sought between the creation and development of internal quality cultures, and the role which external quality assurance procedures may play.

In addition, the standards and guidelines have also benefited particularly from the 'Code of Good Practice' published in December 2004 by the European Consortium for Accreditation (ECA) and other perspectives included in ESIB's 'Statement on agreed set of standards, procedures and guidelines at a European level' (April 2004) and 'Statement on peer review of quality assurance and accreditation agencies' (April 2004), EUA's 'QA policy position in the context of the Berlin Communiqué' (April 2004) and the EURASHE 'Policy Statement on the Bologna Process' (June 2004). Finally, an international perspective has been included by comparing the standards on external quality assurance with the "Guidelines for good practice" being implemented by the international network INQAAHE.

Introduction to Parts 1 and 2: European standards and guidelines for internal and external quality assurance of higher education

The standards and guidelines for internal and external quality assurance, which follow, have been developed for the use of higher education institutions and quality assurance agencies working in the EHEA, covering key areas relating to quality and standards.

The purpose of these standards and guidelines is to provide a source of assistance and guidance to both higher education institutions in developing their own quality assurance systems and agencies undertaking external quality assurance, as well as to contribute to a common frame of reference, which can be used by institutions and agencies alike. It is not the intention that these standards and guidelines should dictate practice or be interpreted as prescriptive or unchangeable.

In some countries of the EHEA the ministry of education or an equivalent organisation has the responsibility for some of the areas covered by the standards and guidelines. Where this is the case, that ministry or organisation should ensure that appropriate quality assurance mechanisms are in place and subject to independent reviews.

Basic principles

The standards and guidelines are based on a number of basic principles about quality assurance, both internal in and external to higher education in the EHEA. These include:

- providers of higher education have the primary responsibility for the quality of their provision and its assurance;
- the interests of society in the quality and standards of higher education need to be safeguarded;
- the quality of academic programmes need to be developed and improved for students and other beneficiaries of higher education across the EHEA;
- there need to be efficient and effective organisational structures within which those academic programmes can be provided and supported;
- transparency and the use of external expertise in quality assurance processes are important;
- there should be encouragement of a culture of quality within higher education institutions;
- processes should be developed through which higher education institutions can demonstrate their accountability, including accountability for the investment of public and private money;
- quality assurance for accountability purposes is fully compatible with quality assurance for enhancement purposes;
- institutions should be able to demonstrate their quality at home and internationally;
- processes used should not stifle diversity and innovation.

Purposes of the standards and guidelines

The purposes of the standards and guidelines are:

- to improve the education available to students in higher education institutions in the EHEA;
- to assist higher education institutions in managing and enhancing their quality and, thereby, to help to justify their institutional autonomy;
- to form a background for quality assurance agencies in their work;
- to make external quality assurance more transparent and simpler to understand for everybody involved.

Objectives of the standards and guidelines

The objectives of the standards and guidelines are:

- to encourage the development of higher education institutions which foster vibrant intellectual and educational achievement;
- to provide a source of assistance and guidance to higher education institutions and other relevant agencies in developing their own culture of quality assurance;
- to inform and raise the expectations of higher education institutions, students, employers and other stakeholders about the processes and outcomes of higher education;
- to contribute to a common frame of reference for the provision of higher education and the assurance of quality within the EHEA.

External quality assurance

The standards and guidelines proposed in this report envisage an important role for external quality assurance. The form of this varies from system to system and can include institutional evaluations of different types; subject or programme evaluations; accreditation at subject, programme and institutional levels; and combinations of these. Such external evaluations largely depend for their full effectiveness on there being an explicit internal quality assurance strategy, with specific objectives, and on the use, within institutions, of mechanisms and methods aimed at achieving those objectives.

Quality assurance can be undertaken by external agencies for a number of purposes, including:

- safeguarding of national academic standards for higher education;
- accreditation of programmes and/or institutions;
- user protection;
- public provision of independently-verified information (quantitative and qualitative) about programmes or institutions;
- improvement and enhancement of quality.

The activities of European quality assurance agencies will reflect the legal, social and cultural requirements of the jurisdictions and environments in which they operate. European standards relating to the quality assurance of quality assurance agencies themselves are contained in Part 3 of this chapter.

The processes carried out by quality assurance agencies will properly depend upon their purposes and the outcomes they are intended to achieve. The procedures adopted by those agencies that are concerned to emphasise principally the enhancement of quality may be quite different from those whose function is first to provide strong 'consumer protection'. The standards that follow reflect basic good practice across Europe in external quality assurance, but do not attempt to provide detailed guidance about what should be examined or how quality assurance activities should be conducted. Those are matters of national autonomy, although the exchange of information amongst agencies and authorities is already leading to the emergence of convergent elements.

There are, however, already some general principles of good practice in external quality assurance processes:

- institutional autonomy should be respected;
- the interests of students and other stakeholders such as labour market representatives should be at the forefront of external quality assurance processes;
- use should be made, wherever possible, of the results of institutions' own internal quality assurance activities.

The 'guidelines' provide additional information about good practice and in some cases explain in more detail the meaning and importance of the standards. Although the guidelines are not part of the standards themselves, the standards should be considered in conjunction with them.

Part 1: European standards and guidelines for internal quality assurance within higher education institutions

1.1 Policy and procedures for quality assurance

Standard:

Institutions should have a policy and associated procedures for the assurance of the quality and standards of their programmes and awards. They should also commit themselves explicitly to the development of a culture which recognises the importance of quality, and quality assurance, in their work. To achieve this, institutions should develop and implement a strategy for the continuous enhancement of quality.

The strategy, policy and procedures should have a formal status and be publicly available. They should also include a role for students and other stakeholders.

Guidelines:

Formal policies and procedures provide a framework within which higher education institutions can develop and monitor the effectiveness of their quality assurance systems. They also help to provide public confidence in institutional autonomy. Policies contain the statements of intentions and the principal means by which these will be achieved. Procedural guidance can give more detailed information about the ways in which the policy is implemented and provides a useful reference point for those who need to know about the practical aspects of carrying out the procedures.

The policy statement is expected to include:

- the relationship between teaching and research in the institution;
- the institution's strategy for quality and standards;
- the organisation of the quality assurance system;
- the responsibilities of departments, schools, faculties and other organisational units and individuals for the assurance of quality;
- the involvement of students in quality assurance;
- the ways in which the policy is implemented, monitored and revised.

The realisation of the EHEA depends crucially on a commitment at all levels of an institution to ensuring that its programmes have clear and explicit intended outcomes; that its staff are ready, willing and able to provide teaching and learner support that will help its students achieve those outcomes; and that there is full, timely and tangible recognition of the contribution to its work by those of its staff who demonstrate particular excellence, expertise and dedication. All higher education institutions should aspire to improve and enhance the education they offer their students.

1.2 Approval, monitoring and periodic review of programmes and awards

Standard:

Institutions should have formal mechanisms for the approval, periodic review and monitoring of their programmes and awards.

Guidelines:

The confidence of students and other stakeholders in higher education is more likely to be established and maintained through effective quality assurance activities which ensure that programmes are well-designed, regularly monitored and periodically reviewed, thereby securing their continuing relevance and currency.

The quality assurance of programmes and awards are expected to include:

- development and publication of explicit intended learning outcomes;
- careful attention to curriculum and programme design and content;
- specific needs of different modes of delivery (e.g. full time, part-time, distance-learning, e-learning) and types of higher education (e.g. academic, vocational, professional);
- availability of appropriate learning resources;
- formal programme approval procedures by a body other than that teaching the programme;
- monitoring of the progress and achievements of students;
- regular periodic reviews of programmes (including external panel members);
- regular feedback from employers, labour market representatives and other relevant organisations;
- participation of students in quality assurance activities.

1.3 Assessment of students

Standard:

Students should be assessed using published criteria, regulations and procedures which are applied consistently.

Guidelines:

The assessment of students is one of the most important elements of higher education. The outcomes of assessment have a profound effect on students' future careers. It is therefore important that assessment is carried out professionally at all times and takes into account the extensive knowledge which exists about testing and examination processes. Assessment also provides valuable information for institutions about the effectiveness of teaching and learners' support.

Student assessment procedures are expected to:

- be designed to measure the achievement of the intended learning outcomes and other programme objectives;
- be appropriate for their purpose, whether diagnostic, formative or summative;
- have clear and published criteria for marking;
- be undertaken by people who understand the role of assessment in the progression of students towards the achievement of the knowledge and skills associated with their intended qualification;
- where possible, not rely on the judgements of single examiners;
- take account of all the possible consequences of examination regulations;
- have clear regulations covering student absence, illness and other mitigating circumstances;
- ensure that assessments are conducted securely in accordance with the institution's stated procedures;
- be subject to administrative verification checks to ensure the accuracy of the procedures.

In addition, students should be clearly informed about the assessment strategy being used for their programme, what examinations or other assessment methods they will be subject to, what will be expected of them, and the criteria that will be applied to the assessment of their performance.

1.4 Quality assurance of teaching staff

Standard:

Institutions should have ways of satisfying themselves that staff involved with the teaching of students are qualified and competent to do so. They should be available to those undertaking external reviews, and commented upon in reports.

Guidelines:

Teachers are the single most important learning resource available to most students. It is important that those who teach have a full knowledge and understanding of the subject they are teaching, have the necessary skills and experience to transmit their knowledge and understanding effectively to students in a range of teaching contexts, and can access feedback on their own performance. Institutions should ensure that their staff recruitment and appointment procedures include a means of making certain that all new staff have at least the minimum necessary level of competence. Teaching staff should be given opportunities to develop and extend their teaching capacity and should be encouraged to value their skills. Institutions should provide poor teachers with opportunities to improve their skills to an acceptable level and should have the means to remove them from their teaching duties if they continue to be demonstrably ineffective.

1.5 Learning resources and student support

Standard:

Institutions should ensure that the resources available for the support of student learning are adequate and appropriate for each programme offered.

Guidelines:

In addition to their teachers, students rely on a range of resources to assist their learning. These vary from physical resources such as libraries or computing facilities to human support in the form of tutors, counsellors, and other advisers. Learning resources and other support mechanisms should be readily accessible to students, designed with their needs in mind and responsive to feedback from those who use the services provided. Institutions should routinely monitor, review and improve the effectiveness of the support services available to their students.

1.6 Information systems

Standard:

Institutions should ensure that they collect, analyse and use relevant information for the effective management of their programmes of study and other activities.

Guidelines:

Institutional self-knowledge is the starting point for effective quality assurance. It is important that institutions have the means of collecting and analysing information about their own activities. Without this they will not know what is working well and what needs attention, or the results of innovatory practices.

The quality-related information systems required by individual institutions will depend to some extent on local circumstances, but it is at least expected to cover:

- student progression and success rates;
- employability of graduates;
- students' satisfaction with their programmes;
- effectiveness of teachers;
- profile of the student population;
- learning resources available and their costs;
- the institution's own key performance indicators.

There is also value in institutions comparing themselves with other similar organisations within the EHEA and beyond. This allows them to extend the range of their self-knowledge and to access possible ways of improving their own performance.

1.7 Public information

Standard:

Institutions should regularly publish up to date, impartial and objective information, both quantitative and qualitative, about the programmes and awards they are offering.

Guidelines:

In fulfilment of their public role, higher education institutions have a responsibility to provide information about the programmes they are offering, the intended learning outcomes of these, the qualifications they award, the teaching, learning and assessment procedures used, and the learning opportunities available to their students. Published information might also include the views and employment destinations of past students and the profile of the current student population. This information should be accurate, impartial, objective and readily accessible and should not be used simply as a marketing opportunity. The institution should verify that it meets its own expectations in respect of impartiality and objectivity.

Part 2: European standards and guidelines for the external quality assurance of higher education

2.1 Use of internal quality assurance procedures

Standard:

External quality assurance procedures should take into account the effectiveness of the internal quality assurance processes described in Part 1 of the European Standards and Guidelines.

Guidelines:

The standards for internal quality assurance contained in Part 1 provide a valuable basis for the external quality assessment process. It is important that the institutions' own internal policies and procedures are carefully evaluated in the course of external procedures, to determine the extent to which the standards are being met.

If higher education institutions are to be able to demonstrate the effectiveness of their own internal quality assurance processes, and if those processes properly assure quality and standards, then external processes might be less intensive than otherwise.

2.2 Development of external quality assurance processes

Standard:

The aims and objectives of quality assurance processes should be determined before the processes themselves are developed, by all those responsible (including higher education institutions) and should be published with a description of the procedures to be used.

Guidelines:

In order to ensure clarity of purpose and transparency of procedures, external quality assurance methods should be designed and developed through a process involving key stakeholders, including higher education institutions. The procedures that are finally agreed should be published and should contain explicit statements of the aims and objectives of the processes as well as a description of the procedures to be used.

As external quality assurance makes demands on the institutions involved, a preliminary impact assessment should be undertaken to ensure that the procedures to be adopted are appropriate and do not interfere more than necessary with the normal work of higher education institutions.

2.3 Criteria for decisions

Standard:

Any formal decisions made as a result of an external quality assurance activity should be based on explicit published criteria that are applied consistently.

Guidelines:

Formal decisions made by quality assurance agencies have a significant impact on the institutions and programmes that are judged. In the interests of equity and reliability, decisions should be based on published criteria and interpreted in a consistent manner. Conclusions should be based on recorded evidence and agencies should have in place ways of moderating conclusions, if necessary.

2.4 Processes fit for purpose

Standard:

All external quality assurance processes should be designed specifically to ensure their fitness to achieve the aims and objectives set for them.

Guidelines:

Quality assurance agencies within the EHEA undertake different external processes for different purposes and in different ways. It is of the first importance that agencies should operate procedures which are fit for their own defined and published purposes. Experience has shown, however, that there are some widely-used elements of external review processes which not only help to ensure their validity, reliability and usefulness, but also provide a basis for the European dimension to quality assurance.

Amongst these elements the following are particularly noteworthy:

- insistence that the experts undertaking the external quality assurance activity have appropriate skills and are competent to perform their task;
- the exercise of care in the selection of experts;
- the provision of appropriate briefing or training for experts;

- the use of international experts;
- participation of students;
- ensuring that the review procedures used are sufficient to provide adequate evidence to support the findings and conclusions reached;
- the use of the self-evaluation/site visit/draft report/published report/follow-up model of review;
- recognition of the importance of institutional improvement and enhancement policies as a fundamental element in the assurance of quality.

2.5 Reporting

Standard:

Reports should be published and should be written in a style which is clear and readily accessible to its intended readership. Any decisions, commendations or recommendations contained in reports should be easy for a reader to find.

Guidelines:

In order to ensure maximum benefit from external quality assurance processes, it is important that reports should meet the identified needs of the intended readership. Reports are sometimes intended for different readership groups and this will require careful attention to structure, content, style and tone.

In general, reports should be structured to cover description, analysis (including relevant evidence), conclusions, commendations, and recommendations. There should be sufficient preliminary explanation to enable a lay reader to understand the purposes of the review, its form, and the criteria used in making decisions. Key findings, conclusions and recommendations should be easily locatable by readers.

Reports should be published in a readily accessible form and there should be opportunities for readers and users of the reports (both within the relevant institution and outside it) to comment on their usefulness.

2.6 Follow-up procedures

Standard:

Quality assurance processes which contain recommendations for action or which require a subsequent action plan, should have a predetermined follow-up procedure which is implemented consistently.

Guidelines:

Quality assurance is not principally about individual external scrutiny events: It should be about continuously trying to do a better job. External quality assurance does not end with the publication of the report and should include a structured follow-up procedure to ensure that recommendations are dealt with appropriately and any required action plans drawn up and implemented. This may involve further meetings with institutional or programme representatives. The objective is to ensure that areas identified for improvement are dealt with speedily and that further enhancement is encouraged.

2.7 Periodic reviews

Standard:

External quality assurance of institutions and/or programmes should be undertaken on a cyclical basis. The length of the cycle and the review procedures to be used should be clearly defined and published in advance.

Guidelines:

Quality assurance is not a static but a dynamic process. It should be continuous and not "once in a lifetime". It does not end with the first review or with the completion of the formal follow-up procedure. It has to be periodically renewed. Subsequent external reviews should take into account progress that has been made since the previous event. The process to be used in all external reviews should be clearly defined by the external quality assurance agency and its demands on institutions should not be greater than are necessary for the achievement of its objectives.

2.8 System-wide analyses

Standard:

Quality assurance agencies should produce from time to time summary reports describing and analysing the general findings of their reviews, evaluations, assessments etc.

Guidelines:

All external quality assurance agencies collect a wealth of information about individual programmes and/or institutions and this provides material for structured analyses across whole higher education systems. Such analyses can provide very useful information about developments, trends, emerging good practice and areas of persistent difficulty or weakness and can become useful tools for policy development and quality enhancement. Agencies should consider including a research and development function within their activities, to help them extract maximum benefit from their work.

Introduction to Part 3: European standards and guidelines for external quality assurance agencies

The growth of European external quality assurance agencies has been expansive since the early 1990s. At the same time cooperation and sharing of best practices among agencies have been an integrated element in this development. Already in 1994/95 the so-called European Pilot Projects initiated by the European Commission resulted in the mutual recognition by agencies of the basic methodology of quality assurance: independent agencies, self-evaluations, external site visits and public reporting, laid down in the 1998 EU Council Recommendation on quality assurance in higher education. The creation of ENQA in

2000 was therefore a natural formalisation of this development in cooperation, and ENQA has been able to build on the state-of-the-art consensus arrived at during the 1990s.

The European standards for external quality assurance agencies, which follow, have been developed on the premises of this development in the young history of European external quality assurance. Moreover it is the conscious ambition that the standards should be neither too detailed nor too prescriptive. They must not reduce the freedom of European quality assurance agencies to reflect in their organisations and processes the experiences and expectations of their nation or region. The standards must, though, ensure that the professionalism, credibility and integrity of the agencies are visible and transparent to their stakeholders and must permit comparability to be observable among the agencies and allow the necessary European dimension.

It should be added that in this way the standards do also contribute naturally to the work being done towards mutual recognition of agencies and the results of agency evaluations or accreditations. This work has been explored in the Nordic Quality Assurance Network in Higher Education (NOQA) and is part of the 'Code of Good Practise' by the European Consortium for Accreditation (ECA).

Several 'guidelines' have been added to provide additional information about good practice and in some cases explain in more detail the meaning and importance of the standards. Although the guidelines are not part of the standards themselves, the standards should be considered in conjunction with them.

Part 3: European standards for external quality assurance agencies

3.1 Use of external quality assurance procedures for higher education

Standard:

The external quality assurance of agencies should take into account the presence and effectiveness of the external quality assurance processes described in Part 2 of the European Standards and Guidelines.

Guidelines:

The standards for external quality assurance contained in Part 2 provide a valuable basis for the external quality assessment process. The standards reflect best practices and experiences gained through the development of external quality assurance in Europe since the early 1990s. It is therefore important that these standards are integrated into the processes applied by external quality assurance agencies towards the higher education institutions.

The standards for external quality assurance should together with the standards for external quality assurance agencies constitute the basis for professional and credible external quality assurance of higher education institutions.

3.2 Official status

Standard:

Agencies should be formally recognised by competent public authorities in the European Higher Education Area as agencies with responsibilities for external quality assurance and should have an established legal basis. They should comply with any requirements of the legislative jurisdictions within which they operate.

3.3 Activities

Standard:

Agencies should undertake external quality assurance activities (at institutional or programme level) on a regular basis.

Guidelines:

These may involve evaluation, review, audit, assessment, accreditation or other similar activities and should be part of the core functions of the agency.

3.4 Resources

Standard:

Agencies should have adequate and proportional resources, both human and financial, to enable them to organise and run their external quality assurance process(es) in an effective and efficient manner, with appropriate provision for the development of their processes and procedures.

3.5 Mission statement

Standard:

Agencies should have clear and explicit goals and objectives for their work, contained in a publicly available statement.

Guidelines:

These statements should describe the goals and objectives of agencies' quality assurance processes, the division of labour with relevant stakeholders in higher education, especially the higher education institutions, and the cultural and historical context of their work. The statements should make clear that the external quality assurance process is a major activity of the agency and that there exists a systematic approach to achieving its goals and objectives. There should also be documentation to demonstrate how the statements are translated into a clear policy and management plan.

3.6 Independence

Standard:

Agencies should be independent to the extent both that they have autonomous responsibility for their operations and that the conclusions and recommendations made in their reports cannot be influenced by third parties such as higher education institutions, ministries or other stakeholders.

Guidelines:

An agency will need to demonstrate its independence through measures, such as:

- Its operational independence from higher education institutions and governments is guaranteed in official documentation (e.g. instruments of governance or legislative acts).
- The definition and operation of its procedures and methods, the nomination and appointment of external experts and the determination of the outcomes of its quality assurance processes are undertaken autonomously and independently from governments, higher education institutions, and organs of political influence.
- While relevant stakeholders in higher education, particularly students/learners, are consulted in the course of quality assurance processes, the final outcomes of the quality assurance processes remain the responsibility of the agency.

3.7 External quality assurance criteria and processes used by the agencies

Standard:

The processes, criteria and procedures used by agencies should be pre-defined and publicly available.

These processes will normally be expected to include:

- a self-assessment or equivalent procedure by the subject of the quality assurance process;
- an external assessment by a group of experts, including, as appropriate, (a) student member(s), and site visits as decided by the agency;
- publication of a report, including any decisions, recommendations or other formal outcomes;
- a follow-up procedure to review actions taken by the subject of the quality assurance process in the light of any recommendations contained in the report.

Guidelines:

Agencies may develop and use other processes and procedures for particular purposes.

Agencies should pay careful attention to their declared principles at all times, and ensure both that their requirements and processes are managed professionally and that their conclusions and decisions are reached in a consistent manner, even though the decisions are formed by groups of different people.

Agencies that make formal quality assurance decisions, or conclusions which have formal consequences should have an appeals procedure. The nature and form of the appeals procedure should be determined in the light of the constitution of each agency.

3.8 Accountability procedures

Standard:

Agencies should have in place procedures for their own accountability.

Guidelines:

These procedures are expected to include the following:

1. A published policy for the assurance of the quality of the agency itself, made available on its website;
2. Documentation which demonstrates that:

- the agency's processes and results reflect its mission and goals of quality assurance;
- the agency has in place, and enforces, a no-conflict-of-interest mechanism in the work of its external experts;
- the agency has reliable mechanisms that ensure the quality of any activities and material produced by subcontractors, if some or all of the elements in its quality assurance procedure are subcontracted to other parties;
- the agency has in place internal quality assurance procedures which include an internal feedback mechanism (i.e. means to collect feedback from its own staff and council/board); an internal reflection mechanism (i.e. means to react to internal and external recommendations for improvement); and an external feedback mechanism (i.e. means to collect feedback from experts and reviewed institutions for future development) in order to inform and underpin its own development and improvement.

3. A mandatory cyclical external review of the agency's activities at least once every five years.

3 Peer Review System for Quality Assurance Agencies

In Berlin the Ministers called 'upon ENQA, through its members, in cooperation with the EUA, EURASHE, and ESIB, to ... explore ways of ensuring an adequate peer review system for quality assurance and/or accreditation agencies or bodies'.

ENQA and its partners have met this call by building on the interpretation of the mandate that a system of peer review of agencies must include not only the peer review process itself, but also a careful consideration of the quality standards on which a review could build. Further, there has been agreement in the process that peer review of agencies should be interpreted as basically the means to achieve the goal of transparency, visibility and comparability of quality of agencies.

Therefore, this report has as a major proposal the creation of a register of recognised external quality assurance agencies operating in higher education within Europe. This proposal is in essence a response to expectations that there is likely soon to be an increase of quality assurance bodies keen to make a profit from the value of a recognition or accreditation label. Experience elsewhere has shown that it is difficult to control such enterprises, but Europe has a possibly unique opportunity to exercise practical management of this new market, not in order to protect the interests of already established agencies, but to make sure that the benefits of quality assurance are not diminished by the activities of disreputable practitioners.

The work on these proposals has principally taken into consideration the European context and demands. At the same time there has been awareness in the process that similar experiences and processes are developing internationally. This chapter therefore opens with a brief analysis of the international experiences and initiatives relevant for the drafting of this part of the report. It then outlines the proposed peer review system based on the subsidiarity principle and the European standards for external quality assurance agencies. This outline leads to a presentation of the recommended register of external quality assurance agencies operating in Europe. The peer reviews and the agencies' compliance with the European standards play a crucial role in the composition of the register. Finally, a European Consultative Forum for Quality Assurance in Higher Education is proposed.

International context

Europe is not the only area where dynamic developments in the field of higher education quality assurance are currently taking place. This section describes some of the experiences and initiatives of organisations such as the International Network for Quality Assurance Agencies in Higher Education (INQAAHE), the International Association of University Presidents (IAUP), the Council for Higher Education Accreditation in the United States (CHEA), OECD and UNESCO. The work of these organisations in relation to quality assurance have been found useful during the drafting of this report. Even though these international experiences have not been directly included in the specific recommendations, some key international elements are presented below in a manner that relates to the recommendations in this chapter.

The identification of good quality and good practices of external quality assurance agencies has also been on the international agenda for several years. INQAAHE discussed in 1999 and onwards a quality label for external quality assurance agencies, an idea originally initiated by the IAUP, in order to meet the need for higher education institutions to identify which agencies are qualified to fulfil the external quality assurance role. The quality label met widespread opposition and instead INQAAHE has focused on formulating good practice criteria for agencies. The result is a set of principles that presents common denominators of good practice while at the same time recognising the international diversity of agencies in terms of purposes and historical-cultural contexts.

In terms of the recommendations on peer review of agencies, the work done by CHEA is relevant. CHEA is a non-governmental organisation functioning as an umbrella body for the US regional, specialised, national and professional accreditation agencies. Accrediting organisations that seek recognition by CHEA must demonstrate that they meet CHEA recognition standards. Accrediting organisations will be expected to advance academic quality, demonstrate accountability, encourage improvement, employ appropriate procedures, continually reassess accreditation practices and possess sufficient resources. CHEA will demand that members undergo so-called recognition reviews every six years. There are basic similarities and compatibility between the CHEA approach and the proposals of this report, for instance in terms of cyclical reviews. However, this report has given a priority to a distinct focus on the quality assurance of agencies.

A separate initiative has been taken jointly by OECD and UNESCO to elaborate guidelines for quality provision in cross-border higher education. The OECD-UNESCO guidelines will be finalised in 2005, but the drafting process has identified the contrast between the need to regulate the internationalisation of higher education and the fact that existing national quality assurance capacity often focuses exclusively on domestic delivery by domestic institutions. Therefore, it is posed as a challenge for the current quality assurance systems to develop appropriate methodologies and mechanisms to cover foreign providers and programmes in addition to national providers and programmes in order to maximise the benefits and limit the potential disadvantages of the internationalisation of higher education.

The proposed OECD-UNESCO guidelines recommend that external quality assurance agencies ensure that their quality assurance arrangements include foreign and for-profit institutions/providers as well as distance education delivery and other non-traditional modes of educational delivery. However, the drafting process of the guidelines also recognises that the inclusion of foreign providers in the remit of national agencies will in most cases require changes in national legislation and administrative procedures.

This report recognises the importance and implications of internationalisation for the quality assurance of higher education institutions. Although it has been considered too early to include a reference to this in the proposed European standards for external quality assurance, the proposal for a European register does explicitly include agencies from outside Europe operating here as well as European agencies with cross-border operations.

It should also be recognised that the continuing European process fully meets the OECD-UNESCO recommendation that agencies should sustain and strengthen the existing regional and international networks.

Cyclical reviews of agencies

The field of external quality assurance of higher education in Europe is relatively young. However, it may be considered an element of growing maturity among agencies that recent years have evidenced an interest in enhancing credibility of agency work by focusing on internal and external quality assurance of agencies themselves. An ENQA workshop in February 2003 in Sitges, Spain, had quality assurance of agencies as its theme. The participants discussed existing experiences of external evaluation of agencies and one conclusion of the workshop was a recommendation that ENQA should work towards making cyclical external reviews of member agencies. Accordingly, ENQA received the Berlin mandate at a time when discussion of external reviews of agencies had already begun in ENQA and been an element in E4 meetings.

This report recommends that any European agency should at no more than five-year intervals conduct or be submitted to a cyclical external review of its processes and activities. The results should be documented in a report which states the extent to which the agency is in compliance with the European standards for external quality assurance agencies (see Chapter 2, Part 3).

In the EHEA the map of providers and operators in external quality assurance of higher education will no doubt be more complicated in the future. Therefore, it is important that non-ENQA members are included in considerations on quality assurance of agencies. And it is even more important that agencies from outside Europe have an open opportunity, if they want it, to measure themselves against the recommended European standards. Therefore, the report does not wish to confine the focus of this recommendation to nationally recognised European agencies and thus by implication only actual or potential ENQA members. On the contrary, agencies from outside Europe, but operating in Europe, or European agencies that are not nationally recognised, must also be allowed to opt for a review that assesses its compliance with the European standards.

The general principles for cyclical reviews are proposed to be as follows:

- External quality assurance agencies established and officially recognised as national agencies by a Bologna signatory state should normally be reviewed on a national basis, thus respecting the subsidiarity principle – even if they also operate beyond national borders. These European national agencies may on the other hand also opt for reviews organised by ENQA rather than internal nationally based reviews. The reviews of agencies should include an assessment of whether the agencies are in compliance with the European standards for external quality assurance agencies.
- Agencies not established and officially recognised in a Bologna signatory state may on their own

initiative opt to be reviewed against the European standards for external quality assurance agencies.

- The reviews should follow the process comprising a self-evaluation, an independent panel of experts and a published report.

An external review will typically be initiated at the national or agency level. It is therefore expected that reviews of agencies will usually follow from national regulations or from the internal quality assurance processes in place in the agency. This report wishes strongly to emphasise the importance of respecting the subsidiarity principle, and it is therefore proposed that ENQA, in respect of its own members, takes the initiative toward an agency only in the case where after five years no initiative has been taken nationally or by the agency itself. In case the agency is a non-ENQA member and after five years no initiative has been taken nationally or by the agency itself, the European Register Committee is responsible for initiating the review.

When national authorities initiate reviews, the purpose could obviously be quite broad and include the agency's fulfilment of the national mandate, e.g. However, it is a core element in this proposal that reviews – regardless of whether they are initiated at a national, agency or ENQA level – must always explicitly consider the extent to which the agency conforms with the European standards for external quality assurance agencies. The ENQA General Assembly decided at its meeting in November 2004 that the membership criteria of ENQA should conform with the proposed European standards for external quality assurance agencies. Accordingly, the review of an agency will not only make evident the level of conformity with the European standards, but also at the same time indicate the level of compliance with ENQA membership criteria.

Finally, the report stresses that the involvement of international experts with appropriate expertise and experience will provide substantial benefit to the review process.

The follow-up of a cyclical review will first and foremost be the responsibility of the national authorities or owners of the agency and, of course, of the agency itself. ENQA will have a role in the follow-up only in the case of member agencies where ENQA must certify the degree to which the member agency meets the European standards for external quality assurance agencies according to the review. ENQA regulations will specify the consequences if this is not the case.

An illustrative outline of an exemplary process of an external review of an agency is shown in the annex to this report.

Register of external quality assurance agencies operating in Europe

ENQA committed itself before the Berlin Ministerial meeting of 2003 to develop in cooperation with the relevant stakeholders a European register of quality assurance agencies, covering public, private, and thematic agencies, operating or planning to operate in Europe.

The register would meet the interest of higher education institutions and governments in being able to identify professional and credible quality assurance agencies operating in Europe. This interest has firstly its basis in the complicated area of recognition of non-national degrees. Recognition procedures would be strengthened if it were transparent to what extent providers were themselves quality assured by recognised agencies. Secondly, it is increasingly possible for higher education institutions to seek quality assurance from agencies across national borders. Higher education institutions would of course be helped in this process by being able to identify professional agencies from a reliable register.

The most valuable asset of the register would thus be its informative value to institutions and other stakeholders, and the register could in itself become a very useful instrument for achieving transparency and comparability of external quality assurance of higher education institutions.

The register must make evident the level of compliance of entrants with the European standards for external quality assurance agencies. However, it is important to stress that this report does not aim at proposing the register as a ranking instrument.

The register should be open for applications from all agencies providing services within Europe, including those operating from countries outside Europe or those with a transnational or international basis. The agencies will be placed into different sections of the register depending on whether they are peer reviewed or not, whether they comply with the European standards for external quality assurance agencies or not, and whether they operate strictly nationally or across borders.

A possible structure for the register is therefore:

Section 1. Peer reviewed agencies, divided into the following categories:

- European national agencies that have been reviewed and fulfil all the European standards for external quality assurance agencies.
- European national agencies that have been reviewed, but do not fulfil all the European standards for external quality assurance agencies.
- Non-national and extra-European agencies that operate in Europe, have been reviewed and fulfil all the European standards for external quality assurance agencies.
- Non-national and extra-European agencies that operate in Europe and have been reviewed, but do not fulfil all the European standards for external quality assurance agencies.

Section 2. Non-reviewed agencies

- European national agencies, non-national agencies and extra-European agencies that have not been reviewed and are therefore listed according to information gained from their application for inclusion in the register.

Presented in a grid, the structure of the register is this:

PROPOSED REGISTER STRUCTURE		Reviewed		Not reviewed
		Compliance with European standards	Non-compliance with European standards	
European national agencies	National operators			
	Cross-border operators			
European non-national agencies				
Extra-European agencies operating in Europe				

A European Register Committee will decide on admissions to the European register. The committee will use agency compliance with the European standards for external quality assurance agencies as identified in the cyclical review as one criterion for placement in the register. Other criteria should be developed which will take account of the diversity of the higher education systems.

The committee will be a light, non-bureaucratic construction with nine members nominated by EURASHE, ESIB, EUA, ENQA and organisations representing European employers, unions and professional organisations plus government representatives. These members will act in an individual capacity and not as mandated representatives of the nominating organisations. ENQA will perform the secretarial duties for the committee which will meet at least on a semi-annual basis.

The European Register Committee will as one of its first implementation tasks formalise the ownership of the register.

Another immediate task for the European Register Committee must be to establish an independent and credible appeals system to secure the rights of those that have been refused or that cannot accept their placement in the register. This appeals system should be an element in the protocol to be drafted by the committee soon after it has become operational.

European Consultative Forum for Quality Assurance in Higher Education

Since the Prague meeting in 2001 the E4 group, consisting of ENQA, EUA, ESIB and EURASHE, has met on a regular basis to discuss respective views on the Bologna Process and European quality in higher education. Since the Berlin meeting in 2003 the E4 meetings have had as their major focus the implementation of the mandate of the Ministers on quality assurance in higher education.

This cooperation at the European level has proved constructive. The four organisations have therefore agreed that a European Consultative Forum for Quality Assurance in Higher Education will continue to exist building from the E4 group. The foundation of such a forum would in practical terms establish the current cooperation between ENQA, EUA, EURASHE and ESIB on a more permanent basis. The forum would function primarily as a consultative and advisory forum for the major European stakeholders and it would resemble the current arrangements where the four respective organisations finance their own expenses and participation without the creation of a new administrative structure. In the longer term the forum should also include labour market representatives.

4 Future Perspectives and Challenges

This report contains proposals and recommendations that have been developed and endorsed by the key European players in the world of quality assurance in higher education. The very existence of the report is a testimony to the achievement of a joint understanding in a field where such an understanding might be thought inherently unlikely, given the different interests in play. The proposals offer increased transparency, security and information about higher education for students and society more generally. They equally offer higher education institutions recognition and credibility and opportunities to demonstrate their dedication to high quality in an increasingly competitive and sceptical environment. For the quality assurance agencies the proposals enhance their own quality and credibility and connect them more productively to their wider European professional fraternity.

The proposals will remain no more than proposals, however, if they are not accompanied by an effective implementation strategy. If approved by the Ministers in Bergen, immediate steps will be taken to begin to introduce some of the key elements of this report. The register of quality assurance agencies should be envisaged as being started during the latter half of 2005 and to be ready to go on-line in 2006. The ENQA secretariat has made provision for the extra resources that will be necessary for this purpose. Following the Ministerial meeting, ENQA will take the necessary concrete initiatives towards establishing the European Register Committee. The committee will begin its work with formalising the ownership of the register and drafting a protocol based on the preliminary work done by ENQA in the spring of 2005. The first of the cyclical reviews should be expected to take place during 2005.

The European Consultative Forum for Quality Assurance in Higher Education will also be an early initiative. Thus, the outcomes of the Bergen Ministerial meeting, and the establishment of the forum will be the main theme of the next meeting between ENQA and its E4 partners in June 2005. In addition, the future cooperation with other key stakeholders such as labour market representatives will be subject to discussions. ENQA has also arranged a meeting with the other European quality assurance networks prior to the next ENQA General Assembly in September 2005.

The possibility of rapid implementation of certain of the proposals of this report should not be taken to mean that the task of embedding the rest of them will be easy. It will take longer for the internal and external quality assurance standards to be widely adopted by institutions and agencies, because their acceptance will depend on a willingness to change and develop on the part of signatory states with long-established and powerful higher education systems. What is proposed in the internal quality assurance standards will be challenging for some higher education institutions, especially where there is a new and developing tradition of quality assurance or where the focus on students' needs and their preparation to enter the employment market is not embedded in the institutional culture. Similarly, the standards for external quality assurance and for quality assurance agencies themselves will require all participants, and especially the agencies, to look very carefully at themselves and to measure their practices against the European expectation. The new cyclical review procedure will provide a timely focus for this purpose. It will only be when the benefits of adoption of the standards are seen that there is likely to be general acceptance of them.

The EHEA operates on the basis of individual national responsibility for higher education and this implies autonomy in matters of external quality assurance. Because of this the report is not and cannot be regulatory but makes its recommendations and proposals in a spirit of mutual respect among professionals; experts drawn from higher education institutions including students; ministries; and quality assurance agencies. Some signatory states may want to enshrine the standards and review process in their legislative or administrative frameworks. Others may wish to take a longer view of the appropriateness of doing so, weighing the advantages of change against the strengths of the status quo. The proposed European Consultative Forum for Quality Assurance in Higher Education should prove a useful place in which to discuss, debate and learn about new thinking, the experiences of other systems and the similarities and dissimilarities of national experiences.

All in all, there will be a considerable and challenging workload for ENQA, its E4 partners and other key stakeholders to get to grips with in the coming years. The report therefore makes it clear that completion of this report is not the same thing as fulfilling the Bologna goal of a quality assurance dimension for the EHEA. Ahead lies more work to implement the recommendations of the report and secure the implied quality culture among both the higher education institutions and the external quality assurance agencies. What has been set in motion by the Berlin mandate will need continuing maintenance and coaxing if it is to provide the fully functioning European dimension of quality assurance for the EHEA.

A European higher education area with strong, autonomous and effective higher education institutions, a keen sense of the importance of quality and standards, good peer reviews, credible quality assurance agencies, an effective register and increased co-operation with other stakeholders, such as employers, is now possible and the proposals contained in this report will go a long way towards making that vision a reality.

Annex: Cyclical review of quality assurance agencies[4] – a theoretical model

The model presented below is a proposed indicative outline for a process of external review of an external quality assurance agency. It is presented as an example of a credible process suited to identify compliance with the European standards for external quality assurance agencies. However, note must be taken that the purpose is instructive and illustrative. Therefore, the level of detail is high and most likely higher than what will be perceived as needed in individual peer reviews of agencies. It follows from this that in no way must the process presented here be considered as a standard in itself. Further, it should be noted that in the presented example the term "evaluation" is applied to cover objectives and processes. Terms, such as "accreditation" or "audit", might as well be applied.

The process covers the following elements:

- formulating terms of reference and protocol for the review;
- nomination and appointment of panel of experts;
- self-evaluation by the agency;
- site visit;
- reporting.

1 Terms of reference

The terms of reference must identify the goals of the review in terms of the perspectives and interests of authorities, stakeholders and the agency itself. All the main tasks and operations of the agency must be covered and in such a manner that it is evident that no hidden agendas are present.

2 Self-evaluation

2.1 Background information required from agency as basis of review

Relevant background information is necessary to understand the context in which the agency is working. The section is expected to include:

---

[4] The structure of the annex approximates the one documented recently in a manual of a project on mutual recognition of quality assurance agencies in the Nordic countries.

2.1.1 A brief outline of the national higher education system, including:

- degree structure;
- institutional structure;
- procedures and involved parties in establishing new subjects, programmes and institutions;
- other quality assurance procedures;
- status of higher education institutions in relation to the government.

2.1.2 A brief account of the history of the particular agency and of the evaluation of higher education in general:

- mission statement;
- establishment of the agency (government, higher education institutions, others);
- description of the legal framework and other formal regulations concerning the agency (e.g. parliamentary laws, ministerial orders or decrees);
- the financing of the agency;
- placement of the right to initiate evaluations;
- internal organisation of the agency; including procedures for appointment and composition of board/council;
- other responsibilities of the agency than the evaluation of higher education;
- international activities of the agency, including formal agreements as well as other activities, e.g. participation in conferences, working groups and staff exchange;
- role of the agency in follow-up on evaluations: consequences and sanctions.

2.2 External quality assurance undertaken by the agency

Evidence should be produced indicating that the agency undertakes on a regular basis external quality assurance of higher education institutions or programmes. This quality assurance should involve either evaluation, accreditation, review, audit or assessment, and these are part of the core functions of the agency.

By 'regular' it is understood that evaluations are planned on the basis of a systematic procedure and that several quality assessments have been conducted over the last two years.

This evidence should include:

- a description of the methodological scope of the agency;
- an account of the number of quality assessments conducted and the number of units evaluated.

2.3 Evaluation method applied by the agency

2.3.1 Background information

An account of the overall planning of an evaluation and other fundamental issues is needed to be able to determine if the agency is working on the basis of transparent methodological procedures.

This account should include:

- the procedures for briefing of and communication with the evaluated institutions;
- the agency strategy for student participation;
- the procedures related to establishing the terms of reference/project plan of the individual assessment;
- the reference(s) for evaluation (predefined criteria, legal documents, subject benchmarks, professional standards, the stated goals of the evaluated institution);
- the extent to which the methodological elements are modified to specific reviews.

2.3.2 Elements of methodology

An account giving evidence that the methodology the agency is working on is pre-defined and public and that review results are public.

The methodology includes:

- self-evaluation or equivalent procedure of the given object of evaluation;
- external evaluation by a group of experts and site visits as decided by the agency;
- publication of a report with public results.

The agency can also work out and apply other methodologies fit for special purposes.

The agency's decisions and reports are consistent in terms of principles and requirements, even if different groups form the judgements.

If the agency makes evaluation decisions, there is an appeals system. This methodology is applied to the needs of the agencies.

If the agency is to make recommendations and/or conditional resolutions, it has a follow-up procedure to check on the results.

2.3.3 An account of the role of the external expert group

The account on the role of the external expert group should include:

- procedures for nomination and appointment of experts, including criteria for the use of international experts, and representatives of stakeholders such as employers and students;
- methods of briefing and training of experts;
- meetings between experts: number, scope and time schedule in relation to the overall evaluation process;
- division of labour between agency and experts;
- role of the agency's staff in the evaluations;
- identification and appointment of the member(s) of staff at the agency to be responsible for the evaluation.

2.3.4 Documentation

Several accounts of the agency's procedures for collecting documentation are needed to determine the procedures related to the self-evaluation of the agency and site visits:

2.3.4.1 An account of the procedures related to self-evaluation

This account should include:

- specification of content in the guidelines provided by the agency;
- procedural advice provided by the agency;
- requirements for composition of self-evaluation teams, including the role of students;
- training/information of self-evaluation teams;
- time available for conducting the self-evaluation.

2.3.4.2 An account of the procedures related to the site visit

This account should include:

- questionnaires/interviewing protocols;
- principles for selection of participants/informants (categories and specific participants);
- principles for the length of the visit;
- number of meetings and average length;
- documentation of the meetings (internal/external, minutes, transcriptions etc.);
- working methods of the external expert group.

2.3.4.3 The reports

The documentation should include the following information on the reports:

- purpose of the report;
- drafting of the report (agency staff or experts);
- format of report (design and length);
- content of report (documentation or only analysis/recommendations);
- principles for feedback from the evaluated parties on the draft report;
- publication procedures and policy (e.g. handling of the media);
- immediate follow-up (e.g. seminars and conferences);
- long-term follow-up activities (e.g. follow-up evaluation or visit).

2.3.5 System of appeal

The agency documents a method for appeals against its decisions and how this methodology is applied to the needs of the agency. It must be evident from the documentation to what extent the appeals system is based on a hearing process through which the agency can provide those under evaluation a means to comment on and question the outcomes of the evaluation.

Basically, the agency must provide evidence that the appeals system provides for those under evaluation an opportunity to express opinions about evaluation outcomes.

2.4 Additional documentation

This additional documentation should provide an account of the use of surveys, statistical material or other kinds of documentation not mentioned elsewhere. This material should be public.

2.5 Procedures for a quality system for agencies

The agency must document that it has in place internal quality assurance mechanisms that conform to those stipulated in the European standards for external quality assurance agencies.

2.6 Final reflections

An analysis of the agency's strengths, weaknesses, opportunities and threats is needed in order to give an account of the capacity of the agency to adapt to new demands and trends and to permanently improve its actions while maintaining a solid and credible methodological framework and governance model.

3 Guidelines for the external review panel

These guidelines describe the expectations to the external review panel. They comprise guidance on:

- appointment and general organisation;
- site visit;
- drafting of the report.

As described above, the agency under review should provide a self-evaluation report according to the provided guidelines. The self-study should be sent to the external review panel no later than a month before the visit.

3.1 Appointment of the external review panel

This section concerns the appointment of the experts that should conduct the review.

The external expert group should consist of the following experts:

- one or two quality assurance experts (international);
- representative of higher education institutions (national);
- student member (national);
- stakeholder member (for instance an employer, national).

One of these experts should be elected Chair of the external review panel.

It is also recommended that the panel should be supplemented with a person who, in an independent capacity from the agency, would act as a secretary.

Nominations of the experts may come from the agencies, stakeholders or local authorities but in order to ensure that the review is credible and trustworthy, it is essential that the task of appointing the experts be given to a third party outside the agency involved. This third party could for instance be ENQA or an agency not involved in the process. The basis for the recognition of the experts should be declarations of their independence. However, the agency under review should have the possibility to comment on the final composition of the panel.

3.2 Site visit

A protocol must be available for the site visit along lines such as the following:

The visit is recommended to have a duration of two-three days, including preparation and follow-up, depending on the external review panel's prior knowledge of the agency under review and its context. The day before the visit the panel will meet and agree on relevant themes for the visit. The purpose of the site visit is to validate the self-study. Interview guides should be drafted with this perspective in mind.

The visit could include separate meetings with members from the agency board, management, staff, experts, owners/key stakeholders and representatives from evaluated institutions at management level as well as members from the internal self-evaluation committees.

3.3 Preparation of the report

Apart from fulfilling the general terms of reference the report must focus in a precise manner on compliance with the European standards for external quality assurance agencies as specified in the self-study protocol, as well as with possibilities for and recommendations on future improvements.

After the visit the external review panel assisted by the secretary will draft a report. The final version should be sent to the agency under review for comments on factual errors.

MINISTERIO
DE EDUCACIÓN
Y CIENCIA

Documento de trabajo

Propuesta
DIRECTRICES PARA LA ELABORACIÓN DE TITULOS UNIVERSITARIOS DE GRADO Y MÁSTER

Elaborado por:	Ministerio de Educación y Ciencia
Fecha	21 de diciembre de 2006

TABLA DE CONTENIDO

Planteamiento del documento

[1]. Este documento constituye la propuesta de directrices del Ministerio de Educación y Ciencia para la elaboración de títulos de Grado y Máster, dentro del marco establecido en el documento *La organización de las enseñanzas universitarias en España*, publicado por el Ministerio de Educación y Ciencia el 26 de septiembre e informado favorablemente por el Consejo de Coordinación Universitaria el 14 de noviembre de 2007. Aquí se recogen las directrices para todos los títulos por ramas de conocimiento.

[2]. Éste es un documento de trabajo, cuyo objetivo es promover el debate en el seno del Consejo de Coordinación Universitaria. El documento se completará con las aportaciones resultantes del debate y los trabajos que se realicen en el seno del Consejo de Coordinación Universitaria. Las comisiones de Coordinación y Académica deberán emitir un informe sobre el mismo, antes del mes de marzo de 2007, de acuerdo con el calendario previsto en el documento 26 de septiembre. Dicho informe y este documento de trabajo servirán de base para la regulación del proceso de aprobación de títulos que el Gobierno llevará a cabo posteriormente. Se abre ahora, por lo tanto, un periodo de 3 meses de análisis y debate sobre la propuesta.

[3]. El Ministerio de Educación y Ciencia establecerá los modelos para la presentación de la información requerida y propondrá ejemplos que puedan servir de referencia para su elaboración. Así mismo, promoverá la difusión de dichos modelos y el intercambio de experiencias con el apoyo de expertos nacionales e internacionales.

[4]. Las universidades podrán proponer nuevos títulos de acuerdo con estas directrices una vez que se haya publicado la normativa que regulará este procedimiento, como desarrollo de la reforma de la LOU.

[5]. Las universidades establecerán su calendario de adaptación teniendo en cuenta que los títulos adaptados a estas directrices se comenzarán a implantar en el curso 2008-09.

[6]. En el curso 2010-11 no podrán ofertarse plazas de nuevo ingreso en primer curso para las actuales titulaciones de Licenciado, Diplomado, Arquitecto, Ingeniero, Arquitecto Técnico e Ingeniero Técnico, para cumplir con los compromisos adquiridos por el Gobierno Español en la declaración de Bolonia. No obstante, todos los estudiantes matriculados en las titulaciones anteriores mantendrán el derecho a finalizar sus estudios en las condiciones en que los comenzaron.

Introducción

[7]. En este documento se establecen las directrices para la elaboración de títulos universitarios de Grado y Máster. Estas directrices son una guía para (a) elaborar las propuestas de títulos y (b) elaborar la documentación que ha de presentar una universidad. Esta documentación será la necesaria para iniciar la evaluación académica (verificación prevista por la LOU) que permita la inscripción de un título en el Registro de Universidades, Centros y Títulos (RUCT). Por lo tanto, el contenido de este documento recoge parte del procedimiento y las condiciones para la inscripción de un título en el RUCT, tal y como se define en el artículo 34 del proyecto de reforma de LOU.

[8]. El planteamiento de este documento es diferente al que ha regido hasta la fecha la elaboración de las directrices generales de los planes de estudio actualmente vigentes. Hasta ahora, las directrices propias de los títulos constan exclusivamente de un conjunto de materias, descriptores, créditos y áreas de conocimiento, vinculadas a un título concreto. Este planteamiento debe superarse por dos motivos fundamentales:

- Por una parte, el proyecto de reforma de la LOU, en su artículo 34, suprime el catálogo de títulos y establece un nuevo procedimiento para el establecimiento del carácter oficial de los títulos y su inclusión en el Registro de Universidades, Centros y Títulos, por lo que ahora se requiere poner el énfasis de estas directrices no sólo en el contenido de los títulos sino en las condiciones necesarias para su reconocimiento.

- Por otra parte, un plan de estudios debe entenderse como un acuerdo entre universidad y sociedad, que establece las bases para la confianza que un estudiante deposita en la universidad y en el programa de enseñanza-aprendizaje en el que ingresa. Esa confianza se debe concretar en la calidad del plan de estudios, en la solvencia formativa de los docentes, en la adecuación de los servicios generales que recibe y en la suficiencia de las instalaciones, entre otras cosas. Por ello, en el diseño de un plan de estudios, deben reflejarse más elementos que la mera descripción de los contenidos formativos.

[9]. Este nuevo modelo concibe el plan de estudios como un proyecto de implantación de una enseñanza universitaria. Como tal proyecto, para su aprobación se requiere la aportación de nuevos elementos como: justificación, objetivos, admisión de estudiantes, contenidos, planificación, recursos, resultados previstos y sistema de garantía de calidad.

[10]. Estas directrices son coherentes con el objetivo de aumentar la autonomía de las universidades, en este caso, en el diseño de las titulaciones que imparten. Esta modificación no sólo se basa en este principio de autonomía universitaria, sino en la convicción de que tanto el profesorado de las universidades, como la organización de las mismas, permitirán un diseño más adecuado de los planes de estudio y además disponer de un procedimiento de mejoras dinámico que permita atender a las necesidades de cambio con la rapidez que una sociedad moderna necesita. Esta concepción permitirá además adoptar de manera ágil cualquier acuerdo futuro sobre armonización de las condiciones de formación de titulados universitarios que se produzca en virtud de nueva normativa comunitaria o por la aplicación de los mecanismos de reconocimiento previstos en la directiva 36/2005/CE.

[11]. La autonomía en el diseño del título se combina con un adecuado sistema de evaluación y acreditación que permitirá (a) supervisar la ejecución efectiva de las enseñanzas a las administraciones responsables e (b) informar a la sociedad sobre la calidad de las mismas. Los criterios propuestos para el registro de un título, presentados en este documento, serán la base de los criterios posteriores de acreditación. Estos criterios están en consonancia con los *Criterios y Directrices para la Garantía de la Calidad en el Espacio Europeo de Educación Superior*, elaborados por la ENQA (*European Network for Quality Assurance*) y aprobados en la reunión de Ministros de Bergen (www.aneca.es/present/docs/enqa_criteriosydirectrices_261005.pdf).

[12]. La acreditación *expost* se basará en la verificación del cumplimiento del proyecto presentado por la universidad. La acreditación de un título deberá facilitar la transferencia de créditos con otras enseñanzas, o participar en programas de financiación específicos como, por ejemplo de movilidad de profesores o estudiantes.

[13]. Los resultados del proceso de acreditación constituyen un nuevo elemento diferenciador dentro del sistema universitario español, que podrá ser utilizado como un criterio general más para la financiación por objetivos.

Principios generales para el diseño de los títulos

A continuación se describen los principios generales que deben inspirar el diseño de los nuevos títulos, en consonancia con el compromiso de creación del EEES, siguiendo los fijados en el documento *La organización de las enseñanzas universitarias en España*, publicado por el Ministerio de Educación y Ciencia el 26 de septiembre.

[14]. La organización de las enseñanzas deberá hacerse bajo los objetivos de:

- Adecuar los métodos de enseñanza y aprendizaje al objetivo de adquisición de competencias por los estudiantes.
- Facilitar la movilidad estudiantil durante el periodo de formación y su contacto con el mundo profesional.
- Promover el aprendizaje a lo largo de la vida.

[15]. El plan de estudios conducente a la obtención de un título debe tener en el centro de sus objetivos la adquisición de competencias por parte de los estudiantes, ampliando por tanto (aunque no excluyendo) el tradicional enfoque basado principalmente en contenidos y horas lectivas. Se deberá hacer énfasis en los métodos de aprendizaje de dichas competencias, así como en los procedimientos para evaluar su adquisición. Esta referencia tanto a competencias como a conocimientos es necesaria para facilitar la movilidad de los titulados universitarios dentro de la Unión Europea, de acuerdo con el artículo 7.4 de la directiva 2005/36/CE relativa al reconocimiento de cualificaciones profesionales.

Se utiliza el término *competencia* exclusivamente en su acepción académica, y no en su acepción de *atribución profesional*. Las competencias son una combinación de conocimientos, habilidades (intelectuales, manuales, sociales, etc.), actitudes y valores que capacitarán a un titulado para afrontar con garantías la resolución de problemas o la intervención en un asunto en un contexto académico, profesional o social determinado.

[16]. El plan de estudios conducente a un título debe contener toda la formación que los estudiantes vayan a recibir: materias obligatorias, optativas, idiomas, enseñanzas prácticas, proyectos individuales o de grupo, prácticas externas, movilidad, trabajo de fin de Grado o Máster, etc.

[17]. Los métodos de enseñanza y las actividades formativas que se recogen en un plan de estudios, deben combinar y hacer explícitas diferentes modalidades de estudio (individual, dirigido, etc.) y actividades (en las

aulas o laboratorios, en forma de prácticas externas, etc.) para favorecer el desarrollo de competencias.

[18]. Para el concepto de crédito ECTS se atenderá a lo dispuesto en el Real Decreto 1125/2003, de 5 de septiembre, por el que se establece el sistema europeo de créditos y el sistema de calificaciones en las titulaciones universitarias de carácter oficial y validez en todo el territorio nacional. En él se establece que:

- Es la unidad de medida del haber académico que representa la cantidad de trabajo del estudiante para cumplir los objetivos de la titulación. En esta asignación deberán estar comprendidas las horas correspondientes a las clases lectivas, teóricas o prácticas, las horas de estudio, las dedicadas a la realización de seminarios, trabajos, prácticas o proyectos, y las exigidas para la preparación y realización de los exámenes y pruebas de evaluación.

- El número máximo de créditos establecido en los planes de estudios para cada curso académico será de 60. El número mínimo de horas, por crédito, será de 25, y el número máximo, de 30.

- La estimación del número total de horas se entenderá referida a un estudiante dedicado a cursar a tiempo completo estudios universitarios durante un mínimo de 36 y un máximo de 40 semanas por curso académico.

[19]. El diseño de un plan de estudios conducente a un título debe estar hecho de manera que pueda ser cursado en el tiempo previsto por la mayoría de los estudiantes a tiempo completo (viabilidad académica), adecuando su configuración y carga en créditos ECTS a las posibilidades reales de aprendizaje. Sin embargo, la organización de las enseñanzas debe permitir a los estudiantes optar por cursar los estudios en dedicación a tiempo parcial. La viabilidad académica de los títulos será un criterio clave para la aprobación de los mismos y, de forma más general, para la evaluación de las universidades y sus centros.

[20]. Todos los títulos universitarios de Grado y Máster deberán adaptarse a las directrices que figuran en este documento.

[21]. Los títulos universitarios deben ser coherentes con el principio de libre movilidad de estudiantes y titulados. La garantía de este principio es necesaria para la construcción del Espacio Europeo de Educación Superior al tiempo que se constituye como un pilar básico del derecho comunitario, contenido tanto en los Tratados Fundacionales como en el derecho derivado. De este modo los títulos deben preparar para el acceso al ejercicio profesional, es decir, deben tener como objetivo la amplia empleabilidad de sus titulados.

Sin embargo, algunos ejercicios profesionales se vinculan a la posesión de un título específico, cuando, por razones de interés público o general el legislador competente así lo establece. En estos casos, los títulos deberán cumplir las condiciones establecidas en la correspondiente normativa. Este es el caso de los títulos que habilitan para el ejercicio de profesiones reguladas con condiciones mínimas de formación establecidas en la directiva comunitaria 2005/36/CE o en otras normas análogas del derecho español. Su referencia y cumplimiento en todos sus términos será obligada en el diseño de los títulos.

[22]. Todos los planes de estudios propuestos por las universidades deben tener en cuenta que la formación en cualquier actividad profesional debe realizarse desde el respeto a los Derechos Humanos y a los principios de Accesibilidad Universal y Diseño para Todos (Resolución ResAP-2001 del Consejo de Europa)

Directrices para la elaboración de una propuesta de título

[23]. La propuesta de los títulos de Grado o Máster, presentada por una universidad, deberá contener los siguientes elementos:

1. Descripción del título
2. Justificación
3. Objetivos
4. Admisión de estudiantes
5. Planificación de la enseñanza
6. Personal académico
7. Recursos materiales y servicios
8. Resultados previstos
9. Sistema de garantía de calidad
10. Calendario de implantación

Estos elementos corresponden al desarrollo del apartado 53 del documento *La organización de las enseñanzas universitarias.*

[24]. De cada uno de ellos, a continuación se describe su contenido. Estos elementos serán considerados como los criterios de evaluación que se utilizarán en la verificación de la propuesta. Se deberá aportar la documentación necesaria para que se compruebe el cumplimiento de los requisitos de cada uno de los apartados. El informe favorable se obtendrá si todos ellos son valorados positivamente. Para una evaluación positiva, los evaluadores externos considerarán el contenido de cada criterio en su conjunto.

1 Descripción del título

En este apartado se deberán incluir los siguientes aspectos:

1.1 La denominación del título, con la justificación de esta denominación en relación al nivel (Grado o Máster) y a su contenido.

La denominación de los títulos de ***Grado*** tendrá dos partes. La primera parte (T) será de la rama de conocimiento más vinculada a su contenido; la segunda (T1) será propuesta por la universidad y deberá describir el propio contenido del plan de estudios. La denominación del título será de *Graduado en T: T1 por la Universidad U*. En los títulos de grado, no se aceptarán niveles de especialización que sean incompatibles con los objetivos de potenciación de la movilidad de estudiantes y flexibilidad curricular intrínsecos de esta reforma.

El Grado constituirá el primer ciclo de los nuevos estudios universitarios. Los estudios de Grado deben ser reconocidos como tales títulos universitarios por la sociedad, respecto a su nivel y a sus posibilidades de acceso a un empleo.

La denominación de los títulos de ***Máster*** será de *Máster en T2 por la Universidad U*. La denominación T2 la propondrá la universidad y deberá referirse al propio contenido del plan de estudios.

El Máster constituirá el segundo ciclo de los nuevos estudios universitarios. Los Másteres ofrecerán una formación de alto nivel, especializada tanto en un área específica del saber como en áreas interdisciplinares, con el fin de mejorar las competencias específicas en algún ámbito profesional o disciplinar. Entre los ámbitos profesionales a los que están dirigidos se encuentra la investigación, por lo que el Máster podrá integrarse como parte de la formación para la obtención del título de Doctor. Las universidades podrán agrupar los másteres con elementos comunes en programas de posgrado. Estos programas de posgrado también podrán incorporar el periodo de investigación necesario para obtener el título de Doctor (realización de la tesis doctoral).

El Consejo de Universidades y las Administraciones Públicas competentes velarán para que (a) la denominación del título sea acorde con su contenido y la normativa aplicable, (b) sea coherente con su rama del saber y (c) no conduzca a error sobre su significado académico ni a confusión sobre su contenido profesional.

1.2 Universidad solicitante, y centro, departamento o instituto responsable de las enseñanzas conducentes al título.

1.3 Tipo de enseñanza de qué se trata (presencial, semipresencial, a distancia, etc.).

1.4 Número de plazas ofertadas (estimación para los primeros 4 años).

1.5 Número mínimo de créditos ECTS de matrícula por estudiante y periodo lectivo y, en su caso, normas de permanencia. Los requisitos planteados en este apartado deben permitir cursar estudios a tiempo parcial y atender a cuestiones derivadas de la existencia de necesidades educativas especiales.

1.6 Para los títulos de Grado, y en el caso de que la universidad contemple la expedición del *Certificado de Estudios Universitarios Iniciales,* la denominación y descripción del mismo. Este certificado requerirá la previa superación de 120 créditos ECTS, que deberán incluir los 60 comunes a otras titulaciones.

La denominación del módulo de 120 créditos ECTS será *Certificado de Estudios Universitarios Iniciales en T por la Universidad U.*

1.7 Resto de información necesaria para la expedición del Suplemento Europeo al Título de acuerdo con la legislación vigente.

2 Justificación

En este apartado se deberán incluir los siguientes elementos:

2.1 Justificación del título propuesto, que deberá argumentar el interés académico, científico o profesional del mismo.

2.2 En el caso del Grado, deben indicarse los referentes externos a la universidad proponente que avalen la adecuación de la propuesta a criterios nacionales o internacionales para títulos de similares características académicas. Estos referentes externos pueden ser:

- libros blancos del Programa de Convergencia Europea de la ANECA (www.aneca.es/modal_eval/conver_docs_titulos.html),
- planes de estudios de universidades españolas, universidades europeas e internacionales de calidad o interés contrastado,
- informes de asociaciones o colegios profesionales, nacionales, europeas, de otros países o internacionales,

- títulos del actual catálogo,

- otros, con la justificación de su calidad o interés académico.

2.3 Descripción de los procedimientos de consulta internos y externos utilizados para la elaboración del plan de estudios. Éstos pueden haber sido con profesionales, estudiantes u otros colectivos.

2.4 En el caso de que el título propuesto pretenda habilitar para el ejercicio de profesiones reguladas será necesaria la justificación de la adecuación del título propuesto a las normas reguladoras del ejercicio profesional vinculado a dicho título, citando expresamente dichas normas.

2.5 En el caso de títulos que habiliten para el ejercicio de profesiones reguladas para las que se establecen las condiciones mínimas de formación en la directiva 2005/36/CE, será obligada la referencia a dicha directiva, así como a las normas por las que se transponga al ordenamiento interno español, y el cumplimiento de todos sus términos. Estos títulos son (de acuerdo con la denominación de la propia directiva): Médico, Enfermero, Odontólogo, Veterinario, Farmacéutico y Arquitecto.

3 Objetivos

En este apartado se deberán incluir los siguientes elementos:

3.1 Competencias generales y específicas que los estudiantes deben adquirir durante sus estudios y que sean exigibles para otorgar el título. Las competencias propuestas deben ser evaluables.

Para los títulos de ***Grado***, de acuerdo con los descriptores del Marco Europeo de Cualificaciones para el Espacio Europeo de Educación Superior, se garantizará que los estudiantes:

- hayan demostrado poseer y comprender conocimientos en un área de estudio que parte de la base de la educación secundaria general, y se suele encontrar a un nivel que, si bien se apoya en libros de texto avanzados, incluye también algunos aspectos que implican conocimientos procedentes de la vanguardia de su campo de estudio;

- sepan aplicar sus conocimientos a su trabajo o vocación de una forma profesional y posean las competencias que suelen demostrarse por medio de la elaboración y defensa de argumentos y la resolución de problemas dentro de su área de estudio;

- tengan la capacidad de reunir e interpretar datos relevantes (normalmente dentro de su área de estudio) para emitir juicios que incluyan una reflexión sobre temas relevantes de índole social, científica o ética;

- puedan transmitir información, ideas, problemas y soluciones a un público tanto especializado como no especializado;

- hayan desarrollado aquellas habilidades de aprendizaje necesarias para emprender estudios posteriores con un alto grado de autonomía.

Para los títulos de ***Máster***, de acuerdo con los descriptores del Marco Europeo de Cualificaciones para el Espacio Europeo de Educación Superior, se garantizará que los estudiantes:

- sepan aplicar los conocimientos adquiridos y su capacidad de resolución de problemas en entornos nuevos o poco conocidos dentro de contextos más amplios (o multidisciplinares) relacionados con su área de estudio;

- sean capaces de integrar conocimientos y enfrentarse a la complejidad de formular juicios a partir de una información que, siendo incompleta o limitada, incluya reflexiones sobre las responsabilidades sociales y éticas vinculadas a la aplicación de sus conocimientos y juicios;

- sepan comunicar sus conclusiones -y los conocimientos y razones últimas que las sustentan- a públicos especializados y no especializados de un modo claro y sin ambigüedades;

- posean las habilidades de aprendizaje que les permitan continuar estudiando de un modo que habrá de ser en gran medida autodirigido o autónomo.

4 Admisión de estudiantes

En este apartado se deberán incluir los siguientes aspectos:

4.1 Sistemas de información previa a la matriculación y procedimientos de acogida y orientación de los estudiantes de nuevo ingreso para facilitar su incorporación a la universidad y la titulación.

4.2 En su caso, siempre autorizadas por la administración competente, indicar las condiciones especiales o pruebas de acceso.

4.3 Sistemas de apoyo y orientación de los estudiantes una vez matriculados. Estos sistemas pueden concretarse en diversas actividades y medios como: tutores o consejeros, servicios de información sobre ayudas, becas, trabajos en prácticas, bolsas de empleo, etc.

5 Planificación de la enseñanza

Los títulos de ***Grado*** deberán cumplir las siguientes indicaciones*:*

a. Tendrán un contenido de 240 créditos ECTS, que comprenderán toda la formación teórica y práctica que el estudiante deba recibir: aspectos básicos de la rama de conocimiento, obligatorios u optativos, seminarios, prácticas externas, trabajos dirigidos, trabajo de fin de Grado, actividades de evaluación, etc.

b. El equilibrio entre la enseñanza teórica y práctica deberá estar en consonancia con las competencias fijadas en los objetivos.

c. El plan de estudios necesario para obtener el título contendrá como mínimo 60 créditos ECTS de formación en competencias y materias básicas en una o varias ramas. De ellos, al menos, el 60% de los créditos deberán estar vinculados a algunas de las materias que figuren en el anexo para la rama de conocimiento a la que se quiera adscribir el titulo. Estas materias deberán estar ofertadas en los primeros dos cursos académicos y deberán estar adaptadas a la titulación.

d. En cualquier caso, se deberá indicar qué materias de la lista del anexo serán reconocidas automáticamente a aquellos estudiantes que las hayan cursado en otra titulación de la misma u otra universidad.

e. Los estudiantes podrán elegir materias optativas por una extensión de entre 30 y 60 créditos ECTS, de una oferta mínima del doble y máxima del triple de materias a elegir. En estas materias pueden incluirse materias de carácter transversal como idiomas, etc.

f. Si se programan prácticas externas (o practicum) obligatorias u optativas, éstas tendrán una extensión máxima de 60 créditos ECTS y deberán ofrecerse en los últimos dos cursos académicos. Las prácticas se programarán de forma que no se impida que los estudiantes puedan cursar parte de su formación de grado, especialmente durante los dos últimos cursos académicos, en otra universidad.

g. El trabajo de fin de Grado tendrá una extensión mínima de 6 y máxima de 30 créditos ECTS. Este trabajo deberá realizarse en el último curso y será evaluado una vez que el estudiante haya superado el resto de evaluaciones previstas. El trabajo de fin de Grado deberá estar orientado a la evaluación de las competencias generales asociadas a la titulación.

h. Dentro del plan de estudios, de acuerdo con el artículo 44.i. del proyecto de reforma de la LOU, se podrán considerar como créditos con reconocimiento académico la participación de los estudiantes en actividades universitarias culturales, deportivas, de representación estudiantil, solidarias y de cooperación hasta un máximo de 6 créditos ECTS.

Los títulos de ***Máster***:

i. Los títulos de Máster deberán tener un contenido de entre 60 y 120 créditos ECTS, que comprenderán toda la formación teórica y práctica que el estudiante deba recibir: materias obligatorias, materias optativas, seminarios, prácticas externas, trabajos dirigidos, trabajo de fin de Máster, actividades de evaluación, etc.

j. El equilibrio entre la enseñanza teórica y práctica deberá estar en consonancia con las competencias fijadas en los objetivos.

k. Si el plan incluye prácticas externas obligatorias u optativas, éstas tendrán una extensión máxima del 50% de los créditos ECTS totales.

l. El trabajo de fin de Máster tendrá una extensión mínima de un 10% y máxima de un 25% de créditos ECTS y se evaluará una vez superadas el resto de evaluaciones previstas. El trabajo de fin de Máster deberá estar orientado a la evaluación de las competencias generales asociadas a la titulación.

m. La propuesta determinará el grado de flexibilidad que tienen los estudiantes para personalizar sus itinerarios de aprendizaje de acuerdo con sus propias preferencias.

Para todos los títulos, en este apartado se deberán incluir los siguientes elementos:

5.1 Estructura de los estudios

a. Denominación del módulo o materia.

b. Contenido en créditos ECTS.

c. Organización temporal: semestral, trimestral o semanal, etc.

d. Carácter obligatorio u optativo.

5.2 Descripción de los módulos o materias de enseñanza-aprendizaje que constituyen la estructura del plan de estudios, incluyendo las prácticas externas y el trabajo de fin de Grado o Máster, con los siguientes apartados:

a. Denominación del módulo o materia.

b. Competencias que adquiere el estudiante con dicho módulo o materia.

c. Breve descripción de sus contenidos.

d. Actividades formativas con su contenido en créditos ECTS, su metodología de enseñanza-aprendizaje y su relación con las competencias que debe adquirir el estudiante.

e. Sistema de evaluación de la adquisición de las competencias y sistema de calificaciones de acuerdo con la legislación vigente.

5.3 Procedimientos para la organización de la movilidad de los estudiantes propios y de acogida. Debe incluir el sistema de reconocimiento y acumulación de créditos ECTS.

6 Personal académico

En este apartado se deberán incluir los siguientes elementos:

6.1 Profesorado y otros recursos humanos necesarios y disponibles para llevar a cabo el plan de estudios propuesto. En el caso de que no se dispongan de todos los recursos necesarios en el momento de la propuesta del plan de estudios, se deberá indicar la previsión de su provisión.

6.2 De los recursos humanos disponibles, se indicará, al menos, su categoría académica, su vinculación a la universidad y su experiencia docente e investigadora o profesional. De los recursos humanos necesarios no disponibles se indicará el perfil académico necesario y la previsión de su provisión.

6.3 En el caso de los másteres pertenecientes a un programa de doctorado o cuyos cursos puedan ser reconocidos como parte del periodo de formación de un doctor, el profesorado deberá poseer en su totalidad el título de doctor. En el resto de los títulos de Máster o Grado, al menos el 50% del profesorado deberá ser doctor.

7 Recursos materiales y servicios

En este apartado se deberán incluir los siguientes elementos:

7.1 Justificación de que los medios materiales y servicios disponibles (espacios, instalaciones, laboratorios, equipamiento científico, técnico o artístico, biblioteca y salas de lectura, nuevas tecnologías, etc.) son adecuados para garantizar el desarrollo de las actividades formativas planificadas.

7.2 En el caso de que no se disponga de todos los recursos materiales y servicios necesarios en el momento de la propuesta del plan de estudios, se deberá indicar la previsión de adquisición de los mismos.

8 Resultados previstos

En este apartado se deberán incluir los siguientes elementos:

8.1 Estimación de los valores cuantitativos que los siguientes indicadores tendrán una vez implantado el plan de estudios, y justificación de dichos valores. Estas estimaciones tendrán en cuenta las características de los estudiantes y de la propia titulación.

- Tasa de graduación: porcentaje de estudiantes que finalizan la enseñanza en el tiempo previsto en el plan de estudios o en un año más en relación a su cohorte de entrada.
- Tasa de abandono: relación porcentual entre el número total de estudiantes de una cohorte de nuevo ingreso que debieron finalizar la titulación el curso anterior y que no se han matriculado ni en ese curso ni en el anterior.
- Tasa de eficiencia: relación porcentual entre el número total de créditos teóricos del plan de estudios y el número total de créditos en

los que han tenido que matricularse a lo largo de sus estudios el conjunto de estudiantes graduados en un determinado curso académico.

8.2 Procedimiento general de la universidad para valorar el progreso y los resultados de aprendizaje de los estudiantes. Entre ellos se pueden considerar resultados de pruebas externas, trabajos de fin de Grado, etc.

9 Sistema de garantía de la calidad

En este apartado se deberán incluir los siguientes elementos:

9.1 Responsables del sistema de garantía de la calidad del plan de estudios.

9.2 Procedimientos de evaluación y mejora de la calidad de la enseñanza y el profesorado.

9.3 Procedimientos para garantizar la calidad de las prácticas externas y los programas de movilidad.

9.4 Procedimientos de análisis de la inserción laboral de los graduados y de la satisfacción con la formación recibida.

9.5 Procedimiento para el análisis de la satisfacción de los distintos colectivos implicados (estudiantes, personal académico y de administración y servicios, etc.) y de atención a las sugerencias o reclamaciones.

9.6 Criterios específicos para la eventual suspensión del título.

10 Calendario de implantación

10.1 Cronograma de implantación de la titulación.

10.2 Procedimiento de adaptación, en su caso, de los estudiantes de los estudios existentes al nuevo plan de estudios.

Anexo: Procedimiento para la selección de las materias básicas por ramas

[25]. Las subcomisiones del Consejo de Coordinación Universitaria, establecerán la clasificación definitiva de ramas de conocimiento, así como la lista de materias básicas comunes a las que se refiere el apartado 5.c. del presente documento, teniendo en cuenta las condiciones en él establecidas y el contenido general del documento. La lista se incluirá en el presente anexo.

[26]. Las subcomisiones partirán de la lista inicial propuesta que consta de 5 ramas:

a. Artes y Humanidades
b. Ciencias
c. Ciencias de la Salud
d. Ciencias Sociales y Jurídicas
e. Ingeniería y Arquitectura

CEDB

CONFERENCIA ESPAÑOLA DE DECANOS DE BIOLOGÍA

ACUERDOS ADOPTADOS POR LA CONFERENCIA ESPAÑOLA DE DECANOS DE BIOLOGÍA SORE LA ESTRUCTURA Y CONTENIDOS DEL FUTURO TÍTULO DE GRADO EN BIOLOGÍA

La Conferencia Española de Decanos de Biología (CEDB), en su XLV reunión celebrada durante los días 14 y 15 de junio de 2007, en la Universitat de les Illes Balears (Palma de Mallorca), adoptó los siguientes **acuerdos** en relación con la estructura y contenidos del futuro Título de Grado en Biología:

1.- Adscribir una denominación general de "**Biología**" para cualquier futuro título de Grado que pretenda mantener una equivalencia en competencias y cualificaciones similar a las que posee el actual título de "LICENCIADO EN BIOLOGÏA".
En base a la propuesta de "Directrices para la Elaboración de Títulos Universitarios de Grado y Master" presentada por el MEC el 21 de diciembre de 2006, esta denominación debería ser "**GRADUADO EN** (***Rama del Conocimiento por la que se presentara el título***) : **BIOLOGÍA POR LA UNIVERSIDAD DE** (***Universidad proponente***). Cualquier otra denominación no sería equivalente en competencias y cualificaciones, al actual de "LICENCIADO EN BIOLOGÏA", pudiendo representar aspectos parciales de este conjunto de conocimientos y confiriendo a los graduados que lo cursen una formación y competencias solo en determinados campos específicos del ámbito biológico.
No obstante, la CEDB se ratifica en el acuerdo alcanzado en su reunión anterior, celebrada en la Universidad Pompeu Fabra (y elevado al MEC a través del escrito dirigido al Director General de Universidades) y considera que la obligación de presentar un título por una determinada *Rama de Conocimiento* no aporta ninguna ventaja al sistema, sino que dificulta la ubicación de titulaciones como la Biología que, por su transversalidad y características, guarda obligada relación con varios de los campos propuestos.
Se solicita, por ello, del MEC que se elimine la necesidad de adscribir las titulaciones a una determinada *Rama de Conocimiento* y que, en nuestro caso, la denominación fuera la de **GRADUADO EN BIOLOGÏA POR LA UNIVERSIDAD DE** (*Universidad proponente*).
En caso de no prescindirse de las *Ramas de Conocimiento*, la CEDB considera que la ubicación en una de ellas de cualquier título debería ser un factor menos definitorio que su propia denominación, por lo que propone alterar las denominaciones genéricas, para aludir primero al propio nombre del título y luego al campo en que se sitúe. En nuestro caso la denominación propuesta sería entonces la de **GRADUADO EN BIOLOGÏA POR LA UNIVERSIDAD DE** (***Universidad proponente***) **(*Rama de Conocimiento por la que se propone el título*)**.

2.- Considerar que, en el caso de mantenerse la actual propuesta de *Ramas de Conocimiento*, debe ser cada Universidad quien, de acuerdo con su planificación, orientación y condiciones del entorno, determine por que *Rama* se presenta el correspondiente Título de Grado en Biología.

3.- Utilizar los 60 créditos ECTS obligatorios de materias básicas que contempla la propuesta de Directrices del MEC para incluir en ellos aquellas "Materias Instrumentales aplicadas a la Biología" que quedaron recogidas en el Libro Blanco de la Titulación: **Principios Físicos y Químicos de la Biología, Matemáticas y Estadística aplicada a la Biología e Informática aplicada a la Biología.** Estas materias deberían contemplar, igualmente, la adquisición de habilidades instrumentales suficientes para **obtener información, diseñar experimentos e interpretar los resultados.**
En el caso de mantenerse las actuales *Ramas de Conocimiento* y en función del listado de materias básicas por ramas definitivo que elabore el MEC, se sugiere que las asignaturas que configuren estos 60 créditos de materias básicas se intenten adscribir tanto a la *Rama de Ciencias* como a la de *Ciencias de la Salud.*

4.- Establecer que los bloques temáticos fundamentales de contenido biológico que quedaron recogidos en el Libro Blanco como contenidos formativos comunes (**Origen y Evolución de los seres vivos, Biodiversidad y Filogenia, Bases Moleculares de los seres vivos, Estructura, Organización y Desarrollo de los seres vivos, Aspectos Funcionales de los seres vivos, Organización de Poblaciones y Ecosistemas**) quedarían integrados en las siguientes materias, que actualmente constituyen la troncalidad fundamental del Título de Licenciado en Biología: **Biología Celular, Bioquímica, Botánica, Ecología, Fisiología Animal, Fisiología Vegetal, Genética, Microbiología y Zoología.**
Se considera que, para cumplir adecuadamente los requerimientos formativos planteados en el Libro Blanco, ninguna de estas materias deberá contar con menos de 9 créditos ECTS en las propuestas que se elaboren por parte de las Universidades para el Título de Grado de Biología.

5.- Contemplar entre los contenidos formativos obligatorios del Título de Grado en Biología, de acuerdo con lo establecido en el Libro Blanco de la Titulación, una formación específica orientada al ejercicio profesional del biólogo, articulada a través de una materia sobre **Redacción y Ejecución de Proyectos en Biología**, que deberá incluirse en las propuestas del Título que elaboren las Universidades.

6.- Considerar que la oferta de **materias optativas** del Título de Grado de Biología, a elegir por el alumno, debe ser decidida, dentro de los límites que establece la propuesta del MEC (entre 30 y 60 créditos ECTS), por cada Universidad de forma autónoma, en base a sus posibilidades a la planificación del esquema de postgrados que pueda establecerse.

7.- Considerar, igualmente, que la valoración en créditos ECTS del **Trabajo Fin de Grado**, debe ser establecida libremente por cada Universidad, dentro de los límites marcados en la propuesta del MEC (entre 6 y 30 ECTS), en base a sus posibilidades reales de atender adecuadamente a la tutorización y dirección de tales trabajos y a la posibilidad de establecer relaciones con Empresas e Instituciones del entorno para implicarlas en la realización de los mismos.

9.2 Los expedientes de modificación de crédito autorizados por los titulares de los Departamentos ministeriales y presidentes y directores de los organismos autónomos deberán ser comunicados a la Dirección General de Presupuestos para su instrumentación, antes del día 3 de diciembre de 2007.

Disposición final única. *Entrada en vigor.*

La presente Orden entrará en vigor el día siguiente al de su publicación en el «Boletín Oficial del Estado».

Madrid, 26 de octubre de 2007.–El Vicepresidente Segundo del Gobierno y Ministro de Economía y Hacienda, Pedro Solbes Mira

MINISTERIO DE EDUCACIÓN Y CIENCIA

18770 *REAL DECRETO 1393/2007, de 29 de octubre, por el que se establece la ordenación de las enseñanzas universitarias oficiales.*

La progresiva armonización de los sistemas universitarios exigida por el proceso de construcción del Espacio Europeo de Educación Superior, iniciado en 1999 con la Declaración de Bolonia y la consiguiente interacción operada entre tales sistemas por las diversas normativas nacionales sucesivamente promulgadas, ha dotado de una dimensión y de una agilidad sin precedentes al proceso de cambio emprendido por las universidades europeas.

Cercano ya el horizonte de 2010 previsto por la citada Declaración para la plena consecución de sus objetivos, el sistema español, aun habiendo dado notables pasos hacia la convergencia mediante la sucesiva adopción de normativas puntuales, adolecía, sin embargo, del adecuado marco legal que, de un modo global, sustentara con garantías la nueva construcción.

La Ley Orgánica 4/2007, de 12 de abril, por la que se modifica la Ley Orgánica 6/2001, de 21 de diciembre, de Universidades, sienta las bases precisas para realizar una profunda modernización de la Universidad española. Así, entre otras importantes novedades, el nuevo Título VI de la Ley establece una nueva estructuración de las enseñanzas y títulos universitarios oficiales que permite reorientar, con el debido sustento normativo, el proceso anteriormente citado de convergencia de nuestras enseñanzas universitarias con los principios dimanantes de la construcción del Espacio Europeo de Educación Superior.

El presente real decreto, siguiendo los principios sentados por la citada Ley, profundiza en la concepción y expresión de la autonomía universitaria de modo que en lo sucesivo serán las propias universidades las que crearán y propondrán, de acuerdo con las reglas establecidas, las enseñanzas y títulos que hayan de impartir y expedir, sin sujeción a la existencia de un catálogo previo establecido por el Gobierno, como hasta ahora era obligado.

Asimismo, este real decreto adopta una serie de medidas que, además de ser compatibles con el Espacio Europeo de Educación Superior, flexibilizan la organización de las enseñanzas universitarias, promoviendo la diversificación curricular y permitiendo que las universidades aprovechen su capacidad de innovación, sus fortalezas y oportunidades. La flexibilidad y la diversidad son elementos sobre los que descansa la propuesta de ordenación de las enseñanzas oficiales como mecanismo de respuesta a las demandas de la sociedad en un contexto abierto y en constante transformación.

Por otra parte, la nueva organización de las enseñanzas universitarias responde no sólo a un cambio estructural sino que además impulsa un cambio en las metodologías docentes, que centra el objetivo en el proceso de aprendizaje del estudiante, en un contexto que se extiende ahora a lo largo de la vida.

Para conseguir estos objetivos, en el diseño de un título deben reflejarse más elementos que la mera descripción de los contenidos formativos. Este nuevo modelo concibe el plan de estudios como un proyecto de implantación de una enseñanza universitaria. Como tal proyecto, para su aprobación se requiere la aportación de nuevos elementos como: justificación, objetivos, admisión de estudiantes, contenidos, planificación, recursos, resultados previstos y sistema de garantía de calidad.

Los planes de estudios conducentes a la obtención de un título deberán, por tanto, tener en el centro de sus objetivos la adquisición de competencias por parte de los estudiantes, ampliando, sin excluir, el tradicional enfoque basado en contenidos y horas lectivas. Se debe hacer énfasis en los métodos de aprendizaje de dichas competencias así como en los procedimientos para evaluar su adquisición. Se proponen los créditos europeos, ECTS, tal y como se definen en el Real Decreto 1125/2003, de 5 de septiembre, como unidad de medida que refleja los resultados del aprendizaje y volumen de trabajo realizado por el estudiante para alcanzar los objetivos establecidos en el plan de estudios, poniendo en valor la motivación y el esfuerzo del estudiante para aprender.

La nueva organización de las enseñanzas incrementará la empleabilidad de los titulados al tiempo que cumple con el objetivo de garantizar su compatibilidad con las normas reguladoras de la carrera profesional de los empleados públicos.

Por otro lado, en el supuesto de títulos que habiliten para el acceso o ejercicio de actividades profesionales, se prevé que el Gobierno establezca las condiciones a las que deberán adecuarse los planes de estudios para garantizar que los títulos acreditan la posesión de las competencias y conocimientos adecuados para dicho ejercicio profesional.

La posibilidad de introducir prácticas externas viene a reforzar el compromiso con la empleabilidad de los futuros graduados y graduadas, enriqueciendo la formación de los estudiantes de las enseñanzas de grado, en un entorno que les proporcionará, tanto a ellos como a los responsables de la formación, un conocimiento más profundo acerca de las competencias que necesitarán en el futuro.

Los sistemas de Garantía de la Calidad, que son parte de los nuevos planes de estudios, son, asimismo, el fundamento para que la nueva organización de las enseñanzas funcione eficientemente y para crear la confianza sobre la que descansa el proceso de acreditación de títulos.

En este real decreto, la autonomía en el diseño del título se combina con un adecuado sistema de evaluación y acreditación, que permitirá supervisar la ejecución efectiva de las enseñanzas e informar a la sociedad sobre la calidad de las mismas. La concreción del sistema de verificación y acreditación permitirá el equilibrio entre una mayor capacidad de las universidades para diseñar los títulos y la rendición de cuentas orientada a garantizar la calidad y mejorar la información a la sociedad sobre las características de la oferta universitaria. La acreditación de un título se basará en la verificación del cumplimiento del proyecto presentado por la Universidad y facilitará la participación en programas de financiación específicos como, por ejemplo, de movilidad de profesores o estudiantes.

Se establece, también, en el presente real decreto un sistema de acceso y admisión a las diferentes enseñanzas que aporta mayor claridad y transparencia, contemplando las distintas situaciones de transición desde ordenaciones anteriores a la actual. Se garantizan los derechos académicos adquiridos por los estudiantes y los titulados conforme a sistemas educativos anteriores quienes, no obstante, podrán cursar las nuevas enseñanzas y obtener los correspondientes títulos, a cuyo efecto las universidades, en el ámbito de su autonomía, determinarán, en su caso, la formación adicional necesaria que hubieran de cursar para su obtención.

Además, los sistemas de acceso potencian la apertura hacia los estudiantes procedentes de otros países del Espacio Europeo de Educación Superior y de otras áreas geográficas, marcando una nueva estrategia en el contexto global de la Educación Superior.

Por otra parte, uno de los objetivos fundamentales de esta organización de las enseñanzas es fomentar la movilidad de los estudiantes, tanto dentro de Europa, como con otras partes del mundo, y sobre todo la movilidad entre las distintas universidades españolas y dentro de una misma universidad. En este contexto resulta imprescindible apostar por un sistema de reconocimiento y acumulación de créditos, en el que los créditos cursados en otra universidad serán reconocidos e incorporados al expediente del estudiante.

Otro objetivo importante es establecer vínculos adecuados entre el Espacio Europeo de Educación y el Espacio Europeo de Investigación. Para ello, es necesaria una mayor apertura en la organización de las enseñanzas de doctorado y facilitar la actualización o modificación de los planes de estudio.

En el ámbito temporal, las universidades establecerán su propio calendario de adaptación ateniéndose a lo establecido en el presente real decreto que recoge a su vez los compromisos adquiridos por el Gobierno Español en la declaración de Bolonia, en virtud de los cuales en el año 2010 todas las enseñanzas deberán estar adaptadas a la nueva estructura.

Finalmente, se debe tener en cuenta que la formación en cualquier actividad profesional debe contribuir al conocimiento y desarrollo de los Derechos Humanos, los principios democráticos, los principios de igualdad entre mujeres y hombres, de solidaridad, de protección medioambiental, de accesibilidad universal y diseño para todos, y de fomento de la cultura de la paz.

Así, en el Capítulo I de este real decreto se incluyen las disposiciones generales del mismo, el Capítulo II establece con carácter general la estructura de las enseñanzas universitarias oficiales, que se concretan en los Capítulos III, IV y V para las enseñanzas de Grado, Máster y Doctorado, respectivamente. Por su parte, el Capítulo VI regula los procedimientos de verificación y acreditación de los títulos.

Además el presente real decreto contiene once disposiciones adicionales, cinco transitorias, una disposición derogatoria única y cuatro disposiciones finales.

Finalmente el anexo I presenta la memoria que configura el proyecto de título oficial que deben presentar las universidades para solicitar la verificación del mismo de acuerdo con lo establecido en esta norma y el anexo II contiene la relación de materias básicas que se han incluido en cada una de las ramas de conocimiento.

Este real decreto ha sido informado favorablemente por el Consejo de Universidades, formado por las universidades españolas, y por la Conferencia General de Política Universitaria, formada por las Comunidades Autónomas. Durante el proceso de elaboración han sido, además, consultadas las organizaciones profesionales.

En su virtud, a propuesta de la Ministra de Educación y Ciencia, con la aprobación previa de la Ministra de Administraciones Públicas, de acuerdo con el Consejo de Estado y previa deliberación del Consejo de Ministros en su reunión del día 26 de octubre de 2007,

DISPONGO:

CAPÍTULO I

Disposiciones generales

Artículo 1. *Objeto.*

Este real decreto tiene por objeto desarrollar la estructura de las enseñanzas universitarias oficiales, de acuerdo con las líneas generales emanadas del Espacio Europeo de Educación Superior y de conformidad con lo previsto en el artículo 37 de la Ley Orgánica 6/2001, de 21 de diciembre, de Universidades, en su nueva redacción dada por la Ley Orgánica 4/2007, de 12 de abril, por la que se modifica la anterior.

Asimismo, este real decreto establece las directrices, condiciones y el procedimiento de verificación y acreditación, que deberán superar los planes de estudios conducentes a la obtención de títulos, previamente a su inclusión en el Registro de Universidades, Centros y Títulos (RUCT).

Artículo 2. *Ámbito de aplicación.*

Las disposiciones contenidas en este real decreto serán de aplicación a las enseñanzas universitarias oficiales de Grado, Máster y Doctorado impartidas por las Universidades españolas, en todo el territorio nacional.

Artículo 3. *Enseñanzas universitarias y expedición de títulos.*

1. Las universidades impartirán enseñanzas de Grado, Máster y Doctorado conducentes a la obtención de los correspondientes títulos oficiales.

2. Los títulos oficiales serán expedidos, en nombre del Rey, por el Rector de la Universidad en que se hubiesen concluido las enseñanzas que den derecho a su obtención, de acuerdo con los requisitos básicos que respecto a su formato, texto y procedimiento de expedición se establezcan por el Gobierno, previo informe del Consejo de Universidades.

3. Las enseñanzas universitarias oficiales se concretarán en planes de estudios que serán elaborados por las universidades, con sujeción a las normas y condiciones que les sean de aplicación en cada caso. Dichos planes de estudios habrán de ser verificados por el Consejo de Universidades y autorizados en su implantación por la correspondiente Comunidad Autónoma, de acuerdo con lo establecido en el artículo 35.2 de la Ley Orgánica 6/2001, modificada por la Ley 4/2007, de Universidades. Los títulos a cuya obtención conduzcan, deberán ser inscritos en el RUCT y acreditados, todo ello de acuerdo con las previsiones contenidas en este real decreto.

4. Las universidades podrán, mediante convenio con otras universidades nacionales o extranjeras, organizar enseñanzas conjuntas conducentes a la obtención de un único título oficial de Graduado o Graduada, Máster Universitario o Doctor o Doctora. A tal fin, el plan de estudios deberá incluir el correspondiente convenio en el que se especificará, al menos, qué Universidad será responsable de la custodia de los expedientes de los estudiantes y de la expedición y registro del título así como el procedimiento de modificación o extinción de planes de estudios. En el supuesto de convenios con universidades extranjeras, en todo caso, la Universidad española custodiará los expedientes de los títulos que expida.

5. Entre los principios generales que deberán inspirar el diseño de los nuevos títulos, los planes de estudios deberán tener en cuenta que cualquier actividad profesional debe realizarse:

a) desde el respeto a los derechos fundamentales y de igualdad entre hombres y mujeres, debiendo incluirse, en los planes de estudios en que proceda, enseñanzas relacionadas con dichos derechos.

b) desde el respeto y promoción de los Derechos Humanos y los principios de accesibilidad universal y diseño para todos de conformidad con lo dispuesto en la disposición final décima de la Ley 51/2003, de 2 de diciembre, de Igualdad de oportunidades, no discriminación y accesibilidad universal de las personas con discapacidad, debiendo incluirse, en los planes de estudios en que proceda, enseñanzas relacionadas con dichos derechos y principios.

c) de acuerdo con los valores propios de una cultura de paz y de valores democráticos, y debiendo incluirse, en los planes de estudios en que proceda, enseñanzas relacionadas con dichos valores.

Artículo 4. *Efectos de los títulos universitarios.*

Los títulos universitarios regulados en el presente real decreto tendrán carácter oficial y validez en todo el territorio nacional, surtirán efectos académicos plenos y habilitarán, en su caso, para la realización de actividades de carácter profesional reguladas, de acuerdo con la normativa que en cada caso resulte de aplicación.

Artículo 5. *Sistema europeo de créditos y calificaciones de las enseñanzas universitarias.*

1. El haber académico que representa el cumplimiento de los objetivos previstos en los planes de estudios conducentes a la obtención de títulos universitarios oficiales se medirá en créditos europeos (ECTS) tal y como se definen en el real decreto 1125/2003, de 5 de septiembre, por el que se establece el sistema europeo de créditos y el sistema de calificaciones en las titulaciones universitarias de carácter oficial y validez en todo el territorio nacional.

2. El nivel de aprendizaje conseguido por los estudiantes en las enseñanzas oficiales de Grado y Máster, se expresará mediante calificaciones numéricas, de acuerdo con lo establecido en el artículo 5 del real decreto 1125/2003, de 5 de septiembre, citado. La calificación en el Doctorado se expresará de acuerdo con lo señalado en el artículo 21 de este real decreto.

Artículo 6. *Reconocimiento y transferencia de créditos.*

1. Con objeto de hacer efectiva la movilidad de estudiantes, tanto dentro del territorio nacional como fuera de él, las universidades elaborarán y harán pública su normativa sobre el sistema de reconocimiento y transferencia de créditos, con sujeción a los criterios generales que sobre el particular se establecen en este real decreto.

2. A los efectos previstos en este real decreto, se entiende por reconocimiento la aceptación por una universidad de los créditos que, habiendo sido obtenidos en unas enseñanzas oficiales, en la misma u otra universidad, son computados en otras distintas a efectos de la obtención de un título oficial.

Asimismo, la transferencia de créditos implica que, en los documentos académicos oficiales acreditativos de las enseñanzas seguidas por cada estudiante, se incluirán la totalidad de los créditos obtenidos en enseñanzas oficiales cursadas con anterioridad, en la misma u otra universidad, que no hayan conducido a la obtención de un título oficial.

3. Todos los créditos obtenidos por el estudiante en enseñanzas oficiales cursados en cualquier universidad, los transferidos, los reconocidos y los superados para la obtención del correspondiente título, serán incluidos en su expediente académico y reflejados en el Suplemento Europeo al Título, regulado en el real decreto 1044/2003 de 1 de agosto, por el que se establece el procedimiento para la expedición por las universidades del Suplemento Europeo al Título.

Artículo 7. *Precios públicos de las enseñanzas universitarias oficiales.*

De acuerdo con lo dispuesto en el apartado b del artículo 81 de la Ley Orgánica 6/2001, de 21 de diciembre, de Universidades, en su nueva redacción dada por la Ley Orgánica 4/2007, de 12 de abril, por la que se modifica la anterior, en las enseñanzas conducentes a la obtención de títulos de carácter oficial y validez en todo el territorio nacional, e impartidas en universidades públicas, los precios públicos y derechos los fijará la Comunidad Autónoma, dentro de los límites que establezca la Conferencia General de Política Universitaria, que estarán relacionados con los costes de la prestación del servicio.

CAPÍTULO II

Estructura de las enseñanzas universitarias oficiales

Artículo 8. *Estructura general.*

Las enseñanzas universitarias conducentes a la obtención de títulos de carácter oficial y validez en todo el territorio nacional se estructurarán en tres ciclos, denominados respectivamente Grado, Máster y Doctorado, de acuerdo con lo establecido en el artículo 37 de la Ley Orgánica 6/2001, de 21 de diciembre, de Universidades, en su nueva redacción dada por la Ley Orgánica 4/2007, de 12 de abril, por la que se modifica la anterior y en este real decreto.

Artículo 9. *Enseñanzas de Grado.*

1. Las enseñanzas de Grado tienen como finalidad la obtención por parte del estudiante de una formación general, en una o varias disciplinas, orientada a la preparación para el ejercicio de actividades de carácter profesional.

2. La superación de las enseñanzas previstas en el apartado anterior dará derecho a la obtención del título de Graduado o Graduada, con la denominación específica que, en cada caso, figure en el RUCT.

3. La denominación de los títulos de Graduado será: Graduado o Graduada en T por la Universidad U, siendo T el nombre del Título y U la denominación de la Universidad que expide el título. En el Suplemento Europeo al Título, de acuerdo con las normas que lo regulen, se hará referencia a la rama de conocimiento en la que se incardine el título. En todo caso, las Administraciones Públicas velarán por que la denominación del título sea acorde con su contenido, y en su caso, con la normativa específica de aplicación, coherente con su disciplina y no conduzca a error sobre su nivel o efectos académicos ni a confusión sobre su contenido y, en su caso, efectos profesionales.

Artículo 10. *Enseñanzas de Máster.*

1. Las enseñanzas de Máster tienen como finalidad la adquisición por el estudiante de una formación avanzada, de carácter especializado o multidisciplinar, orientada a la especialización académica o profesional, o bien a promover la iniciación en tareas investigadoras.

2. La superación de las enseñanzas previstas en el apartado anterior dará derecho a la obtención del título de

Máster Universitario, con la denominación específica que figure en el RUCT.

3. La denominación de los títulos de Máster será: Máster Universitario en T por la Universidad U, siendo T el nombre del Título y U la denominación de la Universidad que expide el título. En todo caso, las Administraciones Públicas velarán por que la denominación del título sea acorde con su contenido y en su caso, con la normativa específica de aplicación, y no conduzca a error sobre su nivel o efectos académicos ni a confusión sobre su contenido y, en su caso, efectos profesionales.

Artículo 11. *Enseñanzas de Doctorado.*

1. Las enseñanzas de Doctorado tienen como finalidad la formación avanzada del estudiante en las técnicas de investigación, podrán incorporar cursos, seminarios u otras actividades orientadas a la formación investigadora e incluirá la elaboración y presentación de la correspondiente tesis doctoral, consistente en un trabajo original de investigación.

2. La superación de las enseñanzas previstas en el apartado 1 anterior dará derecho a la obtención del título de Doctor o Doctora, con la denominación que figure en el RUCT.

3. La denominación de los títulos de Doctor será: Doctor o Doctora por la Universidad U, siendo U la denominación de la Universidad que expide el título.

4. Así mismo, de acuerdo con lo que establezca la normativa sobre expedición de títulos, se incluirá información que especifique la disciplina en la que se ha elaborado la Tesis Doctoral.

CAPÍTULO III

Enseñanzas universitarias oficiales de Grado

Artículo 12. *Directrices para el diseño de títulos de Graduado.*

1. Los planes de estudios conducentes a la obtención del título de Graduado serán elaborados por las universidades y verificados de acuerdo con lo establecido en el presente real decreto.

2. Los planes de estudios tendrán 240 créditos, que contendrán toda la formación teórica y práctica que el estudiante deba adquirir: aspectos básicos de la rama de conocimiento, materias obligatorias u optativas, seminarios, prácticas externas, trabajos dirigidos, trabajo de fin de Grado u otras actividades formativas.

En los supuestos en que ello venga determinado por normas de derecho comunitario, el Gobierno, previo informe del Consejo de Universidades, podrá asignar un número mayor de créditos.

3. Estas enseñanzas concluirán con la elaboración y defensa de un trabajo de fin de Grado.

4. La Universidad propondrá la adscripción del correspondiente título de Graduado o Graduada a alguna de las siguientes ramas de conocimiento:

a) Artes y Humanidades
b) Ciencias.
c) Ciencias de la Salud.
d) Ciencias Sociales y Jurídicas.
e) Ingeniería y Arquitectura.

Dicha adscripción será igualmente de aplicación en aquellos casos en que el título esté relacionado con más de una disciplina y se hará respecto de la principal.

5. El plan de estudios deberá contener un mínimo de 60 créditos de formación básica, de los que, al menos, 36 estarán vinculados a algunas de las materias que figuran en el anexo II de este real decreto para la rama de conocimiento a la que se pretenda adscribir el título. Estas materias deberán concretarse en asignaturas con un mínimo de 6 créditos cada una y serán ofertadas en la primera mitad del plan de estudios.

Los créditos restantes hasta 60, en su caso, deberán estar configurados por materias básicas de la misma u otras ramas de conocimiento de las incluidas en el anexo II, o por otras materias siempre que se justifique su carácter básico para la formación inicial del estudiante o su carácter transversal.

6. Si se programan prácticas externas, éstas tendrán una extensión máxima de 60 créditos y deberán ofrecerse preferentemente en la segunda mitad del plan de estudios.

7. El trabajo de fin de Grado tendrá entre 6 y 30 créditos, deberá realizarse en la fase final del plan de estudios y estar orientado a la evaluación de competencias asociadas al título.

8. De acuerdo con el artículo 46.2.i) de la Ley Orgánica 6/2001, de 21 de diciembre de Universidades, los estudiantes podrán obtener reconocimiento académico en créditos por la participación en actividades universitarias culturales, deportivas, de representación estudiantil, solidarias y de cooperación hasta un máximo de 6 créditos del total del plan de estudios cursado.

9. Cuando se trate de títulos que habiliten para el ejercicio de actividades profesionales reguladas en España, el Gobierno establecerá las condiciones a las que deberán adecuarse los correspondientes planes de estudios, que además deberán ajustarse, en su caso, a la normativa europea aplicable. Estos planes de estudios deberán, en todo caso, diseñarse de forma que permitan obtener las competencias necesarias para ejercer esa profesión. A tales efectos la Universidad justificará la adecuación del plan de estudios a dichas condiciones.

Artículo 13. *Reconocimiento de Créditos en las enseñanzas de Grado.*

Además de lo establecido en el artículo 6 de este real decreto, la transferencia y reconocimiento de créditos en las enseñanzas de grado deberán respetar las siguientes reglas básicas:

a) Siempre que el título al que se pretende acceder pertenezca a la misma rama de conocimiento, serán objeto de reconocimiento los créditos correspondientes a materias de formación básica de dicha rama.

b) Serán también objeto de reconocimiento los créditos obtenidos en aquellas otras materias de formación básica pertenecientes a la rama de conocimiento del título al que se pretende acceder.

c) El resto de los créditos podrán ser reconocidos por la Universidad teniendo en cuenta la adecuación entre las competencias y conocimientos asociados a las restantes materias cursadas por el estudiante y los previstos en el plan de estudios o bien que tengan carácter transversal.

Artículo 14. *Acceso a las enseñanzas oficiales de Grado.*

1. El acceso a las enseñanzas oficiales de Grado requerirá estar en posesión del título de bachiller o equivalente y la superación de la prueba a que se refiere el artículo 42 de la Ley Orgánica 6/2001, de Universidades, modificada por la Ley 4/2007, de 12 de abril, sin perjuicio de los demás mecanismos de acceso previstos por la normativa vigente.

2. Las universidades dispondrán de sistemas accesibles de información y procedimientos de acogida y orientación de los estudiantes de nuevo ingreso para facilitar su incorporación a las enseñanzas universitarias correspondientes. Estos sistemas y procedimientos deberán incluir, en el caso de estudiantes con necesidades educa-

tivas específicas derivadas de discapacidad, los servicios de apoyo y asesoramiento adecuados, que evaluarán la necesidad de posibles adaptaciones curriculares.

CAPÍTULO IV

Enseñanzas universitarias oficiales de Máster

Artículo 15. *Directrices para el diseño de títulos de Máster Universitario.*

1. Los planes de estudios conducentes a la obtención del título de Máster Universitario, serán elaborados por las universidades y verificados de acuerdo con lo establecido en el presente real decreto.

2. Los planes de estudios conducentes a la obtención de los títulos de Máster Universitario tendrán entre 60 y 120 créditos, que contendrá toda la formación teórica y práctica que el estudiante deba adquirir: materias obligatorias, materias optativas, seminarios, prácticas externas, trabajos dirigidos, trabajo de fin de Máster, actividades de evaluación, y otras que resulten necesarias según las características propias de cada título.

3. Estas enseñanzas concluirán con la elaboración y defensa pública de un trabajo de fin de Máster, que tendrá entre 6 y 30 créditos.

4. Cuando se trate de títulos que habiliten para el ejercicio de actividades profesionales reguladas en España, el Gobierno establecerá las condiciones a las que deberán adecuarse los correspondientes planes de estudios, que además deberán ajustarse, en su caso, a la normativa europea aplicable. Estos planes de estudios deberán, en todo caso, diseñarse de forma que permitan obtener las competencias necesarias para ejercer esa profesión. A tales efectos la Universidad justificará la adecuación del plan de estudios a dichas condiciones.

Artículo 16. *Acceso a las enseñanzas oficiales de Máster.*

1. Para acceder a las enseñanzas oficiales de Máster será necesario estar en posesión de un título universitario oficial español u otro expedido por una institución de educación superior del Espacio Europeo de Educación Superior que facultan en el país expedidor del título para el acceso a enseñanzas de máster.

2. Así mismo, podrán acceder los titulados conforme a sistemas educativos ajenos al Espacio Europeo de Educación Superior sin necesidad de la homologación de sus títulos, previa comprobación por la Universidad de que aquellos acreditan un nivel de formación equivalente a los correspondientes títulos universitarios oficiales españoles y que facultan en el país expedidor del título para el acceso a enseñanzas de postgrado. El acceso por esta vía no implicará, en ningún caso, la homologación del título previo de que esté en posesión el interesado, ni su reconocimiento a otros efectos que el de cursar las enseñanzas de Máster.

Artículo 17. *Admisión a las enseñanzas oficiales de Máster.*

1. Los estudiantes podrán ser admitidos a un Máster conforme a los requisitos específicos y criterios de valoración de méritos que, en su caso, sean propios del título de Máster Universitario o establezca la universidad.

2. La Universidad incluirá los procedimientos y requisitos de admisión en el plan de estudios, entre los que podrán figurar requisitos de formación previa específica en algunas disciplinas.

3. Estos sistemas y procedimientos deberán incluir, en el caso de estudiantes con necesidades educativas específicas derivadas de discapacidad, los servicios de apoyo y asesoramiento adecuados, que evaluarán la necesidad de posibles adaptaciones curriculares, itinerarios o estudios alternativos.

4. La admisión no implicará, en ningún caso, modificación alguna de los efectos académicos y, en su caso, profesionales que correspondan al título previo de que esté en posesión el interesado, ni su reconocimiento a otros efectos que el de cursar enseñanzas de Máster.

CAPÍTULO V

Enseñanzas de Doctorado

Artículo 18. *Programa de Doctorado.*

Para obtener el título de Doctor o Doctora es necesario haber superado un periodo de formación y un periodo de investigación organizado. Al conjunto organizado de todas las actividades formativas y de investigación conducentes a la obtención del título se denomina Programa de Doctorado.

Artículo 19. *Acceso a las enseñanzas de Doctorado.*

1. Para acceder al Programa de Doctorado en su periodo de formación, será necesario cumplir las mismas condiciones que para el acceso a las enseñanzas oficiales de Máster, en el artículo 16 de este real decreto.

2. Para acceder al Programa de Doctorado en su periodo de investigación será necesario estar en posesión de un título oficial de Máster Universitario, u otro del mismo nivel expedido por una institución de educación superior del Espacio Europeo de Educación Superior. Además, podrán acceder los que estén en posesión de título obtenido conforme a sistemas educativos ajenos al Espacio Europeo de Educación Superior, sin necesidad de su homologación, pero previa comprobación de que el título acredita un nivel de formación equivalente a los correspondientes títulos españoles de Máster Universitario y que faculta en el país expedidor del título para el acceso a estudios de Doctorado. Esta admisión no implicará, en ningún caso, la homologación del título previo de que esté en posesión el interesado, ni su reconocimiento a otros efectos que el de cursar enseñanzas de Doctorado.

Asimismo, se podrá acceder habiendo cumplido alguna de las siguientes condiciones:

a) Haber superado 60 créditos incluidos en uno o varios Másteres Universitarios, de acuerdo con la oferta de la Universidad. De manera excepcional, podrán acceder al periodo de investigación aquellos estudiantes que acrediten 60 créditos de nivel de postgrado que hayan sido configurados, de acuerdo con la normativa que establezca la Universidad, por actividades formativas no incluidas en Másteres Universitarios. Este supuesto podrá darse por criterios de interés estratégico para la Universidad o por motivos científicos que aconsejen la formación de doctores en un ámbito determinado. En todo caso, para la aprobación de este tipo de periodo de formación, será necesario contar con un informe favorable de la agencia evaluadora de acuerdo con lo establecido en el artículo 24 de este real decreto.

b) Estar en posesión de un título de Graduado o Graduada cuya duración, conforme a normas de derecho comunitario sea de, al menos, 300 créditos.

Artículo 20. *Admisión a las enseñanzas de doctorado.*

1. Las universidades establecerán los procedimientos y criterios de admisión al correspondiente Programa de Doctorado en cualquiera de sus periodos. Entre los criterios podrá figurar la exigencia de formación previa específica en algunas disciplinas.

2. Estos sistemas y procedimientos deberán incluir, en el caso de estudiantes con necesidades educativas específicas derivadas de discapacidad, los servicios de apoyo y asesoramiento adecuados, que evaluarán la necesidad de posibles adaptaciones curriculares, itinerarios o estudios alternativos.

3. Los estudiantes admitidos al periodo de investigación, formalizarán cada curso académico su matrícula en la universidad, que le otorgará el derecho a la tutela académica, a la utilización de los recursos necesarios para el desarrollo de su trabajo y la plenitud de derechos previstos por la normativa para los estudiantes de doctorado.

4. A los efectos de lo establecido en el artículo 8 del Estatuto del Personal Investigador en Formación, aprobado por real decreto 63/2006, de 27 de enero, en relación con el artículo 11.1 del texto refundido del Estatuto de los Trabajadores, aprobado por real decreto legislativo 1/1995, de 24 de marzo, al inicio del periodo de investigación al que se refiere el apartado 3 de este artículo, las universidades expedirán el correspondiente certificado que se considerará como condición habilitante para el contrato en prácticas del personal investigador en formación.

Artículo 21. *La tesis doctoral.*

1. La tesis doctoral consistirá en un trabajo original de investigación elaborado por el candidato en cualquier disciplina.

2. La Universidad establecerá procedimientos con el fin de garantizar la calidad de las tesis doctorales tanto en su elaboración como en el proceso de evaluación. Estos procedimientos incluirán las previsiones relativas a la elección y al registro del tema de la tesis doctoral y a la lengua en la que se redactará y en la que se defenderá la tesis doctoral.

3. Para la elaboración de la tesis doctoral, la Universidad asignará al doctorando un director, que será un doctor con experiencia investigadora acreditada. La tesis podrá ser codirigida por otros doctores.

4. En el proceso de evaluación y previo al acto de defensa, la Universidad garantizará la publicidad de la tesis doctoral finalizada de forma que otros doctores puedan remitir observaciones sobre su contenido.

5. El tribunal que evalúe la tesis doctoral se compondrá de acuerdo con las normas que establezca la universidad.Todos los miembros deberán tener el título de doctor y experiencia investigadora acreditada. En cualquier caso sólo podrán formar parte del tribunal dos miembros de la Universidad responsable de la expedición del título.

6. La tesis doctoral se evaluará en el acto de defensa que tendrá lugar en sesión pública y consistirá en la exposición y defensa por el doctorando del trabajo de investigación elaborado ante los miembros del tribunal. Los doctores presentes en el acto público podrán formular cuestiones en el momento y forma que señale el presidente del tribunal.

7. El tribunal emitirá un informe y la calificación global concedida a la tesis de acuerdo con la siguiente escala: «no apto», «aprobado», «notable» y «sobresaliente». El tribunal podrá otorgar la mención de «cum laude» si la calificación global es de sobresaliente y se emite en tal sentido el voto por unanimidad.

8. Una vez aprobada la tesis doctoral, la Universidad se ocupará de su archivo y remitirá un ejemplar de la misma así como la información necesaria al Ministerio de Educación y Ciencia a los efectos oportunos.

Artículo 22. *Mención europea en el título de Doctor.*

1. Se podrá incluir en el anverso del título de Doctor o Doctora la mención «Doctor europeo», siempre que concurran las siguientes circunstancias:

a) Que, durante el periodo de formación necesario para la obtención del título de doctor, el doctorando haya realizado una estancia mínima de tres meses fuera de España en una institución de enseñanza superior o centro de investigación de un Estado miembro de la Unión Europea, cursando estudios o realizando trabajos de investigación que le hayan sido reconocidos por la universidad.

b) Que parte de la tesis doctoral, al menos el resumen y las conclusiones, se haya redactado y sea presentado en una de las lenguas oficiales de la Unión Europea distinta a cualquiera de las lenguas oficiales en España.

c) Que la tesis haya sido informada por un mínimo de dos expertos pertenecientes a alguna institución de educación superior o instituto de investigación de un Estado miembro de la Unión Europea distinto de España.

d) Que, al menos, un experto perteneciente a alguna institución de educación superior o centro de investigación de un Estado miembro de la Unión Europea distinto de España, con el título de doctor, y distinto del responsable de la estancia mencionada en el apartado a) y los mencionados en el apartado c), haya formado parte del tribunal evaluador de la tesis.

2. La defensa de la tesis ha de ser efectuada en la propia Universidad en la que el doctorando estuviera inscrito.

Artículo 23. *Profesorado de las enseñanzas de Doctorado.*

El profesorado responsable de las enseñanzas de Doctorado deberá poseer el título de Doctor.

CAPÍTULO VI

Verificación y acreditación de los títulos

Artículo 24. *Verificación y acreditación.*

1. Una vez elaborados los planes de estudios conducentes a la obtención de títulos oficiales, deberán ser verificados por el Consejo de Universidades de acuerdo con las normas establecidas en el presente Capítulo.

2. Los títulos universitarios oficiales deberán someterse a un procedimiento de evaluación cada 6 años a contar desde la fecha de su registro en el RUCT, con el fin de mantener su acreditación.

3. A estos efectos la Agencia Nacional de Evaluación de la Calidad y Acreditación (ANECA), establecerá los protocolos de verificación y acreditación necesarios conforme a lo dispuesto en este real decreto.

Artículo 25. *Procedimiento de verificación.*

1. El plan de estudios elaborado por la Universidad será enviado al Consejo de Universidades para su verificación. Éste comprobará si se ajusta a los protocolos a los que se refiere el apartado 3 del artículo anterior. En caso de existir deficiencias, el Consejo de Universidades devolverá el plan de estudios a la Universidad para que realice las modificaciones oportunas en el plazo de 10 días naturales.

2. El Consejo de Universidades enviará el plan de estudios a la ANECA para que elabore el informe de evaluación, que tendrá el carácter preceptivo y determinante al que se refiere el artículo 42.5c de la Ley 30/92, de Régimen Jurídico de las Administraciones Públicas y del Procedimiento Administrativo Común.

3. La ANECA evaluará los planes de estudios, de acuerdo con los protocolos de verificación a que se refiere el artículo 24.3 de este real decreto.

4. La evaluación del plan de estudios se realizará por una Comisión formada por expertos del ámbito académico y, en su caso, profesional, del título correspondiente. Dichos expertos serán evaluadores independientes y de reconocido prestigio designados por la ANECA.

5. La citada agencia elaborará una propuesta de informe que se expresará, de forma motivada, en términos favorables o desfavorables al plan de estudios presentado, pudiendo incluir, en su caso, recomendaciones sobre el modo de mejorarlo. Este informe será enviado por la ANECA a la Universidad para que pueda presentar alegaciones en el plazo de 20 días naturales.

6. Una vez concluido el plazo y valoradas, en su caso, las alegaciones, la ANECA elaborará el informe de evaluación que será favorable o desfavorable y lo remitirá al Consejo de Universidades.

7. El Consejo de Universidades comprobará la denominación propuesta para el título, que el plan de estudios cuenta con el informe de evaluación favorable, que se adecua a las previsiones de este real decreto y es coherente con la denominación del título propuesto. En el plazo de 6 meses desde la fecha de envío, el Consejo de Universidades dictará la resolución de verificación que será positiva, si se cumplen las condiciones señaladas, o negativa, en caso contrario.

8. La resolución de verificación se comunicará al Ministerio de Educación y Ciencia, a la Comunidad Autónoma interesada y a la Universidad.

9. Contra la Resolución de verificación, la Universidad podrá recurrir ante la Presidencia del Consejo de Universidades. En el caso de ser admitida a trámite la reclamación, ésta será valorada por una comisión designada al efecto por dicho órgano y formada por expertos que no hayan intervenido en la evaluación que ha conducido a la resolución negativa. Esta comisión examinará el expediente relativo a la verificación para velar por las garantías establecidas y podrá ratificar la resolución o, en su caso, aceptar la reclamación y remitirla a la ANECA, indicando de forma concreta los aspectos de la evaluación que deben ser revisados, todo ello en un plazo máximo de tres meses.

10. El examen de la reclamación se hará basándose en el plan de estudios elaborado por la Universidad y toda la documentación contenida en el expediente.

11. La ANECA analizará los aspectos señalados por el Consejo de Universidades y remitirá el correspondiente informe, basándose en el cual el Consejo de Universidades emitirá la resolución definitiva. En caso de ser desestimada la reclamación, el Consejo de Universidades lo comunicará a la Universidad y a la correspondiente Comunidad Autónoma, y en caso de ser estimada dictará la resolución de verificación y procederá según lo establecido en el punto 8 de este artículo.

Artículo 26. *Inscripción en el Registro y sus efectos.*

1. Tras la autorización de la Comunidad Autónoma y la verificación del plan de estudios a que se refiere el artículo anterior, el Ministerio de Educación y Ciencia elevará al Gobierno la propuesta para el establecimiento del carácter oficial del título y su inscripción en el RUCT, cuya aprobación mediante acuerdo del Consejo de Ministros será publicada en el Boletín Oficial del Estado.

2. La inscripción en el RUCT a que se refiere este artículo tendrá como efecto la consideración inicial de título acreditado.

Artículo 27. *Renovación de la acreditación de los títulos.*

1. La acreditación de los títulos universitarios oficiales se mantendrá cuando obtengan un informe de acreditación positivo, transcurridos los seis años a que se refiere el artículo 24.2, y sea comunicado al RUCT.

Para obtener un informe positivo se deberá comprobar que el plan de estudios correspondiente se está llevando a cabo de acuerdo con su proyecto inicial, mediante una evaluación que incluirá, en todo caso, una visita externa a la institución. En caso de informe negativo, se comunicará a la Universidad, a la Comunidad Autónoma y al Consejo de Universidades para que las deficiencias encontradas puedan ser subsanadas. De no serlo, el título causará baja en el mencionado Registro y perderá su carácter oficial y su validez en todo el territorio nacional, estableciéndose en la resolución correspondiente las garantías necesarias para lo estudiantes que se encuentren cursando dichos estudios.

2. El informe a que se refiere el apartado 1 deberá ser efectuado por la ANECA o los órganos de evaluación que la Ley de las Comunidades Autónomas determinen, y comunicado al Registro para su oportuna inscripción.

3. La Conferencia General de Política Universitaria, aprobará los criterios de coordinación, cooperación y reconocimiento mutuo para la participación en el procedimiento a que se refiere este artículo.

4. La ANECA y los órganos de evaluación que la Ley de las Comunidades Autónomas determinen, harán un seguimiento de los títulos registrados, basándose en la información pública disponible, hasta el momento que deban someterse a la evaluación para renovar su acreditación. En caso de detectarse alguna deficiencia, ésta será comunicada a la Universidad, a la Comunidad Autónoma y al Consejo de Universidades para que pueda ser subsanada. En el caso de que las deficiencias encontradas supusieran un grave riesgo para la calidad mínima exigible en las enseñanzas impartidas, de acuerdo con la Comunidad Autónoma responsable, se podrá iniciar un proceso de evaluación en los términos previstos en este artículo.

Artículo 28. *Modificación y extinción de los planes de estudios conducentes a títulos oficiales.*

1. Las modificaciones de los planes de estudios a los que se refiere el presente real decreto, serán aprobadas por las universidades, en la forma en que determinen sus estatutos o normas de organización y funcionamiento y en su caso, las correspondientes normativas autonómicas que deberán preservar la autonomía académica de las universidades.

2. Dichas modificaciones serán notificadas al Consejo de Universidades que las enviará a la ANECA para su valoración. En el supuesto de que tales modificaciones no supongan, a juicio de las comisiones a que se refiere el artículo 25, un cambio en la naturaleza y objetivos del título inscrito, o hayan transcurrido tres meses sin pronunciamiento expreso, la Universidad considerará aceptada su propuesta. En caso contrario, se considerará que se trata de un nuevo plan de estudios y tal extremo será puesto en conocimiento del Consejo de Universidades que lo trasladará a la correspondiente Universidad a efectos de iniciar, en su caso, de nuevo los procedimientos de verificación, autorización e inscripción previstos por los artículos 25 y 26. En este supuesto el plan de estudios anterior se considerará extinguido y de tal extinción se dará cuenta al RUCT para su oportuna anotación.

3. Se considerará extinguido un plan de estudios cuando el mismo no supere el proceso de acreditación previsto en el artículo 27.

4. Las Universidades están obligadas a garantizar el adecuado desarrollo efectivo de las enseñanzas que hubieran iniciado sus estudiantes hasta su finalización.

Disposición adicional primera. *Implantación de las nuevas enseñanzas.*

1. La implantación por las universidades de los planes de estudios conducentes a la obtención de los títulos previstos por este real decreto, podrá realizarse de manera simultánea, para uno o varios cursos, o progresiva, de acuerdo con la temporalidad prevista en el correspondiente plan de estudios.

2. En el curso académico 2010-2011 no podrán ofertarse plazas de nuevo ingreso en primer curso para las actuales titulaciones de Licenciado, Diplomado, Arquitecto, Ingeniero, Arquitecto Técnico e Ingeniero Técnico.

Disposición adicional segunda. *Incorporación a las nuevas enseñanzas.*

Los alumnos que hayan comenzado estudios conforme a anteriores ordenaciones universitarias podrán acceder a las enseñanzas reguladas en este real decreto, previa admisión de la Universidad correspondiente de acuerdo con lo establecido en este real decreto y en la normativa de la propia universidad.

Disposición adicional tercera. *Doctor honoris causa.*

De acuerdo con lo que establezca su normativa, las universidades podrán nombrar Doctor honoris causa a aquellas personas que, en atención a sus méritos académicos, científicos o personales sean acreedoras de tal distinción.

Disposición adicional cuarta. *Efecto de los títulos universitarios oficiales correspondientes a la anterior ordenación.*

1. Los títulos universitarios oficiales obtenidos conforme a planes de estudios anteriores a la entrada en vigor del presente real decreto mantendrán todos sus efectos académicos y, en su caso, profesionales.

2. Quienes, estando en posesión de un título oficial de Licenciado, Arquitecto o Ingeniero, pretendan acceder a enseñanzas conducentes a un título de Grado obtendrán el reconocimiento de créditos que proceda con arreglo a lo dispuesto en el artículo 13 del presente real decreto.

Asimismo, podrán acceder a las enseñanzas oficiales de Máster sin necesidad de requisito adicional alguno, sin perjuicio de lo establecido en el artículo 17. Además, las universidades, en el ámbito de su autonomía, podrán reconocer créditos a estos titulados teniendo en cuenta la adecuación entre las competencias y los conocimientos derivados de las enseñanzas cursadas y los previstos en el plan de estudios de las enseñanzas de Máster solicitadas.

Igualmente, los titulados a que se refiere este apartado podrán acceder directamente al periodo de investigación del Programa de Doctorado si estuvieran en posesión del Diploma de Estudios Avanzados, obtenido de acuerdo con lo dispuesto en el Real Decreto 778/1998, de 30 de abril, o hubieran alcanzado la suficiencia investigadora regulada en el Real Decreto 185/1985, de 23 de enero.

3. Quienes, estando en posesión de un título oficial de Diplomado, Arquitecto Técnico o Ingeniero Técnico, pretendan cursar enseñanzas dirigidas a la obtención de un título oficial de Grado, obtendrán el reconocimiento de créditos que proceda con arreglo a lo previsto en el artículo 13 del presente real decreto.

Los titulados a que se refiere el párrafo anterior podrán acceder, igualmente, a las enseñanzas oficiales de Máster sin necesidad de requisito adicional alguno, sin perjuicio de lo establecido en el artículo 17. En todo caso, las universidades, en el ámbito de su autonomía, podrán exigir formación adicional necesaria teniendo en cuenta la adecuación entre las competencias y los conocimientos derivados de las enseñanzas cursadas en los planes de estudios de origen y los previstos en el plan de estudios de las enseñanzas de Máster solicitadas.

Disposición adicional quinta. *Regímenes específicos.*

1. Con independencia de lo establecido en la normativa específica sobre homologación de títulos extranjeros de educación superior, éstos podrán ser equivalentes a efectos parciales o totales al correspondiente título español cuando así se establezca de modo expreso en acuerdos o convenios internacionales de carácter bilateral o multilateral en los que el Estado español sea parte.

2. Los Ingenieros de Armamento y Construcción y los Ingenieros de Armas Navales podrán obtener los títulos oficiales de Máster y de Doctor conforme a lo dispuesto en el Decreto 3058/1964, de 28 de septiembre, y normas concordantes. A estos efectos, deberán cumplir los requisitos generales sobre estudios de grado y postgrado establecidos en este Real Decreto que resulten de aplicación, y las condiciones específicas que, al respecto, establezca el Ministerio de Defensa.

Disposición adicional sexta. *Universidades de la Iglesia Católica.*

1. De conformidad con lo establecido en la Disposición adicional cuarta de la Ley Orgánica 6/2001 de 21 de diciembre, de Universidades, las universidades de la Iglesia Católica establecidas en España con anterioridad al Acuerdo, de 3 de enero de 1979, entre el Estado español y la Santa Sede, sobre Enseñanza y Asuntos Culturales, en virtud de lo establecido en el Convenio entre la Santa Sede y el Estado español, de 10 de mayo de 1962, así como en el dicho Acuerdo, mantienen sus procedimientos especiales en materia de reconocimiento de efectos civiles de planes de estudios y títulos, en tanto en cuanto no opten por transformarse en universidades privadas.

2. Sin perjuicio de lo establecido en el apartado anterior, y a los solos efectos de hacer efectivos dichos procedimientos, estas universidades solicitarán al Consejo de Universidades la verificación de los planes de estudios conducentes a la obtención de títulos oficiales que se llevará a cabo una vez se compruebe que dichos planes de estudios se ajustan a las directrices y condiciones establecidas por el Gobierno con carácter general.

3. Verificado el título conforme a lo establecido en el apartado anterior, el Consejo de Universidades lo remitirá al Gobierno que establecerá su carácter oficial, ordenará su inscripción en RUCT, y su publicación en el Boletín Oficial del Estado.

4. Con el fin de renovar su acreditación, los títulos así inscritos deberán someterse al procedimiento de evaluación previsto para todos los títulos universitarios oficiales, previsto en el artículo 27 de este real decreto.

Disposición adicional séptima. *Modificación del Real Decreto 285/2004.*

Se modifica el apartado 5 del artículo 17 del Real Decreto 285/2004, de 20 de febrero, por el que se regulan las condiciones de homologación y convalidación de títulos y estudios extranjeros de educación superior, que queda redactado de la siguiente manera:

«Cuando el interesado no supere los requisitos formativos complementarios exigidos en el plazo de cuatro años, a contar desde la notificación de la resolución, la homologación condicionada perderá su eficacia, sin perjuicio de que, a partir de ese momento, el interesado pueda solicitar la convalidación por estudios parciales.»

Disposición adicional octava. *Régimen transitorio de la modificación del Real Decreto 285/2004.*

La modificación del Real Decreto 285/2004, de 20 de febrero, por el que se regulan las condiciones de homologación y convalidación de títulos y estudios extranjeros de educación superior, que se establece en la disposición adicional séptima, tendrá el siguiente régimen transitorio:

1. El plazo de cuatro años para la superación de los requisitos formativos complementarios se aplicará a todos los expedientes tramitados de acuerdo con el real decreto 285/2004, sobre los que no se hubiera dictado resolución en la fecha de entrada en vigor del presente real decreto, con independencia de su fecha de iniciación.

2. En el caso de resoluciones de homologación, condicionadas a la superación de requisitos formativos complementarios, dictadas con anterioridad a la entrada en vigor del presente real decreto, si el plazo de dos años para la superación de los requisitos formativos complementarios no ha vencido el día de dicha entrada en vigor, se entenderá prorrogado hasta un total de cuatro años, a contar desde la notificación de la resolución. Si el plazo de dos años ya ha vencido antes de la entrada en vigor del presente real decreto, se entenderá concedido un nuevo plazo complementario de dos años para la superación de los requisitos formativos complementarios, a contar desde dicha entrada en vigor.

Disposición adicional novena. *Verificación del cumplimiento de las condiciones para los títulos relacionados con los artículos 12.9 y 15.4.*

El Ministerio de Educación y Ciencia precisará los contenidos del anexo I del presente real decreto, a los que habrán de ajustarse las solicitudes para la obtención de la verificación de los planes de estudios en los casos a que se refieren los artículos 12.9 y 15.4 de este real decreto, previo informe del Consejo de Universidades y oídos, en su caso, los colegios y asociaciones profesionales concernidos.

Disposición adicional décima. *Títulos de Especialistas en Ciencias de la Salud.*

1. Los títulos universitarios a los que se refiere el presente real decreto no podrán inducir a confusión ni coincidir en su denominación y contenidos con los de los especialistas en ciencias de la salud regulados en el capítulo III de la Ley 44/2003, de 21 de noviembre, de ordenación de las profesiones sanitarias.

2. Las universidades determinarán, en función de la formación investigadora que acredite cada uno de los especialistas en ciencias de la salud de los contemplados en el apartado anterior, la formación adicional que en su caso hayan de cursar para presentación y defensa de la tesis doctoral.

Disposición adicional undécima. *Títulos no oficiales.*

Las universidades en uso de su autonomía, podrán impartir otras enseñanzas conducentes a la obtención de otros títulos distintos a los expresados en el artículo 3.1. La expedición de estos títulos se realizará del modo que determine la universidad, sin que ni su denominación ni el formato en que se confeccionen los correspondientes títulos puedan inducir a confusión con los títulos oficiales que se establecen en los artículos 9, 10 y 11 del presente real decreto.

Disposición transitoria primera. *Implantación de enseñanzas de Grado para el curso académico 2008-2009.*

Las solicitudes de verificación de planes de estudios presentadas al Consejo de Universidades, con anterioridad al 15 de febrero de 2008 deberán ser verificadas en el plazo máximo de 3 meses.

Disposición transitoria segunda. *Enseñanzas anteriores.*

a) A los estudiantes que en la fecha de entrada en vigor de este real decreto, hubiesen iniciado estudios universitarios oficiales conforme a anteriores ordenaciones, les serán de aplicación las disposiciones reguladoras por las que hubieran iniciado sus estudios, sin perjuicio de lo establecido en la Disposición Adicional Segunda de este real decreto, hasta el 30 de septiembre de 2015, en que quedarán definitivamente extinguidas.

b) Los procedimientos de autorización para la implantación en el curso 2008-09 de Programas Oficiales de Postgrado, iniciados con anterioridad a la entrada en vigor del presente real decreto se regularán de acuerdo a la normativa aplicable previa.

Disposición transitoria tercera. *Estudiantes de Doctorado.*

A los estudiantes que en la fecha de entrada en vigor de este real decreto hubiesen iniciado estudios de Doctorado, les serán de aplicación las disposiciones reguladoras del doctorado y de expedición del título de Doctor por las que hubieran iniciado dichos estudios. En todo caso el régimen relativo a elaboración, tribunal, defensa y evaluación de la tesis doctoral será aplicable a dichos estudiantes a partir de un año de su entrada en vigor.

Disposición transitoria cuarta. *Títulos universitarios vinculados con actividades profesionales reguladas.*

A efectos de lo dispuesto en los artículos 12.9 y 15.4 del presente real decreto, serán de aplicación las actuales directrices generales propias de los títulos correspondientes, en lo que se refiere a su denominación, materias y contenido de las mismas, en tanto no se produzca la aprobación por el Gobierno de las condiciones que las sustituyan.

Disposición transitoria quinta. *Agencia Nacional de Evaluación de la Calidad y Acreditación.*

Hasta tanto se lleve a efecto la previsión contenida en el artículo 32 de la Ley Orgánica 6/2001, de 21 de diciembre, de Universidades, en su nueva redacción dada por la Ley Orgánica 4/2007, de 12 de abril, por la que se modifica la anterior, las funciones atribuidas a la ANECA en el presente real decreto, así como en el Real Decreto 1312/2007, de 5 de octubre, por el que se establece la acreditación nacional para el acceso a los cuerpos docentes universitarios, serán ejercidas por la actual Agencia Nacional de Evaluación de la Calidad y Acreditación.

Disposición derogatoria única. *Derogación normativa.*

Quedan derogados los Reales Decretos 55/2005, de 21 de enero, por el que se establece la estructura de las enseñanzas universitarias y se regulan los estudios universitarios oficiales de Grado y 56/2005, de 21 de enero, por el que se regulan los estudios universitarios oficiales de

Postgrado, sin perjuicio de lo establecido en la disposición transitoria segunda.

Disposición final primera. *Título competencial.*

Este real decreto se dicta al amparo de lo dispuesto en el artículo 149.1.30.ª de la Constitución Española y en uso de la autorización otorgada al Gobierno por el apartado 1 de la disposición final séptima de la Ley Orgánica 4/2007, de 12 de abril, por la que se modifica la Ley Orgánica 6/2001, de 21 de diciembre, de Universidades y es de aplicación en todo el territorio nacional.

Disposición final segunda. *Actualización de los anexos.*

Se habilita al Ministerio de Educación y Ciencia, oído el Consejo de Universidades, para modificar, corregir o actualizar, cuando ello sea preciso, los anexos del presente real decreto.

Disposición final tercera. *Habilitación para el desarrollo reglamentario.*

Corresponde al Ministerio de Educación y a las Universidades, en el ámbito de sus respectivas competencias, dictar las disposiciones necesarias para el desarrollo y aplicación de lo dispuesto en este real decreto.

Disposición final cuarta. *Entrada en vigor.*

El presente real decreto entrará en vigor el día siguiente al de su publicación en el Boletín Oficial de Estado.

Dado en Madrid, el 29 de octubre de 2007.

JUAN CARLOS R.

La Ministra de Educación y Ciencia,
MERCEDES CABRERA CALVO-SOTELO

ANEXO I

Memoria para la solicitud de verificación de Títulos Oficiales

La presente memoria configura el proyecto de título oficial que deben presentar las universidades para su correspondiente verificación. El proyecto constituye el compromiso de la institución sobre las características del título y las condiciones en las que se van a desarrollar las enseñanzas. En la fase de acreditación, la Universidad deberá justificar el ajuste de la situación de lo realizado con lo propuesto en el proyecto presentado, o justificar las causas del desajuste y las acciones realizadas en cada uno de los ámbitos.

1. Descripción del título.

1.1 Denominación.

1.2 Universidad solicitante, y centro responsable de las enseñanzas conducentes al titulo, o en su caso, departamento o instituto.

1.3 Tipo de enseñanza de qué se trata (presencial, semipresencial, a distancia, etc.).

1.4 Número de plazas de nuevo ingreso ofertadas (estimación para los primeros 4 años).

1.5 Número mínimo de créditos europeos de matrícula por estudiante y periodo lectivo y, en su caso, normas de permanencia. Los requisitos planteados en este apartado pueden permitir a los estudiantes cursar estudios a tiempo parcial y deben atender a cuestiones derivadas de la existencia de necesidades educativas especiales.

1.6 Resto de información necesaria para la expedición del Suplemento Europeo al Título de acuerdo con la normativa vigente.

2. Justificación.

2.1 Justificación del título propuesto, argumentando el interés académico, científico o profesional del mismo.

2.2 En el caso de los títulos de Graduado o Graduada: Referentes externos a la Universidad proponente que avalen la adecuación de la propuesta a criterios nacionales o internacionales para títulos de similares características académicas. Pueden ser:

Libros blancos del Programa de Convergencia Europea de la ANECA (www.aneca.es, sección libros blancos).

Planes de estudios de universidades españolas, universidades europeas e internacionales de calidad o interés contrastado.

Informes de asociaciones o colegios profesionales, nacionales, europeas, de otros países o internacionales.

Títulos del catálogo vigentes a la entrada en vigor de la Ley Orgánica 4/2007, de 12 de abril, por la que se modifica la Ley Orgánica 6/2001, de 21 de diciembre, de Universidades.

Otros, con la justificación de su calidad o interés académico.

2.3 Descripción de los procedimientos de consulta internos y externos utilizados para la elaboración del plan de estudios. Éstos pueden haber sido con profesionales, estudiantes u otros colectivos.

3. Objetivos.

3.1 Competencias generales y específicas que los estudiantes deben adquirir durante sus estudios, y que sean exigibles para otorgar el título. Las competencias propuestas deben ser evaluables. Deberán tenerse en cuenta los principios recogidos en el artículo 3.5 de este real decreto.

3.2 Se garantizarán, como mínimo las siguientes competencias básicas, en el caso del Grado, y aquellas otras que figuren en el Marco Español de Cualificaciones para la Educación Superior, MECES:

Que los estudiantes hayan demostrado poseer y comprender conocimientos en un área de estudio que parte de la base de la educación secundaria general, y se suele encontrar a un nivel que, si bien se apoya en libros de texto avanzados, incluye también algunos aspectos que implican conocimientos procedentes de la vanguardia de su campo de estudio;

Que los estudiantes sepan aplicar sus conocimientos a su trabajo o vocación de una forma profesional y posean las competencias que suelen demostrarse por medio de la elaboración y defensa de argumentos y la resolución de problemas dentro de su área de estudio;

Que los estudiantes tengan la capacidad de reunir e interpretar datos relevantes (normalmente dentro de su área de estudio) para emitir juicios que incluyan una reflexión sobre temas relevantes de índole social, científica o ética;

Que los estudiantes puedan transmitir información, ideas, problemas y soluciones a un público tanto especializado como no especializado;

Que los estudiantes hayan desarrollado aquellas habilidades de aprendizaje necesarias para emprender estudios posteriores con un alto grado de autonomía.

3.3 Se garantizarán, como mínimo las siguientes competencias básicas, en el caso del Máster, y aquellas otras que figuren en el Marco Español de Cualificaciones para la Educación Superior, MECES:

Que los estudiantes sepan aplicar los conocimientos adquiridos y su capacidad de resolución de problemas en entornos nuevos o poco conocidos dentro de contextos más amplios (o multidisciplinares) relacionados con su área de estudio;

Que los estudiantes sean capaces de integrar conocimientos y enfrentarse a la complejidad de formular juicios a partir de una información que, siendo incompleta o limitada, incluya reflexiones sobre las responsabilidades sociales y éticas vinculadas a la aplicación de sus conocimientos y juicios;

Que los estudiantes sepan comunicar sus conclusiones –y los conocimientos y razones últimas que las sustentan– a públicos especializados y no especializados de un modo claro y sin ambigüedades;

Que los estudiantes posean las habilidades de aprendizaje que les permitan continuar estudiando de un modo que habrá de ser en gran medida autodirigido o autónomo.

3.4 Se garantizarán, como mínimo las siguientes competencias básicas, en el caso del Doctorado, y aquellas otras que figuren en el Marco Español de Cualificaciones para la Educación Superior, MECES:

Que los estudiantes hayan demostrado una comprensión sistemática de un campo de estudio y el dominio de las habilidades y métodos de investigación relacionados con dicho campo;

Que los estudiantes hayan demostrado la capacidad de concebir, diseñar, poner en práctica y adoptar un proceso sustancial de investigación con seriedad académica;

Que los estudiantes hayan realizado una contribución a través de una investigación original que amplíe las fronteras del conocimiento desarrollando un corpus sustancial, del que parte merezca la publicación referenciada a nivel nacional o internacional;

Que los estudiantes sean capaces de realizar un análisis crítico, evaluación y síntesis de ideas nuevas y complejas;

Que los estudiantes sepan comunicarse con sus colegas, con la comunidad académica en su conjunto y con la sociedad en general acerca de sus áreas de conocimiento;

Que se les suponga capaces de fomentar, en contextos académicos y profesionales, el avance tecnológico, social o cultural dentro de una sociedad basada en el conocimiento.

4. Acceso y admisión de estudiantes.

4.1 Sistemas de accesibles información previa a la matriculación y procedimientos accesibles de acogida y orientación de los estudiantes de nuevo ingreso para facilitar su incorporación a la Universidad y la enseñanza.

4.2 En su caso, siempre autorizadas por la administración competente, indicar las condiciones o pruebas de acceso especiales.

4.3 Sistemas accesibles de apoyo y orientación de los estudiantes una vez matriculados.

4.4 Transferencia y reconocimiento de créditos: sistema propuesto por la Universidad de acuerdo con el artículo 13 de este real decreto.

5. Planificación de las enseñanzas.

5.1 Estructura de las enseñanzas:

a) Denominación del módulo o materia.
b) Contenido en créditos ECTS.
c) Organización temporal: semestral, trimestral o semanal, etc.
d) Carácter obligatorio u optativo.

Tabla 1: Resumen de las materias que constituyen la propuesta en un título de graduado y su distribución en créditos

Tipo de materia	Créditos
Formación básica	
Obligatorias	
Optativas	
Prácticas externas (si se incluyen)	
Trabajo fin de Grado	
Total	240

5.1 Procedimientos para la organización de la movilidad de los estudiantes propios y de acogida. Debe incluir el sistema de reconocimiento y acumulación de créditos ECTS.

5.2 Descripción de los módulos o materias de enseñanza-aprendizaje que constituyen la estructura del plan de estudios, incluyendo las prácticas externas y el trabajo de fin de Grado o Máster, de acuerdo con la siguiente tabla:

Tabla 2: Modelo de tabla para cada módulo o materia del plan de estudios propuesto

Denominación del módulo o materia:	
Competencias que adquiere el estudiante con dicho módulo o materia.	A definir por la universidad.
Breve descripción de sus contenidos.	A definir por la universidad.
Actividades formativas con su contenido en créditos ECTS, su metodología de enseñanza-aprendizaje y su relación con las competencias que debe adquirir el estudiante.	A definir por la universidad.
Sistema de evaluación de la adquisición de las competencias y sistema de calificaciones de acuerdo con la legislación vigente.	A definir por la universidad.

6. Personal académico.

6.1 Profesorado y otros recursos humanos necesarios y disponibles para llevar a cabo el plan de estudios propuesto.

6.2 De los recursos humanos disponibles, se indicará, al menos, su categoría académica, su vinculación a la Universidad y su experiencia docente e investigadora o profesional.

7. Recursos materiales y servicios.

7.1 Justificación de que los medios materiales y servicios disponibles (espacios, instalaciones, laboratorios, equipamiento científico, técnico o artístico, biblioteca y salas de lectura, nuevas tecnologías, etc.), son adecuados para garantizar el desarrollo de las actividades formativas planificadas, observando los criterios de accesibilidad universal y diseño para todos.

7.2 En el caso de que no se disponga de todos los recursos materiales y servicios necesarios en el momento de la propuesta del plan de estudios, se deberá indicar la previsión de adquisición de los mismos.

8. Resultados previstos.

8.1 Estimación de valores cuantitativos para los indicadores que se relacionan a continuación y la justificación de dichas estimaciones. No se establece ningún valor de referencia al aplicarse estos indicadores a instituciones y enseñanzas de diversas características. En la fase de acreditación se revisarán estas estimaciones, atendiendo a las justificaciones aportadas por la Universidad y a las acciones derivadas de su seguimiento.

Tasa de graduación: porcentaje de estudiantes que finalizan la enseñanza en el tiempo previsto en el plan de estudios o en un año académico más en relación a su cohorte de entrada.

Tasa de abandono: relación porcentual entre el número total de estudiantes de una cohorte de nuevo ingreso que debieron obtener el título el año académico anterior y que no se han matriculado ni en ese año académico ni en el anterior.

Tasa de eficiencia: relación porcentual entre el número total de créditos del plan de estudios a los que debieron haberse matriculado a lo largo de sus estudios el conjunto de graduados de un determinado año académico y el número total de créditos en los que realmente han tenido que matricularse.

8.2 Procedimiento general de la Universidad para valorar el progreso y los resultados de aprendizaje de los estudiantes. Entre ellos se pueden considerar resultados de pruebas externas, trabajos de fin de Grado, etc.

9. Sistema de garantía de la calidad.

La información contenida en este apartado puede referirse tanto a un sistema propio para el título como a un sistema general de la Universidad o del centro responsable de las enseñanzas, aplicable al título.

9.1 Responsables del sistema de garantía de la calidad del plan de estudios.

9.2 Procedimientos de evaluación y mejora de la calidad de la enseñanza y el profesorado.

9.3 Procedimientos para garantizar la calidad de las prácticas externas y los programas de movilidad.

9.4 Procedimientos de análisis de la inserción laboral de los graduados y de la satisfacción con la formación recibida.

9.5 Procedimiento para el análisis de la satisfacción de los distintos colectivos implicados (estudiantes, personal académico y de administración y servicios, etc.), y de atención a las sugerencias o reclamaciones. Criterios específicos en el caso de extinción del título.

10. Calendario de implantación.

10.1 Cronograma de implantación del título.

10.2 Procedimiento de adaptación, en su caso, de los estudiantes de los estudios existentes al nuevo plan de estudios.

10.3 Enseñanzas que se extinguen por la implantación del correspondiente título propuesto.

ANEXO II

Materias básicas por rama de conocimiento

Artes y Humanidades

Antropología.
Arte.
Ética.
Expresión Artística.
Filosofía.
Geografía.
Historia.
Idioma Moderno.
Lengua.
Lengua Clásica.
Lingüística.
Literatura.
Sociología.

Ciencias

Biología.
Física.
Geología.
Matemáticas.
Química.

Ciencias de la Salud

Anatomía Animal.
Anatomía Humana.
Biología.
Bioquímica.
Estadística.
Física.
Fisiología.
Psicología.

Ciencias Sociales y Jurídicas

Antropología.
Ciencia Política.
Comunicación.
Derecho.
Economía.
Educación.
Empresa.
Estadística.
Geografía.
Historia.
Psicología.
Sociología.

Ingeniería y Arquitectura

Empresa.
Expresión Gráfica.
Física.
Informática.
Matemáticas.
Química.

MINISTERIO DE TRABAJO Y ASUNTOS SOCIALES

18771 *REAL DECRETO 1400/2007, de 29 de octubre, por el que se establecen normas para el reconocimiento del complemento a los titulares de pensión de jubilación e invalidez de la Seguridad Social, en su modalidad no contributiva, que residan en una vivienda alquilada.*

La Ley 42/2006, de 28 de diciembre, de Presupuestos Generales del Estado para el año 2007, en su artículo 40.2, establece para dicho año un complemento de pensión dirigido a aquellos pensionistas de jubilación e invalidez de la Seguridad Social, en su modalidad no contributiva, que acrediten fehacientemente carecer de vivienda en propiedad y residir, como residencia habitual, en una vivienda alquilada por propietarios que no tengan con él relación de parentesco hasta el tercer grado. Igualmente, establece que en el caso de unidades familiares en las que convivan varios perceptores de pensiones no contributivas, sólo podrá percibir el complemento el titular del contrato de alquiler, o de ser varios, el primero de ellos.

El citado precepto de la Ley 42/2006 autoriza al Gobierno a dictar las normas de desarrollo necesarias para regular el procedimiento de solicitud, reconocimiento y abono de dicho complemento.

A tal finalidad responde el presente Real Decreto, en el que se precisan los requisitos necesarios para tener

PROPUESTA DE DIRECTRICES GENERALES DE LA UNIVERSIDAD COMPLUTENSE DE MADRID PARA LA APROBACIÓN DE NUEVAS ENSEÑANZAS DE GRADO CONFORME A LO DISPUESTO EN EL R.D. 1393/2007, de 29 DE OCTUBRE, POR EL QUE SE ESTABLECE LA ORDENACIÓN DE LAS ENSEÑANZAS UNIVERSITARIAS OFICIALES.

Exposición de motivos

La UCM es consciente de que uno de sus objetivos fundamentales como Institución al servicio de la sociedad es ofrecer una enseñanza de calidad a sus estudiantes, garantizándoles una formación sólida que les permita su desarrollo posterior como ciudadanos y profesionales. Para ello, mantendrá una amplia oferta de titulaciones y modalidades adaptadas a las necesidades cambiantes de la sociedad, sabiendo que disponer de títulos de calidad es una obligación para competir en el marco del Espacio Europeo de Educación Superior.

La reciente promulgación del R.D. 1393/2007, de 29 de octubre, por el que se establece la ordenación de las enseñanzas universitarias oficiales, obliga a que las Universidades, en el marco de la autonomía constitucionalmente reconocida, adapten la estructura general de estas enseñanzas a las peculiaridades de cada una de ellas.

La UCM considera, también, que el proceso de implantación del Espacio Europeo de Educación Superior debe entenderse como un importante instrumento para mejorar la calidad de las enseñanzas tomando como punto de partida la experiencia acumulada con sus actuales estudios. Por ello, se configura un régimen general, que se comenzará a implantar en el curso 2009-2010 y que, por medio de los controles de calidad internos y externos que se prevén, pretende garantizar las enseñanzas que se ofrecen a los estudiantes y adecuarlas a las necesidades y demandas, tanto sociales como del conocimiento.

El esquema general de la UCM en lo relativo a los títulos de grado persigue aunar una orientación global de esas enseñanzas universitarias para la adquisición de conocimientos y competencias profesionales, apoyándose en la riqueza y diversidad que nuestra Universidad posee. Se trata de un esquema de titulaciones insertado en el régimen general de aprobación y verificación de enseñanzas propuesto por la ANECA cuyos documentos forman parte necesaria de estas directrices.

Por ello, el Consejo de Gobierno de la UCM, a propuesta de la Comisión de Estudios de fecha 26 de febrero de 2008, aprueba las directrices generales de las enseñanzas universitarias de grado.

Sección 1ª
Características generales

Primera.- Marco de aprobación de las titulaciones de grado

El régimen de aprobación de las titulaciones de grado en la Universidad Complutense de Madrid se adaptará a los caracteres y finalidad de las enseñanzas de grado, a la normativa que se dicte en desarrollo de estas directrices, y a los criterios, protocolos y procedimientos de evaluación, cumpliendo, asimismo, con el sistema de garantía de calidad de la UCM.
Aquellos títulos que tengan una Directiva Europea deberán adaptarse a las condiciones expresadas en la misma.

Segunda.- Caracteres y finalidad de las enseñanzas de grado

La finalidad de las enseñanzas de grado es obtener una formación general, en una o varias disciplinas, orientada al ejercicio de las actividades profesionales, a la transmisión de la cultura así como a la iniciación en actividades de investigación. El carácter de estos estudios es generalista y garantiza la continuidad, en su caso, de la formación universitaria en másteres y doctorados, para los que se reserva la especialización y la diversidad de orientaciones según se establece en el R.D. 1393/2007. Este carácter básico permitirá, a su vez, una mayor facilidad de movilidad a los estudiantes, tanto en nuestra Universidad como en el resto del Espacio Europeo de Educación Superior.

Tercera.- Procedimiento de aprobación de los estudios de grados

1. La iniciativa de propuesta de titulaciones de grado podrá partir de los Centros, Institutos, Departamentos o Consejo de Dirección de la UCM. Esta iniciativa deberá concretarse a través de uno o más centros de la UCM.
2. El (los) proponente(s) de la titulación elaborará(n) la propuesta de titulación que estará adaptada a los criterios nacionales e internacionales y la elevará(n), una vez aprobada por la Junta de Centro, al vicerrectorado competente. La propuesta deberá estar motivada y justificada, incluyendo, en todo caso, su denominación, objetivos, adscripción a rama de conocimiento, expectativas de demanda de estudiantes y viabilidad de la misma en cuanto a recursos humanos y materiales, según lo establecido en la sección 2 y el modelo normalizado adjunto.

   El Vicerrectorado competente realizará una primera valoración de las titulaciones propuestas, para lo que podrá requerir el apoyo de asesores antes de su presentación al Consejo de Dirección.

3. Una vez examinadas por el Consejo de Dirección, la Comisión de Estudios estudiará e informará las propuestas recibidas. Si el informe de la Comisión es negativo, la propuesta será devuelta a los proponentes para su enmienda, en su caso. Las propuestas informadas favorablemente serán elevadas al Consejo de Gobierno.

4. El Consejo de Gobierno estudiará las propuestas recibidas de la Comisión de Estudios procediendo a la aprobación o denegación razonada de las mismas. Las propuestas aprobadas serán adscritas al Centro correspondiente para la elaboración del Plan de Estudios. En el caso de

titulaciones intercentros, el Consejo de Gobierno designará a uno de ellos como coordinador para la elaboración del Plan de Estudios.

5. El Centro responsable de la Titulación procederá a la elaboración de la propuesta de Plan de Estudios de la misma, que deberá ajustarse a los criterios generales establecidos en la sección 3 y al modelo normalizado VERIFICA. Una vez aprobada por la Junta del Centro responsable, la propuesta del Plan de Estudios se elevará a la Comisión de Estudios de la Universidad.

6. En el caso de titulaciones intercentros, para la elaboración del Plan de Estudios se constituirá una comisión en la que participarán todos los Centros implicados en la titulación. La propuesta elaborada deberá ser informada por todos los centros implicados y remitida por el Centro coordinador a la Comisión de Estudios de la Universidad.

7. Aquellos Planes cuya entrada en vigor esté prevista para el curso 2009-2010 deberán ser remitidos a la Comisión de Estudios de la UCM antes del 30 de Septiembre de 2008.

8. La Comisión de Estudios remitirá los Planes de Estudio recibidos a la Comisión Técnica de Rama y a la Oficina para la Calidad UCM para su informe

9. En el plazo máximo de 60 días desde su recepción, la Comisión Técnica de Rama elaborará un informe motivado sobre la propuesta de Plan de Estudios. Para la emisión del informe, la Comisión Técnica podrá recabar la opinión –no vinculante- de los Directores de Departamentos con sede externa al Centro proponente y que sean competentes en las materias del Plan de Estudios en cuestión.

10. En el plazo máximo de 60 días desde su recepción, la Oficina para la Calidad UCM elaborará un informe motivado sobre la propuesta del Plan de Estudios.

11. La Comisión de Estudios, a la luz de los informes recibidos de la Comisión Técnica de Rama y de la Oficina para la Calidad UCM, emitirá informe sobre la propuesta de Plan de Estudios. Si el informe es negativo se devolverá la propuesta al Centro proponente para la subsanación, en su caso, de las deficiencias señaladas. El Centro proponente conocerá en todo momento los informes evacuados por las distintas instancias, pudiendo subsanar las deficiencias indicadas durante el proceso. Si el informe de la Comisión de Estudios es positivo, se elevará el Plan de Estudios al Consejo de Gobierno de la Universidad.

12. El Consejo de Gobierno someterá a aprobación los Planes de Estudio informados favorablemente por la Comisión de Estudios. Los Planes de Estudio aprobados por el Consejo de Gobierno se elevarán al Consejo de Universidades para su proceso de verificación, así como a la Consejería de Educación de la Comunidad de Madrid para la autorización de la impartición de las enseñanzas.

Sección 2ª
Características de las titulaciones

Cuarta.- Requisitos identificativos de las titulaciones

Las propuestas de titulaciones de grado que se eleven al Vicerrectorado competente tendrán que contener los datos básicos para su identificación, así como la concreción de conocimientos, competencias, habilidades y destrezas que se vayan a obtener por cursar los estudios correspondientes. Dos propuestas de grado distintos deberán diferir, al menos, en un 50% de su composición.

En particular, las propuestas habrán de incluir obligatoriamente las menciones siguientes:

1. Denominación del título de grado, indicando, en su caso, su correspondencia con otros títulos similares del Espacio Europeo de Educación Superior o de prestigio internacional.
2. Correspondencia, en su caso, con títulos del catálogo vigentes a la entrada en vigor de la Ley Orgánica 4/2007 de 12 de Abril.
3. Centro(s) responsable(s).
4. Departamentos participantes.
5. Rama de conocimiento en la que se inserta el título.
6. Tipo de enseñanza que se pretenda impartir, que podrá ser presencial, semipresencial o a distancia.
7. Número de plazas de nuevo ingreso.
8. Número de créditos.
9. Requisitos de matriculación.
10. Información necesaria para la expedición del Suplemento Europeo al Título y, en particular:
    a) Profesiones para las que capacita el título.
    b) Lenguas utilizadas a lo largo del proceso formativo.
    c) Rama de conocimiento.
    d) Naturaleza de la Institución que ha concedido el título.
    e) Naturaleza del Centro donde el titulado ha finalizado sus estudios (propio o adscrito).

Quinta.- Justificación de la propuesta presentada

Todas las propuestas de títulos de grado tendrán que justificar su presencia en la oferta de titulaciones oficiales de la UCM. Esta justificación deberá indicar el interés y la pertinencia académica, científica o profesional del título propuesto, así como la viabilidad técnica y material del desarrollo del mismo.

Para ello, se aportarán todos los referentes externos que permitan acreditar la adecuación de la propuesta presentada según criterios nacionales e internacionales y, especialmente, del Espacio Europeo de Educación Superior para títulos de características académicas similares.

Especialmente, los proponentes describirán, los procedimientos de consulta internos y externos utilizados para la elaboración del Plan de Estudios.

Sexta.- Objetivos de la titulación

Los objetivos del título propuesto deberán adecuarse a las exigencias del Espacio Europeo de Educación Superior.
Asimismo, las competencias y conocimientos propuestos tendrán que garantizar como mínimo las definidas en el R.D. 1393/2007.

Séptima.- Número de estudiantes

Para la aprobación de una titulación de grado, el número mínimo de estudiantes de nuevo ingreso esperado en la misma deberá ser de 35.

No obstante, aquellos estudios de grado con un número de alumnos inferior a 35, pero cuyo interés científico o académico justifique su mantenimiento, no se someterán a este criterio mínimo, en función de dichas circunstancias especiales, siempre que queden suficientemente acreditadas. Para estos casos, el número de estudiantes de nuevo ingreso no deberá ser inferior a 25.

Para las titulaciones procedentes de transformaciones de títulos que ya se imparten en la UCM, la estimación del número de alumnos de nuevo ingreso esperado debe basarse en el número de estudiantes de nuevo ingreso matriculados en dichos estudios en los cinco años anteriores. Para los nuevos títulos, se justificará el interés y la demanda social del título que se pretenda implantar, lo que podrá realizarse mediante un estudio de mercado, y comparativa con otros existentes en Universidades nacionales e internacionales.

Sección 3ª.
Directrices para la elaboración de los Planes de Estudio

Octava.- Principios básicos de los Planes de Estudio

El Centro responsable de la titulación procederá, de acuerdo con lo estipulado en la cláusula tercera punto 5, a la elaboración de la propuesta del Plan de Estudios, que cumplimentará en el modelo adjunto, según los criterios generales contenidos en estas directrices.

El contenido del Plan de Estudios se adaptará a las exigencias de Calidad de la UCM y a los planes de verificación de enseñanzas propuestos por la ANECA y recogidos en el programa VERIFICA en el marco de la legislación general de enseñanzas universitarias.
La configuración del Plan de Estudios tendrá en cuenta la movilidad de los estudiantes, entendida tanto en el ámbito interno de la Universidad como en la esfera interuniversitaria.

Los Planes de Estudio podrán prever la existencia de itinerarios formativos, especificando los módulos y/o materias que los constituyen y que tendrán, en su mayoría, carácter obligatorio para los estudiantes que opten por los mismos. La combinación de varios itinerarios de la misma u otra(s) Titulación(es) y según la propuesta que se indique en los Planes de Estudio podrá dar lugar a: Dobles Titulaciones, estructuras Major/Minor o Títulos Multidisciplinares.

En aquellos títulos que habiliten para el ejercicio de actividades profesionales reguladas, deberá justificarse la adecuación del plan a las condiciones fijadas por el Gobierno. Del mismo modo, se justificará la adecuación de la propuesta a las normas reguladoras del ejercicio profesional vinculado al título, haciendo referencia expresa a dichas normas.

Novena.- Contenido de la propuesta del Plan de Estudios

Como paso previo a la descripción detallada del Plan de Estudios y para facilitar la comprensión de dicho plan, será conveniente explicar cómo se van a estructurar las enseñanzas. Se recomienda incluir información acerca de cuestiones como las siguientes:

1. Breve descripción general de los módulos y materias de que constará el Plan de Estudios y cómo se secuenciarán en el tiempo.
2. En su caso, posibles itinerarios formativos, con las correspondientes competencias, que podrán seguir los estudiantes.
3. Breve justificación de cómo los distintos módulos y/o materias de que consta el Plan de Estudios garantizan la adquisición de conocimientos y competencias del título y constituyen una propuesta coherente y factible (teniendo en cuenta la dedicación de los estudiantes).
4. Otras informaciones relevantes, como requisitos especiales para poder cursar los distintos módulos y/o materias, normas de permanencia, etc.

Décima.- Criterios de admisión de estudiantes

Las propuestas de Planes de Estudio deberán contener necesariamente los siguientes aspectos referidos a la admisión de estudiantes

a) Establecer sistemas accesibles de información y procedimientos de acogida y orientación de los estudiantes de nuevo ingreso para facilitar su incorporación a las enseñanzas universitarias correspondientes.

b) Determinar pruebas o condiciones especiales de acceso a determinados estudios o modalidades de los mismos, de acuerdo con la normativa vigente de acceso a estudios universitarios.

c) Establecer por la Universidad, en su caso, pruebas específicas de acceso a determinados estudios.

d) Determinar criterios para la admisión de estudiantes que hayan comenzado estudios conforme a ordenaciones anteriores, concretando los criterios para las convalidaciones de estudios, que deberán estar adaptados a las enseñanzas previstas en cada módulo y materia.

Decimoprimera.- Criterios referentes a los estudiantes

El Plan de Estudios deberá diseñarse de forma que los estudiantes puedan cursarlo con dedicación a tiempo completo o a tiempo parcial, excepto para aquellos títulos regulados por directiva europea.
En especial, contendrá guías para que los estudiantes con dedicación a tiempo parcial planifiquen las enseñanzas de la forma más adecuada a la adquisición

de conocimientos necesarios y a la formación prevista. La UCM elaborará las normas de permanencia generales para sus estudiantes, tanto a tiempo completo como parcial, y que incluirán, en su caso, el número mínimo de créditos que deberá matricular el estudiante en cada modalidad.

Decimosegunda.- Criterios relativos a los créditos ECTS de los Planes de Estudio

Con carácter general, las propuestas de Planes de Estudio de grado serán de 240 créditos ECTS, excepto aquellas titulaciones que, por normativa nacional o europea, tengan un número diferente de créditos.

Los créditos corresponden al trabajo que debe realizar el estudiante en cada una de las actividades del Plan de Estudios.

Un crédito ECTS equivaldrá a 25 horas de trabajo de aprendizaje del estudiante. Sólo en situaciones excepcionales y debidamente justificadas, dicha equivalencia podrá superar las 25 horas, no pudiendo exceder, en ningún caso, 30 horas.

El Plan de Estudios contendrá la normativa de reconocimiento y transferencia de créditos, que se ajustará a la normativa básica fijada por la Universidad Complutense.

Decimotercera.- Criterios relativos a la planificación temporal de las actividades formativas

Para la elaboración de los Planes de Estudio, se considerará que el curso académico comprenderá de 38 a 42 semanas, incluyendo los periodos lectivos y los dedicados a la evaluación. El curso académico se desarrollará en el periodo previsto a tal efecto en el calendario académico de la Universidad, que señalará, en todo caso, las fechas de inicio y final del curso, así como el periodo de valoración. Se tendrá también en cuenta las exigencias derivadas de la movilidad de los estudiantes.

El semestre y el curso serán las unidades temporales de organización académica, abarcando no sólo los periodos de impartición de docencia presencial, sino también los dedicados a la realización de exámenes y pruebas de evaluación. La duración de cada semestre será de 19 a 21 semanas.

Decimocuarta.- Criterios referidos a los tipos de actividades que deberá realizar el estudiante

El Plan de Estudios determinará y justificará el porcentaje de actividad presencial del estudiante, indicándose éste para cada módulo, materia y asignatura.

Por actividades presenciales se entenderán todas aquellas en las que el estudiante realice su trabajo directamente con el profesor: clases teóricas y prácticas (de aula, de laboratorio, de campo...), seminarios y talleres, prácticas externas, tutorías y realización de pruebas de evaluación.

Por actividades no presenciales se entenderán todas aquellas que el estudiante deberá dedicar al trabajo autónomo, tanto individual como en equipo y según las distintas modalidades de enseñanza/aprendizaje.

En su caso, el número máximo de estudiantes en cada una de las actividades se fijará en el Plan de Estudios.

Cada una de estas actividades tendrá un responsable académico que garantice la continuidad en su prestación y el cumplimiento de los niveles de calidad.

Decimoquinta.- Criterios generales relativos al contenido de las enseñanzas

El contenido del Plan de Estudios se organizará en módulos, materias y asignaturas para las materias básicas, con su descripción, incluyendo las prácticas externas –con la garantía de su adecuada realización- y el Trabajo de Fin de Grado.

El Centro correspondiente es el responsable de la impartición de la Titulación para lo que establecerá la organización pertinente de las enseñanzas, y para lo que podrá nombrar un Responsable de la Titulación. En la organización de las enseñanzas se deberán tener en cuenta la afinidad científica y los requisitos que, en caso necesario por la singularidad de las materias, habrán de cumplir los profesores de las mismas.

Las materias se distribuirán del siguiente modo:

TIPO MATERIA	CRÉDITOS
Formación básica	60
Obligatorias	
Optativas	
Participación en actividades Art. 46.2.i)	≤ 6
Practicas Externas (en su caso)	
Trabajo fin de Grado	
Total	240/300/360

Sólo a efectos administrativos y de gestión interna de los estudios, las materias han de estar desglosadas en asignaturas matriculables por los estudiantes. Todas las asignaturas tendrán un mínimo de 6 créditos. Excepcionalmente podrá proponerse un número de créditos menor, que deberá estar justificado.

En todo caso, se deberán facilitar los siguientes datos de cada uno de los módulos y materias:

1. Denominación, número de créditos ECTS, y carácter (obligatorio u optativo).
2. Duración y ubicación temporal dentro del Plan de Estudios.
3. Los conocimientos, competencias y resultados de aprendizaje que el estudiante adquirirá en dicho módulo y materia.

4. En su caso, los requisitos previos que han de cumplirse para poder acceder a dicho módulo o materia.
5. Las actividades formativas que se realizarán, distribución en créditos ECTS, metodología y su relación con las competencias que debe adquirir el estudiante.
6. Las actuaciones de coordinación de las actividades formativas y sistemas de evaluación dentro de un mismo módulo o materia.
7. El sistema o sistemas de evaluación y el sistema de calificaciones.
8. Las materias de que consta el módulo.
9. Breve descripción de los contenidos de módulos, materias y asignaturas.
10. Comentarios o información adicional referente a los módulos y materias.

Decimosexta.- Criterios relativos a las materias básicas

Las materias básicas comprenderán 60 créditos, de los cuales, al menos 36, se corresponderán con materias de la propia rama de conocimiento. En este sentido, la definición de materias básicas se realizará de forma que asegure el reconocimiento de créditos previsto en el artículo 13 del Real Decreto 1393/2007.

Los 24 créditos restantes podrán corresponder a:

a. Materias básicas de la propia rama.
b. Materias básicas de otra rama de conocimiento.
c. Otras materias cuya inclusión deberá justificarse por su carácter básico para la formación inicial del estudiante o por su carácter transversal.

Se recomienda que, al menos, 12 créditos correspondan a otra rama o tengan carácter transversal.

La programación docente de las materias básicas se llevará a cabo en la primera mitad del Plan de Estudios, recomendándose que al menos 36 créditos se cursen en el primer año.

Con objeto de facilitar la movilidad y el reconocimiento de créditos, las materias básicas deberán concretarse en asignaturas de 6 ó 12 créditos. Excepcionalmente, se podrán proponer asignaturas con otro número de créditos, debiendo acompañar a la propuesta su justificación y viabilidad académica y de gestión.

Todas las materias básicas propuestas en el título tendrán naturaleza obligatoria para el estudiante, no pudiéndose prever materias básicas de naturaleza optativa.

Decimoseptima.- Criterios referentes a las materias obligatorias

Las materias obligatorias de cada título de grado han de estar vinculadas a los conocimientos y a las competencias que se adquieren con el título y deben garantizar la movilidad nacional o internacional del estudiante.

Decimoctava.- Criterios referentes a la optatividad

En el apartado de optatividad, el Plan de Estudios fijará el número de créditos de naturaleza optativa que deberán conseguir los estudiantes. Dichos créditos podrán obtenerse ya sea cursando materias optativas, ya sea por la realización de prácticas externas cuando así lo contemple el Plan y éstas no tengan carácter obligatorio, o por reconocimiento de la participación del estudiante en actividades al amparo de lo previsto en el artículo 46.2.i) de la L.O.U.

Con carácter general, el número de créditos optativos totales que debe conseguir el estudiante no podrá superar los 66 créditos, de los que un máximo de 6 podrán obtenerse por reconocimiento de la participación del estudiante en actividades al amparo de lo previsto en el artículo 46.2.i) de la L.O.U.

El Plan de Estudios podrá contener materias optativas. En este caso, fijará el número de créditos en materias optativas que deberá cursar el estudiante y que, con carácter general, no deberá exceder de 60 créditos. En el caso de sobrepasar este número, la propuesta deberá justificarse, así como su viabilidad académica.

Para atender las demandas de créditos optativos que contemple el Plan de Estudios, éste presentará una oferta de materias optativas teniendo en cuenta los siguientes puntos:

a. El número mínimo de estudiantes para la impartición de asignaturas optativas estará en relación con el número de estudiantes de nuevo ingreso de la titulación. En todo caso, cuando una asignatura optativa no alcance el número de 15 estudiantes matriculados, de ese u otros títulos, no será impartida, facilitando a los alumnos su paso a otras optativas.
b. La oferta de materias optativas estará condicionada por el número de estudiantes de nuevo ingreso de la titulación. Con carácter general, no será superior a 180 créditos y si el número de estudiantes de nuevo ingreso en la titulación es inferior a 60, la oferta de materias optativas no superará los 120 créditos.
c. La oferta de materias optativas dependerá de la disponibilidad de recursos humanos, materiales y espacios para su realización.

Decimonovena.- Criterios referentes a las prácticas externas

El Plan de Estudios podrá prever la realización de prácticas externas especificando el carácter obligatorio o voluntario de las mismas. Las prácticas externas no podrán tener una extensión superior a los 60 créditos, y deberán realizarse en la segunda mitad del plan de estudios. En la propuesta del Plan de Estudios se acompañarán los requisitos que garanticen la viabilidad y calidad de dichas prácticas, que tendrán que estar amparadas por el oportuno convenio.

Las prácticas de carácter no obligatorio para los estudiantes se configurarán como asignaturas optativas, incluyéndose en los 66 créditos optativos especificados en la cláusula decimoctava.

En ambos casos, el convenio que se establezca para su realización deberá asegurar la tutela efectiva del estudiante, así como establecer los sistemas de evaluación correspondientes.

Vigésima.- Criterios referentes al Trabajo de Fin de Grado

El Trabajo Fin de Grado (TFG) tiene como finalidad la acreditación de que el estudiante ha adquirido los conocimientos y competencias asociados al título. Será realizado por el estudiante bajo la dirección de uno o varios Profesores, siendo objeto de evaluación individual para cada alumno. Estará concebido y diseñado para que el tiempo total de dedicación del estudiante sea acorde con el número de créditos asignados, no pudiendo ser este número menor de 6 ni mayor de 18 créditos.

De acuerdo con el R.D. 1393/2007, el TFG tendrá carácter obligatorio para los alumnos y deberá realizarse en la fase final del Plan de Estudios y con su defensa se concluirán las enseñanzas de grado.

Las directrices que regulen el Trabajo de Fin de Grado han de establecer sus modalidades, órganos de gestión, elaboración y aprobación de la oferta del trabajo, así como su matriculación y defensa.

En aquellos Títulos cuyas directrices lo permitan, el TFG podrá sustituirse por una Evaluación Final de Grado realizada mediante una prueba de Evaluación de la Competencia Objetiva y Estructurada (ECOE), especialmente diseñada para valorar las competencias globales que capacitan para el ejercicio profesional. En este caso, el Comité encargado del diseño y valoración de la prueba estará constituido por Profesores de los Departamentos que imparten La Titulación.

Vigesimoprimera.- Criterios referentes a la valoración de los estudiantes

Los Planes de Estudio contendrán los criterios relativos a la valoración de cada uno de los módulos/materias/asignaturas. En todo caso, se garantizará una valoración objetiva de los estudiantes así como el recurso a mecanismos de revisión de las calificaciones.

Vigesimosegunda.- Criterios referentes al personal necesario para la correcta impartición de los estudios

Toda propuesta de Plan de Estudios indicará el profesorado necesario y demás personal y apoyos para asegurar la impartición total del grado, así como garantizar la calidad de la docencia y la formación del estudiante.

Vigesimotercera.- Criterios referidos a los recursos materiales y servicios necesarios para impartir adecuadamente los estudios.

El Plan de Estudios debe prever una dotación suficiente de equipamiento e infraestructuras, tanto en las universidades participantes como en las instituciones colaboradoras, justificando su adecuación a los objetivos formativos. En concreto, se deben identificar y describir los recursos materiales y servicios precisos para el cumplimiento de los objetivos del título.

Vigesimocuarta.- Criterios referentes a la adaptabilidad de los planes de estudios a las personas con discapacidad.

El Plan de Estudios atenderá a las necesidades adaptativas de los estudiantes con discapacidad. Se incluirán previsiones referentes a servicios de apoyo y asesoramiento adecuados que evaluarán la necesidad de posibles adaptaciones curriculares, itinerarios o estudios alternativos.

Vigesimoquinta.- Criterios referentes al control de calidad de los planes de estudios, a su continuidad y a los derechos de los estudiantes.

Además de los criterios generales de calidad establecidos por la UCM para todos sus Títulos, cada Plan de Estudios diseñará un sistema de garantía de calidad interna que incluirá, al menos, los siguientes aspectos:

1. Responsables del sistema de garantía interna de calidad en el Centro donde se imparte la titulación, junto con las correspondientes Comisiones de Calidad en las que estén representados todos los actores implicados, especificando funciones y procedimientos de actuación.
2. Objetivos de calidad de las titulaciones y procedimientos para la evaluación y mejora de la calidad en general y, en especial, en lo que respecta al profesorado y la enseñanza.
3. Procedimientos de evaluación y garantía de calidad de las prácticas externas y programas de movilidad.
4. Procedimientos para conocer la inserción laboral de los graduados.
5. Procedimientos para conocer y analizar la satisfacción de los diferentes colectivos implicados (estudiantes, profesores, y PAS).
6. Procedimientos para recoger sugerencias, reclamaciones y sistemas de respuesta a las mismas.
7. Procedimientos de extinción, en su caso, de la titulación, garantizando los derechos adquiridos por los estudiantes.

Vigesimosexta.- Composición de la Comisión Técnica de Rama de conocimiento

La Comisión Técnica de Rama estará compuesta por:

- Vicerrector/a de Espacio Europeo de Educación Superior, que actuará de presidente.
- Vicerrector/a de Política Académica y Profesorado
- Vicerrector/a de Desarrollo y Calidad de la Docencia
- Vicerrector/a de Doctorado y Titulaciones Propias3
- Vicerrector/a de Estudiantes
- Decanos y Directores de Centros con titulaciones en la rama
- Directores de Departamento de la rama miembros de Consejo de Gobierno

- Representantes de Profesores de la rama miembros de Consejo de Gobierno
- 2 estudiantes

Las sesiones de la Comisión Técnica estarán abiertas a la participación de cualquier Director de Departamento de la rama de conocimiento, persona en la que delegue, o profesores expertos en el tema, con voz pero sin voto. Además, se permitirá la participación de los centros afectados para aclarar aquellas dudas que pudieran existir.

Vigesimoseptima.- Criterios temporales de implantación de la titulación

Siguiendo el R.D., la implantación de los Planes de Estudio conducentes a la obtención de títulos oficiales podrá realizarse de manera simultánea, para uno o varios cursos, o progresiva, de acuerdo con la temporalidad prevista en el correspondiente Plan de Estudios. Los primeros Planes de Estudio en la UCM se comenzarán en el curso 2009/10.

En ningún caso se podrá ofrecer en el curso académico 2010-2011 plazas de nuevo ingreso en primer curso para las actuales titulaciones de Licenciado, Diplomado, Arquitecto, Ingeniero, Arquitecto Técnico e Ingeniero Técnico.

Vigesimoctava. Criterios referentes a los resultados previstos

El Plan de Estudios contendrá una estimación de los resultados previstos para cada título, en función del tipo de estudiantes, los objetivos planteados, el grado de dedicación de los estudiantes a la carrera, y otros elementos del contexto que se consideren apropiados.

UNIVERSIDAD COMPLUTENSE
MADRID

BIOLOGIA
UNIVERSIDAD COMPLUTENSE

PROPUESTA DE GRADO EN BIOLOGÍA

Septiembre 2008

1 DESCRIPCIÓN DEL TÍTULO

1.1 DENOMINACIÓN DEL TÍTULO

Graduado/a en Biología por la Universidad Complutense de Madrid.

1.2 UNIVERSIDAD SOLICITANTE Y CENTRO, DEPARTAMENTO O INSTITUTO RESPONSABLE DEL PROGRAMA

Universidad Complutense de Madrid

Facultad de Ciencias Biológicas

- Departamento de Biología Celular (Morfología Microscópica), código 066
- Departamento de Biología Vegetal I (Botánica y Fisiología Vegetal), código 067
- Departamento de Ecología, código 071
- Departamento de Física Atómica, Molecular y Nuclear, código 057
- Departamento de Fisiología (Fisiología Animal II), código 204
- Departamento de Genética, código 065
- Departamento de Microbiología I, código 070
- Departamento de Matemática Aplicada (Biomatemática), código 181
- Departamento de Microbiología III, código 188
- Departamento de Paleontología, código 044
- Departamento de Química Orgánica I, código 051
- Departamento de Zoología y Antropología Física, código 205
- Sección Departamental de Bioquímica y Biología Molecular I, código 055

1.3 TIPO DE ENSEÑANZA

Presencial

1.4 NÚMERO DE PLAZAS DE NUEVO INGRESO OFERTADAS

360 estudiantes por año

1.5 NÚMERO DE CRÉDITOS DE MATRÍCULA POR ESTUDIANTE Y PERÍODO LECTIVO Y REQUISITOS DE MATRICULACIÓN

Las características de la matrícula así como las Normas de Permanencia en el Grado en Biología se basarán en la Normativa de la Universidad Complutense que regule estos puntos. Se tendrá en cuenta la problemática de los estudiantes con determinadas necesidades educativas así como los estudios a tiempo parcial para asegurar en ambos casos la finalización de los estudios.

1.6 INFORMACIÓN DE LA EXPEDICIÓN DEL SUPLEMENTO EUROPEO AL TÍTULO

La información que contendrá el Suplemento Europeo al Título será la especificada en el Real Decreto 1044/2003, de 1 de agosto:

- Datos del estudiante
- Información de la titulación
- Información sobre el nivel de la titulación
- Información sobre el contenido y los resultados obtenidos
- Información sobre la función de la titulación
- Información adicional
- Certificación del suplemento
- Información sobre el sistema nacional de educación superior

El Suplemento Europeo al Título incluirá las competencias profesionales del biólogo reconocidas por Real Decreto 639/1996. Éstas se relacionan a continuación:

- Estudio, identificación y clasificación de los organismos vivos, así como sus restos y señales de su actividad.
- Investigación, desarrollo y control de procesos biológicos industriales (Biotecnología).
- Producción, transformación, manipulación, conservación, identificación y control de calidad de materiales de origen biológico.
- Identificación, estudio y control de los agentes biológicos que afectan a la conservación de toda clase de materiales y productos.
- Estudios biológicos y control de la acción de productos químicos y biológicos de utilización en la sanidad, agricultura, industria y servicios.
- Identificación y estudio de agentes biológicos patógenos y de sus productos tóxicos. Control de infecciones y plagas.
- Producción, transformación, control y conservación de alimentos.
- Estudios y análisis físicos, bioquímicos, citológicos, histológicos, microbiológicos, inmunobiológicos de muestras biológicas, incluidas las de origen humano.
- Estudios demográficos y epidemiológicos.
- Consejo genético y planificación familiar.
- Educación sanitaria y medioambiental.
- Planificación y explotación racional de los recursos naturales renovables, terrestres y marítimos.
- Análisis biológicos, control y depuración de las aguas.
- Aspectos ecológicos y conservación de la naturaleza. Aspectos ecológicos de la ordenación del territorio.
- Organización y gerencia de espacios naturales protegidos, parques zoológicos, jardines botánicos y museos de Ciencias Naturales. Biología recreativa.
- Estudios, análisis y tratamiento de la contaminación industrial, agrícola y urbana.
- Estudios sobre Biología e impacto ambiental.

- Enseñanza de la Biología en los términos establecidos por la legislación educativa.
- Asesoramiento científico y técnico sobre temas biológicos.
- Todas aquellas actividades que guarden relación con la Biología.

Así mismo incluirá las Especialidades Sanitarias a las que puede acceder el biólogo según Real Decreto 1.163/2002 por el que se crean y regulan las especialidades sanitarias para químicos, biólogos y bioquímicos. Se indican a continuación:

- Análisis Clínicos.
- Bioquímica Clínica.
- Inmunología.
- Microbiología y Parasitología.
- Radiofarmacia.

2 JUSTIFICACIÓN

2.1 JUSTIFICACIÓN DEL TÍTULO PROPUESTO, ARGUMENTANDO EL INTERÉS ACADÉMICO, CIENTÍFICO O PROFESIONAL DEL MISMO.

Las enseñanzas científicas en la Universidad de Madrid se remontan a 1845, cuando se impartían englobadas en la Facultad de Filosofía. En 1857 la Ley de Instrucción Pública estableció la Facultad de Ciencias, dividida en tres secciones (Exactas, Físicas y Naturales); a lo largo del siglo XIX sólo la Universidad de Madrid confería el grado de licenciado en ciencias en las tres secciones (incluidos los estudios de Ciencias Naturales) y confería el grado de doctor. A lo largo del siglo XX, sucesivas reformas en los planes de estudio, basadas todas ellas en el plan de 1900, ideado por Ignacio Bolívar, conformaron la enseñanza universitaria de las ciencias naturales como uno de los pilares de la actividad docente de la Facultad de Ciencias. No sería hasta 1953 cuando apareciese, por primera vez en el panorama universitario español, la Licenciatura en Ciencias Biológicas, segregada ya de los estudios geológicos pero enmarcada, todavía, en el seno de la Facultad de Ciencias. Los cambios en la ordenación universitaria introducidos por la Ley General de Educación de 1971 determinaron la segregación de las diversas secciones en facultades independientes; surgió así la Facultad de Ciencias Biológicas, que en 1976 se dotó de un plan altamente específico. Este plan experimentó reformas en 1992 y 2000.

En suma, el título propuesto continua la tradición docente e investigadora iniciada hace más de 150 años en la universidad madrileña.

Adicionalmente a la tradición histórica, la actividad profesional del biólogo es una realidad incontestable en la sociedad actual. La Biología está recogida como profesión, con competencias profesionales propias reconocidas en el artículo 15 del Estatuto de los Colegios Oficiales de Biólogos, aprobado mediante el Real Decreto 693/1996 (BOE, 23 de mayo de 1996). El ejercicio profesional tiene estatus de profesión regulada (Real Decreto 1754/1998, BOE, 7 de agosto de 1998); este texto establece unas competencias profesionales reconocidas legalmente y valoradas como "un activo de gran importancia para los titulados universitarios españoles".

Los egresados en Biología responden a una amplia gama de necesidades socio-económicas y culturales de la sociedad española, en general, y madrileña, en particular. Es imprescindible el ejercicio profesional del biólogo en el campo de la industria y agropecuario, en el que se erige en elemento clave en el éxito del proceso productivo y/o en la reducción de sus efectos ambientales; la investigación biomédica –en la que el biólogo tiene un papel medular- es uno de los factores principales en la generación de bienestar para el conjunto de la población y, al tiempo, es un elemento clave en el desarrollo de una sociedad y una economía del conocimiento, frente a modelos económicos de mera explotación de recursos naturales o inmobiliarios. La actividad docente y la divulgación del conocimiento científico, tradicionalmente uno de los ejes de nuestro trabajo, sigue teniendo peso y vigencia en una sociedad que precisa de cada vez más nítidamente de esta faceta.

El *Libro Blanco. Titulo de Grado en Biología* (ANECA, 2004) y el *Estudio sobre la inserción laboral de los licenciados en Biología* (Consejo Social de la UCM, 2006) muestran un alto grado de inserción laboral y bajos periodos de integración en el mundo laboral para los titulados en Biología, prueba evidente de la pertinencia de esta titulación en la sociedad española actual. Este último estudio muestra que los egresados, en un porcentaje del 55%, consideraría positivo un mayor énfasis para adecuar las enseñanzas a las necesidades de la práctica profesional. Estas dos consideraciones, la alta inserción laboral y el sesgo profesional, han jugado un papel relevante en la redacción de esta propuesta.

2.2 REFERENTES EXTERNOS A LA UNIVERSIDAD PROPONENTE QUE AVALEN LA ADECUACIÓN DE LA PROPUESTA A CRITERIOS NACIONALES O INTERNACIONALES PARA TÍTULOS DE SIMILARES CARACTERÍSTICAS.

Los estudios de Biología se imparten en todas las universidades europeas de excelencia y tradición académica consolidada.

La información general, y la específica sobre Biología, utilizada en el proceso de documentación para la elaboración de nuestra propuesta se ha obtenido en la sección dedicada a Espacio Europeo de Educación Superior en la página del Ministerio de Ciencia e Innovación (http://www.micinn.es), que recoge –fundamentalmente- las disposiciones oficiales, españolas y europeas, así como la documentación surgida de encuentros, grupos de trabajo, informes, etc.

Se ha utilizado sistemáticamente, también, la información recogida en el portal Eurobio, que recopila documentación sobre los congresos europeos de departamentos y facultades de Biología celebrados en los últimos años de la década de 1990 y primeros de 2000 (http://www.vub.ac.be/gst/eurobio). En este repositorio de documentos hay información de primera mano sobre los estudios biológicos en la práctica totalidad de países europeos, la configuración de los diversos planes de estudio, las líneas de evolución y las medidas desarrolladas para la adaptación al nuevo marco universitario europeo. Esta información ha sido de gran utilidad para contrastar la validez y armonía de nuestra propuesta con las formuladas por otros establecimientos de nuestro entorno.

Útiles han sido los documentos generados por la ECBA (*European Communities Biologist Associations*) y los de la *International Union of Biological Sciences* (IUBS-UNESCO), http://www.iubs.org, como por ejemplo el volumen monográfico "Biological Education. Challenges of the 21st century" editado en *Biology International* (2000, nº 39).

La EMBO (European Molecular Biology Organization) desarrolló en mayo de 2007 un *International Workshop on Science Education* que rindió un documento sobre "New Biology for new curricula", que aportaba interesantes propuestas que han sido estudiadas y debatidas en la elaboración de nuestro Grado.

La definición y evaluación de competencias del graduado en Biología planteada en nuestra propuesta se inspira en el informe *Biosciences 2007*, elaborado por la *Quality Assurance Agency for Higher Education* británica (http://www.qaa.ac.uk; ISBN: 9781844827718)

La Agencia Nacional de Evaluación de la Calidad y Acreditación editó en 2004 un *Libro Blanco. Título de Grado de Biología*, en el que se recopila información sobre los modelos de estos estudios en el ámbito europeo, estadísticas de ingreso y graduación, inserción laboral, se listan las competencias profesionales y se dan pautas para la estructura y distribución de la nueva titulación. Todas estas indicaciones han sido recogidas fielmente en esta propuesta de grado.

La XLV Reunión de la Conferencia Española de Decanos de Biología, celebrada en Mallorca en junio de 2007, realizó unas recomendaciones sobre estructura, contenidos y distribución de los nuevos estudios de Grado en Biología, estableciendo unos contenidos mínimos, aconsejando la presencia de áreas de conocimiento, proponiendo una distribución equilibrada de la carga docente de las diversas disciplinas, etc. que han sido tenidas en cuenta en la propuesta ahora presentada.

Junto con estos los avales, la presente propuesta ha seguido los consejos y recomendaciones recogidas en el trabajo *La evaluación de las competencias de los estudiantes de los futuros grados de la rama de conocimiento Ciencias*, coordinado por Miguel Valcárcel y desarrollado en el marco de una Convocatoria del Ministerio de Educación y Ciencia para "Estudios y Análisis" del año 2007 (REF EA2007-00243).

2.3 DESCRIPCIÓN DE LOS PROCEDIMIENTOS DE CONSULTA INTERNOS Y EXTERNOS UTILIZADOS PARA LA ELABORACIÓN DEL PLAN DE ESTUDIOS.

La elaboración de la propuesta de Grado en Biología se ha realizado, en el seno de la Facultad de Ciencias Biológicas, con un criterio general de trasparencia y consenso. La Junta de centro tiene delegadas las competencias relativas a actividad docente y plan de estudios en una Comisión de Docencia y Plan de Estudios, que ha sido el órgano en el que se ha elaborado, debatido y acordado la propuesta. Inmediatamente tras la aparición de la normativa que regulaba el procedimiento de elaboración de nuevos planes de estudio (Real Decreto 1393/2007) la Comisión de Docencia comenzó sus trabajos y, paralelamente, se ha desarrollado una activa campaña de información y consulta con el conjunto de los departamentos que forman el centro, los representantes de alumnos y del personal de administración y servicios; esta campaña informativa se ha desarrollado a través de encuentros directos y facilitando mediante la página web del centro los documentos de trabajo (borradores y definitivos) elaborados. La propuesta final de la Comisión de Estudios, con la estructura y contenidos de la propuesta, fue aprobada en Junta de Facultad de 16 de septiembre de 2008, con 39 votos a favor, 2 votos en contra y 2 abstenciones.

Un borrador avanzado del Grado propuesto fue favorablemente informado, también, por el Colegio Oficial de Biólogos de la Comunidad de Madrid que lo consideró "adecuado, al preservar los contenidos troncales, que entendemos fundamentales para el grado en Biología" y juzgaron "equilibrado es establecimiento de tres módulos básicos: Ambiental, Sanitario y Producción, en los que se recogen los contenidos pertenecientes a los ámbitos de la aplicación profesional del biólogo más demandados, actualmente, por la sociedad" (Carta del COBCM, 15 de septiembre de 2008, nº de registro de salida: 6072).

2.4 ADECUACIÓN DEL TÍTULO A LAS NORMAS REGULADORAS DE LAS PROFESIONES RELACIONADAS.

El Grado propuesto se ajusta a la normativa que describe la actividad profesional del biólogo: Estatuto de los Colegios Oficiales de Biólogos, Real Decreto 693/1996 (BOE, 23 de mayo de 1996) y el Real Decreto 1754/1998 (BOE, 7 de agosto de 1998).

3 OBJETIVOS (PERFIL Y COMPETENCIAS)

3.1 PERFIL DEL EGRESADO.

El *Libro Blanco. Título de Grado de Biología,* citando el RD 693/1996 y el 1754/1998, ya mencionados, describe los principales ámbitos de ejercicio profesional:

- **Profesional sanitario** en laboratorio clínico, reproducción humana, salud pública, nutrición y dietética, salud animal y vegetal entre otros. A través de la formación oficial como Biólogo Interno Residente ejerce en el laboratorio clínico en las Especialidades de bioquímica, análisis clínicos, microbiología y parasitología, inmunología, radiofarmacia y farmacología y radiofisica. También trabaja en otros campos de la sanidad humana como en reproducción humana, en fecundación "in vitro" y otras técnicas de 'reproducción asistida" y en consejo genético (con competencias casi exclusivas por su amplia formación epigenetica y genética molecular, humana o del cáncer); en salud pública ejerce en los ámbitos agroalimentario v medioambiental, interviniendo en todos los aspectos del análisis de riesgos (identificación, gestión y comunicación).
- **Profesional de la investigación y desarrollo** científico en todos los ámbitos de avance fundamental y aplicado de las ciencias experimentales y de la vida, desarrollando sus tareas en centros de investigación fundamental y en departamentos de investigación y desarrollo de empresas, industrias u hospitales. Interviene decididamente en el avance de la ciencia y en su repercusión social (genómica, proteómica, biotecnología, reproducción y sanidad humanas, experimentación animal, diversidad animal y vegetal, medio ambiente, agricultura, alimentación, etc.)
- **Profesional de la industria** farmacéutica, agroalimentaria y química principalmente, desarrollando tareas de responsabilidad en las áreas técnica, de producción y gestión de la calidad, desde la química, la bioquímica, la microbiología, la toxicología, la fisiología, la farmacología y la epidemiología y otras perspectivas científicas que quedan reflejadas en su ejercicio como profesional de la investigación y el desarrollo.
- **Profesional agropecuario** en la optimización de los cultivos de vegetales, animales y hongos ya explotados regularmente v en la búsqueda de nuevos yacimientos de recursos vivos explotables. La mejora genética por métodos clásicos o por obtención de transgénicos, la optimización de las condiciones de crecimiento, nutrición y la mejora son ámbitos competenciales que derivan de conocimientos adquiridos en la titulación. Deben destacarse aspectos como la acuicultura o el cultivo de animales exóticos o autóctonos con derivaciones comerciales diversas, así como el cultivo de especies animales, vegetales fúngicas v microbianas con fines de conservación o mejora.
- **Profesional del medio ambiente** principalmente en sectores como la ordenación, conservación y control del territorio, gestión de recursos –forestales,

agrícolas, marítimos, etc-, gestión de residuos, evaluación de impactos y restauración del medio natural. Ejerce como técnico, gestor, auditor o asesor en la función pública, en empresas o en gabinetes de proyectos y trabaja en la organización y gerencia de espacios naturales protegidos, jardines y museos y en estudios de contaminación agrícola, industrial y urbana. Su tarea conlleva también la recomendación experta para la sostenibilidad, la planificación y la explotación racional de los recursos naturales.

- **Profesional de información, documentación y divulgación** en museos, parques naturales, zoológicos, editoriales, gabinetes de comunicación, empresas, fundaciones científicas, prensa o televisión, como guía o monitor, escritor, redactor, periodista especializado, divulgador, asesor científico, ilustrador o fotógrafo de la ciencia, la vida y el medio natural.
- **Profesional del comercio y planificación de ventas** de productos y servicios relacionados con la ciencia biológica en todos los ámbitos descritos en los apartados anteriores.
- **Profesional de la gestión y organización de empresas** que realiza tareas de dirección o alta gestión experta en ámbitos empresariales relacionados con la formación y la profesión del biólogo.
- **Profesional docente** en la enseñanza secundaria, universitaria y en la formación profesional, continuada y de postgrado áreas o materias relacionadas con el conocimiento científico en general y específicamente con las ciencias de la vida v experimentales. El biólogo ejerce también la dirección y gestión de centros docentes y asesora en materia de educación para la inmersión social de la cultura científica.

Estas competencias profesionales pueden ejercerse en un marco institucional muy diverso: desde el mundo empresarial (público o privado) a las instituciones de la administración central, autonómica y local del Estado; en establecimientos sanitarios, docentes, conservacionistas de organismos públicos, ONGs, etc. En los últimos años proliferan las iniciativas de autoempleo en régimen autónomo o como pequeñas sociedades mercantiles.

El *Estudio sobre la inserción laboral de los licenciados en Biología* (Consejo Social de la UCM, 2006) cuantifica los sectores de actividad que cuentan con presencia de biólogos, junto a áreas tradicionales, como Salud-Sanidad, Investigación, Servicios y Biotecnología, Docencia y Administración Pública, aparecen nuevas áreas de importancia creciente, como Informática, Telecomunicaciones, sector industrial, etc. Esto avala la adquisición de competencias transversales por parte de los titulados en Biología que les ha permitido asumir tareas profesionales en áreas no habituales hasta tiempos recientes. Dicho informe concluye: "En resumen, el análisis de aquellos objetivos específicos que describían los diferentes aspectos de la ocupación actual del licenciado en Biología que trabaja, nos deja entrever un trabajador cuyo puesto se corresponde con su nivel académico, satisfecho con su ocupación actual, que se corresponde en la mayoría de los casos a un puesto de trabajo estable, situado en sectores muy diversos, fundamentalmente en empresas privadas y dentro de una categoría profesional adecuada y acorde con el tiempo que lleva titulado".

Asimismo, el informe citado establece que: "No se han encontrado diferencias estadísticamente significativas entre hombres y mujeres respecto al tipo de empleo, la correspondencia del empleo actual con el nivel de estudios, tipo de empresa, tipo de contrato, sector, categoría profesional, remuneración o grado de satisfacción con el empleo actual". Esta conclusión consolida las prácticas de respeto a la igualdad de género aplicada en la formación de nuestros estudiantes.

3.2 COMPETENCIAS GENERALES Y ESPECÍFICAS.

Son, y serán con la nueva titulación, competencias generales del biólogo:

- Reconocer y valorar los mecanismos y estructuras de funcionamiento, los organismos y sistemas biológicos.
- Reconocer la importancia de la Biología en diversos contextos y relacionarla con otras áreas de conocimiento.
- Continuar estudios de postgrado en áreas especializadas en áreas de Biología o multidisciplinares.
- Expresar rigurosamente los conocimientos biológicos adquiridos de modo que sean bien comprendidos en el ámbito docente y/o especializado.
- Explicar y analizar los fenómenos esenciales, conceptos, principios y teorías relacionadas con la Biología.
- Analizar y resolver problemas cualitativos y cuantitativos en el área de la Biología.
- Reconocer y analizar nuevos problemas y planear estrategias para solucionarlos.
- Evaluar, interpretar y sintetizar datos e información biológica.
- Demostrar una base sólida y equilibrada de conocimientos sobre materiales de laboratorio y de la Naturaleza, junto con habilidades prácticas en ambos entornos.
- Manipular con seguridad materiales químicos y organismos y valorar los riesgos de su uso, respetando los procedimientos de seguridad e impacto sobre el medio ambiente.
- Manejar instrumentación básica para análisis biológico.
- Interpretar datos procedentes de observaciones y medidas en términos de su significación y de los modelos explicativos que las apoyan.
- Desarrollar buenas prácticas científicas de observación, medida y experimentación.
- Poseer un alto nivel de compromiso y discernimiento ético para el ejercicio profesional y sus consecuencias.

Las competencias específicas que debe adquirir un titulado en Biología son:

- Analizar, identificar y clasificar los organismos vivos, así como sus restos y señales de su actividad.
- Planificar, desarrollar y controlar procesos biológicos industriales.
- Producir, transformar, manipular, conservar, identificar y controlar la calidad de los materiales de origen biológico.
- Identificar, evaluar y controlar los agentes biológicos que afectan a la conservación de toda clase de materiales y productos.
- Desarrollar estudios biológicos y control de la acción de productos químicos y biológicos de utilización en la sanidad, agricultura, industria y servicios.
- Identificar y evaluar los agentes biológicos patógenos y sus productos tóxicos. Controlar infecciones y plagas.

- Producir, transformar, controlar y conservar alimentos.
- Desarrollar estudios y análisis clínicos, microbiológicos e inmunobiológicos de muestras biológicas, incluidas las de origen humano.
- Desarrollar estudios demográficos y epidemiológicos.
- Realizar consejo genético y planificación familiar.
- Explicar y desarrollar propuestas en educación sanitaria y medioambiental.
- Desarrollar estudios de planificación y explotación racional de los recursos naturales renovables, terrestres y marítimos.
- Realizar análisis biológicos, control y depuración de las aguas.
- Valorar, proponer y desarrollar aspectos ecológicos y conservación de la naturaleza. Aspectos ecológicos de la ordenación del territorio.
- Organizar y gestionar espacios naturales protegidos, parques zoológicos, jardines botánicos y museos de Ciencias Naturales. Biología recreativa.
- Desarrollar estudios, analizar y tratar la contaminación industrial, agrícola y urbana.
- Desarrollar estudios sobre Biología e impacto ambiental.

Son competencias transversales que el graduado adquiere en su formación:

- Elaborar y redactar informes de carácter científico.
- Demostrar razonamiento crítico y autocrítico.
- Adaptarse a nuevas situaciones.
- Gestionar información biológica de calidad, bibliografía, bases de datos especializadas y recursos accesibles a través de Internet.
- Valorar la importancia de la Biología en el contexto industrial, económico, medio ambiental, social y cultural.
- Adquirir conciencia de los riesgos y problemas medioambientales que conlleva su ejercicio profesional.
- Utilizar las herramientas y los programas informáticos que facilitan el tratamiento de los resultados experimentales.
- Comunicarse en español y en inglés utilizando los medios audiovisuales más habituales.
- Defender los puntos de vista personales apoyándose en conocimientos científicos.
- Integrar creativamente conocimientos y aplicarlos a la resolución de problemas biológicos utilizando el método científico.
- Adquirir capacidad de organización, planificación y ejecución.
- Desarrollo de la capacidad de trabajo autónomo o en equipo en respuesta a las necesidades específicas de cada situación.
- Desenvolverse en un contexto internacional y multicultural.
- Progresar en su habilidad para el trabajo en grupos multidisciplinares.
- Perseguir objetivos de calidad en el desarrollo de su actividad profesional.
- Adquirir capacidad para la toma de decisiones y de dirección de recursos humanos.
- Ser capaz de mostrar creatividad, iniciativa y espíritu emprendedor para afrontar los retos de su actividad como biólogo.
- Incorporar a sus conductas los principios éticos que rigen la investigación científica y la práctica profesional.

4 ACCESO Y ADMISIÓN DE ESTUDIANTES.

4.1 SISTEMAS DE INFORMACIÓN PREVIA A LA MATRICULACIÓN Y LOS PROCEDIMIENTOS ACCESIBLES DE ACOGIDA Y ORIENTACIÓN DE LOS ESTUDIANTES DE NUEVO INGRESO PARA FACILITAR SU INCORPORACIÓN A LA UNIVERSIDAD Y LA TITULACIÓN.

La Universidad Complutense organiza las Jornadas de Orientación Preuniversitaria (JOP) para estudiantes de segundo curso de bachillerato y para los estudiantes de los ciclos formativos de grado superior. Desde hace más de 10 años, la Facultad de Ciencias Biológicas participa activamente en ellas. Estas Jornadas pretenden informar a los estudiantes acerca de las diferentes titulaciones que se imparten en la Universidad Complutense. La Facultad de Ciencias Biológicas participa en estas Jornadas dentro de las áreas de Ciencias Experimentales y Ciencias de la Salud, explicando los contenidos y características de la Titulación, el funcionamiento de la Facultad y la proyección profesional de los Titulados. Además se organizan visitas guiadas al centro donde tras una introducción más específica de nuestra Facultad, se muestra a los estudiantes las infraestructuras docentes (Biblioteca, Aulas, Laboratorios, etc.), investigadoras (Departamentos, Centros de Apoyo a la Investigación, Museos y Colecciones de nuestro Centro, etc.) y de extensión universitaria (Delegación Estudiantes, Asociaciones de Estudiantes, etc.).

Se organizan visitas guiadas similares a las descritas anteriormente a los estudiantes de todos aquellos Centros de Bachillerato que así lo soliciten.

La Facultad de Ciencias Biológicas participa, también, en el Salón Aula que se celebra anualmente en Ifema.

Toda la información referente a las distintas Titulaciones ofertadas, así como a los procesos de preinscripción y matriculación puede encontrarse en la página web de la Universidad (www.ucm.es), mientras que la información detallada de la Titulación puede localizarse en la página web de la Facultad (www.ucm.es/centros/webs/fbio/).

4.2 CONDICIONES DE INGRESO.

4.2.1 TÍTULOS QUE PERMITEN EL INGRESO.

Los estudios y títulos requeridos para permitir el ingreso están definidos legalmente a partir de los itinerarios del Bachillerato-LOGSE, estando vinculados al tipo de prueba de acceso a la Universidad. Así mismo las titulaciones universitarias accesibles se encuentran limitadas parcialmente en función de la "vías preferentes".

4.2.2 PERFIL DE INGRESO.

La alta demanda de la Titulación en Biología hace que la oferta de plazas se cubra siempre tras la PAU de junio, lo que hace que nuestros estudiantes procedan de los itinerarios que proporcionan el perfil de ingreso deseable. Se considera importante que los estudiantes hayan cursado en Bachillerato: Biología, Química, Matemáticas y Física. Se considera conveniente tener conocimientos de Geología. Así, los estudiantes al comenzar en sus estudios de Grado, dispondrán de las herramientas básicas que les permitan avanzar en los conocimientos de los niveles de organización discernibles en los seres vivos: moléculas, células, organismos, poblaciones y ecosistemas. Por ello es recomendable que los estudiantes hayan cursado el Bachillerato de Ciencia y Tecnología. Dado que la mayor parte de la bibliografía que se maneja en los estudios está en inglés, es muy recomendable que los estudiantes presenten fluidez en este idioma, que, además, les permitirá acceder a los Programas de Movilidad con mayor facilidad.

La Biología es una disciplina que abarca no solamente conocimientos académicos sino que también influye en otros aspectos de la vida. Así, el biólogo, y por tanto también el estudiante de biología, debe presentar un interés y respeto mayor que otros estudiantes o profesionales en el conocimiento y defensa de la Vida y del Medio Ambiente.

4.2.3 COMPETENCIAS DE INGRESO

- Capacidad de lectura comprensiva y escritura formalizada
- Capacidad de expresión oral y escrita de un tema científico
- Curiosidad intelectual
- Conocimientos de inglés
- Conocimientos básicos de biología
- Conocimientos básicos de geología
- Conocimientos básicos de química
- Conocimientos básicos de física
- Conocimientos básicos de matemáticas

4.2.4 CONDICIONES O PRUEBAS DE ACCESO ESPECIALES

Ninguna

4.3 SISTEMAS DE APOYO Y ORIENTACIÓN DE LOS ESTUDIANTES UNA VEZ MATRICULADOS.

La Facultad pone a disposición de los estudiantes dos procedimientos de orientación y apoyo: la Jornada de Bienvenida orientada a los estudiantes de nuevo ingreso, y un Plan de Tutorías.

Antes del comienzo de cada curso académico, los estudiantes de nuevo ingreso son invitados a una Jornada de Bienvenida, organizada por el Decanato, donde el Decano, los miembros del equipo decanal y una representación de la Delegación y de las Asociaciones de Estudiantes realizan una presentación de bienvenida, en la que se informa a los nuevos estudiantes del funcionamiento y la estructura organizativa de la Facultad, así como de los servicios que el centro pone a su disposición. Igualmente se les informa de las páginas web de la Universidad y de la Facultad donde se puede encontrar toda la información sobre los servicios universitarios, becas, prácticas de empresa y otras actividades diversas.

De manera similar a las Jornadas de Orientación a las Especialidades de nuestra Licenciatura, se celebrarán las Jornadas de Orientación al Módulo Profesional, en las que se expondrán los contenidos y las salidas profesionales de las tres materias optativas que componen dicho módulo.

Se celebran, y continuarán celebrándose, periódicamente Jornadas de Salidas Profesionales.

Se celebrarán Jornadas de información y orientación a los títulos de Posgrado, Máster y Doctorado así como a los Títulos Propios de la Universidad.

Se celebran, y continuarán celebrándose, Jornadas de Movilidad en las que se orienta e informa a los estudiantes de las características de todos los Programas de Movilidad en funcionamiento en nuestra Facultad.

Así mismo, la Facultad dispone de un Plan de Tutorías cuyo objetivo es orientar al estudiante para que desarrolle al máximo todas sus potencialidades aprovechando de la mejor manera posible los recursos que el centro le ofrece. El tutor es un profesor que asesora al estudiante en su diseño curricular del Grado, le orienta en el aprendizaje de metodologías y herramientas útiles, y le plantea propuestas formativas (culturales y científicas) que contribuyan a la formación integral del estudiante. El tutor adecuará su tarea asesora sobre el estudiante en función de la evolución académica y los intereses profesionales o científicos del mismo.

4.4 TRANSFERENCIA Y CONOCIMIENTO DE CRÉDITOS: SISTEMA PROPUESTO POR LA UNIVERSIDAD.

Los créditos obtenidos por los estudiantes antes de su ingreso en el Grado en Biología por la UCM se reconocerán o transferirán de acuerdo con la Normativa que establezca la Universidad Complutense.

Se reconocerán los créditos de formación básica de la rama de Ciencias.

Se reconocerán los créditos obtenidos en otras materias de formación básica pertenecientes a la rama de conocimiento del Grado en Biología.

Podrán ser reconocidos el resto de los créditos, teniendo en cuenta, la adecuación entre las competencias y los conocimientos asociados de las restantes materias cursadas por el estudiante y los previstos en el plan de estudios, o bien que tengan carácter transversal.

5 PLANIFICACIÓN DE LA ENSEÑANZA.

5.1 ESTRUCTURA DE LAS ENSEÑANZAS.

5.1.1 DISTRIBUCIÓN DEL PLAN DE ESTUDIOS EN CRÉDITOS ECTS, POR TIPO DE MATERIA.

El grado en Biología se organiza en cuatro años académicos, desglosados en ocho semestres. Cada semestre constará de 30 ECTS. Las enseñanzas se estructuran en materias básicas y cinco módulos: Fundamental, Complementario, Profesional y Trabajo fin de grado.

- **Materias básicas** (60 ECTS).

  Las siguientes materias, obligatorias, se cursarán durante los dos primeros semestres:

  - Matemáticas aplicada a la Biología (6 ECTS)
  - Física aplicada a la Biología (6 ECTS)
  - Química aplicada a la Biología (6 ECTS)
  - Geología aplicada a la Biología (6 ECTS)
  - Métodos en Biología (6 ECTS)
  - Bioquímica (12 ECTS)
  - Biología celular (12 ECTS)
  - Estadística aplicada a la Biología (6 ECTS)

  El grado propuesto recoge materias básicas de la rama de Ciencias (48 ECTS: Matemáticas, Física, Química, Geología, Métodos, Estadística y Biología Celular) en la que se adscribe la propuesta, así como una materia básica de la rama de Ciencias de la Salud (12 ECTS: Bioquímica), que agregan competencias adicionales e imprescindibles para nuestros egresados.

- **Módulo Fundamental** (96 ECTS).

  Este módulo se distribuye en dos cursos académicos (2° y 3° curso), desglosados cada uno en dos semestres, con una carga lectiva de 24 ECTS por semestre; incluye las siguientes materias:

  - Biología Molecular y Celular (36 ECTS).
  - Biología de Organismos (36 ECTS).
  - Biología de Sistemas (24 ECTS).

- **Módulo Complementario** (24 ECTS).

  Este módulo se distribuye en dos cursos académicos (2° y 3° curso), desglosado en cuatro semestres, con una carga lectiva de 6 ECTS por semestre; se ofertan 48 créditos de los que el alumno deberá cursar 24, distribuidos bajo las materias:

  - Complementos de Biología Molecular y Celular (12ECTS).
  - Complementos de Biología de Organismos (24 ECTS).
  - Complementos de Biología de Sistemas (12 ECTS).

- **Módulo Profesional** (42 ECTS).

  Este módulo se impartirá en 4° curso. En el primer semestre se establecen tres materias, de las cuales el alumno debe cursar una (para cada una de ellas se ofertarán 36 ECTS, de los que se cursarán 30):
  - Biología ambiental.
  - Biotecnología.
  - Biología sanitaria.

  El segundo cuatrimestre comprende dos materias:

  - Proyectos y Estudios en Biología. Materia obligatoria con una carga de 6 ECTS.
  - Práctica profesional (6 ECTS). El alumno cursará 6 créditos, de un total ofertado de 24.
  -

- **Trabajo de fin de grado** (18 ECTS).

  Se desarrollará en el último semestre del grado y será un trabajo de carácter teórico-práctico.

Distribución temporal del plan de estudios por módulos

1°		2°		3°		4°	
SM1	SM2	SM3	SM4	SM5	SM6	SM7	SM8
Materias básicas (30 ECTS)	Materias básicas (30 ECTS)	Fundamental (24 ECTS)	Fundamental (24 ECTS)	Fundamental (24 ECTS)	Fundamental (24 ECTS)	Profesional (30 de 36 ECTS)	Profesional (6 obligatorios + 6 de 24)
		Complementario (6 de 12 ECTS)	Complementario (6 de 12 ECTS)	Complementario (6 de 12 ECTS)	Complementario (6 de 12 ECTS)		Trabajo fin de grado (18 ECTS)

Distribución del plan de estudios en créditos ECTS, por módulos.

Tipo de materia	Créditos a cursar	% total de ECTS	Créditos ofertados
Básica	60	25	60
Fundamental	96	40	96
Complementaria	24	10	48
Profesional	42	17,5	138
Trabajo fin de grado	18	7,5	18
	240	100	360

Distribución del plan de estudios por tipo de materia, en créditos ECTS.

Tipo de materia	Créditos a cursar	Créditos ofertados
Formación básica	60	60
Obligatorias	102	102
Optativas	60	180
Trabajo fin de grado	18	18
	240	360

	Módulo	Materia	Carácter	Asignatura	ECTS	SM
Grado en biología	Materias básicas	Ciencias	Oblig.	Biología celular e histología	12	2
				Estadística para biólogos	6	2
				Física para biólogos	6	1
				Geología para biólogos	6	1
				Matemáticas para biólogos	6	1
				Métodos en biología	6	1
				Química para biólogos	6	1
		Ciencias de la salud	Oblig.	Bioquímica	12	2
	Fundamental	Biología molecular y celular	Oblig.	Fisiología animal	12	6
				Fisiología vegetal	12	5
				Genética	12	3
		Biología de organismos	Oblig.	Botánica	12	4
				Microbiología	12	3
				Zoología	12	4
		Biología de sistemas	Oblig.	Ecología	12	5
				Biología evolutiva	12	6

Grado en biología	Complementario	Complementos de biología molecular y celular	Optativo	Fundamentos de ingeniería genética y genómica	6	4
				Regulación del metabolismo	6	3
		Complementos de biología de organismos	Optativo	Antropología física	6	5
				Biología del desarrollo	6	6
				Etología	6	5
				Organografía	6	3
		Complementos de biología de sistemas	Optativo	Biogeografía	6	4
				Ecología de los recursos naturales	6	6
	Profesional	Biología ambiental	Optativo	Análisis de la biodiversidad	6	7
				Biología de la contaminación	6	7
				Biología de la conservación	6	7
				Descripción y evaluación ecológica del territorio	6	7
				Biología de los sistemas acuáticos	6	7
				Gestión sostenible del medio natural	6	7
		Biotecnología	Optativo	Cultivos celulares y transgénesis	6	7
				Biotecnología microbiana	6	7
				Biotecnología rutas metabólicas	6	7
				Biología aplicada producción	6	7
				Biología aplicada al medio ambiente	6	7
				Análisis biológico del control de calidad	6	7
		Biología sanitaria	Optativo	Bioquímica clínica y patología molecular	6	7
				Fisiopatología y farmacología	6	7
				Genética humana y demografía	6	7
				Inmunología	6	7
				Microbiología clínica y epidemiología	6	7
				Parasitología y vectores de transmisión	6	7
		Proyectos y Estudios en Biología	Oblig.	Proyectos y Estudios en Biología	6	8
		Práctica profesional	Optativo	Prácticas externas	6	8
				Iniciación a la investigación	6	8
				Historia, enseñanza y difusión de la biología	6	8
				Neurobiología	6	8
	Trabajo fin de grado	Trabajo fin de grado	Oblig.	Trabajo fin de grado	18	8

5.2 PLANIFICACIÓN Y GESTIÓN DE LA MOVILIDAD DE ESTUDIANTES PROPIOS Y DE ACOGIDA.

La Universidad Complutense cuenta con programas propios de colaboración para la movilidad de profesores y estudiantes con universidades de todo el mundo, en los que se incluyen los alumnos de la Facultad de Ciencias Biológicas, y de los que se beneficiarán los alumnos del Grado propuesto, para la realización de cursos, actividades académicas y de investigación.

Nuestros estudiantes tienen a su disposición los programas internacionales y nacionales:

- Programa Nacional Séneca-Sicue
- Programas Internacionales:
    - Lifelong Learning Programm/Erasmus
    - LLP Erasmus-Mundus External Cooperation Window
    - ISEP
    - EEUU-Utrecht (AUSTRALIA EUROPEAN NETWORK)
    - TASSEP (EEUU y Canadá).

La Facultad cuenta, en la actualidad con una Oficina de Movilidad y Atención al estudiante, para asesorar y ayudar a los estudiantes en los aspectos académicos y logísticos a lo largo de todo el proceso, desde la convocatoria, hasta la estancia y reincorporación a la Facultad, coordinado por el Vicedecano correspondiente. La Oficina se encuentra bien dotada de material y en un local bien ubicado junto a los servicios generales de la Facultad; es, por tanto, punto de referencia fácilmente identificado por nuestros estudiantes.

Estos programas brindan a nuestros estudiantes la posibilidad de completar sus estudios, acceder a equipamientos o conocimientos específicos y ecosistemas diferentes y más diversos. Su activa participación en otros centros educativos y la utilización de otra lengua, además del inglés, permite a nuestros estudiantes un mejor y más amplio desarrollo de sus competencias.

En los últimos años se observa una tendencia sostenida de crecimiento en el número de estudiantes que participan en los programas de movilidad. La experiencia acumulada en los años previos es una garantía para el Grado propuesto.

La gestión, aceptación de estudiantes, realización de nuevos acuerdos bilaterales, asesoramiento, acuerdos académicos de estudios y su reconocimiento la realizará el Vicedecano responsable de movilidad, asistido por la subcomisión de movilidad. La Comisión de Calidad de la titulación estudiará y revisará el cumplimiento de los objetivos de calidad en los programas de movilidad.

5.3 DESCRIPCIÓN DETALLADA DE LOS MÓDULOS O MATERIAS DE ENSEÑANZA-APRENDIZAJE DE QUE CONSTA EL PLAN DE ESTUDIOS.

Módulo:	Materias básicas
Créditos ECTS:	60
Duración y ubicación temporal dentro del plan de estudios:	1° curso. Semestres 1 y 2.

Competencias y resultados del aprendizaje que el estudiante adquiere con dicho módulo:

Este módulo comprende un conjunto de materias básicas, consideradas instrumentales para una correcta visión global de la Biología. Proporcionará al alumno un conocimiento de los principios físicos, químicos y geológicos de la naturaleza, dotándole de los conocimientos y herramientas necesarios para entender la naturaleza de los organismos y los principios que actúan sobre ellos; dotará de capacidad para el análisis matemático y estadístico aplicado a la Biología, proporcionando destreza para la obtención de información, diseño de experimentos o procesos y análisis de resultados. Materias más específicas, básicas para el biólogo, se impartirán en este curso y aportarán al alumno los conceptos básicos en metodología y herramientas de análisis de los niveles moleculares y celulares, más básicos de la organización de los seres vivos.

Las actividades formativas de cada materia comprenderán:

- Las clases teóricas. Expondrán claramente los objetivos principales del tema y desarrollarán en detalle los contenidos necesarios para una cabal comprensión de los conocimientos.
- Las sesiones de seminario y clases de problemas. Estas actividades proporcionarán temas de análisis (estableciendo los procedimientos de búsqueda de información, análisis y síntesis de conocimientos) o plantearán problemas concretos que se desarrollarán de forma individual o grupal.
- Las sesiones de laboratorio y salidas de campo ejercitarán en el uso de instrumental científico especializado y el conocimiento de las normas de seguridad y trabajo imprescindibles en todo laboratorio, permitirán, también, habituar al estudiante en la observación de la naturaleza y sus fenómenos.
- Las tutorías dirigidas ofrecerán apoyo y asesoramiento personalizado para abordar las tareas encomendadas en las actividades formativas indicadas previamente o específicas del trabajo personal.

En estas materias se establecen unos intervalos de proporcionalidad entre las diversas actividades formativas que permiten abordar de forma equilibrada la actividad docente, favoreciendo, al tiempo, un grado de flexibilidad para que cada disciplina ajuste las dedicaciones a sus necesidades específicas. Las enseñanzas teóricas comprenderán un 40-50% de los ECTS asignados; los seminarios, clases de problemas y laboratorios, un 40-50 % y las tutorías dirigidas y los procesos de evaluación significarán un 5-10%.

Estos porcentajes se modifican en las materias estrechamente ligadas a la Biología (Bioquímica y

Biología Celular): las enseñanzas teóricas comprenderán un 35-45% de los ECTS asignados; los seminarios y clases de problemas un 15-20%, y laboratorios y salidas de campo, entre 30-40 %, y las tutorías dirigidas y los procesos de evaluación significarán un 5-10%.

Todas las actividades formativas son obligatorias.

La planificación docente, los materiales formativos adicionales y las herramientas de comunicación individual o colectiva, estarán disponibles a través del Campus Virtual. Esta herramienta informática, junto con todas aquellas de carácter general o específico necesarias para el desarrollo de la actividad formativas, se utilizarán de modo constante y dotarán al alumno de las capacidades transversales necesarias.

De modo general, la evaluación se realizará de manera continua a lo largo de todo el semestre: se valorará la asistencia, la actitud, la participación pertinente del alumno en todas las actividades formativas. Adicionalmente, se realizarán pruebas objetivas para la valoración de los conocimientos adquiridos por los alumnos en cada uno de los bloques temáticos que constituyen la materia.

Al finalizar las materias básicas el estudiante debería ser capaz de:

- Demostrar conocimientos científicos elementales que se adquieren en el grupo de materias básicas.
- Reconocer la influencia de otras áreas de conocimiento sobre la Biología y desarrollar la capacidad para relacionarla con disciplinas científicas afines.
- Analizar y resolver problemas cualitativos y cuantitativos.

Materia:	Física aplicada a la Biología
Módulo:	Básicas
Créditos ECTS:	6
Duración y ubicación temporal dentro del plan de estudios:	Semestral, SM 1

Competencias y resultados del aprendizaje que el estudiante adquiere con dicho módulo:

Objetivos formativos y competencias:

- Adquirir los conocimientos básicos de los principios y magnitudes físicas en relación con los seres vivos.

Requisitos previos:

Se recomienda haber cursado la Física en Bachillerato.

Actividades formativas:

Las actividades formativas incluyen clases teóricas (40-50%, aprox. 3 ECTS), clases de seminarios o problemas (20-25%, 1,5 ECTS), laboratorio (15-20%, 1 ECTS) y las tutorías dirigidas y los procesos de evaluación (5-10%, 0,5 ECTS).

Sistema de evaluación de la adquisición de las competencias:

La evaluación se realizará de manera continua a lo largo de todo el semestre: se valorará de forma proporcional la asistencia, la actitud y la participación del alumno en todas las actividades formativas y, los resultados de las pruebas objetivas para la valoración de los conocimientos adquiridos por los alumnos en cada uno de los bloques temáticos que constituyen la materia.

Breve descripción de contenidos:

- Introducción a la Física (magnitudes, unidades, sistemas).
- Termodinámica.
- Fluidos.
- Fenómenos atmosféricos.
- Principios de óptica.
- Ondas.
- Electromagnetismo.

Materia:	Geología aplicada a la Biología
Módulo:	Básicas
Créditos ECTS:	6
Duración y ubicación temporal dentro del plan de estudios:	Semestral, SM I

Competencias y resultados del aprendizaje que el estudiante adquiere con dicho módulo:

Objetivos formativos y competencias:

- Adquirir los conocimientos básicos del medio físico en relación con los seres vivos.
- Reconocimiento de los principales agentes y parámetros ambientales que configuran el medio físico.

Requisitos previos:

Se recomienda haber cursado la Geología en Bachillerato.

Actividades formativas:

Las actividades formativas incluyen clases teóricas (40-50%, aprox. 3 ECTS), clases de seminarios o problemas (20-25%, 1,5 ECTS), laboratorio (15-20%, 1 ECTS) y las tutorías dirigidas y los procesos de evaluación (5-10%, 0,5 ECTS).

Sistema de evaluación de la adquisición de las competencias:

La evaluación se realizará de manera continua a lo largo de todo el semestre: se valorará de forma proporcional la asistencia, la actitud y la participación del alumno en todas las actividades formativas y, los resultados de las pruebas objetivas para la valoración de los conocimientos adquiridos por los alumnos en cada uno de los bloques temáticos que constituyen la materia.

Breve descripción de contenidos:

- Introducción a la Geología: Tiempo geológico y cartografía.
- Mineralogía y Petrología.
- Geomorfología.
- Geodinámica.
- Paleontología.

Materia:	Matemáticas aplicada a la Biología
Módulo:	Básicas
Créditos ECTS:	6
Duración y ubicación temporal dentro del plan de estudios:	Semestral, SM I

Competencias y resultados del aprendizaje que el estudiante adquiere con dicho módulo:

Objetivos formativos y competencias:

- Adquirir los conocimientos básicos para una correcta cuantificación y análisis matemático de funciones de interés biológico.
- Elaboración de modelos cuantitativos referidos a sistemas y procesos biológicos.

Requisitos previos:

Se recomienda haber cursado Matemáticas en Bachillerato.

Actividades formativas:

Las actividades formativas incluyen clases teóricas (40-50%, aprox. 3 ECTS), clases de seminarios o problemas (20-25%, 1,5 ECTS), laboratorio (15-20%, 1 ECTS) y las tutorías dirigidas y los procesos de evaluación (5-10%, 0,5 ECTS).

Sistema de evaluación de la adquisición de las competencias:

La evaluación se realizará de manera continua a lo largo de todo el semestre: se valorará de forma proporcional la asistencia, la actitud y la participación del alumno en todas las actividades formativas y, los resultados de las pruebas objetivas para la valoración de los conocimientos adquiridos por los alumnos en cada uno de los bloques temáticos que constituyen la materia.

Breve descripción de contenidos:

- Funciones de una y/o varias variables.
- Derivación, integración y representación gráfica.
- Ecuaciones diferenciales.
- Modelos matemáticos aplicados a funciones y procesos biológicos.

Materia:	Métodos en Biología
Módulo:	Básicas
Créditos ECTS:	6
Duración y ubicación temporal dentro del plan de estudios:	Semestral, SM 1

Competencias y resultados del aprendizaje que el estudiante adquiere con dicho módulo:

Objetivos formativos y competencias:

- Adquirir los conocimientos de las técnicas experimentales más comunes en Biología.
- Identificar y seleccionar aquellas metodologías experimentales más adecuadas a los problemas biológicos a resolver.
- Capacitar al alumno para la utilización segura y responsable de instalaciones científicas (equipamientos, reactivos, manejo de residuos químicos y biológicos, etc).
- Habilitar para la extracción, recogida, manipulación, observación y análisis de muestras y especímenes biológicos.

Requisitos previos:

Se recomienda haber cursado Biología en el Bachillerato.

Actividades formativas:

Las actividades formativas incluyen clases teóricas (25-30%, aprox. 1,5 ECTS), clases de seminarios o problemas (20-25%, 1 ECTS), laboratorio y salidas de campo (40-50%, 3 ECTS) y las tutorías dirigidas y los procesos de evaluación (5-10%, 0,5 ECTS).

Esta materia no se ajusta en la distribución de actividades docentes a los porcentajes generales, ya que sus necesidades específicas obligan al aumento de la carga docente práctica (laboratorio y salidas de campo) y permiten reducir la carga teórica.

Sistema de evaluación de la adquisición de las competencias:

La evaluación se realizará de manera continua a lo largo de todo el semestre: se valorará de forma proporcional la asistencia, la actitud y la participación del alumno en todas las actividades formativas y, los resultados de las pruebas objetivas para la valoración de los conocimientos adquiridos por los alumnos en cada uno de los bloques temáticos que constituyen la materia.

Breve descripción de contenidos:

- Toma de muestras y ejemplares en medios acuático, terrestre y aéreo.
- Extracción de muestras y organismos biológicos.
- Conservación, gestión y manipulación de muestras y organismos.
- Instrumentación científica.
- Técnicas de análisis de laboratorio.
- Seguridad en el laboratorio y gestión de residuos.

Materia:	Química aplicada a la Biología
Módulo:	Básicas
Créditos ECTS:	6
Duración y ubicación temporal dentro del plan de estudios:	Semestral, SM 1.

Competencias y resultados del aprendizaje que el estudiante adquiere con dicho módulo:

Objetivos formativos y competencias:

- Aplicar el lenguaje químico a la designación y formulación de compuestos químicos.
- Ajustar reacciones químicas y realizar de cálculos estequiométricos.
- Reconocer los grupos funcionales básicos de la Química orgánica. Designar, formular y reconocer reacciones sencillas en compuestos orgánicos.
- Identificar los componentes y procesos químicos vinculados al medio ambiente.

Requisitos previos:

Se recomienda haber cursado la asignatura en Bachillerato.

Actividades formativas:

Las actividades formativas incluyen clases teóricas (40-50%, aprox. 3 ECTS), clases de seminarios o problemas (20-25%, 1,5 ECTS), laboratorio (15-20%, 1 ECTS) y las tutorías dirigidas y los procesos de evaluación (5-10%, 0,5 ECTS).

Sistema de evaluación de la adquisición de las competencias:

La evaluación se realizará de manera continua a lo largo de todo el semestre: se valorará de forma proporcional la asistencia, la actitud y la participación del alumno en todas las actividades formativas y, los resultados de las pruebas objetivas para la valoración de los conocimientos adquiridos por los alumnos en cada uno de los bloques temáticos que constituyen la materia.

Breve descripción de contenidos:

- Estructura atómica y molecular. Enlace químico. Estados de agregación.
- Termodinámica y cinética de las reacciones químicas.
- Disoluciones.
- Química ambiental.
- Fundamentos de Química orgánica.

Materia:	Biología Celular
Módulo:	Básicas
Créditos ECTS:	12
Duración y ubicación temporal dentro del plan de estudios:	Semestral, SM 2.

Competencias y resultados del aprendizaje que el estudiante adquiere con dicho módulo:

Objetivos formativos y competencias:

- Reconocer las estructuras macromoleculares que conforman las células. Aplicar técnicas físico-químicas, inmunológicas, etc, que permitan identificar, estructural y funcionalmente, elementos celulares y/o subcelulares.
- Identificación microscópica de células y orgánulos en estado normal y patológico.
- Reconocer (morfológica y funcionalmente) las distintas tipologías celulares.
- Realizar preparaciones histológicas y citológicas para su observación y análisis.

Requisitos previos:

Se recomienda haber cursado la asignatura de Biología en Bachillerato.

Actividades formativas:

Las actividades formativas incluyen clases teóricas (35-45%, 5 ECTS), clases de seminarios, problemas o laboratorio (45-55%, 6 ECTS) y las tutorías dirigidas y los procesos de evaluación (5-10%, 1 ECTS).

Sistema de evaluación de la adquisición de las competencias:

La evaluación se realizará de manera continua a lo largo de todo el semestre: se valorará de forma proporcional la asistencia, la actitud y la participación del alumno en todas las actividades formativas y, los resultados de las pruebas objetivas para la valoración de los conocimientos adquiridos por los alumnos en cada uno de los bloques temáticos que constituyen la materia.

Breve descripción de contenidos:

- Estructura y función celular. Biomembranas, señalización celular, arquitectura celular y orgánulos. Ciclo celular.
- Histología animal. Estudio de los componentes y estructuras de los diferentes tejidos animales.
- Histología vegetal. Estudio de los componentes y estructuras de los diferentes tejidos vegetales.

Materia:	Bioquímica
Módulo:	Básicas
Créditos ECTS:	12
Duración y ubicación temporal dentro del plan de estudios:	Semestral, SM 2.

Competencias y resultados del aprendizaje que el estudiante adquiere con dicho módulo:

Objetivos formativos y competencias:

- Reconocer la estructura de las biomoléculas y la función que desempeñan en los seres vivos.
- Identificar macromoléculas biológicas mediante la utilización de diferentes metodologías.
- Analizar las principales rutas metabólicas, su regulación y significado.
- Calcular balances energéticos y materiales de las principales rutas metabólicas.

Requisitos previos:

Se recomienda haber cursado la asignatura de Biología en Bachillerato.

Actividades formativas:

Las actividades formativas incluyen clases teóricas (35-45%, 5 ECTS), clases de seminarios, problemas o laboratorio (45-55%, 6 ECTS) y las tutorías dirigidas y los procesos de evaluación (5-10%, 1 ECTS).

Sistema de evaluación de la adquisición de las competencias:

La evaluación se realizará de manera continua a lo largo de todo el semestre: se valorará de forma proporcional la asistencia, la actitud y la participación del alumno en todas las actividades formativas y, los resultados de las pruebas objetivas para la valoración de los conocimientos adquiridos por los alumnos en cada uno de los bloques temáticos que constituyen la materia.

Breve descripción de contenidos:

- Estructura y función de los aminoácidos. Propiedades físico-químicas y función de las proteínas.
- Cinética y regulación de las reacciones enzimáticas.
- Bases moleculares de la información genética.
- Metabolismo de las principales biomoléculas.

Materia:	Estadística aplicada a la Biología
Módulo:	Básicas
Créditos ECTS:	6
Duración y ubicación temporal dentro del plan de estudios:	Semestral, SM 2.

Competencias y resultados del aprendizaje que el estudiante adquiere con dicho módulo:

Objetivos formativos y competencias:

- Adquirir los conocimientos estadísticos necesarios para apoyar y desarrollar el diseño experimental en Biología.
- Analizar y desarrollar bases de datos biológicos para poder extraer conclusiones de los resultados obtenidos.

Requisitos previos:

Se recomienda haber cursado la asignatura de Matemáticas en Bachillerato.

Actividades formativas:

Las actividades formativas incluyen clases teóricas (40-50%, aprox. 3 ECTS), clases de seminarios o problemas (20-25%, 1,5 ECTS), laboratorio (15-20%, 1 ECTS) y las tutorías dirigidas y los procesos de evaluación (5-10%, 0,5 ECTS).

Sistema de evaluación de la adquisición de las competencias:

La evaluación se realizará de manera continua a lo largo de todo el semestre: se valorará de forma proporcional la asistencia, la actitud y la participación del alumno en todas las actividades formativas y, los resultados de las pruebas objetivas para la valoración de los conocimientos adquiridos por los alumnos en cada uno de los bloques temáticos que constituyen la materia.

Breve descripción de contenidos:

- Método estadístico aplicado a la Biología.
- Función de variable aleatoria. Distribuciones discretas y continuas.
- Contraste de hipótesis.
- Introducción al análisis multivariante.

Módulo:	Fundamental
Créditos ECTS:	96
Duración y ubicación temporal dentro del plan de estudios:	2º y 3er curso. Semestres 3, 4, 5 y 6.

Competencias y resultados del aprendizaje que el estudiante adquiere con dicho módulo:

Este módulo comprende un conjunto de materias fundamentales para el correcto entendimiento de la Biología, lo que preparará al graduado para poder profundizar en el aspecto profesional que estime oportuno. Proporcionará al alumno un conocimiento de los principales niveles de organización en los que se estructuran los seres vivos, dotándole de los conocimientos y herramientas necesarios para entender la transmisión de la información hereditaria, la fisiología de los seres vivos y sus diferentes grados de complejidad. Permitirá reconocer a un organismo dentro de un sistema de clasificación y explicar las relaciones de parentesco con otros organismos, así como su historia evolutiva y sus relaciones con otros organismos de su entorno y con las características físico-químicas de éste. El conocimiento adquirido capacitará al estudiante para aplicar técnicas, instrumentales y conceptuales, al ejercicio profesional, docente e investigador.

Las actividades formativas de cada materia comprenderán clases teóricas, seminarios y/o clases de problemas, laboratorios y salidas de campo y tutorías dirigidas (véase una descripción detallada en el desarrollo del módulo 'Materias básicas')

En estas materias se establecen unos intervalos de proporcionalidad entre las diversas actividades formativas que permiten abordar de forma equilibrada la actividad docente, favoreciendo, al tiempo, un grado de flexibilidad para que cada disciplina ajuste las dedicaciones a sus necesidades específicas. Las enseñanzas teóricas comprenderán un 35-45% de los ECTS asignados; los seminarios y clases de problemas un 15-20%, trabajo en laboratorio y salidas de campo, entre 30-40 %, y las tutorías dirigidas y los procesos de evaluación significarán un 5-10%.

Todas las actividades formativas son obligatorias.

La planificación docente, los materiales formativos adicionales y las herramientas de comunicación individuales o colectivas, estarán disponibles a través del Campus Virtual. Esta herramienta informática, junto con todas aquellas de carácter general o específico necesarias para el desarrollo de la actividad formativas, se utilizarán de modo constante y dotarán al alumno de las capacidades transversales necesarias.

De modo general, la evaluación se realizará de manera continua a lo largo de todo el semestre: se valorará la asistencia, la actitud y la participación del alumno en todas las actividades formativas. Adicionalmente, se realizarán pruebas objetivas para la valoración de los conocimientos adquiridos por los alumnos en cada uno de los bloques temáticos que constituyen la materia.

Al finalizar este módulo el estudiante deberá ser capaz de:

- Analizar, identificar y clasificar los organismos vivos, así como sus restos y señales de su actividad.

- Planificar, desarrollar y controlar procesos biológicos industriales.
- Producir, transformar, manipular, conservar, identificar y controlar la calidad de los materiales de origen biológico.
- Identificar, evaluar y controlar los agentes biológicos que afectan a la conservación de toda clase de materiales y productos.
- Desarrollar estudios biológicos y control de la acción de productos químicos y biológicos de utilización en la sanidad, agricultura, industria y servicios.
- Identificar y evaluar los agentes biológicos patógenos y sus productos tóxicos. Controlar infecciones y plagas.
- Producir, transformar, controlar y conservar alimentos.
- Desarrollar estudios y análisis clínicos, microbiológicos e inmunobiológicos de muestras biológicas, incluidas las de origen humano.
- Desarrollar estudios demográficos y epidemiológicos.
- Realizar consejo genético y planificación familiar.
- Explicar y desarrollar propuestas en educación sanitaria y medioambiental.
- Desarrollar estudios de planificación y explotación racional de los recursos naturales renovables, terrestres y marítimos.
- Realizar análisis biológicos, control y depuración de las aguas.
- Valorar, proponer y desarrollar aspectos ecológicos y conservación de la naturaleza. Aspectos ecológicos de la ordenación del territorio.
- Organizar y gestionar espacios naturales protegidos, parques zoológicos, jardines botánicos y museos de Ciencias Naturales. Biología recreativa.
- Desarrollar estudios, analizar y tratar la contaminación industrial, agrícola y urbana.
- Desarrollar estudios sobre Biología e impacto ambiental.

Materia:	Biología Molecular y Celular
Módulo:	Fundamental
Créditos ECTS:	36
Duración y ubicación temporal dentro del plan de estudios:	Semestral, SM 3, 5 y 6.

Competencias y resultados del aprendizaje que el estudiante adquiere con dicho módulo:

Objetivos formativos y competencias:

Al finalizar la materia "Biología Molecular y Celular" el estudiante será capaz de:

- Planificar, desarrollar y controlar procesos biológicos industriales.
- Producir, transformar, manipular, conservar, identificar y controlar la calidad de los materiales de origen biológico.
- Desarrollar estudios biológicos y control de la acción de productos químicos y biológicos de utilización en la sanidad, agricultura, industria y servicios.
- Identificar y evaluar los agentes biológicos patógenos y sus productos tóxicos.
- Producir, transformar, controlar y conservar alimentos.
- Desarrollar estudios y análisis clínicos, microbiológicos e inmunobiológicos de muestras biológicas, incluidas las de origen humano.
- Realizar consejo genético y planificación familiar.
- Explicar y desarrollar propuestas en educación sanitaria.
- Desarrollar estudios, analizar y tratar la contaminación industrial, agrícola y urbana.
- Desarrollar estudios sobre Biología.

Requisitos previos:

Se recomienda haber cursado y superado las materias básicas del 1er curso.

Actividades formativas:

Las enseñanzas teóricas comprenderán un 35-45% de los ECTS asignados; los seminarios y clases de problemas un 15-20%, y laboratorios y salidas de campo, entre 30-40 %, y las tutorías dirigidas y los procesos de evaluación significarán un 5-10%.

Sistema de evaluación de la adquisición de las competencias:

La evaluación se realizará de manera continua a lo largo de todo el semestre: se valorará de forma proporcional la asistencia, la actitud y la participación del alumno en todas las actividades formativas y, los resultados de las pruebas objetivas para la valoración de los conocimientos adquiridos por los alumnos en cada uno de los bloques temáticos que constituyen la materia.

Breve descripción de contenidos:

- Conceptos, métodos y técnicas fundamentales de genética. Técnicas de análisis y manipulación genético.
- Naturaleza, organización, función y mutación del material hereditario y su transmisión.
- Regulación de la expresión génica, diferenciación y desarrollo.
- Genética de poblaciones.
- Conceptos, métodos y técnicas fundamentales de fisiología vegetal

- Crecimiento y desarrollo vegetal
- Fotosíntesis
- Nutrición y transporte en vegetales
- Conceptos, métodos y técnicas fundamentales de fisiología animal
- Crecimiento y desarrollo animal
- Fisiología comparada de los diferentes órganos y sistemas animales.
- Aspectos aplicados de Genética y Fisiología vegetal y animal a la sanidad, medio ambiente, agroalimentación e industria.

Materia:	Biología de Organismos
Módulo:	Fundamental
Créditos ECTS:	36
Duración y ubicación temporal dentro del plan de estudios:	Semestral, SM 3 y 4.

Competencias y resultados del aprendizaje que el estudiante adquiere con dicho módulo:

Objetivos formativos y competencias:

Al finalizar la materia "Biología de Organismos" el estudiante debería ser capaz de:

- Analizar, identificar y clasificar los organismos vivos, así como sus restos y señales de su actividad.
- Planificar, desarrollar y controlar procesos biológicos agropecuarios.
- Producir, transformar, manipular, conservar, identificar y controlar la calidad de los materiales de origen biológico.
- Identificar, evaluar y controlar los agentes biológicos que afectan a la conservación de toda clase de materiales y productos.
- Identificar y evaluar los agentes biológicos patógenos y sus productos tóxicos. Controlar infecciones y plagas.
- Producir, transformar, controlar y conservar alimentos.
- Desarrollar estudios y análisis clínicos, microbiológicos e inmunobiológicos de muestras biológicas, incluidas las de origen humano.
- Desarrollar estudios demográficos y epidemiológicos.
- Desarrollar estudios de planificación y explotación racional de los recursos naturales renovables, terrestres y marítimos.
- Realizar análisis biológicos, control y depuración de las aguas.
- Organizar y gestionar espacios naturales protegidos, parques zoológicos, jardines botánicos y museos de Ciencias Naturales. Biología recreativa.
- Desarrollar estudios sobre Biología e impacto ambiental.

Requisitos previos:

Se recomienda haber cursado y superado las materias básicas del 1er curso.

Actividades formativas:

Las enseñanzas teóricas comprenderán un 35-45% de los ECTS asignados; los seminarios y clases de problemas un 15-20%, y laboratorios y salidas de campo, entre 30-40 %, y las tutorías dirigidas y los procesos de evaluación significarán un 5-10%.

Sistema de evaluación de la adquisición de las competencias:

La evaluación se realizará de manera continua a lo largo de todo el semestre: se valorará de forma proporcional la asistencia, la actitud y la participación del alumno en todas las actividades formativas y, los resultados de las pruebas objetivas para la valoración de los conocimientos adquiridos por los alumnos en cada uno de los bloques temáticos que constituyen la materia.

Breve descripción de contenidos:
- Conceptos, métodos y técnicas fundamentales de Microbiología. - Morfología y estructura de los microorganismos. - Diversidad y clasificación de microorganismos. - Conceptos, métodos y técnicas fundamentales de Botánica. - Organización de los vegetales: formas y modelos morfológicos. - Diversidad y clasificación de los vegetales. - Conceptos, métodos y técnicas fundamentales de Zoología. - Modelos arquitectónicos animales. - Diversidad y clasificación de los animales. - Aspectos aplicados de Microbiología, Biología vegetal y animal a la sanidad, medio ambiente, agroalimentación e industria.

Materia:	Biología de Sistemas
Módulo:	Fundamental
Créditos ECTS:	36
Duración y ubicación temporal dentro del plan de estudios:	Semestral, SM 5 y 6.

Competencias y resultados del aprendizaje que el estudiante adquiere con dicho módulo:

Objetivos formativos y competencias:

Al finalizar la materia "Biología de Sistemas" el estudiante debería ser capaz de:

- Analizar, identificar y clasificar los organismos vivos, así como sus restos y señales de su actividad.
- Desarrollar estudios demográficos y epidemiológicos.
- Explicar y desarrollar propuestas en educación medioambiental.
- Desarrollar estudios de planificación y explotación racional de los recursos naturales renovables, terrestres y marítimos.
- Realizar análisis biológicos, control y depuración de las aguas.
- Valorar, proponer y desarrollar aspectos ecológicos y conservación de la naturaleza. Aspectos ecológicos de la ordenación del territorio.
- Organizar y gestionar espacios naturales protegidos, parques zoológicos, jardines botánicos y museos de Ciencias Naturales. Biología recreativa.
- Desarrollar estudios, analizar y tratar la contaminación industrial, agrícola y urbana.
- Desarrollar estudios sobre Biología e impacto ambiental.
- Identificar organismos y evidencias paleontológicas.
- Cuantificar y determinar la biodiversidad, realizar análisis filogenéticos.

Requisitos previos:

Se recomienda haber cursado y superado las materias básicas del 1er curso.

Actividades formativas:

Las enseñanzas teóricas comprenderán un 35-45% de los ECTS asignados; los seminarios y clases de problemas un 15-20%, y laboratorios y salidas de campo, entre 30-40 %, y las tutorías dirigidas y los procesos de evaluación significarán un 5-10%.

Sistema de evaluación de la adquisición de las competencias:

La evaluación se realizará de manera continua a lo largo de todo el semestre: se valorará de forma proporcional la asistencia, la actitud y la participación del alumno en todas las actividades formativas y, los resultados de las pruebas objetivas para la valoración de los conocimientos adquiridos por los alumnos en cada uno de los bloques temáticos que constituyen la materia.

Breve descripción de contenidos:

- Conceptos, métodos y técnicas fundamentales de Ecología.
- Energía y materia en la Naturaleza.
- Descripción y dinámica de los ecosistemas.
- Conceptos, métodos y técnicas fundamentales de Biología evolutiva.
- Genética evolutiva.
- Adaptación y selección natural.
- Paleobiología y macroevolución.
- Historia de la vida.

Módulo:	Complementario
Créditos ECTS:	24 (Ofertados 48)
Duración y ubicación temporal dentro del plan de estudios:	2º y 3er curso. Semestres 3, 4, 5 y 6.

Competencias y resultados del aprendizaje que el estudiante adquiere con dicho módulo:

Este módulo comprende un conjunto de materias complementarias para la ampliación de conocimientos en áreas específicas de la Biología. Proporcionará al alumno un conocimiento exhaustivo del funcionamiento de las biomoléculas, de la estructura de los genomas, el estudio histológico comparado de los diversos grupos animales y vegetales, el estudio de los ciclos vitales y desarrollo embriológico de los organismos, el estudio de la distribución y comportamiento de los seres vivos, el estudio del hombre y los aspectos relacionados con la explotación de los recursos naturales.

Las actividades formativas de cada materia comprenderán clases teóricas, seminarios y/o clases de problemas, laboratorios y tutorías dirigidas (véase una descripción detallada en el desarrollo del módulo 'Materias básicas')

En estas materias se establecen unos intervalos de proporcionalidad entre las diversas actividades formativas que permiten abordar de forma equilibrada la actividad docente, favoreciendo, al tiempo, un grado de flexibilidad para que cada disciplina ajuste las dedicaciones a sus necesidades específicas. Las enseñanzas teóricas comprenderán un 35-45% de los ECTS asignados; los seminarios y clases de problemas un 15-20%, y laboratorios y salidas de campo, entre 30-40 %, y las tutorías dirigidas y los procesos de evaluación significarán un 5-10%.

Todas las actividades formativas son obligatorias.

Este módulo oferta un total de 48 créditos de los cuales el estudiante elegirá 24.

La planificación docente, los materiales formativos adicionales y las herramientas de comunicación individuales o colectivas, estarán disponibles a través del Campus Virtual. Esta herramienta informática, junto con todas aquellas de carácter general o específico necesarias para el desarrollo de la actividad formativas, se utilizarán de modo constante y dotarán al alumno de las capacidades transversales necesarias.

De modo general, la evaluación se realizará de manera continua a lo largo de todo el semestre: se valorará la asistencia, la actitud y la participación del alumno en todas las actividades formativas. Adicionalmente, se realizarán pruebas objetivas para la valoración de los conocimientos adquiridos por los alumnos en cada uno de los bloques temáticos que constituyen la materia.

Al finalizar este módulo el estudiante deberá ser capaz de:

- Analizar, identificar y clasificar los patrones de distribución de los organismos vivos.
- Planificar, desarrollar y controlar procesos biotecnológicos.
- Desarrollar estudios y análisis de muestras biológicas de origen humano.

- Desarrollar estudios demográficos y epidemiológicos.
- Realizar consejo genético y planificación familiar.
- Desarrollar estudios de planificación y explotación racional de los recursos naturales renovables, terrestres y marítimos.
- Valorar, proponer y desarrollar aspectos ecológicos y conservación de la naturaleza.
- Aspectos ecológicos de la ordenación del territorio.
- Organizar y gestionar espacios naturales protegidos, parques zoológicos, jardines botánicos y museos de Ciencias Naturales. Biología recreativa.
- Desarrollar estudios sobre Biología e impacto ambiental.

Materia:	Complementos de Biología Molecular y Celular
Módulo:	Complementario
Créditos ECTS:	12
Duración y ubicación temporal dentro del plan de estudios:	Semestral, SM 3 y 4.

Competencias y resultados del aprendizaje que el estudiante adquiere con dicho módulo:

Objetivos formativos y competencias:

Al finalizar la materia "Complementos de Biología Molecular y Celular" el estudiante debería ser capaz de:

- Planificar, desarrollar y controlar procesos biotecnológicos.
- Producir, transformar, manipular, conservar, identificar y controlar la calidad de los materiales de origen biológico.
- Desarrollar estudios biológicos y control de la acción de productos químicos y biológicos de utilización en la sanidad, agricultura, industria y servicios.
- Desarrollar estudios y análisis de muestras biológicas, incluidas las de origen humano.
- Realizar consejo genético y planificación familiar.

Requisitos previos:

Se recomienda haber cursado y superado las materias básicas del 1er curso.

Actividades formativas:

Las enseñanzas teóricas comprenderán un 35-45% de los ECTS asignados; los seminarios y clases de problemas un 15-20%, y laboratorios y salidas de campo, entre 30-40 %, y las tutorías dirigidas y los procesos de evaluación significarán un 5-10%.

Sistema de evaluación de la adquisición de las competencias:

La evaluación se realizará de manera continua a lo largo de todo el semestre: se valorará de forma proporcional la asistencia, la actitud y la participación del alumno en todas las actividades formativas y, los resultados de las pruebas objetivas para la valoración de los conocimientos adquiridos por los alumnos en cada uno de los bloques temáticos que constituyen la materia.

Breve descripción de contenidos:

- Conceptos, métodos y técnicas fundamentales de Regulación de Metabolismo.
- Mecanismos de regulación metabólica.
- Integración y regulación de las vías del metabolismo intermediario.
- Adaptaciones de rutas metabólicas a estados fisiopatológicos.
- Conceptos, métodos y técnicas fundamentales de Ingeniería Genética y Genómica.
- Preparación, análisis y manipulación de ácidos nucleicos.
- Tecnología de clonación y secuenciación de ácidos nucleicos.
- Genómica estructural, comparada y funcional.

Materia:	Complementos de Biología de Organismos
Módulo:	Complementario
Créditos ECTS:	24
Duración y ubicación temporal dentro del plan de estudios:	Semestral, SM 3, 5 y 6.

Competencias y resultados del aprendizaje que el estudiante adquiere con dicho módulo:

Objetivos formativos y competencias:

Al finalizar la materia "Complementos de Biología de Organismos" el estudiante debería ser capaz de:

- Analizar, identificar y clasificar los elementos estructurales de los organismos vivos, así como sus restos, señales de su actividad y pautas de comportamiento.
- Analizar, identificar y categorizar estructuras biológicas en desarrollo embrionario y ontogénico, tanto normales como patológicas.
- Desarrollar estudios y análisis de muestras biológicas, incluidas las de origen humano.
- Desarrollar estudios demográficos y epidemiológicos.

Requisitos previos:

Se recomienda haber cursado y superado las materias básicas del 1er curso.

Actividades formativas:

Las enseñanzas teóricas comprenderán un 35-45% de los ECTS asignados; los seminarios y clases de problemas un 15-20%, y laboratorios y salidas de campo, entre 30-40 %, y las tutorías dirigidas y los procesos de evaluación significarán un 5-10%.

Sistema de evaluación de la adquisición de las competencias:

La evaluación se realizará de manera continua a lo largo de todo el semestre: se valorará de forma proporcional la asistencia, la actitud y la participación del alumno en todas las actividades formativas y, los resultados de las pruebas objetivas para la valoración de los conocimientos adquiridos por los alumnos en cada uno de los bloques temáticos que constituyen la materia.

Breve descripción de contenidos:

- Conceptos, métodos y técnicas fundamentales de Organografía Microscópica.
- Capas germinales y tejidos y órganos relacionados.
- Tejidos y órganos vegetativos y reproductores en plantas.
- Conceptos, métodos y técnicas fundamentales de Etología.
- Genética del comportamiento.
- Aprendizaje.
- Ritmos biológicos y conducta social.
- Conceptos, métodos y técnicas fundamentales de Antropología Física.
- Procesos evolutivos en homínidos.
- Análisis de la variabilidad humana.
- Diversidad biológica y salud humana.
- Conceptos, métodos y técnicas fundamentales de Biología del Desarrollo.
- Bases genéticas y funcionales de la determinación y diferenciación celular.
- Organogénesis y morfogénesis animal y vegetal.
- Implicaciones prácticas de la Biología del desarrollo: reproducción artificial, clonación, terapias génicas y celulares.

Materia:	Complementos de Biología de Sistemas
Módulo:	Complementario
Créditos ECTS:	12
Duración y ubicación temporal dentro del plan de estudios:	Semestral, SM 4 y 6.

Competencias y resultados del aprendizaje que el estudiante adquiere con dicho módulo:

Objetivos formativos y competencias:

Al finalizar la materia "Complementos de Biología de Sistemas" el estudiante debería ser capaz de:

- Analizar, identificar y clasificar los organismos vivos, así como sus restos y señales de su actividad, en su medio natural.
- Planificar, desarrollar y controlar procesos biológicos relacionados con la explotación de recursos naturales.
- Producir, transformar, manipular, conservar, identificar y controlar la calidad de los materiales de origen biológico.
- Desarrollar estudios biológicos y control de la acción de productos químicos y biológicos de utilización en la sanidad, agricultura, industria y servicios.
- Desarrollar estudios de planificación y explotación racional de los recursos naturales renovables, terrestres y marítimos.
- Realizar análisis biológicos, control y depuración de las aguas.
- Valorar, proponer y desarrollar aspectos ecológicos y conservación de la naturaleza. Aspectos ecológicos de la ordenación del territorio.
- Organizar y gestionar espacios naturales protegidos, parques zoológicos, jardines botánicos y museos de Ciencias Naturales. Biología recreativa.
- Desarrollar estudios, analizar y tratar la contaminación industrial, agrícola y urbana. Desarrollar estudios sobre Biología e impacto ambiental.

Requisitos previos:

Se recomienda haber cursado y superado las materias básicas del 1er curso.

Actividades formativas:

Las enseñanzas teóricas comprenderán un 35-45% de los ECTS asignados; los seminarios y clases de problemas un 15-20%, y laboratorios y salidas de campo, entre 30-40 %, y las tutorías dirigidas y los procesos de evaluación significarán un 5-10%.

Sistema de evaluación de la adquisición de las competencias:

La evaluación se realizará de manera continua a lo largo de todo el semestre: se valorará de forma proporcional la asistencia, la actitud y la participación del alumno en todas las actividades formativas y, los resultados de las pruebas objetivas para la valoración de los conocimientos adquiridos por los alumnos en cada uno de los bloques temáticos que constituyen la materia.

Breve descripción de contenidos:
- Conceptos, métodos y técnicas fundamentales de Biogeografía. - Distribución de elementos florísticos y faunísticos en regiones biogeográficas. - Paleobiogeografía. - Estrategias de conservación. - Conceptos, métodos y técnicas fundamentales de Ecología de Recursos Naturales. - Bases ecológicas para el uso y conservación de recursos naturales. - Recursos abióticos y procesos de degradación. - Uso de recursos biológicos y conservación.

Módulo:	Profesional
Créditos ECTS:	42 (Ofertados 138)
Duración y ubicación temporal dentro del plan de estudios:	4° curso. Semestres 7 y 8.

Competencias y resultados del aprendizaje que el estudiante adquiere con dicho módulo:

Este módulo comprende un conjunto de materias encaminadas a la capacitación profesional del biólogo. Proporcionará al alumno un conocimiento de las habilidades y las herramientas necesarias en los principales campos profesionales de la Biología: Sanidad, Industria y Agricultura y Medio Ambiente.

El alumno utilizará las técnicas que le permitirán realizar un análisis de la biodiversidad y su conservación, descripción y evaluación ecológica del territorio y de los sistemas acuáticos, permitiendo un uso y gestión sostenibles y capacitando para la catalogación de ambientes contaminados para su remediación. Desarrollará y aplicará metodologías para la utilización de organismos y sus productos en procesos industriales, agrícolas y en biocultivos, así como en la determinación de agentes contaminantes para su biorremediación. Utilizará los métodos y técnicas necesarios en los campos del área de salud para el diagnóstico, control, seguimiento y prevención de las patologías en las poblaciones humanas.

En este módulo se incluye la materia obligatoria (6 ECTS) "Proyectos y estudios en Biología", que capacitará al estudiante para la organización, gestión y dirección de proyectos en el ámbito profesional del biólogo, así como la elaboración de informes técnicos y el asesoramiento en temas biológicos. También se incluye la materia 'Práctica profesional', que incluirá las prácticas externas a realizar en empresas, introducción a la investigación o a disciplinas emergentes y fundamentos de historia, enseñanza y difusión de la Biología.

Las actividades formativas de cada materia comprenderán clases teóricas, seminarios y/o clases de problemas, laboratorios y tutorías dirigidas (véase una descripción detallada en el desarrollo del módulo 'Materias básicas')

En estas materias se establecen unos intervalos de proporcionalidad entre las diversas actividades formativas que permiten abordar de forma equilibrada la actividad docente, favoreciendo, al tiempo, un grado de flexibilidad para que cada disciplina ajuste las dedicaciones a sus necesidades específicas. Las enseñanzas teóricas comprenderán un 35-45% de los ECTS asignados; los seminarios y clases de problemas un 15-20%, y laboratorios y salidas de campo, entre 30-40 %, y las tutorías dirigidas y los procesos de evaluación significarán un 5-10%.

Este módulo oferta un total de 138 créditos de los cuales el estudiante elegirá 42; de ellos los 6 ECTS de la materia "Proyectos y estudios en Biología", de manera obligatoria.

Todas las actividades formativas son obligatorias.

La planificación docente, los materiales formativos adicionales y las herramientas de comunicación individuales o colectivas, estarán disponibles a través del Campus Virtual. Esta herramienta informática, junto con todas aquellas de carácter general o específico necesarias para el desarrollo de la actividad formativas, se utilizarán de modo constante y dotarán al alumno de las capacidades transversales necesarias.

De modo general, la evaluación se realizará de manera continua a lo largo de todo el semestre: se valorará la asistencia, la actitud y la participación del alumno en todas las actividades formativas. Adicionalmente, se realizarán pruebas objetivas para la valoración de los conocimientos adquiridos por los alumnos en cada uno de los bloques temáticos que constituyen la materia.

Al finalizar este módulo el estudiante debería ser capaz de:

- Analizar, identificar y clasificar los organismos vivos, así como sus restos y señales de su actividad.
- Planificar, desarrollar y controlar procesos biológicos industriales.
- Producir, transformar, manipular, conservar, identificar y controlar la calidad de los materiales de origen biológico.
- Identificar, evaluar y controlar los agentes biológicos que afectan a la conservación de toda clase de materiales y productos.
- Desarrollar estudios biológicos y control de la acción de productos químicos y biológicos de utilización en la sanidad, agricultura, industria y servicios.
- Identificar y evaluar los agentes biológicos patógenos y sus productos tóxicos. Controlar infecciones y plagas.
- Producir, transformar, controlar y conservar alimentos.
- Desarrollar estudios y análisis clínicos, microbiológicos e inmunobiológicos de muestras biológicas, incluidas las de origen humano.
- Desarrollar estudios demográficos y epidemiológicos.
- Realizar consejo genético y planificación familiar.
- Explicar y desarrollar propuestas en educación sanitaria y medioambiental.
- Desarrollar estudios de planificación y explotación racional de los recursos naturales renovables, terrestres y marítimos.
- Realizar análisis biológicos, control y depuración de las aguas.
- Valorar, proponer y desarrollar aspectos ecológicos y conservación de la naturaleza. Aspectos ecológicos de la ordenación del territorio.
- Organizar y gestionar espacios naturales protegidos, parques zoológicos, jardines botánicos y museos de Ciencias Naturales. Biología recreativa.
- Desarrollar estudios, analizar y tratar la contaminación industrial, agrícola y urbana.
- Desarrollar estudios y proyectos sobre Biología e impacto ambiental.

Materia:	Biología Ambiental
Módulo:	Profesional
Créditos ECTS:	30 (ofertados 36)
Duración y ubicación temporal dentro del plan de estudios:	Semestral, SM 7.

Competencias y resultados del aprendizaje que el estudiante adquiere con dicho módulo:

Objetivos formativos y competencias:

Al finalizar la materia "Biología Ambiental" el estudiante debería ser capaz de:

- Analizar, identificar y clasificar los organismos vivos, así como la evaluación de su diversidad y de las estrategias de conservación y recuperación.
- Desarrollar estudios biológicos y control de la acción de productos químicos y biológicos de utilización en el medio ambiente.
- Explicar y desarrollar propuestas en educación medioambiental.
- Desarrollar estudios de planificación y explotación racional de los recursos naturales renovables, terrestres y marítimos.
- Realizar análisis biológicos, control y depuración de las aguas.
- Valorar, proponer y desarrollar aspectos ecológicos y conservación de la naturaleza. Aspectos ecológicos de la ordenación del territorio.
- Organizar y gestionar espacios naturales protegidos, parques zoológicos, jardines botánicos y museos de Ciencias Naturales. Biología recreativa.
- Desarrollar estudios, analizar y tratar la contaminación industrial, agrícola y urbana.
- Desarrollar estudios y proyectos sobre Biología e impacto ambiental.

Requisitos previos:

Se recomienda haber cursado y superado los módulos fundamental y complementario.

Actividades formativas:

Las enseñanzas teóricas comprenderán un 35-45% de los ECTS asignados; los seminarios y clases de problemas un 15-20%, y laboratorios y salidas de campo, entre 30-40 %, y las tutorías dirigidas y los procesos de evaluación significarán un 5-10%.

Sistema de evaluación de la adquisición de las competencias:

La evaluación se realizará de manera continua a lo largo de todo el semestre: se valorará de forma proporcional la asistencia, la actitud y la participación del alumno en todas las actividades formativas y, los resultados de las pruebas objetivas para la valoración de los conocimientos adquiridos por los alumnos en cada uno de los bloques temáticos que constituyen la materia.

Breve descripción de contenidos:

- Conceptos, métodos y técnicas fundamentales de análisis de biodiversidad.
- Identificación de taxones y medición e interpretación de la diversidad.
- Conceptos, métodos y técnicas fundamentales de descripción y evaluación ecológica del territorio.
- Caracterización de ecosistemas y ecología del paisaje.
- Conceptos, métodos y técnicas fundamentales de Biología de la conservación.
- Recuperación y manejo de especies amenazadas.
- Conceptos, métodos y técnicas fundamentales de Biología de la contaminación.
- Sistemas biológicos de detección de contaminación. Bioprevención y bioeliminación de la contaminación.
- Conceptos, métodos y técnicas fundamentales de Biología de sistemas acuáticos.
- Caracterización y gestión de medios acuáticos continentales y marinos.
- Conceptos, métodos y técnicas fundamentales de la gestión sostenible del medio natural.
- Planificación, gestión y restauración de espacios naturales.

Materia:	Biotecnología
Módulo:	Profesional
Créditos ECTS:	30 (ofertados 36)
Duración y ubicación temporal dentro del plan de estudios:	Semestral, SM 7.

Competencias y resultados del aprendizaje que el estudiante adquiere con dicho módulo:

Objetivos formativos y competencias:

La Biotecnología utiliza los conocimientos adquiridos sobre los organismos, su modificación y su interacción con el medio ambiente para su reproducción y control con fines prácticos en la industria, las explotaciones agropecuarias y la gestión medioambiental.

Al finalizar la materia "Biotecnología" el estudiante debería ser capaz de:

- Planificar, desarrollar y controlar procesos biológicos industriales.
- Producir, transformar, manipular, conservar, identificar y controlar la calidad de los materiales de origen biológico.
- Identificar, evaluar y controlar los agentes biológicos que afectan a la conservación de toda clase de materiales y productos.
- Desarrollar estudios biológicos y control de la acción de productos químicos y biológicos de utilización en la sanidad, agricultura, industria y servicios.
- Identificar, evaluar y controlar plagas.
- Producir, transformar, controlar y conservar alimentos y metabolitos de origen biológico.
- Producir y modificar organismos biológicos.
- Desarrollar estudios y análisis de muestras biológicas.
- Explicar y desarrollar propuestas en educación sanitaria y medioambiental.
- Realizar análisis biológicos, control y depuración de las aguas.
- Desarrollar estudios, analizar y tratar la contaminación industrial, agrícola y urbana.
- Desarrollar estudios y proyectos sobre Biología e impacto ambiental.

Requisitos previos:

Se recomienda haber cursado y superado los módulos fundamental y complementario.

Actividades formativas:

Las enseñanzas teóricas comprenderán un 35-45% de los ECTS asignados; los seminarios y clases de problemas un 15-20%, y laboratorios y salidas de campo, entre 30-40 %, y las tutorías dirigidas y los procesos de evaluación significarán un 5-10%.

Sistema de evaluación de la adquisición de las competencias:

La evaluación se realizará de manera continua a lo largo de todo el semestre: se valorará de forma proporcional la asistencia, la actitud y la participación del alumno en todas las actividades formativas y, los resultados de las pruebas objetivas para la valoración de los conocimientos adquiridos por los alumnos en cada uno de los bloques temáticos que constituyen la materia.

Breve descripción de contenidos:

- Conceptos, métodos y técnicas fundamentales de cultivos celulares y transgénesis.
- Obtención de organismos transgénicos y cultivos de células animales y vegetales.
- Conceptos, métodos y técnicas fundamentales de biotecnología de los organismos.
- Productos microbianos de interés industrial.
- Conceptos, métodos y técnicas fundamentales de ingeniería de enzimas y rutas metabólicas.
- Bioproducción de enzimas y metabolitos.
- Conceptos, métodos y técnicas fundamentales de análisis biológicos, control de calidad y detección de fraudes.
- Conceptos, métodos y técnicas fundamentales de Biología aplicada a la producción agraria y animal.
- Conceptos, métodos y técnicas fundamentales de Biotecnología.
- Conceptos, métodos y técnicas fundamentales de Biología aplicada al medio ambiente.
- Control de plagas.
- Sistemas biológicos para la depuración de aguas y suelos.

Materia:	Biología Sanitaria
Módulo:	Profesional
Créditos ECTS:	30 (ofertados 36)
Duración y ubicación temporal dentro del plan de estudios:	Semestral, SM 7.

Competencias y resultados del aprendizaje que el estudiante adquiere con dicho módulo:

Objetivos formativos y competencias:

Al finalizar la materia "Biología Sanitaria" el estudiante debería ser capaz de:

- Analizar, identificar y clasificar los organismos vivos, así como sus restos y señales de su actividad.
- Identificar y evaluar los agentes biológicos patógenos y sus productos tóxicos. Controlar infecciones y plagas.
- Desarrollar estudios y análisis clínicos, microbiológicos e inmunobiológicos de muestras biológicas, incluidas las de origen humano.
- Desarrollar estudios demográficos y epidemiológicos.
- Realizar consejo genético y planificación familiar.
- Explicar y desarrollar propuestas en educación sanitaria y medioambiental.
- Desarrollar estudios de planificación y explotación racional de los recursos naturales renovables, terrestres y marítimos.

Requisitos previos:

Se recomienda haber cursado y superado los módulos fundamental y complementario.

Actividades formativas:

Las enseñanzas teóricas comprenderán un 35-45% de los ECTS asignados; los seminarios y clases de problemas un 15-20%, y laboratorios y salidas de campo, entre 30-40 %, y las tutorías dirigidas y los procesos de evaluación significarán un 5-10%.

Sistema de evaluación de la adquisición de las competencias:

La evaluación se realizará de manera continua a lo largo de todo el semestre: se valorará de forma proporcional la asistencia, la actitud y la participación del alumno en todas las actividades formativas y, los resultados de las pruebas objetivas para la valoración de los conocimientos adquiridos por los alumnos en cada uno de los bloques temáticos que constituyen la materia.

Breve descripción de contenidos:

- Conceptos, métodos y técnicas fundamentales de Inmunología y análisis clínico.
- Conceptos, métodos y técnicas fundamentales de Genética humana y demografía.
- Conceptos, métodos y técnicas fundamentales de Fisiopatología y farmacología.
- Conceptos, métodos y técnicas fundamentales de Bioquímica clínica y patología molecular
- Conceptos, métodos y técnicas fundamentales de Microbiología clínica y epidemiología.
- Conceptos, métodos y técnicas fundamentales de Parasitología y vectores de transmisión.

Materia:	Proyectos y estudios en Biología
Módulo:	Profesional
Créditos ECTS:	6 obligatorios
Duración y ubicación temporal dentro del plan de estudios:	Semestral, SM 8.

Competencias y resultados del aprendizaje que el estudiante adquiere con dicho módulo:
Objetivos formativos y competencias:
Al finalizar la materia "Proyectos y estudios en Biología" el estudiante debería ser capaz de desarrollar, gestionar y dirigir estudios y proyectos sobre Biología.
Requisitos previos:
Se recomienda haber cursado y superado los módulos fundamental y complementario.
Actividades formativas:
Las enseñanzas teóricas comprenderán un 35-45% de los ECTS asignados; los seminarios y clases de problemas un 15-20%, y laboratorios y salidas de campo, entre 30-40 %, y las tutorías dirigidas y los procesos de evaluación significarán un 5-10%.
Sistema de evaluación de la adquisición de las competencias:
La evaluación se realizará de manera continua a lo largo de todo el semestre: se valorará de forma proporcional la asistencia, la actitud y la participación del alumno en todas las actividades formativas y, los resultados de las pruebas objetivas para la valoración de los conocimientos adquiridos por los alumnos en cada uno de los bloques temáticos que constituyen la materia.
Breve descripción de contenidos:
- Tipología de proyectos y estudios. - Análisis del contenido de un proyecto. - Marco legislativo y jurídico. - Elaboración de presupuestos. - Planificación de un proyecto: cronograma. - Convocatorias públicas y pliego de bases. - Proceso de contratación.

Materia:	Práctica professional
Módulo:	Profesional
Créditos ECTS:	6 (ofertados 24)
Duración y ubicación temporal dentro del plan de estudios:	Semestral, SM 8.

Competencias y resultados del aprendizaje que el estudiante adquiere con dicho módulo:

Objetivos formativos y competencias:

Esta materia comprende un conjunto de actividades que acercarán al estudiante al entramado empresarial, institucional y científico en el que podrá desarrollar su ejercicio profesional.

- Los objetivos de esta materia son permitir al alumno situarse en un escenario real donde aplicar los conocimientos y destrezas adquiridos, así como desarrollar y mejorar otras destrezas transversales necesarias en la práctica profesional futura como:
- Identificar los objetivos y actividades a desarrollar en el marco laboral, de investigación, de docencia y de difusión.
- Comprender y adecuarse a los horarios y normas de funcionamiento de la empresa o grupo de trabajo.
- Trabajar en equipo, participar y comunicarse satisfactoriamente con los miembros del equipo de trabajo y el tutor.
- Incorporar los principios éticos vinculados al ejercicio profesional, la investigación y la docencia.
- Ejecutar el plan de trabajo previsto y evaluar la consecución de los objetivos, así como identificar los problemas que surjan en el curso de su realización.
- Elaborar una memoria o informe de actividades.
- Valorar el contenido formativo y los recursos brindados por la empresa.

Requisitos previos:

Se recomienda haber cursado y superado una de las materias Biología Sanitaria, Biología Ambiental o Biotecnología.

Actividades formativas:

Las enseñanzas teóricas comprenderán un 35-45% de los ECTS asignados; los seminarios y clases de problemas un 15-20%, y laboratorios y salidas de campo, entre 30-40 %, y las tutorías dirigidas y los procesos de evaluación significarán un 5-10%.

En aquellas en las que la actividad formativa exija colaboración con empresas o grupos de investigación, la dedicación del alumno a las actividades propias será de 5 ECTS y el resto, 1 ECTS, contemplará las tutorías dirigidas y la elaboración de un informe o memoria de actividades y una encuesta relacionada con la práctica y los recursos proporcionados por la empresa o grupo de investigación en el curso de su realización. El alumno contará con un tutor académico nombrado por una subcomisión de práctica profesional presidida por el Vicedecano correspondiente. Asimismo, contará con un tutor en la propia empresa o grupo de investigación.

Con antelación suficiente se publicará la Oferta de Prácticas disponibles y las características y requisitos de cada una de ellas. Las solicitudes recibidas serán evaluadas en la Comisión de práctica profesional, consultando en su caso con los tutores de la empresa para seleccionar a los alumnos. Se considerarán los méritos presentados por los estudiantes y se respetará la igualdad de oportunidades y la discapacidad de los solicitantes.

Sistema de evaluación de la adquisición de las competencias:

Para la docencia impartida en el centro, la evaluación se realizará de manera continua a lo largo de todo el semestre: se valorará de forma proporcional la asistencia, la actitud y la participación del alumno en todas las actividades formativas y, los resultados de las pruebas objetivas para la valoración de los conocimientos adquiridos por los alumnos en cada uno de los bloques temáticos que constituyen la materia.

En aquellas en las que la actividad formativa exija colaboración con empresas o grupos de investigación la evaluación de la adquisición de competencias tendrá tres componentes:

- Al finalizar la realización de las Prácticas, el alumno realizará una memoria que deberá contar con el visto bueno del tutor de la empresa o grupo de investigación; deberá asimismo, contestar una Encuesta-Evaluación relacionada con las Prácticas realizadas y los recursos formativos proporcionados, que entregará al Tutor académico.
- Este, a su vez, recibirá un informe-encuesta elaborado por el Tutor externo, evaluando la consecución de las competencias por parte del estudiante y proponiendo una calificación.
- El Tutor académico realizará la calificación final considerando el informe del Tutor externo (40%), la Memoria realizada y la encuesta enviada por el alumno.

El tutor académico finalmente, enviará a la Comisión de Calidad toda la información pertinente para facilitar el seguimiento y evaluación de la capacidad formativa de las Prácticas ofertadas.

Breve descripción de contenidos:

- Desarrollo del ejercicio profesional en el marco empresarial.
- Desarrollo del ejercicio profesional en el sistema de Investigación, Desarrollo e Innovación (I+D+i).
- Fundamentos, metodología y técnicas en campos emergentes de la Biología (neurobiología u otros).
- Desarrollo del ejercicio profesional en el sistema educativo y de difusión de la Biología.

Módulo:	Trabajo Fin de Grado
Créditos ECTS:	18
Duración y ubicación temporal dentro del plan de estudios:	4° curso, SM 8.

Competencias y resultados del aprendizaje que el estudiante adquiere con dicho módulo:

Este trabajo pretende verificar y evaluar las competencias adquiridas a lo largo de toda la titulación. A cada estudiante se le asignará un tutor académico, encargado de asesorar y supervisar el proceso de elaboración y desarrollo del trabajo.

Al finalizar este módulo el estudiante habrá adquirido unas competencias específicas y otras de carácter transversal.

- Competencias especificas del Trabajo Fin de Grado
  - Manejar las disciplinas necesarias para aplicar con criterio las metodologías actuales de estudio de los organismos y los sistemas biológicos mediante el método científico.
  - Aprender a tomar decisiones ante un problema real práctico.
  - Adquirir versatilidad en la aplicación inteligente a un problema determinado de los conocimientos teóricos y prácticos aprendidos.
  - Aplicación de los conocimientos adquiridos durante el grado a la práctica profesional del biólogo en sus diferentes ámbitos de actuación.
  - Integrar creativamente sus conocimientos para resolver un problema biológico real.
  - Estructurar una defensa sólida de los puntos de vista personales apoyándose en conocimientos científicos bien fundados.
  - Estudio, identificación y clasificación de los organismos vivos, así como sus restos y señales de su actividad.
  - Estudios y análisis físicos, bioquímicos, citológicos, histológicos, microbiológicos e inmunológicos de muestras biológicas, incluidas las de origen humano.
  - Asesoramiento científico y técnico sobre temas biológicos.
- Competencias Transversales
  - Elaborar informes científicos complejos, bien estructurados y rigurosamente redactados.
  - Presentar un trabajo, utilizando los medios audiovisuales más habituales.
  - Destreza en la comunicación oral y escrita de un trabajo científico.

Para presentar y superar el Trabajo Fin de Grado será necesario haber superado los módulos básico, fundamental, complementario y profesional.

El Trabajo Fin de Grado será eminentemente práctico, y permitirá la utilización de diferentes técnicas analíticas en relación con las dos grandes áreas de la Biología: Molecular y Celular y Organismos y Sistemas (16,4 créditos). En este ámbito se realizaran seminarios específicos para facilitar a los estudiantes el aprendizaje y el manejo de las técnicas necesarias (0,8 créditos). En ningún caso el trabajo será exclusivamente bibliográfico.

Se verificará la capacidad adquirida por los estudiantes para el uso del lenguaje científico especializado, la realización de trabajos e informes, así como su defensa pública ante tribunales o foros de debate (0,4 créditos). Este trabajo conllevará la participación en tutorías dirigidas por un tutor académico (0,4 créditos).

La evaluación del Trabajo Fin de Grado se llevará a cabo por un Tribunal nombrado al efecto por el Decano de la Facultad de Ciencias Biológicas. Estará constituido por el Decano o persona en quien delegue y dos profesores, uno del área de Biología Molecular y Celular y otro de Organismos y Sistemas. Los miembros del Tribunal serán designados por la Comisión de Titulación entre todos los profesores implicados en la docencia del Proyecto Fin de Grado.

El Tribunal evaluará la exposición oral del trabajo desarrollado y la memoria presentada. La memoria debe incluir una introducción breve sobre antecedentes, los objetivos y el plan de trabajo, los resultados con una discusión crítica y razonada de los mismos y unas conclusiones. Tanto la memoria escrita, como la defensa ante tribunal, podrán realizarse total o parcialmente en inglés.

La calificación final será otorgada por el Tribunal, considerando la memoria elaborada y su defensa, el informe del tutor académico. El informe del tutor incluirá la evaluación continua de la adquisición de competencias por parte del estudiante, su asistencia, participación y pertinencia de las intervenciones en los diferentes seminarios.

Esta materia completa la formación del alumno. Su objetivo es la enseñanza de procedimientos y técnicas experimentales para abordar problemas concretos en los diversos campos de trabajo, así como la acreditación de los conocimientos y competencias asociados al título cursado por el estudiante.

Los estudiantes aplicarán los protocolos de diseño experimental, las técnicas necesarias para abordar los diferentes problemas y los métodos de análisis de los resultados obtenidos.

Este trabajo se vertebrará en los siguientes epígrafes:

- Planteamiento: conocimiento del estado actual del problema y sus formas de estudio, utilizando bibliografía, bases de datos u otras posibles fuentes.
- Propuesta de procedimiento metodológico: definición de objetivos, planteamiento experimental y, en caso necesario, aprendizaje de técnicas especializadas.
- Desarrollo experimental y toma de datos, en campo y/o laboratorio.
- Análisis de los datos obtenidos y elaboración de un informe.
- Presentación y defensa del informe.

5.4 ITINERARIO CURRICULAR Y LAS MATERIAS QUE LOS COMPONEN.

El grado propuesto describe tres itinerarios curriculares en función de la elección realizada por el estudiante al cursar el semestre 7, en el que debe elegir una de las tres materias opcionales ofertadas: Biología Ambiental, Biología Sanitaria y Biotecnología.

5.5 ORGANIZACIÓN DE LA MOVILIDAD DE LOS ESTUDIANTES PROPIOS Y DE ACOGIDA.

La infraestructura y ordenación académica de la movilidad estudiantil está detallada en el apartado 5.2.
Como referencia cuantitativa se indican los datos correspondientes al curso 2007-2008 :

	Estudiantes recibidos	Estudiantes enviados
SICUE/SENECA	12	5
Erasmus	40	32
Otros destinos	10	3
	62	40

La afluencia de estudiantes foráneos y la salida de los propios esta regida por el conjunto de los acuerdos ya establecidos entre la UCM/Facultad de Ciencias Biológicas y otras instituciones. Las modificaciones que se produzcan en el flujo de estudiantes, en el número de los acuerdos firmados, el cumplimiento e idoneidad de los acuerdos existentes se evaluarán y revisará periódicamente por el Vicedecanato correspondiente y la subcomisión de movilidad. Esta misma estructura será la responsable de la aceptación y envío de estudiantes y se regirá por criterios académicos, número de créditos cursados y conocimiento de la lengua del país.

6 PERSONAL ACADEMICO

6.1 RECURSOS HUMANOS NECESARIOS Y DISPONIBLES PARA LLEVAR A CABO EL PLAN DE ESTUDIOS PROPUESTO.

El cálculo del número de profesores con dedicación a tiempo completo requerido para impartir el Grado en Biología (UCM) se calcula en base a los siguientes supuestos:

- Número de estudiantes por año académico: 360
- Crédito ECTS: 25 horas de trabajo del alumno
- Porcentaje de presencialidad. Se contempla una horquilla desde una presencialidad del 30% (equivalente a 7,5 horas-aula/crédito ECTS) hasta una presencialidad del 40% (equivalente a 10 horas aula/crédito ECTS)
- Número de semanas lectivas por año: 38
- Número de semanas con docencia presencial por año: 30
- Porcentaje de clases de teoría, de seminarios, de experimentalidad y de tutorías dirigidas. Se hace una media de las horquillas propuestas en el punto 5, considerándose un 45%, un 25%, un 25% y un 5% respectivamente.
- Se consideran distintos tamaños de grupo según el tipo de actividad docente (ver tabla)
- Dedicación docente: se contempla una horquilla limitada por los dos extremos propuestos por la UCM para un profesor con dedicación a tiempo completo: de 5 a 7 horas-aula semanales durante 30 semanas.

			Teoría	Seminario	Laboratorio	Tutorías	
Total de créditos del grado	Créditos	Tamaño de grupos	90	30	15	30	Total de carga en ECTS
		Nº grupos	4	12	24	12	
	216	% carga	40	15	35	10	
	6	% carga	0	80	0	20	
	18	% carga	0	0	80	20	
240		Total de créditos	345,6	446,4	2160	316,8	3268,8

Considerando el extremo superior de la horquilla de presencialidad, un 40% (10 horas-aula por crédito ECTS), y una dedicación docente del profesorado de 6 horas-aula por semana (durante 30 semanas), el profesorado requerido para impartir el Grado en Biología sería de 182 equivalentes de dedicación a tiempo completo (Tabla 2). Dado que nuestros recursos son de 235 dedicaciones a tiempo completo, la docencia en el Grado queda garantizada, siendo posible, además, abordar docencia especializada de postgrado y en otros posibles Grados que requirieran de la participación de esta Facultad.

Nº créditos	Presencialidad (%)	Nº horas en el aula	Dedicaciones TC (6h/semana)
3268,8	40	32688	182

6.2 RECURSOS HUMANOS DISPONIBLES.

La Facultad cuenta con 249 profesores, de los que el 96,4% son doctores y el 85,5% tienen dedicación a tiempo completo en la Facultad. Su distribución por categorías se refleja en la siguiente tabla:

Categoría del profesorado	**Número**
Profesorado a tiempo completo	213
Profesores doctores	240
Profesores no doctores	9
Profesores doctores a tiempo completo	211
Profesores no doctores a tiempo completo	2
Catedráticos de universidad	25
Titulares de universidad	141
Titulares de Escuela Universitaria	22
Ayudantes	6
Profesores ayudantes doctores	6
Profesores contratados doctores	22
Profesores asociados a tiempo completo	2
Profesores asociados a tiempo parcial	24
Profesores eméritos	1
Número de profesores	249
Equivalentes Dedicación a Tiempo Completo	235

La experiencia docente (quinquenios) e investigadora (sexenios) de las distintas categorías de profesores se resumen en las Tablas 4 y 5. Sus valores medios nos indican la gran experiencia docente y la calidad investigadora del profesorado.

Categoría profesional	Valor medio de quinquenios
Catedráticos de Universidad	5,68
Profesores Titulares de Universidad	4,64
Profesores Titulares de Escuela Universitaria	5,55
Profesores Contratados Doctores	1,36

Categoría profesional	Valor medio de sexenios
Catedráticos de Universidad	4,60
Profesores Titulares de Universidad	2,28
Profesores Titulares de Escuela Universitaria	0,55
Profesores Contratados Doctores	1,32

Otros recursos humanos disponibles

La Facultad cuenta también con 79 empleados de administración y servicios cuya distribución se refleja en la Tabla 6.

	Administración	Laboral	Total	%
Departamentos	8	23	31	39
Biblioteca	12		12	15
Aulas Informáticas		7	7	9
Secretaría	4		4	5
Servicios Generales	20	5	25	32

Previsión de profesorado y otros recursos humanos

Las bajas en la plantilla se cubrirán de acuerdo con los procedimientos que establece la Universidad Complutense. El plan de jubilación voluntaria de la UCM favorecerá el rejuvenecimiento de la plantilla de profesorado.

6.3 MECANISMOS DE QUE DISPONE PARA ASEGURAR LA IGUALDAD ENTRE HOMBRES Y MUJERES Y LA NO DISCRIMINACIÓN DE PERSONAS CON DISCAPACIDAD.

La comunidad universitaria de la UCM dispone de una "Oficina para la Igualdad de Género", dependiente del Vicerrectorado de Cultura y Deporte, cuyo objetivo es *desarrollar acciones para avanzar en la igualdad entre mujeres y hombres en la propia Universidad.*

En la Facultad de Ciencias Biológicas el porcentaje de mujeres es superior al de hombres en los tres colectivos de la comunidad universitaria: estudiantes, profesores y personal de administración y servicios. El 66% de estudiantes, el 56% de profesores y el 66% de personal de administración y servicios son mujeres. Cabe destacar que el porcentaje de mujeres que se licencian alcanza el 75 %. En cuanto a puestos de responsabilidad académica (dirección de departamentos) el 47% son mujeres. En el equipo decanal la proporción de mujeres es de un 50%. Un seguimiento de la Memoria anual de nuestra Facultad, que se realiza desde el año 2001-2002, demuestra la existencia de igualdad de género en todos los ámbitos docentes e investigadores. Es vocación de la Facultad continuar esta de observación para prevenir cualquier anomalía o discriminación de género y proceder en consecuencia.

Asimismo, la UCM dispone de una "Oficina para la Integración de Personas con Discapacidad", cuyo fin es realizar las acciones oportunas que permitan a este colectivo el acceso a la educación universitaria. Esta "Oficina" proporciona atención directa a los distintos colectivos de la comunidad universitaria. Nuestra Facultad ha incorporado y está incorporando, durante los últimos años, infraestructuras que permiten el acceso a las personas discapacitadas tales como baños, plataforma elevadora de acceso, acondicionamiento para silla de ruedas en las nuevas instalaciones, etc.

7 RECURSOS MATERIALES Y SERVICIOS

7.1 JUSTIFICACIÓN DE LA ADECUACIÓN DE LOS MEDIOS MATERIALES Y SERVICIOS DISPONIBLES.

La Facultad de Ciencias Biológicas consta de dos edificios, en los que se ubican todos los recursos materiales y servicios necesarios para impartir las enseñanzas del Grado en Biología. Las aulas se encuentran en la planta baja y primera del ala oeste edificio principal y en la planta baja del edificio anexo. Los despachos de los profesores y laboratorios de docencia e investigación de los nueve Departamentos de la Facultad están distribuidos entre los dos edificios, y la Biblioteca y Servicios Generales se encuentran en la planta baja del edificio principal

Aulas

La Facultad dispone de 12 aulas para clases magistrales (96 a 250 puestos) con capacidad para 1.667estudiantes. Todas las aulas están dotadas de cañón de proyección y conexión a Internet. A través del Contrato Programa de la UCM se contempla la subdivisión de ciertas aulas para adaptarlas a grupos pequeños acordes con las nuevas metodologías docentes.

Aulas-Seminarios

En los últimos años, con la ayuda del Contrato Programa de Rectorado, se han habilitado cuatro Aulas para Seminarios de tamaño más reducido (10-15 alumnos/aula) con vistas a la convergencia europea y a la implantación de las nuevas enseñanzas. Estas aulas disponen de un "armario móvil de ordenadores" con 20 portátiles y conexión a Internet.

Aulas de Informática

La Facultad dispone de 6 aulas informáticas. Una de ellas, con capacidad de 60 puestos de trabajo, a disposición libre de los estudiantes. La capacidad del resto de aulas informáticas es de 12, 20, 25 ,28 y 30. Además, dispone de un aula informática portátil con 20 puestos. Estas aulas son supervisadas por personal especializado del laboratorio de medios audiovisuales de la Facultad y son gestionadas por el Decanato. Los departamentos, a su vez, disponen de aulas informáticas para los estudiantes.

El total de ordenadores con conexión a la red a disposición de los estudiantes (aulas de informática, seminarios y salas de ordenadores de los departamentos) es de 295 puestos de trabajo. Estos recursos implican un coeficiente de 6 estudiantes por ordenador con conexión a red.

La Facultad también dispone de cobertura WIFI de la red informática de la Universidad Complutense en todos sus espacios.

Laboratorios de Biología Experimental

La Facultad dispone de espacios gestionados por Decanato de uso común donde se imparten, en la actualidad, las asignaturas troncales (experimentales) de segundo ciclo de Licenciatura.

Estos espacios, denominados genéricamente Laboratorios de Biología Experimental, se encuentran situados en la planta primera y en la planta sótano del edificio principal.

En la planta primera estos espacios están dedicados a Biología Molecular y Celular. Están dotados de seis laboratorios, con 20 puestos de trabajo cada uno, con pequeño aparataje y comunicados por una sala de uso común con grandes aparatos y una sala de reuniones. Dispone también de espacios para frigoríficos, estufas y cámaras de cultivo, así como de varios almacenes para el material fungible de los laboratorios y una sala de apoyo a la docencia para el trabajo de los técnicos. Además posee un laboratorio de microscopía con 16 puestos de trabajo y una sala con microscopía digital y un cuarto oscuro de revelado.

En la planta sótano estos espacios están dedicados a Biología de Organismos y Sistemas con tres laboratorios de microscopía, con 20 puestos cada uno, que comunican con dos salas de consulta de datos, mapas y de bibliografía. También posee un almacén de productos químicos y material de laboratorio. En estos espacios también se ubican tres aulas informáticas con 30, 25 y 20 ordenadores cada una, dotadas con medios audiovisuales (cañón, proyector de transparencias y de diapositivas, etc.), una sala de juntas, dos almacenes para material docente y un despacho para los técnicos de apoyo a esta docencia.

Espacios dedicados a los alumnos en los Departamentos

En la Tabla se resumen los espacios dedicados a los estudiantes en los nueve Departamentos de la Facultad de C. Biológicas

	Fisiol. Animal	Biol. Celular	Microbiol.	Zool y A.F.	Biol. Veg.	Bq y B. Mol	Gen.	Ecología	Biol. Mat.	Total Fac.
Laboratorios	2	2	2	7	5	2	2	1		23
Capacidad media	30	18	24	22	22	40	23	33	212	26,00
Salas ordenadores	1	1	1	1	1		1	1	2	9
Nº de ordenadores	20	14	7	7	4		12	24	12	100
Aulas		1		2	1		1			5
Capacidad media		30		65	60		20			175

Campus virtual

El campus virtual de la UCM, gestionado desde el Vicerrectorado de Innovación y Espacio Europeo de Educación Superior, es utilizado por gran número de profesores y de alumnos como apoyo a la docencia, a la investigación y a la gestión. Constituye una herramienta muy valiosa en la gestión de alumnos y grupos de trabajo, en la comunicación mediante foros, correo, anuncios etc., en la organización de contenidos y en el envío y recepción de prácticas, trabajos y exámenes

Otros espacios dedicados a los alumnos

La Sala de Grados y el Salón de Actos de la Facultad, con capacidad para 42 y 108 puestos respectivamente, son utilizados con frecuencia por los profesores para actividades docentes.

Además, los estudiantes disponen de una Sala de Estudio, compartida con la Facultad Ciencias Geológicas, con 140 puestos. Todos ellos con posibilidad de conexión a la red. El servicio de reprografía se encuentra integrado en este espacio

Biblioteca

La Biblioteca de la Facultad de Ciencias Biológicas, situada en la planta baja del Edificio, ocupa una superficie de 1.500 m2 y dispone de tres salas de lectura (dos salas de lectura y hemeroteca) con 19 ordenadores con conexión a internet. En toda la biblioteca los alumnos se pueden conectar a la red inalámbrica y su "suelo técnico" permitirá, en un futuro, más de 400 puntos de conexión a la red.

Está integrada en la red de bibliotecas de la universidad (BUC) y dispone de 385 puestos de lectura. La relación de estudiantes por puesto de lectura es menor de 5. Existen ocho puntos de consulta de catálogo y 19 puntos de consulta de bases de información.

Los fondos bibliográficos de la biblioteca se resumen en la Tabla:

Nº total de ejemplares	2004-05	2005-06	2006-07	2007-08	
Monografías	37.469	39.966	42.333	45.113	
Revistas	1.675	1.722	1.756	1.802	
Formato electrónico					
Revistas (*)	18.630	20.416	20.665	29.481	1.196
Libros (*)	22.855	28.276	35.147	35.362	1.579
Bases de datos (**)	157	169	179	181	27
Nuevas adquisiciones					
Monografías	1.985	2.497	2.367	2.780	
Revistas	47	34	46	46	
Publicaciones electrónicas	No hay datos disponibles				
Bases de datos		12	10	2	
Total suscripciones vivas					
Public. electrónicas	Igual al número total de ejemplares				
Revistas	350	365	370	341	
Bases de datos	157	169	179	181	

(*) Libros y revistas suscritos por la Biblioteca Universitaria de todas las materias. La última columna es el número aproximado que corresponde a la Facultad de Ciencias Biológicas.
(**) Dases de datos adquiridos por la Biblioteca Central de todas las materias. La última columna es el número aproximado que corresponde a la Facultad de Ciencias Biológicas.

La disponibilidad bibliográfica y de fuentes de información se recoge en la tabla:

	2004-05	2005-06	2006-07	2007-08
Nº de títulos recomendados disponibles en el servicio de biblioteca asociada al PF	1.761	1.919	2.162	2.432
Número de títulos recomendados (*)	2.236	2.378	2.613	2.870
(*) Datos acumulativos				

Museos y Colecciones

La Facultad tiene, actualmente, un conjunto de Museos y colecciones científicas que son utilizados en la actividad docente, investigadora y de difusión.

El Museo de Anatomía Comparada de Vertebrados está formado por ejemplares completos conservados en líquidos, esqueletos y envueltas tegumentarias. La colección está formada por más de 5.000 ejemplares, de más de 1.500 especies distintas.

La Colección de Entomología cuenta con más de cuatro millones de ejemplares, utilizados como testigo de la investigación taxonómica desarrollada por los profesores de la Facultad y como material para las prácticas de la disciplina.

El Herbario de la Facultad (MACB) cuenta con 100.000 pliegos, en su mayor parte plantas vasculares de procedencia iberomacaronésica. El herbario es utilizado, básicamente, como elemento auxiliar de la investigación y, en menor medida, como complemento docente.

Estas tres colecciones están descritas y referenciadas en los foros científicos internacionales.

Colecciones más recientes son la de Etnobotánica y de Instrumental Científico. Ambas son de uso básicamente investigador, pero están destinadas a jugar un papel principal en la difusión de la Biología al conjunto de la sociedad.

Las colecciones de la Facultad han de ser, además de su valor científico intrínseco, elementos clave en la formación y capacitación profesional de los titulados en áreas crecientemente demandadas por la sociedad como la difusión, comunicación científica y museología.

7.2 PREVISIÓN DE ADQUISICIÓN DE LOS RECURSOS MATERIALES Y SERVICIOS NECESARIOS

La Facultad, con la ayuda del Contrato Programa de Rectorado, continuará con el plan de actualización de sus infraestructuras al Espacio Europeo de Educación Superior. En concreto, en el anteproyecto de gastos para 2009 está prevista la división de las aulas de mayor tamaño, así como la reforma de una de las salas de lectura de la Biblioteca, lo cual nos permitirá disponer de tres salas de trabajo en grupo y una zona orientada al aprendizaje individual.

8 RESULTADOS PREVISTOS

8.1 VALORES CUANTITATIVOS ESTIMADOS PARA LOS INDICADORES Y SU JUSTIFICACIÓN.

Los resultados del cálculo de las tasas de Graduación, Abandono y Eficiencia en la licenciatura en Biología de la Universidad Complutense de Madrid se indican a continuación.

Tasa de graduación: La UCM facilitará este dato

Tasa de abandono: La UCM facilitará este dato

Tasa de eficiencia: La UCM facilitará este dato

De entrada parecería difícil estimar dichas tasas para las nuevas titulaciones, sin embargo, tenemos ya experiencia al haberse formado en cada cohorte de entrada en la licenciatura, desde el curso 2006-2007, un grupo "piloto" en el que todas las asignaturas fueron impartidas utilizando nuevas metodologías docentes acordes al EEES. Aunque no se pueden calcular ciertas tasas ya que los estudiantes sólo han finalizado su segundo curso como grupo "piloto", sí que se pueden calcular ciertos indicadores que nos permitan intuir el futuro del Grado. Estos indicadores se comparan entre los estudiantes del grupo "piloto" y del resto de estudiantes matriculados por primera vez en 2006-2007

Así, se han calculado los siguientes indicadores:

- Nota media de selectividad.
- Tasa de Superación. Porcentaje de aprobados en las asignaturas troncales de 1° entre las convocatorias ordinaria y extraordinaria del curso 2006-2007.
- Número de créditos superados en las convocatorias ordinarias de 2007 y 2008 y extraordinaria de 2008.
- Tasa Abandono en 1°. Porcentaje de estudiantes que abandonan los estudios al finalizar su primer curso académico. Es decir el porcentaje de estudiantes de 1° (2006-2007) que no se matricularon en la licenciatura en Biología en 2007-2008.

	No Piloto	Piloto
Nota Media Selectividad	7,2	7,4
Tasa de Superación	48,4%	77,2%
Número Créditos Superados	73,2	100,11
Tasa Abandono en 1°	17,3%	6,6%

Los estudiantes del grupo piloto presentan una nota media de selectividad prácticamente igual a la del resto de los estudiantes. Así, las diferencias que se observan entre ambos grupos no parecen ser debidas a diferencias de entrada entre ellos. Como se puede observar, las nuevas metodologías conllevan una importante mejora en las diferentes tasas que miden el éxito académico. Por ello es de esperar que las tasas de Graduación, Abandono y Eficacia mejoren significativamente respecto a las de Licenciatura.

8.2 PROGRESO Y RESULTADOS DE APRENDIZAJE.

La Universidad establecerá un procedimiento general para valorar el progreso y los resultados del progreso del alumnado.

9 SISTEMA DE GARANTÍA DE CALIDAD DEL TÍTULO.

El Sistema de Garantía Interna de Calidad del Grado en Biología sigue las líneas establecidas por el Vicerrectorado de Desarrollo y Calidad de la Docencia de la UCM (http://www.ucm.es) concretándose en los apartados siguientes:

9.1 RESPONSABLES DEL SISTEMA DE GARANTÍA INTERNA DE CALIDAD (SGIC)

El responsable de garantizar la calidad interna del Grado en Biología será el Decano de la Facultad.

Como máxima responsable de la calidad de las titulaciones, se creará la Comisión de Calidad del Grado en Biología, comisión que será aprobada por la Junta de Facultad de Ciencias Biológicas, y que estará específicamente dedicada a garantizar la calidad del Grado en Biología y que funcionará con un reglamento específico que también será aprobado por dicha Junta. En esta Comisión estarán representados todos los colectivos de la Comunidad Universitaria: estudiantes, profesorado, personal de administración y servicios, en la misma proporción en la que se encuentran representados en Junta de Facultad según Estatutos de la Universidad Complutense de Madrid (Decreto 58/2003 de Consejo de Gobierno). Esta comisión estará presidida por el Decano de la Facultad.

Asimismo, se contará con agentes externos, pudiendo ser expertos designados por las Agencias Autonómicas o Estatales de Evaluación o expertos en evaluación de la calidad de otras universidades. Podrá también contarse con representantes del Colegio de Biólogos o de empresas u organizaciones relacionadas con el Grado en Biología. La participación de estos agentes externos en la Comisión de Calidad quedará regulada en el Reglamento de la Facultad.

La Comisión de Calidad del Grado en Biología elaborará anualmente una Memoria de sus actuaciones y un plan de mejoras del Grado en Biología que deberá ser aprobado por la Junta de Centro y difundido tal como se especifica más adelante.

1. Composición

- Presidente: Decano de la Facultad de Biología.
- Secretario: Vicedecano de Coordinación del Grado.
- Profesorado: Los directores de Departamento o Sección departamental (9), más el Vicedecano coordinador de prácticas en empresa y programas de movilidad.
- Estudiantes: 4 (25%)
- Personal de administración y servicios: 1 (5%)

2. Funciones

- Realizar el seguimiento del Sistema de Garantía Interna de Calidad.
- Gestionar y coordinar todos los aspectos relativos a dicho sistema.
- Realizar el seguimiento y evaluación de los objetivos de calidad del Grado en Biología.
- Realizar propuestas de mejora y hacer un seguimiento de las mismas.

- Proponer y modificar los objetivos de calidad del Grado en Biología.
- Recoger información y evidencias sobre el desarrollo y aplicación del programa formativo del Grado en Biología (objetivos, desarrollo de la enseñanza y aprendizaje y otros).
- Gestionar el Subsistema de Información del Grado en Biología.
- Establecer y fijar la política de calidad del Grado en Biología de acuerdo con la política de calidad de la Facultad de Ciencias Biológicas (UCM) y con la política de calidad de la UCM.

3. Procedimientos de funcionamiento y de toma de decisiones

- El reglamento de funcionamiento será aprobado por la Junta de Facultad de Ciencias Biológicas
- La Comisión de Calidad se reunirá se reunirá, al menos, al principio y al final de cada curso académico y en el período intersemestral.
- La toma de decisiones se realizará a ser posible mediante consenso o, en su caso, mediante votación de los miembros. En caso de empate, el voto del Presidente será de calidad.

9.2 EVALUACIÓN, SEGUIMIENTO Y MEJORA DE LA CALIDAD DE LA ENSEÑANZA Y EL PROFESORADO

9.2.1 PROCEDIMIENTOS DE MEJORA DE LA CALIDAD DE LA DOCENCIA Y PROFESORADO

9.2.1.1 EVALUACIÓN Y CALIDAD DEL PROFESORADO

Los procedimientos de evaluación y mejora de la calidad del profesorado del Grado en Biología son los procedimientos establecidos en el Programa Docentia de la UCM verificado por la ANECA con fecha de 31 de marzo de 2008.

El profesorado del Grado en Biología será evaluado, si fuera posible, cada 5 años a través del Programa Docentia del Vicerrectorado de Desarrollo y Calidad de la Docencia (http://www.ucm.es/dir/2423.htm). Los efectos y consecuencias que dicha evaluación tendrá sobre el profesorado y el Grado en Biología serán los regulados por la Universidad Complutense de Madrid.

9.2.1.2 CALIDAD DE LA DOCENCIA

La Comisión de calidad del Grado en Biología elaborará anualmente un informe sobre la marcha de las enseñanzas del Grado recabando información de:

- la Secretaría de estudiantes del Centro y los programas de gestión informática (actualmente META)
- el Servicio de Coordinación y Gestión Académica
- la dirección de la Facultad de Ciencias Biológicas
- los departamentos implicados en las enseñanzas
- y utilizando el resto de procedimientos de recogida de información del Sistema de Información del Grado en Biología que se reseñan en el apartado final.

En dicho informe se recogerá y analizará información sobre los siguientes aspectos:

- Difusión del programa formativo.
- Acceso e ingreso de estudiantes incluyendo planes de acogida o tutorización.
- Coordinación del profesorado del Grado en Biología.
- Orientación formativa a los estudiantes y también orientación sobre salidas profesionales.
- Recursos e infraestructuras del Grado en Biología.
- Estructura y características del profesorado y personal de apoyo del Grado en Biología.
- Información general sobre la matrícula y estructura de grupos de docencia, movilidad de estudiantes, estudiantes en prácticas y otros.

En base a este informe, la Comisión de Calidad elaborará una propuesta de mejoras que remitirá para su aprobación a la Junta de Facultad de Ciencias Biológicas. El seguimiento de la aplicación de las mejoras propuestas y aprobadas por la Junta de Facultad será realizado por la susodicha Comisión de Calidad que elaborará el correspondiente informe de seguimiento y lo difundirá tal y como se especifica en el último apartado.

9.2.1.3 SATISFACCIÓN DE LOS ACTORES IMPLICADOS EN EL GRADO EN BIOLOGÍA

La información sobre la valoración global y sobre aspectos específicos del Grado y de los actores implicados en la misma (alumnado, profesorado y personal de apoyo) se obtendrá mediante encuestas. Para la realización de estas encuestas se contará con la ayuda técnica de la Oficina para la Calidad de la UCM que elaborará los cuestionarios y llevará a cabo el tratamiento analítico de la información facilitada en los mismos. Véase la página Web de la Oficina para la Calidad: http://www.ucm.es/dir/2423.htm.

La Comisión de Calidad se encargará de la aplicación de los cuestionarios y de su envío a la Oficina para la Calidad de la UCM para su procesamiento y análisis.

Podrán elevarse reclamaciones, solicitudes, quejas y sugerencias a la Comisión de Calidad mediante la presentación, a través de Registro, de un formulario dirigido al Presidente de la Comisión en el que se especifiquen los datos personales y el sector de Universidad al que pertenece. En él, se concretarán los hechos y las motivaciones objeto de la solicitud. Estas solicitudes tendrán un carácter confidencial. El Secretario de la Comisión admitirá la solicitud a trámite, o no, comunicando al interesado en este último caso las motivaciones del rechazo, en un plazo máximo de 15 días lectivos. Admitida la solicitud, ésta será comunicada por el

Secretario a los miembros de la Comisión y se promoverá la oportuna investigación. Durante el proceso, el instructor encargado podrá personarse en cualquier dependencia de la Facultad para comprobar los datos necesarios y hacer las entrevistas personales pertinentes o proceder al estudio de la documentación necesaria. La información recabada a lo largo de la tramitación de un procedimiento tendrá carácter estrictamente confidencial. La Comisión de Calidad podrá recabar de la Asesoría Jurídica la asistencia técnica que precise para el desempeño de sus funciones. Una vez concluidas las actuaciones se notificará su resolución a los interesados y al órgano universitario afectado, con las sugerencias o recomendaciones que considere convenientes.

Toda la información y análisis referente a las encuestas de satisfacción y tratamiento de reclamaciones y sugerencias se incorporará al Sistema de Información del Grado en Biología, utilizando la Comisión de Calidad dicha información y análisis en sus informes y propuestas de mejora.

9.2.1.4 CUMPLIMIENTO DE OBJETIVOS FORMATIVOS Y RESULTADOS DE APRENDIZAJE

Los objetivos formativos globales y finales del Grado en Biología se miden en las Prácticas Externas y el Trabajo Fin de Grado. Además se utilizarán los indicadores que se mencionan a continuación y también la opinión del profesorado y del alumnado expresada en las encuestas de satisfacción.

Se elaborarán los siguientes indicadores:

- Tasa de eficiencia (relación porcentual entre el número total de créditos establecidos en el plan de estudios y el número total de créditos en los que han tenido que matricularse a lo largo de sus estudios el conjunto de estudiantes titulados en un determinado curso académico).
- Tasa de abandono (relación porcentual entre el número total de estudiantes de una cohorte de nuevo ingreso que debieron finalizar el Grado en Biología el curso anterior y que no se han matriculado ni en ese curso ni en el anterior).
- Tasa de graduación (porcentaje de estudiantes que finalizan la enseñanza en el tiempo previsto en el plan de estudios (d) o en año más (d+1) en relación con su cohorte de entrada).
- Tasa de rendimiento (% de créditos superados respecto a créditos matriculados).
- Tasa de éxito (% de créditos superados respecto a créditos presentados a examen).

La Comisión de Calidad analizará estos datos y emitirá anualmente propuestas de mejora a la Junta de Facultad y a los departamentos implicados en la docencia del Grado en Biología.

9.3 PROCEDIMIENTOS PARA EVALUAR LA CALIDAD DE LAS PRÁCTICAS EXTERNAS Y LOS PROGRAMAS DE MOVILIDAD

Las características de las Prácticas Externas, sus objetivos, seguimiento y evaluación se describen en el apartado 5.3. Se utilizarán procedimientos basados en los modelos de encuestas del COIE dirigidas a los estudiantes y a las empresas (www.ucm.es/dir/2423.htm).

Se realizará un seguimiento y evaluación de los Programas de Movilidad que permita la mejora continua mediante propuestas de mejora por parte de la Comisión de Calidad del Grado en Biología. Se recogerá información que será analizada y valorada por la Comisión de Calidad del Grado en Biología. El seguimiento y evaluación se describen en los apartados 5.2 y 5.5

9.4 LA INSERCIÓN LABORAL DE LOS GRADUADOS

Dos años después de que salgan los primeros graduados en Biología de Grado se realizarán encuestas promovidas por el Rectorado de la Universidad, con la participación de la Oficina para la Calidad y la Escuela de Estadística, para conocer el nivel de inserción laboral de las diferentes titulaciones y, también, la adecuación de la formación recibida en el Grado en Biología para dicha inserción laboral.

Estas encuestas son continuación de las ya realizadas en el pasado por encargo del Consejo Social de la Universidad. El primero de estos estudios se realizó durante el curso académico 2001/2002, donde se analizaron 22 titulaciones de la UCM. A este primer estudio le siguieron el realizado durante el curso académico 2002/2003, en el que se analizaron 24 titulaciones, el correspondiente al curso 2003/2004 el que se estudiaron 9 titulaciones, el del curso 2004/2005 correspondiente a 24 titulaciones, y el del curso 2005/2006 sobre 12 titulaciones. Los análisis se plasmaron en la elaboración de informes, cada uno de ellos relativo al mecanismo de inserción laboral que seguían los titulados procedentes de las diferentes titulaciones y pueden consultarse en la Web que se indica a continuación:

http://www.ucm.es/info/ucmp/pags.php?tp=Actividades&a=directorio&d=0002056.php

En la página Web de la Oficina para la Calidad: http://www.ucm.es/dir/2423.htm pueden consultarse las fichas de las encuestas, características técnicas y cuestionarios.

El grado de inserción laboral de los biólogos, según encuesta realizada en verano de 2006 a los licenciados en Biología por la UCM (promociones de 2003, 2004 y 2005) muestra que un 47% de los titulados se encontraba empleado mientras que un 46% continuaban con otros estudios y un 7% no realizaba una actividad concreta. Un 47% de los encuestados había renunciado a alguna oferta de empleo, en la mayor parte de los casos por considerar que las condiciones laborales no eran buenas. Hay que destacar que el porcentaje de mujeres empleadas era igual al porcentaje de licenciadas.

El tiempo en encontrar empleo desde que comenzó la búsqueda fue inferior a tres meses en el 61% de los encuestados. Es de destacar que aproximadamente el 90% de los titulados que no trabajaban con anterioridad a la finalización de la carrera encontraron trabajo antes de los 6 meses de comenzar la búsqueda. En Sanidad, Investigación, Medio Ambiente y Biotecnología se ocupa el 60%, mientras que en Docencia lo hace un 5% y en Servicios un 11%. En un porcentaje del 84% el puesto laboral desempeñado corresponde a estudios universitarios (de igual o inferior nivel al de licenciado en Biología). El grado de satisfacción para aquellos empleados en los que su nivel de estudios se corresponde con su nivel académico es de un 7,8 (sobre 10). Un 55% consideró necesario una formación adicional siendo la más demandada la de estudios específicos del sector.

Los valores de inserción laboral son superiores en las encuestas realizadas y descritas en el Libro Blanco de Biología. Según las encuestas realizadas en 2004 a egresados de los últimos 5 años, un 75% se encontraba empleado (siendo un 68% en trabajos parcial o totalmente relacionados con la biología). Es posible que estas discrepancias se deban a que la muestra incluía a titulados de más cursos y que por tanto habían dispuesto de más tiempo para encontrar empleo.

Se recabará información acerca de la inserción laboral al Colegio Oficial de Biólogos (www.cob.es) y al Colegio Oficial de Biólogos de la Comunidad de Madrid (www.cobcm.net) sobre la inserción laboral y la adecuación de la formación recibida.

La Comisión de Calidad del Grado en Biología valorará toda esta información para hacer propuestas de mejora relativas a los planes formativos que remitirá a la Junta de Facultad para su aprobación y puesta en marcha.

9.5 SISTEMA DE INFORMACIÓN

Se creará un Sistema de Información que recogerá sistemáticamente todos los datos e información necesarios para realizar el seguimiento y evaluación de calidad del Grado en Biología y su desarrollo, así como de las propuestas de mejora.

La Comisión de Calidad del Grado en Biología recibirá ayuda técnica en todos los procesos de aseguramiento de la calidad de la Oficina para la Calidad de la Universidad Complutense, en especial para: la aplicación del programa Docentia, para la aplicación de las encuestas de satisfacción y para la medición de la inserción laboral. Por otra parte, la Vicegerencia de Gestión Académica proporcionará información de la base de datos META, que recoge la gestión de matrícula, de actas y otros, para la elaboración de (i) los indicadores que se han señalado y (ii) la información relativa al alumnado.

El Subsistema de Información del Grado en Biología incluye, entre otros, los siguientes procedimientos y fuentes de datos:

- Memoria anual del funcionamiento del Grado en Biología en la que se incluirá, entre otras cosas, toda la información, indicadores y análisis relativos a la garantía interna de calidad.
- Propuestas de mejora de la Comisión de Calidad del Grado en Biología y seguimiento de las mismas.
- Evaluación del profesorado mediante la aplicación del Programa Docentia.

- Sistemas de verificación del cumplimiento por parte del profesorado según las normas que establezca la Universidad y que actualmente consisten en el Seguimiento de la Actividad Docente mediante procedimiento aprobado en Junta de Facultad (29/09/2005), siendo la Comisión de Docencia y de Planes de Estudio la que ejerce las funciones de la Comisión de Seguimiento basándose en la relación de incidencias aportadas por los departamentos y contrastadas con los partes correspondientes presentados en la Sección de Personal. El Seguimiento también es realizado por parte de la Universidad mediante las Encuestas Panel.
- Reuniones de coordinación para valorar el curso académico finalizado y para aprobar la programación anual que presente la Comisión de Grado.
- Resultados de las encuestas de satisfacción al alumnado, profesorado y personal de apoyo.
- El procedimiento para la elevación de quejas, reclamaciones y sugerencias que se realizará según se describe en el punto 9.2.1.3.
- Información de las bases existentes de matrícula, actas y otras facilitadas por la Vicegerencia de Gestión Académica.
- Resultados de las encuestas de inserción laboral.

9.6 CRITERIOS ESPECÍFICOS EN EL CASO DE EXTINCIÓN DE LOS PLANES DE ESTUDIOS CONDUCENTES A LA OBTENCIÓN DEL GRADO EN BIOLOGÍA

Serán motivos para la extinción de los planes de estudios conducentes a la obtención del Grado en Biología:

- No haber superado el proceso de evaluación para su acreditación (previsto en el artículo 27 de Real Decreto 1393/2007) y el plan de ajustes no subsane las deficiencias encontradas.
- Si el título ha realizado modificaciones en el plan de estudios que supongan un cambio notable en los objetivos y naturaleza del título (RD 1393/2007 art. 28).
- A petición del Centro, tras la aprobación en Junta de Facultad, de forma razonada. O bien a petición del Consejo de Gobierno de la UCM o de la Comunidad
- Si la inserción laboral de los egresados fuera inferior a un 33% durante cinco años, la Comisión de Grado en Biología deberá analizar el interés profesional del Título y emitir un informe proponiendo acciones de mejora del Título o su extinción.

La Oficina para la Calidad de la UCM se encargará de incorporar dichos criterios al Archivo documental del Grado en Biología.

En caso de suspensión del Grado en Biología quedará garantizado por el Centro el adecuado desarrollo de las enseñanzas que hubieran iniciado sus estudiantes hasta su finalización, contemplando entre otros los siguientes puntos:

- No admitir matrículas de nuevo ingreso en el Grado
- La implantación de acciones específicas de tutorías y de orientación para los estudiantes repetidores.

- Garantizar el derecho a evaluación hasta agotar las convocatorias reguladas en la normativa específica de la UCM.

9.7 DIFUSIÓN Y PUBLICIDAD DE LOS RESULTADOS DEL SEGUIMIENTO DEL SISTEMA DE GARANTÍA INTERNA DE CALIDAD

El Rectorado de la Universidad Complutense de Madrid difundirá los resultados del seguimiento de garantía interna de calidad de las titulaciones entre la comunidad universitaria y la sociedad en general utilizando medios informáticos (inclusión en la página web institucional), y documentales, y propiciando foros y Jornadas de debate y difusión.

La Facultad de Ciencias Biológicas de la Universidad Complutense de Madrid difundirá también los resultados del seguimiento de garantía interna de calidad del Grado en Biología a través de Jornadas abiertas. Los resultados obtenidos dentro del Sistema de Garantía Interna de Calidad serán puestos a disposición de la sociedad a través de la página web de la Facultad de Ciencias Biológicas.

10 CALENDARIO DE IMPLANTACIÓN

10.1 CRONOGRAMA DE IMPLANTACIÓN DE LA TITULACIÓN

Se especifican a continuación los calendarios de implantación del título de Grado en Biología y el de extinción del título de Licenciatura en Biología.

	Grado				Licenciatura				
2009-2010	1º				(1º)	2º	3º	4º	5º
2010-2011	1º	2º				(2º)	3º	4º	5º
2011-2012	1º	2º	3º				(3º)	4º	5º
2012-2013	1º	2º	3º	4º				(4º)	5º
2013-2014	1º	2º	3º	4º					(5º)
2014-2015	1º	2º	3º	4º					

Los cursos especificados en la columna "Licenciatura" son los que se impartirán presencialmente por última vez. Aquellos que aparecen entre paréntesis serán cursos exclusivamente de repetidores. Mediante este calendario se pretende una transición ordenada de los estudios de Licenciatura a los estudios de Grado, evitando la superposición de las mismas materias y asignaturas con metodologías y número de créditos distintos, situación complicada y potencialmente caótica para los departamentos, dedicaciones y organización de las asignaturas. Situación por otro lado generadora de conflictos al encontrarse los estudiantes de licenciatura compartiendo estudios del mismo nivel que los estudiantes de grado. Además de esta manera se pretende favorecer el paso de estudiantes repetidores de cursos de licenciatura al grado Una vez que las asignaturas de la licenciatura ya no se impartan de manera presencial, continuarán las tutorías y las evaluaciones hasta la finalización del período transitorio el 30 de septiembre de 2015.

10.2 PROCEDIMIENTO DE ADAPTACIÓN, EN SU CASO, DE LOS ESTUDIOS EXISTENTES AL NUEVO PLAN DE ESTUDIOS.

Aquellos alumnos que hayan comenzado sus estudios en la Licenciatura en Biología y que no los hayan finalizado, podrán, para no ser perjudicados por el proceso, efectuar una transición al Grado en Biología con la adaptación de las asignaturas superadas según la siguiente tabla en la que se indican las equivalencias entre Licenciatura y Grado en Biología.

Asignatura licenciatura	Créditos	Asignatura grado	Créditos
Antropología	7,5	Antropología física	6
Bioestadística	6,5	Estadística	6
Biogeografía ibérica	7,5	Biogeografía	6
Biología experimental especializada	9,0	Introducción a la investigación	6
Biología experimental (molecular y celular)	9,0	Trabajo fin de grado (con presentación de resultados ante tribunal)	18
Biología experimental (organismos y sistemas)	9,0		
Bioquímica	10,5	Bioquímica	12
Bioquímica clínica	6,0	Bioquímica clínica y patología molecular	6
Patología molecular	3,5		
Biotecnología ambiental	4,5	Biotecnología aplicada al medio ambiente	6
Contaminación de ecosistemas	6,0		
Biotecnología clínica	4,5	Biotecnología microbiana	6
Microbiología de los alimentos	4,5		
Botánica	10,5	Botánica	12
Citología e histología vegetal y animal	10,5	Biología celular e histología	12
Ecología	10,5	Ecología	12
Ecología de los recursos naturales	9,0	Ecología de los recursos naturales	6,0
Etología	7,5	Etología	6
Evolución de teorías y métodos en biología	6,5	Historia, enseñanza y difusión de la biología	6
Física de los procesos biológicos	5,0	Física	6
Fisiología animal	10,5	Fisiología animal	12
Fisiología del desarrollo	7,5	Biología del desarrollo	6
Fisiología vegetal	10,5	Fisiología vegetal	12
Fisiopatología animal	7,5	Fisiopatología y farmacología	6
Genética	10,5	Genética	12
Genética de poblaciones y evolución	7,5	Biología evolutiva	12
Genética del desarrollo	5,5	Biología del desarrollo	6
Genética evolutiva	6,0	Biología evolutiva	12
Ingeniería genética	6,0	Fundamentos de ingeniería genética y genómica	6
Inmunología	6,0	Inmunología	6

Asignatura licenciatura	Créditos	Asignatura grado	Créditos
Inmunología aplicada	6,0	Inmunología	6
Matemáticas	5,0	Matemáticas	6
Microbiología	10,5	Microbiología	12
Microbiología de los alimentos	4,5	Análisis biológico del control de calidad	6
Control microbiológico de calidad	4,5		
Microbiología industrial	7,5	Biotecnología microbiana	6
Neuroanatomía comparada	9,0	Neurobiología	6
Neurofisiología comparada	9,0	Neurobiología	6
Organografía microscópica animal comparada	6,5	Organografía microscópica	6
Parasitología animal	6,5	Parasitología y vectores de transmisión	6
Practicas en empresa	-	Practicum	Hasta 6
Proyectos y estudios en biología	4,5	Proyectos	6
Química	6,5	Química	6
Regulación del metabolismo	6,0	Regulación del metabolismo	6
Técnicas instrumentales biológicas	9,0	Métodos de estudio en biología	6
Técnicas y diagnóstico en microbiología	6,5	Microbiología clínica y epidemiologia	6
Zoología	10,5	Zoología	12
Zoología de artrópodos	7,5	Zoología	12
Zoología de invertebrados no artrópodos	7,5		
Zoología de vertebrados	7,5		

En cualquier caso, se adaptaran los estudios de Licenciatura por la totalidad de los de Grado a aquellos estudiantes que hayan superado las siguientes asignaturas o grupos de asignaturas:

- 100% de la troncalidad de Primer Ciclo de la Licenciatura en Biología (134 créditos)
- Dos de las asignaturas troncales experimentales de 2° ciclo según una de las siguientes combinaciones (18 créditos):
  - "Biología Experimental Molecular y Celular" y "Biología Experimental Organismos y Sistemas"
  - "Biología Experimental Molecular y Celular" y "Biología Aplicada (Organismos y Sistemas)"
  - "Biología Experimental Organismos y Sistemas" y "Biología Aplicada (Molecular y Celular)"
- Asignatura de Proyectos (4,5 créditos)
- 83,5 créditos en asignaturas optativas y de libre configuración
- Presentación individualizada en acto público y ante tribunal de los resultados obtenidos en el apartado 2)

10.3 ENSEÑANZAS QUE SE EXTINGUEN POR LA IMPLANTACIÓN DEL CORRESPONDIENTE TÍTULO PROPUESTO

La implantación del título de Grado en Biología conlleva la extinción del título universitario oficial de Licenciado en Biología (Real Decreto 387/1991). Aquellos estudiantes que hubiesen iniciado sus estudios universitarios en Biología con antelación a la implantación del título de Grado en Biología les será de aplicación las disposiciones reguladoras de los estudios iniciados hasta el 30 de septiembre de 2015, conforme establece la Disposición Transitoria Segunda del Real Decreto 1393/2007.

Education and Culture DG

ECTS Users' Guide

Education and Training

More information on the European Union is available on the Internet (http://europa.eu).

Cataloguing data can be found at the end of this publication.

Luxembourg: Office for Official Publications of the European Communities, 2009
ISBN: 978-92-79-09728-7
doi: 10.2766/88064

Printed in Belgium
PRINTED ON WHITE CHLORINE-FREE PAPER

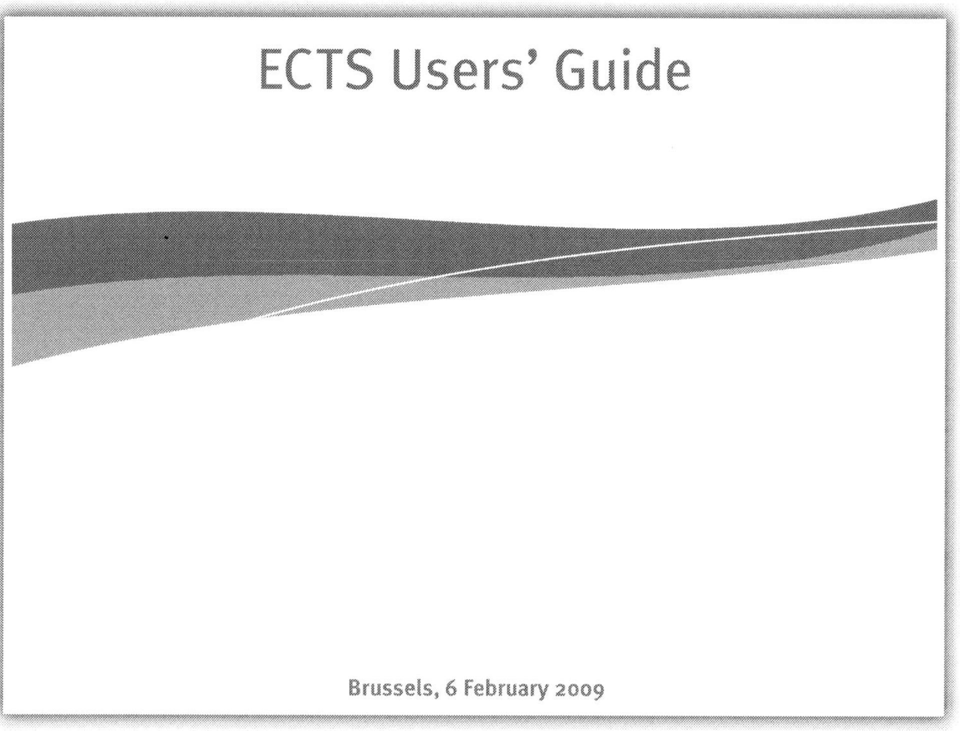
ECTS Users' Guide
Brussels, 6 February 2009

Contents

Introduction

This ECTS Users' Guide provides guidelines for implementation of the European Credit Transfer and Accumulation System (ECTS). It also presents the ECTS key documents. The Guide is offered to assist learners, academic and administrative staff in higher education institutions as well as other interested parties.

The 2009 Users' Guide elaborates on the previous version of 2005. It has been updated to take account of developments in the Bologna Process, the growing importance of lifelong learning, the formulation of qualifications frameworks and the increasing use of learning outcomes. It has been written with the help of experts from stakeholders' associations and ECTS counsellors, and submitted for consultation to stakeholders' associations, Member States' experts and the Bologna Follow-up Group. The European Commission has coordinated the drafting and consultation process and is responsible for the final wording of the Guide.

ECTS[1] is a tool that helps to design, describe, and deliver programmes and award higher education qualifications. The use of ECTS, in conjunction with outcomes-based qualifications frameworks, makes programmes and qualifications more transparent and facilitates the recognition of qualifications. ECTS can be applied to all types of programmes, whatever their mode of delivery (school-based, work-based), the learners' status (full-time, part-time) and to all kinds of learning (formal, non-formal and informal).

In the first section of the Guide, ECTS is placed in the context of the European Higher Education Area, created through the Bologna Process. This section also refers to the role of ECTS in the Framework for Qualifications of the European Higher Education Area[2] (referred to as the Bologna Qualifications Framework in this Guide).

The second section contains the ECTS key features. These constitute a concise overview of ECTS and its main functions, on which there is a broad consensus. The ECTS key features section is also available in a separate brochure.

Section 3 provides a detailed explanation of the key features. Section 4 gives guidance on how ECTS can be implemented in higher education institutions, while section 5 discusses how ECTS complements institutions' quality assurance tools.

The final sections present the ECTS key documents, suggestions for further reading on topics related to ECTS and a glossary of the terms used in this Users' Guide.

1 ECTS was originally set up in 1989 as a pilot scheme within the framework of the Erasmus programme in order to facilitate the recognition of study periods undertaken abroad by mobile students.

2 Bologna Working Group on Qualifications Frameworks (2005) A Framework for Qualifications of the European Higher Education Area; http://www.bologna-bergen2005.no/Docs/00-Main_doc/050218_QF_EHEA.pdf

1. ECTS and the European Higher Education Area (Bologna Process)

ECTS is the credit system for higher education used in the European Higher Education Area, involving all countries[3] engaged in the Bologna Process.[4] ECTS is one of the cornerstones of the Bologna process.[5] Most Bologna countries have adopted ECTS by law for their higher education systems.

Among other objectives, the Bologna Process aims at the *establishment of a system of credits as a proper means of promoting the most widespread student mobility.*[6] ECTS contributes to several other Bologna objectives:

- ECTS credits are a key element of the Bologna Framework for Qualifications,[7] compatible with the European Qualifications Framework for lifelong learning (EQF).[8] According to the Bologna Qualifications Framework, the first and second cycles have their own credit ranges (see section 3.3). Consequently, ECTS credits are used in formulating national qualifications frameworks for higher education, which may contain more detailed national credit arrangements.

- ECTS helps institutions to implement the objective of quality assurance (see section 5). In some countries ECTS is a requirement for accreditation of higher education programmes or qualifications.

- ECTS is also increasingly used by institutions in other continents and thus plays a role in the growing global dimension of the Bologna Process.

3 In some countries national or institutional systems exist alongside ECTS.

4 The Bologna process currently has 46 signatory countries. For full list see: http://www.bologna2009benelux.org

5 Website of the Secretariat of the Bologna process Benelux 2009: http://www.bologna2009benelux.org

6 Ibidem

7 For further information see: http://www.ond.vlaanderen.be/hogeronderwijs/bologna/documents/QF-EHEA-May2005.pdf

8 Recommendation of the European Parliament and of the Council on the establishment of the European Qualifications Framework for lifelong learning (http://ec.europa.eu/education/policies/educ/eqf/rec08_en.pdf), 2008. The three levels of the Bologna Framework and the sub-level for the short cycle correspond to levels five, six, seven and eight of EQF for the higher education sector.

2. ECTS key features

ECTS

ECTS is a learner-centred system for credit accumulation and transfer based on the transparency of learning outcomes and learning processes. It aims to facilitate planning, delivery, evaluation, recognition and validation of qualifications and units of learning as well as student mobility. ECTS is widely used in formal higher education and can be applied to other lifelong learning activities.

ECTS credits

ECTS credits are based on the workload students need in order to achieve expected learning outcomes. Learning outcomes describe what a learner is expected to know, understand and be able to do after successful completion of a process of learning. They relate to level descriptors in national and European qualifications frameworks.

Workload indicates the time students typically need to complete all learning activities (such as lectures, seminars, projects, practical work, self-study and examinations) required to achieve the expected learning outcomes.

60 ECTS credits are attached to the workload of a full-time year of formal learning (academic year) and the associated learning outcomes. In most cases, student workload ranges from 1,500 to 1,800 hours for an academic year, whereby one credit corresponds to 25 to 30 hours of work.

Use of ECTS credits

Credits are allocated to entire qualifications or study programmes as well as to their educational components (such as modules, course units, dissertation work, work placements and laboratory work). The number of credits ascribed to each component is based on its weight in terms of the workload students need in order to achieve the learning outcomes in a formal context.

Credits are awarded to individual students (full-time or part-time) after completion of the learning activities required by a formal programme of study or by a single educational component and the successful assessment of the achieved learning outcomes. Credits may be accumulated with a view to obtaining qualifications, as decided by the degree-awarding institution. If students have achieved learning outcomes in other learning contexts or timeframes (formal, non-formal or informal), the associated credits may be awarded after successful assessment, validation or recognition of these learning outcomes.

Credits awarded in one programme may be transferred into another programme, offered by the same or another institution. This transfer can only take place if the degree-awarding institution recognises the credits and the associated learning outcomes. Partner institutions should agree in advance on the recognition of periods of study abroad.

Credit transfer and accumulation are facilitated by the use of the ECTS key documents (Course Catalogue, Student Application Form, Learning Agreement and Transcript of Records) as well as the Diploma Supplement.

3. ECTS key features explained

The ECTS key features give a brief outline of the European Credit Transfer and Accumulation System. This section provides more detailed explanation of concepts and functions related to ECTS. It also shows how these concepts and functions interact with and complement each other and thus enable the core functions of ECTS: accumulation and transfer (dealt with in section 4).

3.1. ECTS as a learner-centred credit system

From the key features:
"ECTS is a learner-centred system"

ECTS is a learner-centred system because it helps institutions to shift the emphasis in programme design and delivery from traditional teacher-centered approaches to approaches that accommodate for learners' needs and expectations. In traditional teacher-centred approaches, subject requirements, knowledge and the teaching process itself were considered the main elements of educational programmes. Learner-centred learning puts learning at the heart of curriculum design and delivery, and gives learners more choice in content, mode, pace and place of learning.

In such a learner-centred approach, institutions have the role of facilitating and supporting learners in shaping their own learning pathways and helping them to build on their individual learning styles and experiences.

By using learning outcomes and learners' workload in curriculum design and delivery, ECTS helps to place the learner at the centre of the educational process. By allocating credits to educational components it facilitates the creation of flexible learning pathways. Moreover, ECTS, in conjunction with outcome-based qualifications frameworks:

- establishes a closer link between educational programmes and labour-market requirements through the use of learning outcomes, thus enhancing informed learners' choices
- encourages wider access to and participation in lifelong learning, by making programmes more flexible and facilitating the recognition of prior achievement
- facilitates mobility within a given institution or country, from institution to institution, from country to country, and between different educational sectors and contexts of learning (i.e. formal, non-formal and informal learning).

3.2. ECTS and learning outcomes

From the key features:
"Learning outcomes describe what a learner is expected to know, understand and be able to do after successful completion of a process of learning."

Learning outcomes are verifiable statements of what learners who have obtained a particular qualification, or completed a programme or its components, are expected to know, understand and be able to do. As such they emphasise the link between teaching, learning and assessment.

Learning outcomes statements are typically characterised by the use of active verbs expressing knowledge, comprehension, application, analysis, synthesis and evaluation, etc.[9]

The use of learning outcomes makes the objectives of learning programmes clearer and more easily understood for students, employers and other stakehold-

9 Bologna Working Group on Qualifications Frameworks (2005) *A Framework for Qualifications of the European Higher Education Area*, p. 38 http://www.ond.vlaanderen.be/hogeronderwijs/bologna/documents/050218_QF_EHEA.pdf

ers. They also make it easier to compare qualifications and facilitate the recognition of achievements.

In ECTS, the formulation of learning outcomes is the basis for the estimation of workload and hence for credit allocation. When those responsible for designing educational programmes establish the qualification profile and the expected learning outcomes of the programme and its components, ECTS credits help them to be realistic about the necessary workload and to choose learning, teaching and assessment strategies wisely. Stakeholders, such as learners and employers, may provide useful input to the formulation of learning outcomes.

The successful assessment of learning outcomes is the pre-condition for the award of credits to a learner. Therefore, statements of learning outcomes for programme components should always be accompanied by clear and appropriate assessment criteria for the award of credits, which make it possible to ascertain whether the learner has acquired the desired knowledge, understanding and competences

Two approaches exist: learning outcomes may be either threshold statements (showing the minimum requirements to obtain a pass), or written as reference points describing the typical (showing the expected level of achievement of successful learners). In any case, statements on learning outcomes must make clear which definition is being used.

Learning outcome-based approaches also enable knowledge, skills and competences gained in contexts other than formal higher education (non-formal or informal learning) to be assessed, to have credits awarded and hence to be recognised for the purpose of awarding a qualification (see section 4.5).

Figure 1 – "Learning outcomes" and "Competences" as defined in European Higher Education contexts:

In Europe a variety of terms relating to "learning outcomes" and "competences" is used with different shades of meaning and in somewhat different frames of reference. In all cases however they are related to what the learner will know, understand and be able to do at the end of a learning experience. Their widespread use is part of the shift in paradigm that places the learner at the centre of the higher education experience. This shift is the foundation of the European Higher Education Area, the Bologna Process and ECTS.

1. In the Qualifications Framework for the EHEA (Bologna Framework) learning outcomes (including competences) are seen as the overall results of learning. The Framework is based on the "Dublin Descriptors", developed by the Joint Quality Initiative. These descriptors consist of generic statements of typical expectations or competence levels of achievement and abilities associated with the Bologna cycles. The word *competence* is used in this case in a broad sense, allowing for gradation of abilities or skills. (http://www.bologna-bergen2005.no/Docs/00-Main_doc/050218_QF_EHEA.pdf)

2. The European Qualification Framework for LLL instead distinguishes knowledge, skills and competence. It uses the following definition: "*competence* means the proven ability to use knowledge, skills and personal, social and/or methodological abilities, in work or study situations and in professional and personal development. In the context of the European Qualifications Framework, competence is described in terms of responsibility and autonomy". In this case the term competence is understood in a more limited way, as the capacity to transfer knowledge into practice. (http://ec.europa.eu/education/policies/educ/eqf/rec08_en.pdf)

3. Tuning (Educational Structures in Europe) makes a clear distinction between learning outcomes and competences in order to distinguish the different roles of the most relevant players in the learning process: the academic staff and students/learners. For Tuning competences represent a dynamic combination of knowledge, understanding, skills, abilities and attitudes and are distinguished between subject specific and generic ones. Fostering competences is the object of a process of learning and of an educational programme. According to Tuning, learning outcomes express the level of competence attained by the learner. Learning outcomes are formulated by academic staff, preferably on the basis of input from internal and external stakeholders. (http://tuning.unideusto.org/tuningeu or http://www.rug.nl/let/tuningeu)

3.3. ECTS, levels and level descriptors

From the key features:
"Learning outcomes relate to level descriptors in national and European qualifications frameworks."

European and national qualification frameworks are based on agreed level descriptors, with learning outcomes and credits related to such levels. The Bologna Framework has agreed cycle descriptors with learning outcomes and credit ranges. The Bologna cycle descriptors are known as the 'Dublin Descriptors'[10]:

"The Dublin Descriptors offer generic statements of typical expectations of achievements and abilities associated with qualifications that represent the end of each of a Bologna cycle. They are not meant to be prescriptive; they do not represent threshold or minimum requirements and they are not exhaustive; similar or equivalent characteristics may be added or substituted. The descriptors seek to identify the nature of the whole qualification." [11]

(For further information on Dublin Descriptors see the references in the bibliography.)

10 Ibidem, p. 65

11 Bologna Working Group on Qualifications Frameworks (2005) A Framework for Qualifications of the European Higher Education Area, p. 65 http://www.ond.vlaanderen.be/hogeronderwijs/bologna/documents/050218_QF_EHEA.pdf

The first two Bologna cycles are associated with the following ECTS credit ranges:[12]

- First cycle qualifications typically include 180-240 ECTS credits.
- Second cycle qualifications typically include 90-120 ECTS credits, with a minimum of 60 ECTS credits at the level of the 2nd cycle.

These credit ranges follow the ECTS key feature stating that 60 ECTS credits are attached to the workload of a typical full-time academic year[13] of learning within a formal learning programme. This rule applies to all higher education qualifications independent of their level.

National qualifications frameworks may contain levels (or intermediate qualifications) within the three Bologna cycles (e.g. a short cycle within the first cycle). These levels allow institutions to structure a particular qualification and regulate progression through the qualification.

Credits are always described by the level at which they are awarded, based on the level of learning outcomes of the programme or component. Only credits awarded at the appropriate level can be accumulated towards a qualification. The appropriate level is stipulated in the national or institutional progression rules (see also section 4.3).

12 There is no consensus on the usefulness of credits for the third cycle, but technically it is possible to attach credits to any cycle.

13 In most cases, student workload ranges from 1,500 to 1,800 hours for an academic year, whereby one credit corresponds to 25 to 30 hours of work (see also Annex 5).

3.4. ECTS credits and workload

From the key features:
"Workload indicates the time students typically need to complete all learning activities (such as lectures, seminars, projects, practical work, self-study and examinations) required to achieve the expected learning outcomes."

Prior to estimating the workload associated with a programme or an educational component, the learning outcomes should be defined. These learning outcomes are the basis for choosing suitable learning activities and for a consistent estimation of the workload necessary to complete them.

The estimation of workload must not be based on contact hours only (i.e. hours spent by students on activities guided by teaching staff). It embraces all the learning activities required to achieve the expected learning outcomes, including the time spent on independent work, compulsory work placements, preparation for assessment and the time necessary for the assessment. In other words, a seminar and a lecture may require the same number of contact hours, but one may require significantly greater workload than the other because of differing amounts of independent preparation by students.

The estimation of workload should be regularly refined through monitoring and student feedback.

4. Implementing ECTS in higher education institutions

This section provides higher education institutions with some guidelines and illustrations of how to tackle the main steps in implementing ECTS. The objective is to show how ECTS is best used to generate maximum added value for learners.

4.1. ECTS credit allocation

From the key features:
"Credits are allocated to entire qualifications or study programmes as well as to their educational components (such as modules, course components, dissertation work, work placements and laboratory work)."

Credit allocation is the process of assigning a number of credits to qualifications/programmes or to educational components. ECTS credits are allocated on the basis of the typical workload necessary to achieve the required learning outcomes.

The number of credits allocated to the entire qualification or programme depends on the national or institutional regulations and the respective cycle of the Bologna Framework (see section 3.3).

Based on the ECTS key feature that 60 credits are allocated to the workload of a full-time academic year, 30 ECTS credits are normally allocated to a semester and 20 ECTS credits to a trimester. Qualifications which have formal programmes lasting three full-time academic years are allocated 180 ECTS credits.

Each academic year, semester or trimester is split into educational components. An educational component is understood to be a self-contained and formally structured learning experience (such as a course unit, module, seminar or work placement). Each component should have a coherent and explicit set of learning outcomes, appropriate assessment criteria, defined workload and specified number of ECTS credits.

4.1.1 Credit allocation to educational components

The allocation of credits to single educational components is performed as part of curriculum design with reference to national qualifications frameworks, level descriptors and qualifications descriptors. Generally it is the responsibility of higher education institutions and academic staff, but in some cases may be decided by external bodies.

Prior to allocating credits to individual components, an agreement should be reached on the 'profile' of the specific study programme and the associated learning outcomes. By profile is meant the description of the programme in terms of its main features and its specific aims. It is good practice to define this profile after consultation with relevant stakeholders.[14]

On the basis of the qualification profile, the academic staff design the curriculum by defining the learning outcomes and allocating credits to the programme components. Credit allocation to educational components is based on their weight in terms of the workload needed for students to achieve the learning outcomes in a formal context.

There are several approaches to credit allocation, and it is up to the institutions to decide on which method to use. The alternatives presented below illustrate two different approaches to allocating credits:

14 Experts in the field, social partners, labour-market representatives, student representatives, etc. See the Tuning approach for examples: http://unideusto.org/tuning/ or http://www.rug.nl/let/tuningeu

1) The teaching staff define the learning outcomes of each programme component, describe the learning activities and estimate the workload typically needed for a student to complete these activities. Proposals are collected, analysed and synthesised and the estimated workload is expressed in credits.

   Using this approach, all the teaching staff are involved in the process of credit allocation. They can put forward their proposals in terms of learning outcomes, and estimate the workload necessary to achieve them. Through discussion and defining of priorities they can come to a final decision on the basis of the credits available (60 for each year). This procedure may result in different numbers of credits being attributed to single components (e.g. 3, 5, 8).

   By using this option, institutions allow for maximum freedom in designing each component with regard to the learning outcomes and related workload. On the other hand, components of different sizes may be problematic when it comes to multidisciplinary or joint programmes or mobility.

2) Alternatively, the higher education institution or the faculty may decide from the start to standardise the size of educational components, giving each one the same credit value (e.g. 5) or multiples of it (e.g. 5, 10, 15), and thus predefine the number of credits to be allocated per component. In this case, the course units are often called 'modules'.

   Within this predefined structure, the teaching staff define appropriate and feasible learning outcomes and describe the learning activities, on the basis of the standard size of the components. The estimated workload must be consistent with the number of credits allocated to that component.

   By standardising the size of components, institutions allow for more flexible, multidisciplinary and interdisciplinary pathways among programmes. On the other hand, the definition of learning outcomes within a component is constrained by the pre-defined number of credits that set a priori the workload for each component.

It is recommended that in either case components should not be too small, to avoid fragmentation of a programme. It is also advised not to make components too large, as that may inhibit interdisciplinary studies and restrict the choices available within study programmes. Very large components are problematic for mobile students at all levels – institutional, national or international.

Whatever the method for credit allocation, the main element determining the number of credits is the estimated workload needed to achieve the expected learning outcomes. The number of contact hours alone must not be used as a basis to allocate credits, since contact hours are only one element of students' workload. Proper credit allocation should be part of the internal and external quality assurance for higher education institutions.

4.1.2 Estimation of workload in ECTS

In estimating students' workload, institutions must consider the total time needed by students in order to achieve the desired learning outcomes. The learning activities may vary in different countries, institutions and subject areas, but typically the estimated workload will result from the sum of:

- the contact hours for the educational component (number of contact hours per week x number of weeks)
- the time spent in individual or group work required to complete the educational component successfully (i.e. preparation beforehand and finalising of notes after attendance at a lecture, seminar or laboratory work; collection and selection of relevant material; required revision, study of that material; writing of papers/projects/dissertation; practical work, e.g. in a laboratory)
- the time required to prepare for and undergo the assessment procedure (e.g. exams)
- the time required for obligatory placement(s) (see section 4.1.3).

Other factors to take into consideration for estimating students' workload in the various activities are, for example: the entry level[15] of students for whom the programme (or its components) is designed; the approach to teaching and learning and the learning environment (e.g. seminars with small groups of students, or lectures with very large numbers of students) and type of facilities available (e.g. language laboratory, multi-media room).

Since workload is an estimation of the average time spent by students to achieve the expected learning outcomes, the actual time spent by an individual student may differ from this estimate. Individual students differ: some progress more quickly, while others progress more slowly.

4.1.3 ECTS credits and work placements

If work placements or internships are required to complete the programme (or a component) they are part of students' learning outcomes and workload and necessitate an allocation of credit. In such case, the number of credits allocated to the work placement should be included within the overall number of credits for the particular academic year.

Figure 2 – Good practice on learning outcomes and credit allocation for work placements[16]

Regarding the use of learning outcomes and credits for work placements, the following is considered good practice:

- **The Learning Agreement regarding the work placement (signed by the institution, the learner and the employer) should specify the learning outcomes to be achieved;**
- **Work placements should have clear procedures for assessing learning outcomes and awarding credit;**
- **The roles of higher education institutions, learners and employers in the process of formulating as well as assessing these learning outcomes should be clear;**
- **The teaching staff in higher education institutions may require training regarding supervision and management of work placements;**
- **If required for the programme, the work placements should be integrated in the curriculum.**

15 By "entry level" is meant the level of learning outcomes learners are expected to have already achieved when entering the programme.

16 Tuning Dissemination Conference: Student Workload and Learning Outcomes: Key Components for (Re)designing Degree Programmes, Key Questions, Debates and Conclusions of Workshops, (21-22 April 2008, Brussels, Belgium) see: www.tuning.unideusto.org/tuningeu/index.php?option=com_docman&task=docclick&Itemid=59&bid=92&limitstart=0&limit=5

As with any other educational component, the teaching staff should define the learning outcomes to be achieved through work placements when designing the curriculum. These learning outcomes should be accompanied by the appropriate assessment methods and criteria. It is important that the assessment methods be compatible with the nature of work placements (e.g. observation and evaluation by a tutor or production of a report by the student).

As with any other educational component, credits for work placements are only awarded when the learning outcomes have been achieved and assessed.

If a work placement is part of organised mobility (e.g. an Erasmus placement), the Learning Agreement for the placement (or Training Agreement, see key documents in section 6) should indicate the number of credits to be awarded if the expected learning outcomes are achieved.

In the case of placement experiences undertaken during a formal learning process but not required by the programme, it is nevertheless advisable to define the learning outcomes and the workload in a Learning Agreement. The learning outcomes achieved through non-compulsory work-placements should then also be documented for example in student's Transcript of Records, the Diploma supplement (see key documents in section 6) or Europass Mobility document. They can also be recognised by an award of corresponding ECTS credits which are in that case additional to the standard number of 60 ECTS credits for the academic year.

4.1.4 Monitoring of credit allocation

The credit allocation to a new programme or component should be validated according to national and/or institutional rules. During programme delivery, the credit allocation should be regularly monitored to establish whether the estimated workload is realistic. Both validation and monitoring of credit allocation, like other aspects of a credit system, should be part of institutions' internal quality assurance procedures.

Monitoring can be managed in different ways. Whatever method is used, student and staff feedback should constitute an essential element for checking and revising credit allocation. Data on completion times and the assessment results of programmes and their components are also part of the monitoring of credit allocation.

It is important to inform students and staff about the purpose of the monitoring exercise and how it will be carried out, ensuring accurate answers and a high response rate.

If evaluations reveal a discrepancy between the anticipated workload and the time actually taken by the majority of students to achieve the expected learning outcomes, a revision of the workload, learning outcomes or learning and teaching methods becomes necessary. This revision should not be done during an academic year but should apply to upcoming academic years.

4.2. Awarding ECTS credits

Learners are awarded ECTS credits only when appropriate assessment has shown that they have achieved the required learning outcomes for a component of a programme or for the qualification. Credits are awarded by authorised awarding institutions. If the required learning outcomes are achieved in non-formal or informal contexts, the same number of credits as foreseen in the formal programme is awarded following the appropriate assessment. To validate non-formal or informal learning, higher education institutions can put in place different forms of assessment than those used for learners enrolled in the formal programme (see section 4.5). In any case, the assessment methods should be publicly available.

The award of credits certifies that a learner has complied with the requirements of the component. The number of credits awarded to the learner is the same as the number of credits allocated to the component. The full number of credits is always awarded if the student achieves a passing grade; it is never adjusted according to the learner's level of performance. ECTS credits do not express how well the learner performed in satisfying the requirements for the award of credit. The quality of the learner's performance is expressed by the institutional or national grading system.

Some national or institutional regulations foresee 'condoning'/ compensation procedures.[17] In such cases, the details of that process should be transparent.

Individual learners may be awarded more or fewer than 60 ECTS credits per academic year if they successfully undertake more or fewer educational components than those scheduled in the learning programme.

4.3. ECTS credit accumulation and progression

From the key features:
"Credits may be accumulated with a view to obtaining qualifications, as decided by the degree-awarding institution."

At European level, the Bologna Qualifications Framework defines the credit ranges that a learner is required to accumulate in order to receive a qualification corresponding to the first and second cycle (see section 3.3). The credit ranges for qualifications within National Qualifications Frameworks are compatible with the Bologna credit ranges, even though the former may be more prescriptive and more detailed.

At national or institutional level, progression rules or programme requirements enable learners to progress within a given cycle in order to obtain a specific qualification. These stipulate the credits, for what learning outcomes, at what level, can be accumulated and how. Progression rules may be expressed in terms of the numbers of credits or credit ranges required at different stages within a programme of study (e.g. a minimum number of credits required to pass from one academic year/ semester to another). They may also be formulated in terms of detailed rules on what components must and/or can be taken at what stage and of what level (e.g. compulsory courses, optional courses and prerequisites). The rules may be formulated as a combination of the above.

Progression rules also relate to the number of credits to be obtained at different levels within the National Qualifications Framework. Some qualifications frameworks are also credit frameworks, meaning that they define the number of credits per type of qualification (e.g. master). Such credit frameworks set the number of credits to be awarded after the achievement of required learning outcomes. Progression rules define how learners progress within the learning pathway to achieve this number of credits in a progressive manner.

Accumulation of credits is documented in an official institutional Transcript of Record, so that learners can have a record/ proof or confirmation of what they have achieved at each stage of their educational pathway.

4.4. Credit transfer in ECTS

From the key features:
"Credits awarded in one programme may be transferred into another programme, offered by the same or another institution. This transfer can only take place if the degree-awarding institution recognises the credits and the associated learning outcomes. Partner institutions should agree in advance on the recognition of periods of study abroad."

Successful credit transfer requires academic recognition of credits. Recognition of credits is the process through which an institution certifies that certain learning outcomes achieved and assessed in another institution satisfy certain requirements of one of the programmes they offer. Given the diversity of programmes and higher education institutions, it is unlikely that the credits and learning outcomes of a single educational component in different programmes

17 Condoning is the term used when an examination board exempts a student from reassessment in a failed (or marginally failed) component if the other related components are passed with sufficiently high grades.

will be identical. Therefore, a flexible approach to recognition of credits obtained in another context is recommended. 'Fair recognition' rather than perfect equivalence is to be sought. Such 'fair recognition' should be based on the learning outcomes – i.e. what a person knows and is able to do - rather than on the formal procedures that have led to the completion of a qualification or its component.[18] The recognition process should be transparent.

The Recommendation on Criteria and Procedures for the Assessment of Foreign Qualifications[19] as adopted by the Lisbon Recognition Convention Committee states that:

Recognition of foreign qualifications should be granted unless a substantial difference can be demonstrated between the qualification for which recognition is requested and the relevant qualification of the State in which recognition is sought. In applying this principle, the assessment should seek to establish whether:

(a) the differences in learning outcomes between the foreign qualification and the relevant qualification of the country in which recognition is sought are too substantial to allow the recognition of the foreign qualification as requested by the applicant.

Recognition means that the number of credits gained for suitable learning outcomes achieved, at the appropriate level, in another context will replace the number of credits that are allocated for these learning outcomes at the awarding institution. For example in practice a 4 ECTS credit component in one institution can replace a 5 ECTS credit component in another institution if learning outcomes are equivalent. The student will then be awarded 5 ECTS credits.

Decisions on credit recognition and transfer are taken by the qualification-awarding institution on the basis of reliable information on the learning outcomes achieved, as well as on the means of assessment and their validation. Institutions should make their recognition policies known and easily accessible.

In ECTS, credit recognition for the purpose of accumulation and transfer are facilitated by ECTS key documents like the Course Catalogue, the Learning Agreement and the Transcript of Records (see section 6).

4.4.1 ECTS and periods of study abroad

In the case of agreed student mobility, the three parties involved – the home institution, the host institution and the student – should sign a Learning Agreement for mobility (see section 6.3.1) prior to the mobility period. In such cases, recognition of the credits by the home institution is automatic if the conditions stipulated in the learning agreement have been fulfilled.

All learning components to be followed abroad should be listed in the Learning Agreement. Where a student is awarded credits for learning components other than those specified in the Learning Agreement it is up to the home institution to decide whether or not to recognise these. In case of changes to the programme of study agreed with the learner, the Learning Agreement may be amended, but the amended version must be signed again by the same three parties concerned within an agreed period of time.

The recognition of credits in the framework of joint programmes is stipulated in the regulations of the programme. There may be no need for Learning Agreements for mobility in the case of joint programmes as the credits achieved in the partner institution are automatically recognised if the rules of the joint programme are followed and the conditions are satisfied.

Further guidance on how to organise periods of study abroad within the framework of bilateral agreements can be found in annex 2 of this guide.

18 Adam, S (2004) Final report and Recommendations of the Conference: Improving the recognition systems of degrees and study credit points in the European Higher Education Area.
http://www.aic.lv/rigaseminar/documents/Riga_Final_ReportP_S_Adam.pdf

19 For the full document see: Recommendation on Criteria and Procedures for the Assessment of Foreign Qualifications as adopted by the Lisbon Recognition Convention Committee at its second meeting, Riga, 6 June 2001. http://www.coe.int/t/dg4/highereducation/Recognition/Criteria%20and%20procedures_EN.asp#TopOfPage

4.5. ECTS and lifelong learning

From the key features:
"ECTS is widely used in formal higher education and can be applied to other lifelong learning activities. If students have achieved learning outcomes in other learning contexts or timeframes (formal, non-formal or informal), the associated credits may be awarded after successful assessment, validation or recognition of these learning outcomes."

The use of ECTS for lifelong learning enhances the transparency of learning programmes and achievements not only when it comes to the main higher education degrees (bachelor, master or doctorate) but for all types of learning activities provided or learning outcomes recognised by higher education institutions. The fact that all learning achievements are documented and awarded a corresponding number of ECTS credits makes it possible for learners to have this learning recognised with a view of achieving a qualification, when these learning outcomes satisfy the requirements of the qualification.

4.5.1 ECTS and continuing education

Not all learners are full-time students enrolled in regular learning programmes. A growing number of adult learners follow 'stand-alone' training, without necessarily pursuing a specific qualification. Higher education institutions face increasing demands to satisfy the needs of adult learners and/or employers and to provide individual learning pathways.

When using ECTS for continuing education, the same principles for credit allocation, award, transfer and accumulation apply. Like for credits allocated to components which are part of programmes, credits allocated to continuing education are based on the workload typically needed to achieve the expected learning outcomes.

Credits awarded for continuing education may be recognised and accumulated towards a qualification or not, depending on the desire of the learner and/or the requirements for the award of the qualification. Some learners may only be interested in following a particular educational component without wishing to obtain the qualification.

4.5.2 ECTS and recognition of non-formal and informal learning

People often possess valuable competences acquired outside higher education institutions, through other types of learning activities, work or life experience. There is no reason why non-traditional learners should not benefit from the transparency and recognition which institutions can provide by using ECTS.

Recognition of non-formal and informal learning opens up the possibility to achieve a higher education qualification to those who have not been able or have not wished to do so in the traditional way.

Higher education institutions should have the competence to award credits for learning outcomes acquired outside the formal learning context through work experience, hobbies or independent study, provided that these learning outcomes satisfy the requirements of their qualifications or components. The recognition of non-formal and informal learning should be automatically followed by the award of the number of ECTS credits attached to the corresponding part of the formal programme. The number of credits awarded should be the same as the credits allocated to formal educational components with comparable learning outcomes.

As with formal education, the award of credit is preceded by an assessment to verify the achievement of learning outcomes. The assessment criteria and associated methods should be constructed so as to measure the achievement of the required learning outcomes at the appropriate level, without reference to specific learning activities. For example, classroom discussion of the subject matter would no longer be considered in assessment, whereas the corresponding learning outcome of constructing arguments while interacting with a group would become relevant.

Institutions are encouraged to publish their recognition policy and practices for non-formal or informal learning prominently on their website. These policies should include elements such as feedback to learners on the results of the assessment or the possibility for learners to appeal. Institutions are also encouraged to create 'assessment facilities' for advice, counselling and recognition of non-formal and informal learning. These may take different forms depending on national and institutional practices (e.g. they may exist within single higher education institutions or as joint centres for several institutions).

By implementing procedures for the recognition of non-formal and informal learning, the social dimension of higher education institutions is strengthened. Institutions fulfil the objective of facilitating access to learners from professional life and a range of non-traditional learning environments, and thus contribute to making lifelong learning a reality.

Figure 3 – Example of the use of credit for LLL – Scottish Qualifications and Credit Framework (SCQF)[20]

The SCQF guidelines encourage the use of validation of non-formal or informal learning:

- for personal and career development (formative recognition)
- for award of credit (summative recognition)

The latter involves assessing, and then *credit rating* learning gained through experience which took place before a learner embarks on a formal programme or qualification. Credit rating is the process through which the credit value of learning is established. In general this means that the receiving institution determines the number of credits a learner can be awarded within a particular programme within that institution or organisation.

The process of awarding credit to non-formal or informal learning has these three stages:

1. Initial advice and guidance (what does the process involve for the learner, what credit limits there are for non-formal/informal learning, what are the costs, roles and responsibilities of learner and tutor/advisor; and different learning pathways to qualification)
2. Support (reflective process; understanding learning outcomes; identifying own learning outcomes; evidence gathering and selection)
3. Recognition/assessment (assessment of evidence of achievement of learning outcomes and assessment criteria)
4. Award of credit (credit awarded through this process is of same value as credit gained through formal learning)

20 This summary is based on the presentation by Ruth Whittaker, Caledonian Academy, Glasgow Caledonian University, made during the Bologna seminar on Learning Outcomes based Higher Education (21-22 February 2008, Edinburgh). The full presentation can be found on: http://www.ond.vlaanderen.be/hogeronderwijs/bologna/BolognaSeminars/Edinburgh2008.htm

5. Quality assurance and ECTS

The primary responsibility for quality assurance lies with each institution.[21] Internal quality assurance involves all procedures undertaken by higher education institutions to ensure that the quality of their programmes and qualifications meets their own specifications and those of other bodies legitimately empowered to make specifications. External quality reviews undertaken by quality assurance agencies provide feedback to institutions and information to stakeholders. Taken together, internal quality assurance and external quality review aim to implement the *Standards and Guidelines for Quality Assurance in the European Higher Education Area.*[22]

The use of ECTS is in line with the *Standards and Guidelines for Quality Assurance* and notably standards 1.2 and 1.7, which state that:

- Institutions should have formal mechanisms for the approval, periodic review and monitoring of their programmes and awards.[23] The quality assurance of programmes and awards is expected to include:

- development and publication of explicit intended learning outcomes[24]

- careful attention to curriculum and programme design and content.[25]

- Institutions should regularly publish up-to-date, impartial and objective information, both quantitative and qualitative, about the programmes and awards they are offering.[26]

The implementation and use of ECTS by higher education institutions should be quality assured through appropriate processes (e.g. internal and external quality reviews and students' feedback).

21 Realising the European Higher Education Area. Communiqué of the Conference of Ministers responsible for Higher Education in Berlin on 19 September 2003.

22 European Association for Quality Assurance in Higher Education (2005) Standards and Guidelines for Quality Assurance in the European Higher Education Area: http://www.ond.vlaanderen.be/hogeronderwijs/bologna/documents/Standards-and-Guidelines-for-QA.pdf

23 Standards and Guidelines, p. 16

24 Ibidem, p.16

25 Ibidem, p.16

26 Ibidem, p.19

Figure 4 – Good practice on ECTS and quality assurance

Regarding the quality assurance of ECTS and of related processes, it is good practice that higher education institutions' quality assurance processes ensure that for all their higher education programmes:

- educational components are expressed in terms of appropriate learning outcomes, and clear information is available concerning their level, credits, delivery and assessment
- studies can be completed in the time officially allocated to them (i.e., the workload associated with a semester, trimester or academic year is realistic)
- annual monitoring examines any variations in patterns of achievement and results gained
- students are provided with detailed information and advice so that they have the appropriate prerequisites and co-requisites for any studies undertaken and are not allowed to select educational components that are at an inappropriate level or that they have previously studied at the same level.[27]

With regard to mobile students and recognition this means that:

- credit transfer processes are included in the normal monitoring, review and validation procedures
- appropriate staff are designated as responsible for credit transfer and recognition matters
- Learning Agreements are completed in all cases; their development, and any subsequent changes to them, should be subject to sensitive yet robust approval processes[28]
- mobile students undertake normal educational components from the existing Course Catalogue; they follow the validated full assessment regime for those components and are graded alongside home students
- detailed transcripts are provided recording the credits and grades awarded
- recognition is given to all credits associated with successfully completed educational components undertaken as part of any approved learning agreement; results should be issued and transmitted promptly
- objective procedures exist for interpreting the grades awarded, so that also grades – and not just credits – are properly reflected in any final qualifications gained.

27 Prerequisites: required prior knowledge, usually defined in the form of the successful completion of other (previous) educational components. Co-requisites: educational components which require that some other components be undertaken at the same time or immediately following the successful achievement of the learning outcomes corresponding to that component.

28 The notion of sensitive 'fair recognition' and not strict equivalence should be used in developing learning agreements, as associated with the 1997 *Convention on the Recognition of Qualifications concerning Higher Education in the European Region*, Explanatory Report: http://conventions.coe.int/Treaty/en/Treaties/Html/165.htm

6. ECTS key documents

From the key features:
"Credit transfer and accumulation are facilitated by the use of the ECTS key documents (Course Catalogue, Student Application Form, Learning Agreement and Transcript of Records) as well as the Diploma Supplement."

The ECTS key documents described in this section constitute a widely used and accepted way of communicating those elements of information which are useful for all learners (including mobile and non-mobile students), academic and administrative staff, employers and other stakeholders. Using ECTS key documents correctly ensures transparency and enhances quality in higher education.

Increasingly, institutions keep track of learners' achievements in a systematic way within a computerised student records system which integrates the data contained in the ECTS key documents and other documents such as the Diploma Supplement[29].

6.1. Course Catalogue

The first key document is the Course Catalogue. This is the regular guide for all students attending the institution.

The exact format of the Catalogue is to be decided by the institution. It may be considered more appropriate to separate the general information for students from the academic information. In any case, all information should be detailed, user-friendly and up-to-date. The Catalogue should be published on the institution's website so that all interested parties can easily access it. It should be published sufficiently in advance for students to make their choices.

A checklist of the recommended contents of the Course Catalogue is given below (section 6.1.1). The checklist indicates the full range of information which should be provided. It is essential that information about the qualifications offered, the teaching, learning and assessment procedures, the level of programmes, the single educational components and the learning resources available to students be well documented and easily understood.

All learners should be able to identify an individual who will be able to give them relevant advice, at either institutional or departmental/subject level. It is therefore important that the Catalogue should include the names of people to contact, with information about how, when and where to contact them.

Transparency and accessibility apply equally to language. The publication should be available on the website, not only in the local language, but preferably also in another widely-used language in order to enhance transparency at international level[30]. Links to examples of Course Catalogues can be found on the following web page http://ec.europa.eu/education/lifelong-learning-policy/doc48_en.htm

29 The Diploma Supplement is also part of the package of Europass transparency tools.
http://europass.cedefop.europa.eu/europass/home/hornav/Introduction/navigate.action

30 The second language required for institutions applying for the ECTS label is English.

6.1.1 Checklist for the Course Catalogue

Part 1: Information on the institution:

- name and address
- academic calendar
- academic authorities
- general description of the institution (including type and status)
- list of programmes offered
- general admission requirements
- general arrangements for the recognition of prior learning (formal, informal and non-formal)
- general registration procedures
- ECTS credit allocation based on the student workload needed in order to achieve expected learning outcomes
- arrangements for academic guidance.

Part 2: Information on programmes

General description:

- qualification awarded
- level of qualification
- specific admission requirements
- specific arrangements for recognition of prior learning (formal, non-formal and informal)
- qualification requirements and regulations
- profile of the programme
- key learning outcomes
- occupational profiles of graduates with examples
- access to further studies
- course structure diagram with credits (60 per full-time academic year)
- examination regulations, assessment and grading
- graduation requirements
- mode of study (full-time, part-time, e-learning...),
- programme director or equivalent.

Description of individual course units:

- course unit title
- course unit code
- type of course unit (compulsory, optional)
- level of course unit (e.g. first, second or third cycle; sub-level if applicable)
- year of study (if applicable)
- semester/trimester when the course unit is delivered
- number of ECTS credits allocated
- name of lecturer(s)
- learning outcomes of the course unit
- mode of delivery (face-to-face, distance learning)
- prerequisites and co-requisites
- recommended optional programme components
- course contents
- recommended or required reading
- planned learning activities and teaching methods
- assessment methods and criteria
- language of instruction.
- work placement(s)

Part 3: General information for students:

- cost of living
- accommodation
- meals
- medical facilities
- facilities for special needs students
- insurance
- financial support for students
- student affairs office
- learning facilities
- international programmes
- practical information for mobile students
- language courses
- internships
- sports and leisure facilities
- student associations

6.2. Student Application Form

The ECTS Student Application Form has been developed for mobile students who will spend a limited study period in another institution. Students who intend to complete their studies at another institution should enrol according to the regular procedures of the institution concerned and will fill in other types of application forms.

The Student Application Form contains all the essential information about a mobile student that a prospective host institution needs. If an institution requires further information (for example, regarding housing, special health requirements) from incoming students, it may request it separately.

This Guide offers the standard Student Application form which can also be found on the following web page http://ec.europa.eu/education/lifelong-learning-policy/doc48_en.htm. Institutions may choose to adapt the standard form (adding their logo and other specific information), but they should ascertain that it contains all the elements and that, as far as possible, the sequence is respected.

6.3. Learning Agreement

In higher education institutions, students normally register for a programme of study and for a number of specific course units/modules on either an annual or a semester basis. In practice, this represents a Learning Agreement for home students. By registering the student, the higher education institution enters into an agreement to deliver the courses and to grant credits for the achievement of the expected learning outcomes.

6.3.1 Learning Agreement for mobile students

The ECTS Learning Agreement was originally developed for mobile students in order to provide a binding agreement before the mobility experience. When used for mobile students, Learning Agreements contain the list of course units or modules or other educational components the student is planning to take at the other institution, together with the code numbers and the ECTS credits allocated to the components.

An ECTS Learning Agreement is drawn up for a semester or a year of study and must be signed by the home institution, the host institution and the student. Those signing on behalf of the two institutions must be in a formal position of authority which allows them to commit the institutions. For the host institution, the commitment is to register the incoming student in the planned course units/modules and to provide the required learning activities; for the home institution, it is to grant recognition of the credits gained at the other institution. A student should not be asked to negotiate academic recognition with individual academic staff members. The Learning Agreement, together with the Transcript of Records, is designed to guarantee full recognition of the programme of study undertaken in the host institution.

A programme of study may need to be modified after the arrival of the mobile student. In such cases, the Learning Agreement should be amended as soon as possible and endorsed by the three parties: the home institution, the host institution and the student. Only in this way can the recognition of the period of study continue to be fully guaranteed.

This Guide offers the standard Learning Agreement which can also be found on the following web page http://ec.europa.eu/education/lifelong-learning-policy/doc48_en.htm. Institutions may choose to adapt the standard form (adding their logo and other specific information), but they should ascertain that it contains all the elements and that, as far as possible, the sequence is respected.

6.3.2 Learning Agreement for work placements - Training Agreement

Learning Agreements for work placements or Training Agreements are also essential for work placements that are a required part of programmes. They should contain the same basic elements as the standard Learning Agreement, although obviously there are differences.

The Training Agreement should indicate clearly the location of the work placement, the period of the placement, the work to be undertaken (job description), the learner's rights and duties, and the expected learning outcomes. It will also need to indicate what assessment and assessment criteria will be used in relation to the expected learning outcomes and who will be responsible for this, i.e. the role of the work placement provider (employer) and, whenever applicable, the host institution.

The Training Agreement should be signed by the three parties – the learner, the home educational institution and the work placement provider (employer). Where a host institution is involved it is also expected to sign the agreement. The primary responsibility lies with the qualification awarding institution. The Agreement should indicate the number of

ECTS credits which will be awarded on achievement of the expected learning outcomes.

This Guide offers the standard Training Agreement which can also be found on the following web page http://ec.europa.eu/education/lifelong-learning-policy/doc48_en.htm. Institutions may choose to adapt the standard form (adding their logo and other specific information), but they should ascertain that it contains all the elements and that, as far as possible, the sequence is respected.

6.4. Transcript of Records

Many institutions produce a transcript of records for each student at the end of each semester or year. This is an important document for the student and institution. It ensures that students have an accurate and up-to-date record of their progress, the educational components they have taken, the number of ECTS credits they have achieved and the grades they have been awarded. The ECTS Transcript of Records is such a certification, in an agreed format. It is an important formal document, providing evidence of progress and recognition.

For mobile students, the home institution firstly issues the Transcript of Records and sends it to the host institution for each outgoing student before departure, to provide information about the educational components already completed, their level and the results obtained. Subsequently, the host institution issues another Transcript of Records for each incoming student and sends it to the home institution at the end of their period of study, in order to formally certify the work completed, the credits awarded, and the local grades received during the mobility period.

Since the Transcript is a vital document for recording the progress of all students and for recognising learning achievements, it is crucial to determine who is responsible for producing it, how it is issued and how it is delivered.

This Guide offers the standard Transcript of Records which can also be found on the following web page http://ec.europa.eu/education/lifelong-learning-policy/doc48_en.htm. Institutions may choose to adapt the standard form (adding their logo and other specific information), but they should ascertain that it contains all the elements and that, as far as possible, the sequence is respected.

7. References for further reading

7.1. Credit and qualifications systems

European Instruments:

- *The framework of qualifications for the European Higher Education Area*
  http://www.ond.vlaanderen.be/hogeronderwijs/bologna/documents/QF-EHEA-May2005.pdf
  Background report: *A Framework for Qualifications of the European Higher Education Area,* Ministry of Science, Technology and Innovation, 2005
  http://www.ond.vlaanderen.be/hogeronderwijs/bologna/documents/050218_QF_EHEA.pdf

- *Recommendation of the European Parliament and of the Council of 23 April 2008 on the establishment of the European Qualifications Framework for lifelong learning*
  http://eur-lex.europa.eu/LexUriServ/LexUriServ.do?uri=OJ:C:2008:111:0001:0007:EN:PDF
  Other information on the EQF:
  http://ec.europa.eu/education/lifelong-learning-policy/doc44_en.htm#doc

- Convention on the recognition of qualifications concerning higher education in the European region (CETS 165, 1997)
  http://conventions.coe.int/Treaty/Commun/QueVoulezVous.asp?NT=165&CL=ENG
  Explanatory report on the Convention:
  http://conventions.coe.int/Treaty/en/Treaties/Html/165.htm

Publications at European level:

- Tuning Educational Structures in Europe (2007)
  http://tuning.unideusto.org/tuningeu/images/stories/template/General_Brochure_final_version.pdf
  Further information and outcomes of the Tuning project:
  http://unideusto.org/tuning
  or:
  http://www.rug.nl/let/tuningeu

Relevant Bologna Seminar Reports:

- Bologna Seminar on 'Development of a Common Understanding of Learning Outcomes and ECTS' Porto, Portugal, 19-20 June 2008 Final Report and Recommendations
  http://portobologna.up.pt/documents/BS_P_Report_20080915_FINAL.pdf
  Further information on the seminar (inputs, presentations):
  http://portobologna.up.pt/

- Bologna Seminar on 'ECTS based on learning outcomes and student workload' Moscow, Russia, 17-18 April 2008
  Conclusions
  http://www.ond.vlaanderen.be/hogeronderwijs/bologna/BolognaSeminars/documents/Moscow_April2008_conclusions_final.pdf

- Wagenaar, Robert (2006) 'An Introduction to the European Credit Transfer and Accumulation System (ECTS)', in: EUA, *Bologna Handbook. Making Bologna Work.* Berlin: European University Association
  http://www.eua.be/publications/bologna-handbook/

- Le Mouillour, Isabelle, commissioned by Cedefop (2005) *European approaches to credit (transfer) systems in VET.* Cedefop Dossier 12. Luxembourg: Office for Official Publications of the European Communities
  http://www.trainingvillage.gr/etv/Upload/Information_resources/Bookshop/424/6014_en.pdf

- Adam, Stephen (2004) *Improving the recognition system of degrees and study credit points in the European Higher Education Area.*
  Bologna Seminar on Recognition, University of Latvia, Riga, 3-4 December 2004, organised by Latvian authorities and the Council of Europe, supported by the EU Socrates programme. Final report and recommendations of the conference.
  http://www.aic.lv/rigaseminar/documents/Riga_Final_ReportP_S_Adam.pdf

- European Association for Quality Assurance in Higher Education (2005) *Standards and Guidelines for Quality Assurance in the European Higher Education Area*. Helsinki: European Association for Quality Assurance in Higher Education http://www.ond.vlaanderen.be/hogeronderwijs/bologna/documents/Standards-and-Guidelines-for-QA.pdf

- Gehmlich, Volker (2006) 'The Added Value of Using ECTS' in: EUA, *Bologna Handbook. Making Bologna Work*. Berlin: European University Association http://www.eua.be/publications/bologna-handbook/

7.2. Curriculum design

Volker Gehmlich, Andy Gibbs, Raimonda Markeviciene, Terence Mitchell, Graeme Roberts, Anne Siltala, Marina Steinmann (2008) *Yes! Go! A Practical Guide to Designing Degree Programmes with Integrated Transnational Mobility, DAAD* http://eu.daad.de/eu/mocca/06493.html

7.3. Learning outcomes

- Bologna Seminar on 'Learning Outcomes Based Higher Education - The Scottish Experience' Edinburgh, UK, 21-22 February 2008 *Conclusions and Recommendations*
 http://www.ond.vlaanderen.be/hogeronderwijs/bologna/BolognaSeminars/documents/Edinburgh/Edinburgh_Feb08_Final_Conclusions_and_Recommendations.pdf
 Final Report
 http://www.ond.vlaanderen.be/hogeronderwijs/bologna/BolognaSeminars/documents/Edinburgh/Edinburgh_Feb08_final_report.pdf

Further information on the seminar (inputs, presentations):

- http://www.ond.vlaanderen.be/hogeronderwijs/bologna/BolognaSeminars/Edinburgh2008.htm

- Adam, Stephen (2008) Learning Outcomes Current Developments in Europe: Update on the Issues and Applications of *Learning Outcomes Associated with the Bologna Process*. Edinburgh: Scottish Government
 Presented to the Bologna Seminar: Learning outcomes based higher education: the Scottish Experience (February 2008, Edinburgh).
 http://www.ond.vlaanderen.be/hogeronderwijs/bologna/BolognaSeminars/documents/Edinburgh/Edinburgh_Feb08_Adams.pdf

- Adam, Stephen (2004) *Using Learning Outcomes: A consideration of the nature, role, application and implications for European education of employing learning outcomes at the local, national and international levels*
 http://www.pedagogy.ir/images/pdf/using-learning-outcomes-eu.pdf

- Kennedy, Declan, Hyland, Aine, and Ryan, Norma (2006) 'Writing and Using Learning Outcomes: A Practical Guide' in: EUA, Bologna Handbook. *Making Bologna Work*. Berlin: European University Association
 http://www.bologna.msmt.cz/files/learning-outcomes.pdf
 Presented to the Bologna Seminar: Using Learning Outcomes (July 2004, Edinburgh).
 http://www.bologna-bergen2005.no/EN/Bol_sem/Seminars/040701-02Edinburgh/040620LEARNING_OUTCOMES-Adams.pdf

- Cedefop (2008) *The Shift to Learning Outcomes: Conceptual, political and practical developments in Europe*. Luxembourg: Office for Official Publications of the European Communities
 Synthesis:
 http://www.trainingvillage.gr/etv/Upload/Information_resources/Bookshop/494/4079_en.pdf
 The full report is to be published.

7.4. National publications

Each country has published, or is in the process of publishing, information on its national qualifications and credit systems. Two examples are Scotland and Ireland.

- The Scottish Credit and Qualifications Framework
  http://www.scqf.org.uk

- National Qualifications Authority of Ireland – National Framework of Qualifications
  http://www.nfq.ie/nfq/en/index.html

- HRK (2007) Bologna Reader II, Neue Texte und Hilfestellungen zur Umsetzung der Ziele des Bologna-Prozesses an deutschen Hochschulen, Bonn
  http://www.hrk.de/bologna/de/Bologna_Reader_gesamt.pdf

- Gehmlich, Volker (2008) Die Einführung eines Nationalen Qualifikationsrahmens in Deutschland – DQR – Untersuchung der Möglichkeiten für den Bereich des formalen Lernens, Osnabrück : Univ., Fak. für Wirtschafts- und Sozialwiss

- Meijers, van Overveld, Perrenet with the co-operation of Borghuis and Mutsaers (2005) Criteria for Academic Bachelor's and Master's Curricula
  http://www.jointquality.nl/content/descriptors/AC_English_Gweb.pdf

- Hildbrand, Tremp, Jäger Tückmantel (2008) The Curricula Reform at Swiss Institutes of Higher Education: An Analysis of the Current State and Perspectives in the Bologna Reform
  www.crus.ch/dms.php?id=5499

8. Glossary

The following glossary defines terminology for the purpose of this ECTS Users' guide.

Accumulation	The process of collecting credits awarded for achieving the learning outcomes of educational components or other learning activities.
Allocation of Credit	The process of assigning a number of credits to qualifications/ programmes or to other educational components.
Assessment	The total range of methods (written, oral and practical tests/examinations, projects and portfolios) used to evaluate learners' achievement of expected learning outcomes.
Assessment criteria	Descriptions of what the learner is expected to do, in order to demonstrate that a learning outcome has been achieved.
Award of Credit	The act of delivering learners the number of credits that are assigned to the component or a qualification. The award of credit recognises that learners' learning outcomes have been assessed and that the learner satisfies the requirements for the educational component or the qualification.
Competences	A dynamic combination of cognitive and metacognitive skills, knowledge and understanding, interpersonal, intellectual and practical skills, ethical values and attitudes. Fostering competences is the object of all educational programmes. Competences are developed in all course units and assessed at different stages of a programme. Some competences are subject-area related (specific to a field of study), others are generic (common to any degree course). It is normally the case that competence development proceeds in an integrated and cyclical manner throughout a programme.
Condoning	Condoning is the term used in some national contexts when an examination board exempts a student from reassessment in a failed (or marginally failed) component if other related components are passed with sufficiently high grades.
Contact Hour	Hours (typically a period of 45-60 minutes) spent by students on activities guided by teaching staff.
Credit (ECTS)	Quantified means of expressing the volume of learning based on the workload students need in order to achieve the expected outcomes of a learning process at a specified level.
Cycle	All qualifications in the European Higher Education Area are located within three cycles. One of the objectives indicated in the Bologna Declaration in 1999 was the "adoption of a system based on two main cycles, undergraduate and graduate." In 2003 doctoral studies were also included in the Bologna structure and referred to as the third cycle.
Cycle (Level) Descriptors	Generic statements of the broad expected outcomes of each of the three cycles. A good example of general cycle (level) descriptors are the so-called Dublin Descriptors, which have served as one of the foundations (along with ECTS) for the Framework for Qualifications of the European Higher Education Area.
Educational Component	A self-contained and formally structured learning experience (such as: course unit, module, seminar, work placement).
Formal learning	Learning typically provided by an education or training institution, structured (in terms of learning objectives, learning time or learning support) and leading to certification. Formal learning is intentional from the learner's perspective.

Informal learning	Learning resulting from daily life activities related to work, family or leisure. It is not structured (in terms of learning objectives, learning time or learning support) and typically does not lead to certification. Informal learning may be intentional but in most cases it is non-intentional (or "incidental"/random).
Learner	An individual engaged in a learning process (formal, non-formal or informal learning).
Learner-centred (approach or system)	An approach or system that supports the design of learning programmes which focus on learners' achievements, accommodate different learners' priorities and are consistent with reasonable students' workload (i.e. workload that is feasible within the duration of the learning programme). It accommodates for learners' greater involvement in the choice of content, mode, pace and place of learning.
Learning Outcomes	Statements of what a learner is expected to know, understand and be able to do after successful completion of a process of learning.
Level Descriptor	General statements of the typical achievement of learners who have been awarded a qualification at a certain level in a qualifications framework.
Module	A course unit in a system in which each course unit carries the same number of credits or a multiple thereof.
Non-formal learning	Learning that is not provided by an education or training institution and typically does not lead to certification. It is, however, structured (in terms of learning objectives, learning time or learning support). Non-formal learning is intentional from the learner's perspective.
Programme (educational)	A set of educational components, based on learning outcomes, that are recognised for the award of a specific qualification.
Progression	The process which enables learners to pass from one stage of a qualification to the next and to access educational programmes that prepare for qualifications at a higher level than those he/she already possesses.
Progression rules	Set of rules that define conditions for learners' progression within qualifications and towards other qualifications.
Qualification	Any degree, diploma or other certificate issued by a competent authority attesting the successful completion of a recognised programme of study.
National Qualifications Framework (higher education)	The single description, at national level or at the level of an education system, which is internationally understood and through which all qualifications and other learning achievements in higher education may be described and related to each other in a coherent way and which defines the relationship between higher education qualifications.
Quality Assurance	The process or set of processes adopted nationally and institutionally to ensure the quality of educational programmes and qualifications awarded.
Recognition of credit	The process through which an institution certifies that learning outcomes achieved and assessed in another institution satisfy (some or all) requirements of a particular programme, its component or qualification.
Recognition of non-formal and informal learning	The process through which an institution certifies that the learning outcomes achieved and assessed in another context (non-formal or informal learning) satisfy (some or all) requirements of a particular programme, its component or qualification.
Student	Learner enrolled in a formal educational programme
Transfer	The process of having credits awarded in one context recognised in another context for purposes of obtaining a qualification.
Workload	Indication of the time students typically need to complete all learning activities (such as lectures, seminars, projects, practical work, self-study and examinations) required to achieve the expected learning outcomes

Annex 1
Learners' perspective in using ECTS

One of the objectives of ECTS is to ensure that learners' achievements, aspirations and capacities are taken into account in the learning process. The implementation of ECTS should provide protection and fair treatment for learners.

In an institution using ECTS, learners are entitled to expect:

- **a course Catalogue** clearly describing the curricula, with expected learning outcomes and their components, including the **allocated ECTS credits**
- **assessment methods** that are coherent with the expected learning outcomes and the workload
- **information** about these assessment methods that is available well in advance
- **award of the number of ECTS credits** allocated to each educational component after the required assessment procedure has been passed successfully
- participation in the periodical **monitoring and revision** of the estimated workload and thus of the credit allocation
- **participation** of student representatives in the process of ECTS implementation
- possibilities for **guidance** and support
- an opportunity to have **prior learning achievements,** such as non-formal or informal learning or credits from other institutions, taken into account for further studies
- the right to academic appeal if credits are not awarded for components that have been successfully completed.

In cases of mobility:

- for periods of study abroad or in another institution based on a Learning Agreement – **full academic recognition** from the home higher education institution for credits achieved during the study period abroad, in accordance with the Learning Agreement,[31] without duplication of assessment procedures
- for periods of study abroad or in another institution without a Learning Agreement – **fair recognition** of credits awarded during that period of study and **consideration** of them with respect to the award of a qualification
- careful and fair consideration by the home institution of grades awarded by the host institution.

In cases of recognition of non-formal and informal learning:

- the award of **the same number of credits** as allocated to formal educational components with comparable learning outcomes.

31 http://ec.europa.eu/education/archive/million/charter_en.pdf

Annex 2
Suggestions for institutions on recognition of periods of study abroad in the framework of bilateral agreements

Selection of partner institutions

It is suggested to make exchange agreements with institutions:

- that offer adequate descriptions of their programmes, including credits, learning outcomes, teaching/learning approaches and assessment methods
- whose standards you consider adequate for your students, so that you can accept their teaching and assessment procedures without requiring any further work or assessment.

Agreements should not only be made with institutions offering similar programmes, but also with those providing programmes complementary to yours, thus making available further opportunities for your students.

Integration of mobility into programmes

In order to structure mobility into your curricula:

- identify the semester or year when a period of study abroad would best fit into the programme (mobility window)
- schedule in that semester/year the educational components the learning outcomes of which can be more easily achieved abroad (e.g. language courses, international or comparative courses, supplementary/elective courses, preparation of dissertation, work placements, etc)
- identify, within the partner institutions, departments or curricula where similar, complementary and coherent learning outcomes could be achieved.

Allocation of academic responsibilities

Appoint an academic in each department or subject area who has the authority to:

- approve students' programmes of study abroad and amend them as needed (sign the Learning Agreement)
- guarantee full recognition of such programmes on behalf of the responsible academic body (sign the Recognition sheet).

Interaction with single outgoing students

Before the departure of the student, the responsible staff member will:

- discuss with the student, and finally approve, a Learning Agreement containing a programme of study abroad for a semester or a year (about 30 or 60 credits); this programme will have similar, complementary or coherent learning outcomes in relation to the programme in the home institution, but it will not necessarily have the same content
- guarantee in advance that all credits gained abroad in the approved programme of study will be fully recognised, transferred into the home programme and used to satisfy the qualification requirements.

After the return of the student, the responsible administrator will:

- transfer all credits gained abroad in the approved programme of study (Transcript of Records) into the student's official learning programme at home, indicating the learning activities they refer to, with their original titles; the credits will subsequently be included in the Diploma Supplement, with a note specifying the institution where they have been gained

- use the credits gained abroad for accumulation purposes to satisfy specific curricular requirements, as previously agreed in the Learning Agreement; recognising credits gained abroad as additional credits would not fulfil the commitment to full academic recognition, and should only be done if the student brings back more than 30/60 credits.

Annex 3
ECTS Grading Table

Introduction

The first section of this annex describes the attempts made to design a reliable system for the interpretation and conversion of grades. The second section describes a simplified system called "The ECTS Grading Table". The simplified system builds on the earlier version and, like before, it requires universities to keep track of their grading practice and culture, which is good practice in many institutions across Europe. The ECTS Grading Table allows universities to ensure fair transfer and recognition of grades of mobile students. User comments on the new version are very welcome.

Background

It is well known that European educational systems have developed different approaches to grading which are deeply rooted in their pedagogical and cultural traditions. It is to be pointed out, moreover, that not only do they have different grading scales, but they also use them differently in the various institutions and subject areas. While it is essential to respect these differences, it is also important to make them transparent within the European Higher Education Area, so that grades attributed in all countries, institutions or subject areas can be properly understood and when necessary compared by people with different cultural backgrounds. Mobile students have a right to a fair treatment of their grades when credits are transferred from one institution/country to another, as grants or other benefits may depend on their level of performance. Transparency of performance levels is equally important for graduates applying for a job in their own or in another country.

To tackle this problem, in the past years ECTS guidelines suggested that, in addition to their national scale, European institutions might use a European grading scale as a translation device into other grading systems. Such European scale was based on the statistical distribution of passing grades in each programme, which showed how the national scale was actually being used in that context and allowed for comparison with the statistical distribution of grades in a parallel programme of another institution.

As a first step, the implementation of the ECTS scale required the collection of statistical data in the institutions who were willing to participate in the scheme to make their grades more transparent. In educational systems where ranking of students in each course unit/module was a standard procedure, statistical data could be provided for the very cohort in which the grade had been obtained. In the other cases, the statistical distribution was based on the grades given over the previous two or three years to a specific reference group - a single programme or a group of homogeneous programmes – from which a consistent grading pattern could be derived. These data, collected in a large number of institutions in Europe, have shown how national grading scales are actually being used. For example, teachers in French institutions are more consistently using the lower half of their scale, while their Italian counterparts are making more use of grades in the upper half of it. As for the subject area, the data from many Italian institutions showed that teachers in Engineering tend to mark lower than teachers in Humanities. Although these patterns had already been perceived by practitioners on an impressionistic basis, it is interesting to find that they are supported by statistical evidence. The grade distribution table developed for a specific reference group allows for a single grade currently obtained to be positioned in its own context, thus making it easier to understand the level of the student's performance and compare it with that of students with a similar position in other contexts.

As a second step in the implementation of the ECTS grading scale, the statistical distribution curve for each reference group was split into five segments (Top 10%, next 25%, next 30%, next 25%, lowest 10%) also called A, B, C, D, E, which could become a device for the direct translation of grades from a degree programme in a given country/institution into a similar one in another country/institution. For example, if, based on the statistical data, in a French degree programme the grade 14 was obtained by the top 10% of the students, the ECTS grade A could be added into a student's transcript alongside the grade 14. In this way the French grade 14 was understood as being one of the best grades obtained in that programme, comparable to the grade having a similar percentage in the same subject area in another country/institution, to which an A had also been attached – for example a 30 in an Italian institution.

In the light of the experience made with the ECTS 5-point grading scale in the past years, it can be said that the second step described above proved to be far too ambitious and difficult to implement, especially in those national grading systems with only five or fewer passing grades, which could hardly fit into the predetermined percentage structure provided by the ECTS scale. In fact, the use of the ECTS scale by European institutions has been rather limited.

Simplified system: The ECTS Grading Table

In order to simplify the procedure, while continuing to pursue the objective of making European grades more transparent, we propose using an "ECTS grading table", concentrating on the first step of the 5-point system. Thus institutions only need to provide in a standard table form the statistical distribution of their own grades. Therefore, the ECTS grading scale based on a predetermined percentage structure is to be replaced by a simple statistical table completed for each degree programme or group of homogeneous programmes.

In other words, instead of trying to fit existing grading practices in a standard distribution scale, universities need only to determine the actual percentage of students that receive each 'local' grade.

For example:

National/institutional grade	Total number awarded in the reference group	Percentage of the total number
10	50	5%
9	100	10%
8	350	35%
7	300	30%
6	200	20%
	1,000	100%

This **ECTS grading table** can be produced for national grading scales of any size, from data concerning a given reference group which are easily available in institutional records. When included in the Transcripts of Records and Diploma Supplements of the students, the table will facilitate the interpretation of each grade awarded to them and will not require any further calculation.

The new **ECTS grading table** allows more straightforward comparison of two or more grading systems and cultures. This can be illustrated by another example:

National / institutional grade country /system A	Grading percentage*	National / institutional grade country / system B	Grading percentage*
30 lode	5.6%	1	20%
30	15.7%	2	35%
29	0.5%	3	25%
28	12.3%	4	20%
27	11.8%		
26	9.0%		
25	8.2%		
24	11.3%		
23	2.7%		
22	6.0%		
21	2.3%		
20	5.7%		
19	1.9%		
18	6.9%		
Total	100%		100%

* Based on the total number of grades awarded in the degree programme concerned during two preceding years.

From this example, we see that a 30 awarded in the scale of A should be converted to a 1 in the scale of B. The grade 2 of B will translate into the grades 26-29 (average 27) of the country or system A.

To sum up, **the ECTS grading table allows for simple, transparent interpretation and conversion of grades** from one system or context to another, and therefore does justice to the level of academic performance of all learners. Used correctly, it bridges different grading systems as well as different cultures in the European Higher Education Area and beyond.

To use the **ECTS grading table** the following steps should be taken:

1. Identify the reference group for which the grade distribution will be calculated (usually a degree programme, but in some cases a wider or different grouping of students such as a Faculty or sector -- e.g. Humanities).

2. Collect all grades awarded over a period of (at least) two academic years for the reference group identified.

3. Calculate the grade distribution in terms of percentages for the reference group.

4. Include the grading percentage table of your degree programme in every Transcript of Records/ Diploma Supplement.

5. For transfer, compare the percentage table of the other institution's degree programme with your own. On the basis of this comparison individual grades can be converted.

The first four steps in the procedure concern all programmes and are purely administrative tasks. The academic responsible for credit transfer may get involved in step 5 when general guidelines for the conversion of grades are being established.

Annex 4
Key documents

This Guide offers the standard forms of the Student Application, the Learning Agreement, the Training Agreement, the Transcript of Records and the outline of the Diploma Supplement. Examples of updated and filled-in forms and of course catalogues can be found online at http://ec.europa.eu/education/lifelong-learning-policy/doc48_en.htm.

There you can also find other useful documents, such as a planning form for an educational module or a form for checking the workload of an educational component.

Education and Culture DG

lifelong learning Programme

ERASMUS

Since 1987

LIFELONG LEARNING PROGRAMME / ERASMUS – ECTS

STUDENT APPLICATION FORM

(Photograph)

ACADEMIC YEAR: 20........................**/ 20**...............................

FIELD OF STUDY: ....

This application should be completed in BLACK and BLOCK letters in order to be easily copied and/or telefaxed.

SENDING INSTITUTION: Name and full address: ....

....

....

Departmental coordinator – name, telephone and fax numbers, e-mail : ....

....

Institutional coordinator – name, telephone and fax numbers, e-mail : ....

....

STUDENT'S PERSONAL DATA (to be completed by the student applying)

Family name: .... Firstname (s): ....

Date of birth: ....

Sex: M ☐ / F ☐ Nationality: .... Place of birth: ....

e-mail address: ....

Current address: .... Permanent address (if different): ....

....

Current address is valid until: ....

Tel. no (incl. country code nr.): .... Tel: ....

LIST OF INSTITUTIONS WHICH WILL RECEIVE THIS APPLICATION FORM (in order of preference):

Institution	Country	Period of study		Duration of stay (months)	No. of expected ECTS credits
		From	To		
1.					
2.					
3.					

Name of student: ....

Sending institution : .... Country : ....

Briefly state the reasons why you wish to study abroad: ....

....

....

LANGUAGE COMPETENCE Note: A proof of knowledge of the receiving institution's language of instruction should be submitted

Mother tongue: .... Language of instruction at home institution (if different): ....

Other languages	I have sufficient knowledge to follow lectures		I need some extra preparation	
	YES	NO	YES	NO
	☐	☐	☐	☐
	☐	☐	☐	☐
	☐	☐	☐	☐
	☐	☐	☐	☐

WORK EXPERIENCE RELATED TO CURRENT STUDY (if relevant)

Work experience / position	Firm /organization	Dates	Country

PREVIOUS AND CURRENT STUDY

Diploma/degree for which you are currently studying: ....

Number of higher education study years prior to departure abroad: ....

Have you already been studying abroad ? Yes ☐ No ☐

If Yes, when? at which institution ? ....

The attached Transcript of records includes full details of previous and current higher education study.
Details not known at the time of application will be provided at a later stage.

Student's Signature .... Date ....

RECEIVING INSTITUTION

We hereby acknowledge receipt of the application, the proposed learning agreement and the candidate's Transcript of records.

The above-mentioned student is ☐ provisionally accepted at our institution

☐ not accepted at our institution

Departmental coordinator's signature Institutional coordinator's signature

....

Date: .... Date: ....

Education and Culture DG

lifelong learning Programme

ERASMUS

Since 1987

LIFELONG LEARNING PROGRAMME/ ERASMUS – ECTS

LEARNING AGREEMENT

ACADEMIC YEAR: 20........................**/ 20**........................ **STUDY PERIOD: from** .... **to** ....

FIELD OF STUDY: ....

Name of student: ....

Student's e-mail address: ....

Sending Institution: .... Country: ....

DETAILS OF THE PROPOSED STUDY PROGRAMME ABROAD/LEARNING AGREEMENT

Receiving Institution: .... Country: ....

Course unit code (if any) and page no. of the information package	Course unit title (as indicated in the course catalogue)	Semester (autumn/spring)	Number of ECTS credits

Student's signature .... Date ....

SENDING INSTITUTION

We confirm that the learning agreement is accepted.

Departmental coordinator's signature

....

Date: ....

Institutional coordinator's signature

....

Date: ....

RECEIVING INSTITUTION

We confirm that the learning agreement is accepted.

Departmental coordinator's signature

....

Date: ....

Institutional coordinator's signature

....

Date: ....

Learning Agreement - page 1

Name of student: ....

Sending Institution: .... Country: ....

CHANGES TO ORIGINAL LEARNING AGREEMENT (to be filled in ONLY if appropriate)

Course unit (as indicated in the course catalogue)	Course unit title (as indicated in the course catalogue)	Deleted Course Unit	Added Course Unit	Number of ECTS credits
		☐	☐	
		☐	☐	
		☐	☐	
		☐	☐	
		☐	☐	
		☐	☐	
		☐	☐	
		☐	☐	
		☐	☐	
		☐	☐	
		☐	☐	
		☐	☐	
		☐	☐	
		☐	☐	

If necessary, continue this list on a separate sheet

Student's signature .... Date ....

SENDING INSTITUTION

We confirm that the above-listed changes to the initially accepted learning agreement are approved.

Departmental coordinator's signature Institutional coordinator's signature

....

Date: .... Date: ....

RECEIVING INSTITUTION

We confirm that the above-listed changes to the initially accepted learning agreement are approved.

Departmental coordinator's signature Institutional coordinator's signature

....

Date: .... Date: ....

Education and Culture DG

lifelong learning Programme

ERASMUS

Since 1987

LIFELONG LEARNING PROGRAMME/ ERASMUS – ECTS

TRAINING AGREEMENT and QUALITY COMMITMENT

I. DETAILS OF THE STUDENT

Name of student: ....

Subject area: .... Academic year: ....

Degree: ....

Sending Institution: .... Country: ....

II. DETAILS OF THE PROPOSED TRAINING PROGRAMME ABROAD

Host organization: ....

Planned dates of start and end of the placement preriod: from .... till: .... (.......... months)

Knowledge, skills and competence to be acquired: ....

Detailed programme of the training period: ....

Tasks of the student: ....

Monitoring and evaluation plan: ....

III. COMMITMENT OF THE THREE PARTIES

By signing this document the student, the sending institution and the host organisation confirm that they will abide by the principles of the Quality Commitment for Erasmus student placements set out in the document below.

The student ....

Student's signature: .... Date: ....

The sending institution ....

We confirm that this proposed training programme agreement is approved. On satisfactory completion of the training programme the institution will award ....ECTS credits and will record the training period in the Diploma Supplement.

Coordinator's signature: .... Date: ....

The host organization ....

We confirm that this proposed training programme is approved. On completion of the training programme the organisation will issue a Certificate to the student

Coordinator's signature: .... Date: ....

QUALITY COMMITMENT

For Erasmus student placements

This Quality Commitment replicates the principles of the European Quality Charter for Mobility

THE SENDING HIGHER EDUCATION INSTITUTION* UNDERTAKES TO:

Define the **learning outcomes** of the placement in terms of the knowledge, skills and competencies to be acquired

Assist the student in **choosing** the appropriate host organisation, project duration and placement content to achieve these learning outcomes

Select students on the basis of clearly defined and transparent criteria and procedures and sign a **placement contract** with the selected students.

Prepare students for the practical, professional and cultural life of the host country, in particular through language training tailored to meet their occupational needs

Provide **logistical support** to students concerning travel arrangements, visa, accommodation, residence or work permits and social security cover and insurance

Give **full recognition** to the student for satisfactory completed activities specified in the Training Agreement

Evaluate with each student the personal and professional development achieved through participation in the Erasmus programme

THE SENDING INSTITUTION* AND HOST ORGANISATION JOINTLY UNDERTAKE TO:

Negotiate and agree a tailor-made **Training Agreement** (including the programme of the placement and the recognition arrangements) for each student and the adequate mentoring arrangements

Monitor the progress of the placement and take appropriate action if required

THE HOST ORGANISATION UNDERTAKES TO:

Assign to students **tasks and responsibilities** (as stipulated in the Training Agreement) to match their knowledge, skills, competencies and training objectives and ensure that appropriate equipment and support is available

Draw **a contract or equivalent document** for the placement in accordance with the requirements of the national legislation

Appoint a mentor to advise students, help them with their integration in the host environment and monitor their training progress

Provide **practical support** if required, check appropriate insurance cover and facilitate understanding of the culture of the host country

THE STUDENT UNDERTAKES TO:

Comply with all **arrangements** negotiated for his/her placement and to do his/her best to make the placement a success

Abide by the **rules and regulations** of the host organisation, its normal working hours, code of conduct and rules of confidentiality

Communicate with the sending institution about any problem or changes regarding the placement

Submit a report in the specified format and any required supporting documents at the end of the placement

* In the event that the higher education institution is integrated in a consortium, its commitments may be shared with the co-ordinating organisation of the consortium

ERASMUS STUDENT CHARTER

The status of 'Erasmus student' applies to students who satisfy the Erasmus eligibility criteria and who have been selected by their university* to spend an Erasmus period abroad – either studying at an eligible partner university or carrying out a placement in an enterprise or other appropriate organisation. For study mobility, both universities must have an Erasmus University Charter awarded by the European Commission. For placement in enterprise the home university must hold an extended Erasmus University Charter (i.e. also covering rights and obligations relating to placements).

As an Erasmus student, you are entitled to expect:

- Your home and host universities to have an inter-institutional agreement.
- The sending and receiving institutions to sign with you and before you leave a Learning/Training Agreement setting out the details of your planned activities abroad, including the credits to be achieved.
- Not to have to pay fees to your host university for tuition, registration, examinations, access to laboratory and library facilities during your Erasmus studies.
- Full academic recognition from your home university for satisfactorily completed activities during the Erasmus mobility period, in accordance with the Learning/Training Agreement.
- To be given a *transcript of records* at the end of your activities abroad, covering the studies/work carried out and signed by your host institution/enterprise. This will record your results with the credits and grades achieved. If the placement was not part of the normal curricula, the period will at least be recorded in the *Diploma Supplement*.
- to be treated and served by your host university in the same way as their home students.
- to have access to the Erasmus University Charter and Erasmus Policy Statement of your home and host universities.
- Your student grant or loan from your home country to be maintained while you are abroad.

As an Erasmus student, you are expected to:

- Respect the rules and obligations of your *Erasmus grant agreement* with your home university or your National Agency.
- Ensure that any changes to the Learning/Training Agreement are agreed in writing with both the home and host institutions immediately they occur.
- Spend the full study/placement period as agreed at the host university/enterprise, including undergoing the relevant examinations or other forms of assessment, and respect its rules and regulations. Write a report on your Erasmus study/placement period abroad when you return and provide feedback if requested by your home university, the European Commission or the National Agency.

If you have a problem:

- Identify the problem clearly and check your rights and obligations.
- Contact your departmental coordinator for Erasmus and use the formal appeals procedure of your home university if necessary.

If you remain dissatisfied, contact your National Agency.

* "University" means any type of higher education institution which, in accordance with national legislation or practice, offers recognised degrees or other recognised tertiary level qualifications, or vocational education or training at tertiary level.

GENERAL CONDITION

Article 1: Liability

Each party of this agreement shall exonerate the other from any civil liability for damages suffered by him or his staff as a result of performance of this agreement, provided such damages are not the result of serious and deliberate misconduct on the part of the other party or his staff.

The UK National Agency, the European Commission or their staff shall not be held liable in the event of a claim under the agreement relating to any damage caused during the execution of the placement. Consequently, the UK National Agency or the European Commission shall not entertain any request for indemnity of reimbursement accompanying such claim.

Article 2: Termination of the Contract

In the event of failure by the beneficiary to perform any of the obligations arising from the agreement, and regardless of the consequences provided for under the applicable law, the institution is legally entitled to terminate or cancel the agreement without any further legal formality where no action is taken by the beneficiary within one month of receiving notification by registered letter.

If the beneficiary terminates the agreement before its agreementual end or if he/she fails to follow the agreement in accordance with the rules, he/she will have to refund the amount of the grant already paid.

In case of termination by the beneficiary due to "force majeure", i.e. an unforeseeable exceptional situation or event beyond the beneficiary's control and not attributable to error or negligence on his/her part, the beneficiary will be entitled to receive the amount of the grant corresponding to the actual time of the placement. Any remaining funds will have to be refunded.

Article 3: Data Protection

All personal data contained in the agreement shall be processed in accordance with Regulation (EC) No 45/2001 of the European Parliament and of the British Council on the protection of individuals with regard to the processing of personal data by the Community institutions and bodies and on the free movement of such data. Such data shall be processed solely in connection with the implementation and follow-up of the agreement by the sending institution, the National Agency and the European Commission, without prejudice to the possibility of passing the data to the bodies responsible for inspection and audit in accordance with Community legislation (Court of Auditors or European Antifraud Office (OLAF)).

The beneficiary may, on written request, gain access to his personal data and correct any information that is inaccurate or incomplete. He/she should address any questions regarding the processing of his/her personal data to the sending institution and/or the National Agency. The participant may lodge a complaint against the processing of his personal data with the Information Commissioner's Office with regard to the use of these data by the sending institution, the National Agency, or to the European Data Protection Supervisor with regard to the use of the data by the European Commission.

Article 4: Checks and Audits

The parties of the agreement undertake to provide any detailed information requested by the European Commission, the UK National Agency or by any other outside body authorised by the European Commission or the UK National Agency to check that the Placement and the provisions of the agreement are being properly implemented.

Education and Culture DG

lifelong learning Programme

ERASMUS

Since 1987

LIFELONG LEARNING PROGRAMME / ERASMUS – ECTS

TRANSCRIPT OF RECORDS

ACADEMIC YEAR: 20....................../ 20..........................

FIELD OF STUDY: ....

NAME OF SENDING INSTITUTION:..

Faculty/ Department:..

ECTS departmental coordinator:...

Tel: .... Fax: .... E-mail:..

NAME OF STUDENT: .... First Name: ....

Date and place of birth: .... Sex : M ☐ / F ☐

Matriculation date: .... Matriculation number: ....

E-MAIL ADDRESS: ....

NAME OF RECEIVING INSTITUTION: ....

Faculty/ Department of ....

ECTS departmental coordinator: ....

Tel: .... Fax: .... E-mail:..

Course Unit Code (1)*	Title of the course unit	Duration of course unit (2)*	Local grade (3)*	ECTS credits (4)*
	to be continued on a separate sheet			Total : ....

*(1) (2) (3) (4) see explanation on back page

Date:..

Signature of registrar/dean
administration officer:.. Stamp of institution:......................................

NB : This document is not valid without the signature of the registrar /dean/administration officer and the official stamp of the institution

Transcript of Records - page 1

(1) Course unit code : Refer to the ECTS Course catalogue

(2) Duration of course unit :

Y = 1 academic year

1S= 1 semester	2S= 2 Semesters
1T=1 term/trimester	2T=2 terms/trimesters

(3) Grading:

a) Description of the institutional grading system:
b) Grading distribution in the department or programme (please specify) (For this section please refer to ECTS Users' Guide, Annex 3)

(4) ECTS credits :

1 academic year	= 60 credits
1 semester	= 30 credits
1 term/trimester	= 20 credits

THE DIPLOMA SUPPLEMENT

This Diploma Supplement follows the model developed by the European Commission, Council of Europe and UNESCO/CEPES. The purpose of the supplement is to provide sufficient independent data to improve the international 'transparency' and fair academic and professional recognition of qualifications (diplomas, degrees, certificates etc.). It is designed to provide a description of the nature, level, context, content and status of the studies that were pursued and successfully completed by the individual named on the original qualification to which this supplement is appended. It should be free from any value judgements, equivalence statements or suggestions about recognition. Information in all eight sections should be provided. Where information is not provided, an explanation should give the reason why.

1. *INFORMATION IDENTIFYING THE HOLDER OF THE QUALIFICATION*

1.1 Family name(s):

1.2 Given name(s):

1.3 Date of birth *(day/month/year):*

1.4 Student identification number or code *(if available):*

2. *INFORMATION IDENTIFYING THE QUALIFICATION*

2.1 Name of qualification and *(if applicable)* title conferred *(in original language):*

2.2 Main field(s) of study for the qualification:

2.3 Name and status of awarding institution *(in original language):*

2.4 Name and status of institution *(if different from 2.3)* administering studies *(in original language):*

2.5 Language(s) of instruction/examination:

3. *INFORMATION ON THE LEVEL OF THE QUALIFICATION*

3.1 Level of qualification:

3.2 Official length of programme:

3.3 Access requirements(s)

4. INFORMATION ON THE CONTENTS AND RESULTS GAINED

4.1 Mode of study:

4.2 Programme requirements:

4.3 Programme details: (e.g. modules or units studied), and the individual grades/marks/credits obtained:

(if this information is available on an official transcript this should be used here)

4.4 Grading scheme and, if available, grade distribution guidance:

4.5 Overall classification of the qualification *(in original language):*

5. INFORMATION ON THE FUNCTION OF THE QUALIFICATION

5.1 Access to further study:

5.2 Professional status *(if applicable):*

6. ADDITIONAL INFORMATION

6.1 Additional information:

6.2 Further information sources:

7. CERTIFICATION OF THE SUPPLEMENT

7.1 Date:

7.2 Signature:

7.3 Capacity:

7.4 Official stamp or seal:

8. INFORMATION ON THE NATIONAL HIGHER EDUCATION SYSTEM

(N.B. Institutions who intend to issue Diploma Supplements should refer to the explanatory notes that explain how to complete them.)

The Diploma Supplement - page 2

Annex 5
Overview of national regulations on the number of learning hours per academic year

Countries	Hours range/ academic year	Hours range/ credit	Status of the proclamation
Austria	1,500 h	25 h	Law
Belgium (Fl)	1,500/1,800 h	25/30 h	Decree (law on the Flemish level)
Belgium (Fr)	1440 h	24 h	Decree(law of the French Community)
Czech Re-public	1,500/1800 h	25/30 h	Good practice, recommendation of ECTS Key Features.
Cyprus	1500h/1800 h	25/30 h	New Law for Higher Education (under consideration in 2008)
Denmark	1,650 h	27/28 h	Letters from the Ministry
Estonia	1,560 h	26 h	University Act law
Finland	1,600 h	27 h	Act of the Council of State
France	1,650 h	25/30 h	Recommendation by the University Presidents' conference
Germany	1,800 h	30 h	KMK (Kultusministerkonferenz = Standing Conference of the Ministers of the Federal States). Element of Accreditation
Greece	1,500/1,800 h	25/30 h	Ministerial Decision
Hungary	1,620/1,800 h	30 h	Act on Higher Education and attaching Governmental Decree
Iceland	1,500/2,000 h	25/33 h	No proclamation, but understanding among universities
Ireland		20/30 h	Recommendation on the principles and operational guidelines devised by the National Qualifications Authority of Ireland
Italy	1,500 h	25 h	Ministerial Decrees
Latvia	1,600 h		Law
Lithuania	1,600 h		Law and Decree

Malta	1,500 h	25 h	In Educational Act, 2004 and subsidiary legislation
Netherlands	1,680 h	28 h	Law
Portugal	1,500/1,680 h	25/28 h	Decree 42/2005 of 22 February.
Norway	no range per academic year proclaimed/ decision of universities	no range per credit proclaimed	Law
Poland	1,500/1,800 h	25/30 h	Decree
Romania	1,520/1,640 h	25/27 h	Order of the Ministry of Education (from 1999)
Slovakia	no range per academic year proclaimed	25/30 h	Good practice, recommendation of ECTS key features
Slovenia	1,500/1,800 h	25/30 h	Law (2004)
Spain	1,500/1,800 h	25/30 h	Royal Decree (law)
Sweden	1,600 h	26/27 h	Higher education ordinance (Government regulation) states full time studies during 40 weeks
Switzerland	1,500/1,800 h	25/30 h	Swiss University Conference (SUC) Regulation for the implementation of Bologna
Turkey	1,500/1,800 h		Law
United Kingdom	1,200-1,800 h	20 h	national Qualification (and Credits) Frameworks

European Commission

ECTS Users' Guide

Luxembourg: Office for Official Publications of the European Communities

2009 — 60 pp. — 18.2 x 25.7 cm

ISBN: 978-92-79-09728-7
doi: 10.2766/88064

NC-30-08-641-EN-C

Education and Culture DG

ISBN 978-92-79-09728-7

9 789279 097287

III. OTRAS DISPOSICIONES

UNIVERSIDADES

10374 *Resolución de 7 de junio de 2010, de la Universidad Complutense de Madrid, por la que se publica el plan de estudios de Graduado en Biología.*

Obtenida la verificación del plan de estudios por el Consejo de Universidades, previo el informe positivo de la Agencia Nacional de Evaluación de la Calidad y Acreditación, y acordado el carácter oficial del título por el Consejo de Ministros, de 30 de octubre de 2009, por Resolución (publicado en el BOE de 5 de enero de 2010, por Resolución de la Secretaría General de Universidades, de 13 de noviembre de 2009),

Este Rectorado ha resuelto publicar el plan de estudios conducente a la obtención del título de Graduado en Biología, que quedará estructurado según consta en el anexo.

Madrid, 7 de junio de 2010.–El Rector, Carlos Berzosa Alonso-Martínez.

ANEXO

Plan de estudios del título de Graduado en Biología

Distribución del plan de estudios en créditos ECTS

Tipo de materia	Créditos ECTS
Formación básica	60
Obligatorias	102
Optativas	60
Prácticas externas	–
Trabajo de Fin de Grado	18
Créditos totales	240

Créditos de formación básica. Distribución en materias

Rama de conocimiento	Materia	Asignaturas vinculadas	ECTS	Curso
Ciencias	Matemáticas	Matemáticas aplicadas a la biología	6	1
Ciencias	Física	Física aplicada a la biología	6	1
Ciencias	Química	Química aplicada a la biología	6	1
Ciencias	Geología	Geología aplicada a la biología	6	1
Ciencias	Biología (métodos en biología)	Métodos en biología	6	1
Ciencias	Biología	Biología celular e histología	12	1
Ciencias de la Salud	Bioquímica	Bioquímica	12	1
Ciencias de la Salud	Estadística	Estadística aplicada a la biología	6	1
Créditos totales			60	

cve: BOE-A-2010-10374

Plan de estudios resumido (por módulo)

Módulo	Materia	Carácter	Créditos ECTS	Semestre
Materias Básicas	Física.	Materia Básica.	6	1.º
	Geología.	Materia Básica.	6	1.º
	Matemáticas.	Materia Básica.	6	1.º
	Biología (Métodos En Biología).	Materia Básica.	6	1.º
	Química.	Materia Básica.	6	1.º
	Biología (Biología Celular).	Materia Básica.	12	2.º
	Bioquímica.	Materia Básica.	12	2.º
	Estadística.	Materia Básica.	6	2.º
Módulo Fundamental	Biología Molecular y Celular.	Materia Obligatoria.	48	3.º, 5.º y 6.º
	Biología de Organismos.	Materia Obligatoria.	24	4.º
	Biología de Sistemas.	Materia Obligatoria.	24	5.º y 6.º
Módulo Complementario	Complementos de Biología Molecular y Celular.	Materia Optativa.	*12	3.º y 4.º
	Complementos de Biología de Organismos.	Materia Optativa.	*24	3.º, 5.º y 6.º
	Complementos de Biología de Sistemas.	Materia Optativa.	*12	4.º y 6.º
Trabajo Fin de Grado	Trabajo Fin de Grado.	Materia Obligatoria.	18	8.º
Módulo Profesional	Biología Ambiental.	Materia Optativa.	*36	7.º
	Biotecnología.	Materia Optativa.	*36	7.º
	Biología Sanitaria.	Materia Optativa.	*36	7.º
	Proyectos y Estudio en Biología.	Materia Obligatoria.	6	8.º
	Práctica Profesional.	Materia Optativa.	*24	8.º

* Créditos optativos que componen la materia.

cve: BOE-A-2010-10374

III. OTRAS DISPOSICIONES

UNIVERSIDADES

14645 *Resolución de 12 de noviembre de 2012, de la Universidad Complutense de Madrid, por la que se publican modificaciones en diversos planes de estudios de Graduado.*

De conformidad con lo establecido en los artículos 26 y 28 del Real Decreto 1393/2007, de 29 de octubre, modificados por el Real Decreto 861/2010, de 2 de julio; aprobados por el Consejo de Gobierno de la Universidad Complutense de Madrid, y emitidos informes favorables por la Agencia Nacional de Evaluación de la Calidad y Acreditación sobre las modificaciones de los Planes de Estudios conducentes a la obtención de los títulos oficiales de Graduado o Graduada en Bellas Artes, Graduado o Graduada en Biología y Graduado o Graduada en Educación Primaria,

Este Rectorado ha resuelto proceder a su publicación.

Los planes de estudios modificados a que se refiere la presente Resolución quedan estructurados conforme figuran en los anexos de la misma.

Madrid, 12 de noviembre de 2012.–El Rector, José Carrillo Menéndez.

ANEXO I

Plan de Estudios Conducente al Título de: Graduado en Bellas Artes

Modificación de la Resolución de 28 de mayo de 2010, publicada en el «BOE» el 21 de junio de 2010

Distribución del plan de estudios en créditos ECTS:

Tipo de Materia	Créditos ECTS
Formación básica	60
Obligatorias	114
Optativas	60
Prácticas Externas	—
Trabajo de Fin de Grado	6
Créditos Totales	240

Créditos de formación básica. Distribución en materias:

Rama de conocimiento	Materia	Asignaturas Vinculadas	ECTS	Curso
Arte y Humanidades.	Arte.	Fundamentos de Dibujo.	12	1
Arte y Humanidades.	Arte.	Fundamentos de Escultura.	12	1
Arte y Humanidades.	Arte.	Fundamentos de Pintura.	12	1
Arte y Humanidades.	Expresión Artística.	Análisis de la Forma.	6	1
Arte y Humanidades.	Expresión Artística.	Fundamentos de la Imagen Fotográfica.	6	1
Arte y Humanidades.	Arte.	Historia del Arte.	6	1
Arte y Humanidades.	Expresión Gráfica.	Dibujo Técnico.	6	1
Créditos totales			60	

cve: BOE-A-2012-14645

Estructura del Grado en Bellas Artes (módulos y materias):

Módulo	Materia	Carácter	Créditos ECTS
Materias Básicas.	Arte.	Materia Básica.	42
	Expresión Gráfica.	Materia Básica.	6
	Expresión Artística.	Materia Básica.	12
Principal (Principios y Procesos).	Principios y Procesos del Dibujo.	Materia Obligatoria.	6
	Principios y Procesos de la Escultura.	Materia Obligatoria.	6
	Principios y Procesos de la Pintura.	Materia Obligatoria.	6
	Principios y Procesos de la Imagen Tecnológica.	Materia Mixta.	6 Obligatorios 6* Optativos
	Principios y Procesos de Perfil Profesional.	Materia Mixta.	6 Obligatorios 6* Optativos
Avanzado (Estrategias y Proyectos).	Estrategias y Proyectos de Dibujo.	Materia Obligatoria.	18
	Estrategias y Proyectos de Escultura.	Materia Obligatoria.	18
	Estrategias y Proyectos de Pintura.	Materia Obligatoria.	18
	Estrategias y Proyectos de la Imagen Tenológica.	Materia Optativa.	18*
	Estrategias y Proyectos de Perfil Profesional.	Materia Mixta.	18 Obligatorios y 60* Optativos
Fuentes Auxiliares.	Historia del Arte.	Materia Mixta.	6 Obligatorios 6* Optativos
	Didáctica.	Materia Mixta.	6 Obligatorios 6* Optativos
	Sociología del Arte y de la Comunicación.	Materia Optativa.	12*
Trabajo Fin de Grado.	Trabajo Fin de Grado.	Materia Obligatoria.	6

* Créditos optativos que componen la materia.

ANEXO II

Plan de Estudios Conducente al Título de: Graduado en Biología

Modificación de la Resolución de 7 de junio de 2010, publicada en el «BOE» el 29 de junio de 2010

Distribución del plan de estudios en créditos ECTS:

Tipo de Materia	Créditos ECTS
Formación básica	60
Obligatorias	102
Optativas	60
Prácticas Externas	—
Trabajo de Fin de Grado	18
Créditos Totales	240

cve: BOE-A-2012-14645

Créditos de formación básica. Distribución en materias:

Rama de conocimiento	Materia	Asignaturas Vinculadas	ECTS	Curso
Ciencias.	Matemáticas.	Matemáticas aplicadas a la biología.	6	1
Ciencias.	Física.	Física aplicada a la biología.	6	1
Ciencias.	Química.	Química aplicada a la biología.	6	1
Ciencias.	Geología.	Geología aplicada a la biología.	6	1
Ciencias.	Biología (Métodos en biología).	Métodos en biología.	6	1
Ciencias.	Biología (Biología celular).	Biología celular e histología.	12	1
Ciencias de la Salud.	Bioquímica.	Bioquímica.	12	1
Ciencias de la Salud.	Estadística.	Estadística aplicada a la biología.	6	1
Créditos totales			60	

Estructura del Grado en Biología (módulos y materias):

Módulo	Materia	Carácter	Créditos ECTS
Materias Básicas.	Física.	Materia Básica.	6
	Geología.	Materia Básica.	6
	Matemáticas.	Materia Básica.	6
	Biología (Métodos En Biología).	Materia Básica.	6
	Química.	Materia Básica.	6
	Biología (Biología Celular).	Materia Básica.	12
	Bioquímica.	Materia Básica.	12
	Estadística.	Materia Básica.	6
Módulo Fundamental.	Biología Molecular y Celular.	Materia Obligatoria.	48
	Biología de Organismos.	Materia Obligatoria.	24
	Biología de Sistemas.	Materia Obligatoria.	24
Módulo Complementario.	Complementos de Biología Molecular y Celular.	Materia Optativa.	12*
	Complementos de Biología de Organismos.	Materia Optativa.	24*
	Complementos de Biología de Sistemas.	Materia Optativa.	12*
Trabajo Fin de Grado.	Trabajo Fin de Grado.	Materia Obligatoria.	18
Módulo Profesional.	Biología Ambiental.	Materia Optativa.	36*
	Biotecnología.	Materia Optativa.	36*
	Biología Sanitaria.	Materia Optativa.	36*
	Proyectos y Estudio en Biología.	Materia Obligatoria.	6
	Práctica Profesional.	Materia Optativa.	24*

* Créditos optativos que componen la materia. En función de las materias cursadas, el alumno obtendrá la mención en:

- Biología Ambiental.
- Biotecnología.
- Biología Sanitaria.

cve: BOE-A-2012-14645

ANEXO III

Plan de Estudios Conducente al Título de: Graduado en Maestro en Educación Primaria

Modificación de la Resolución de 7 de junio de 2010, publicada en el «BOE» el 21 de junio de 2010

Distribución del plan de estudios en créditos ECTS:

Tipo de Materia	Créditos ECTS
Formación básica	60
Obligatorias	100
Optativas	30
Prácticas Externas	44
Trabajo de Fin de Grado	6
Créditos Totales	240

Créditos de formación básica. Distribución en materias:

Rama de conocimiento	Materia	Asignaturas Vinculadas	ECTS	Curso
CC. Sociales/CC. Salud.	Aprendizaje y desarrollo personalidad.	Psicología del desarrollo.	6	1
CC. Sociales/CC. Salud.	Aprendizaje y desarrollo personalidad.	Psicología de la educación.	6	1
CC. Sociales/CC. Salud.	Aprendizaje y desarrollo personalidad.	Psicobiología de la educación.	6	1
CC. Sociales y Jurídicas.	Procesos y contextos educativos.	Didáctica e innovación curricular.	6	1
CC. Sociales y Jurídicas.	Procesos y contextos educativos.	Organización y gestión de instituciones.	6	1
CC. Sociales y Jurídicas.	Procesos y contextos educativos.	Hª y corrientes internacionales de la educación.	6	1
CC. Sociales y Jurídicas.	Procesos y contextos educativos.	Teoría de la educación.	6	1
CC. Sociales y Jurídicas.	Procesos y contextos educativos.	Métodos de investigación educativa.	6	1
CC. Sociales/Humanidades.	Sociedad, familia y escuela.	Orientación educativa y acción tutorial.	6	1
CC. Sociales/Humanidades.	Sociedad, familia y escuela.	Sociología de la educación.	6	1
Créditos totales			60	

Estructura del Grado en Maestro en Educación Primaria (módulos y materias):

Módulo	Materia	Carácter	Créditos ECTS
Formación Básica.	Aprendizaje y Desarrollo de la Personalidad.	Materia Básica.	18
	Procesos y Contextos Educativos.	Materia Básica.	30
	Sociedad, Familia y Escuela.	Materia Básica.	12

cve: BOE-A-2012-14645

Módulo	Materia	Carácter	Créditos ECTS
Didáctico Disciplinar.	Enseñanza y Aprendizaje de las Ciencias Experimentales.	Materia Obligatoria.	18
	Enseñanza y Aprendizaje de las Ciencias Sociales.	Materia Obligatoria.	18
	Enseñanza y Aprendizaje de las Matemáticas.	Materia Obligatoria.	18
	Enseñanza y Aprendizaje de las Lenguas.	Materia Obligatoria.	28
	Enseñanza y Aprendizaje de la Educación Musical.	Materia Obligatoria.	12
	Enseñanza y Aprendizaje de la Educación Física.	Materia Obligatoria.	6
Practicum.	Practicum.	Materia Obligatoria.	44
Formación Complementaria.	Educación y Psicología.	Materia Optativa.	24*
	Didácticas Específicas.	Materia Optativa.	138*
Trabajo Fin de Grado.	Trabajo Fin de Grado.	Materia Obligatoria.	6

* Créditos optativos que componen la materia. En función de las materias cursadas, el alumno podrá obtener la mención en:

- Música.
- Educación Física.
- Lengua Extranjera (Inglés).
- Lengua Extranjera (Francés).
- Audición y Lenguaje.
- Pedagogía Terapéutico.

cve: BOE-A-2012-14645

Made in the USA
Monee, IL
04 November 2026

67384629R00238